全国高职高专学前教育专业系列规划教材

0～3岁婴幼儿保育与教育

王金玲　祝雅珍　主编　　许妍彬　马丽枝　副主编

化学工业出版社
·北京·

本书作为专业教材，意在促进学前教育专业学生，特别是早教保育方向学生的早教保育素养和技能的提高，从而增强其就业竞争力、岗位适应力。作为家庭教养指导手册，意在指导家长掌握育儿知识与技能，提高育儿素养，实现科学育儿，从而提高国民素质。

本书内容主要包括0～3岁婴幼儿保育与教育理论、0～3岁婴幼儿各月龄段身心发展状况和规律、各月龄段的养护，以及0～3岁婴幼儿教养指导活动的理论及活动的设计、组织和实施等内容。内容安排上，理论知识与实践操作兼顾，以案例评析的方式突出了它的操作性。这种知识组织方式符合理论指导实践、从实践中总结理论的教育规律，利于学生直观深入地理解和掌握知识、形成技能。同时，整理了一些或具有说服力、或具有指导性的阅读资料，可以拓宽本书使用者的视野，帮助其解决一些婴幼儿教养中遇到的实际困惑与难题。此外，课后练习设计了“理论探讨”“实践探究”两个板块，在结构和表述上都注重了理论与实践的结合，突出学以致用。

图书在版编目（CIP）数据

0～3岁婴幼儿保育与教育/王金玲，祝雅珍主编.—北京：化学工业出版社，2015.1
全国高职高专学前教育专业系列规划教材
ISBN 978-7-122-22455-2

Ⅰ.①0… Ⅱ.①王…②祝… Ⅲ.①婴幼儿-哺育 Ⅳ.①TS976.31

中国版本图书馆CIP数据核字（2014）第285680号

责任编辑：王　可　蔡洪伟　于　卉　　装帧设计：IS溢思视觉设计工作室
责任校对：陶燕华

出版发行：化学工业出版社（北京市东城区青年湖南街13号　邮政编码100011）
印　　装：三河市万龙印装有限公司
787mm×1092mm　1/16　印张17　字数400千字　2015年3月北京第1版第1次印刷

购书咨询：010-64518888（传真：010-64519686）　售后服务：010-64518899
网　　址：http://www.cip.com.cn
凡购买本书，如有缺损质量问题，本社销售中心负责调换。

定　　价：34.00元　

前言

0～3岁婴幼儿的保育与教育是一门重要的教育学科。近些年，越来越受到社会、家长和教育者的重视，它对培养健康、快乐、自信、高能的孩子起着不可替代的作用，对我国人口素质的提高也起着很大的促进作用。目前，为满足社会需求，我国高等教育院校，以及中等职业学校学前教育专业学生增幅较大，有些学校还开设了早期教育专业，同时社会上早期教养机构也如雨后春雨般应运而生。这样，对0～3岁婴幼儿保育与教育知识与技能的掌握成为家长、学前（包括早教）教育专业学生、从事学前教育工作的教育者的需求热点，所以本书可以说是应时代需求而生。

本书作为专业教材，意在促进学前教育专业学生，特别是早教保育方向学生的早教保育素养和技能的提高，从而增强其就业竞争力、岗位适应力。作为家庭教养指导手册，意在指导家长掌握育儿知识与技能，提高育儿素养，实现科学育儿，从而提高国民素质。

本书内容主要包括0～3岁婴幼儿保育与教育理论、0～3岁婴幼儿各月龄段身心发展状况和规律、各月龄段的养护，以及0～3岁婴幼儿教养指导活动的理论及活动的设计、组织和实施等内容。具体由0～3岁婴幼儿保育与教育概述、各年龄阶段生理发展、营养与喂养、日常生活照料、疾病及其预防与护理、心理发展以及教养活动的设计和实施七个部分组成。

本书在编写过程中，力求科学性、时代性、实践性的统一，尤其重视教材的实用性和操作性。文字表述上，力求深入浅出、重点突出。内容编排上，理论知识与实践操作兼顾，以案例评析的方式突出了操作性。这种知识组织方式符合理论指导实践、从实践中总结理论的教育规律，利于学生直观深入地理解和掌握知识、形成技能。同时，整理了一些或具有说服力、或具有指导性的阅读资料，可以拓宽本书使用者的视野，帮助其解决一些婴幼儿教养活动中遇到的实际困惑与难题。此外，课后练习设计了“理论探讨”“实践探究”两个板块，在结构和表述上都注重了理论与实践的结合，突出学以致用。

本书由黑龙江省佳木斯职业学院王金玲任第一主编，负责全书的体系设计以及第一单元和第七单元的编写。祝雅珍（佳木斯职业学院）任第二主编，负责第五单元的编写。许妍彬（佳木斯师范学校）、马丽枝（佳木斯大学）任副主编，许妍彬负责第三单元的编写，马丽枝负责第四单元和第六单元的编写。佳木斯职业学院的郭荔函、王文新、李桂影和佳木斯师范学校李菁菁参与编写，郭荔函负责第二单元的编写，王文新、李桂影和李菁菁负责资料的搜集、统稿、参考文献的整理、内容摘要和前言的撰写等工作。

本书在编写过程中，参考了国内外大量的文献资料，引用和借鉴了一些国内外同行的研究成果，引用了早期教养机构、育儿专家的教育活动案例，在此谨向原作者和出版者表示诚挚的谢意！

由于编者水平和能力有限，书中难免存在不妥之处，望读者多加批评指正。

编者

2014 年 12 月

目录

第一单元

0～3岁婴幼儿保育与教育概述

第二单元

0～3岁婴幼儿各年龄阶段生理发展

第三单元

0～3岁婴幼儿营养与喂养

第四单元

0 ~ 3 岁婴幼儿日常生活照料

第五单元

0 ~ 3 岁婴幼儿疾病及其预防与护理

第六单元

0～3岁婴幼儿心理发展

第七单元

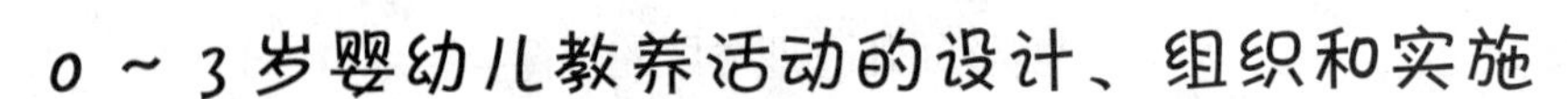

0～3岁婴幼儿教养活动的设计、组织和实施

第一单元
0 ~ 3 岁婴幼儿保育与教育概述

“人之初，性本善。性相近，习相远。苟不教，性乃迁。教之道，贵以专。”这是古训，其意是说，人的天性都很美好，几乎没有什么大的差别，只是所处的后天环境及所受教育不同，人的性情也就有了好坏的差别。如果人出生后得不到良好的教育，本性中的美好则将丧失。因此，最好的做法就是对其施加系统、连续的教育。百年大计，教育为本。教育是头等重要之事。想要让孩子成为对社会有用的人才，则必须时刻注意对他的教育，专心致志，不能放松。那么，对孩子的教育什么时候开始才科学呢？巴甫洛夫说：“如果你在婴儿出生的第三天才开始教育，那么你就晚了。”意大利著名教育家蒙台梭利认为：“人生的头三年胜过以后发展的各个阶段，胜过三岁以后至死亡时的总和。”法国启蒙思想家卢梭认为：“从孩子出生的第一天起，就必须对孩子进行正确的教育。”联合国儿童基金会在 2000 年底发表的报告说：“为 3 岁以下儿童提供充足的食物、医疗服务和认知教育，可促进儿童日后健康、个性、语言和认知能力的提高，进而有助于国家教育发展、经济增长和降低犯罪率。”由此可见，出生后的 36 个月是人成长的关键期，营养和环境刺激对人的大脑发育有重要影响。所以说，对 0 ~ 3 岁婴幼儿的保育与教育极为重要。

自 20 世纪 60 年代起，国际上已开始在理论和实践上对 0 ~ 3 岁婴幼儿的保育与教育进行研究，至 20 世纪 90 年代，其理论体系和服务体系已趋于完善。受国际影响，自 20 世纪 90 年代中期始，我国一些专家、学者开始着手早期教育的研究，已取得一定成效。目前，国家已将 0 ~ 3 岁婴幼儿的保育与教育纳入教育发展规划之中。同时，一些早教机构应运而生，促进了中国早教市场的发展及早教研究的发展。

第一节　0 ~ 3 岁婴幼儿保育与教育的概念及意义

就我国目前情况来讲，关于早期教育概念的界定比较模糊，归纳起来有广义和狭义之分。广义的早期教育指人从出生到 6 岁入小学以前阶段以促进其身心和谐发展为目的的教育。还有人认为早期教育应向前延伸到出生以前的母亲怀孕期的胎教。狭义的早期教育主要指 0 ~ 3 岁婴幼儿阶段的早期学习，包括保育和教育两个方面，也被称作早期教养。

与早期教育这一概念相比较，早期教养不但包含对婴幼儿的教育，而且还把对婴幼儿的养育放在了重要位置，以养为主；而早期教育则重在教育，以教育、教化为主。但二者又有相同之处，即“教”“养”融合，共同促进婴幼儿身心及智力的发展。

不同年龄阶段的孩子，其生理和心理发展各有特点，因而对其进行分阶段、有针对性、更加科学合理地培养，能够更有效地开发其潜能，从而促进其认知、精细动作、大运动、社交行为、语言等五大潜能的全面发展。

一、0 ~ 3 岁婴幼儿保育与教育的内涵

对 0 ~ 3 岁婴幼儿的保育和教育内涵的理解，可从以下两个方面进行。

（一）早期教养对象年龄的界定

前面提到，狭义的早期教育主要指 0 ~ 3 岁婴幼儿阶段的早期学习。本教材采用这种观点，把早期教养的年龄界定在 0 ~ 3 岁。这种界定主要源于以下两个方面。第一，国内外早教专家的认可。目前，国内外早期教育研究几乎都把研究对象的年龄界定在 0 ~ 3 岁。严格来讲，幼儿园主要招收 3 ~ 6 岁幼儿，而 0 ~ 3 岁婴幼儿是托儿所的招收对象，或者散居家中由亲人、保姆等看护。相对于 3 ~ 6 岁的幼儿而言，0 ~ 3 岁为人生之始，处于生命的早期，是终身教育的年龄起点，因而把对这一年龄阶段的教育称为早期教养是合理的。第二，我国学前教育机构及各大院校的早期教育专业都把 0 ~ 3 岁婴幼儿作为早期教育对象。各种官方或民间的早教机构招收对象都在 0 ~ 3 岁之间，其课程又以月龄为单位进行设置。因而，将早期教育对象的年龄界定在 0 ~ 3 岁是符合社会教育现状的。

根据专家对儿童年龄阶段的划分，0 ~ 1 岁被称为婴儿期，1 ~ 3 岁被称为幼儿期，有研究者也称之为乳儿期和婴儿期，本教材采用第一种划分方法，将 0 ~ 3 岁儿童合称为婴幼儿，教材则命名为《0 ~ 3 岁婴幼儿保育与教育》。

（二）早期教养中的“教”与“养”

0 ~ 3 岁婴幼儿的保育和教育，通常是人们口中的早期教育，涵义更精准的说法则应为早期教养。根据教育专家的观点，早期教育应该指对 0 ~ 6 岁儿童的教育，涵盖的年龄范围比较宽泛。对 0 ~ 3 岁婴幼儿的教育只是其中的一个阶段，这一年龄阶段的婴幼儿身心都比较脆弱，自主能力差，在教育的同时，需要更多的呵护，甚至是成人的喂养，因而以早期教养这一术语来概括外界对其成长施加的积极影响更为妥帖。

早期教养中的“教”含有教育、教化、指导之意，指外界对婴幼儿有意识施加的促进其认知、动作、语言、社会性等方面良性发展的各种影响。重在对智力的开发和品格行为的引导。

【案例及评析】

案例 1　　游戏活动《大和小》

活动目标：在玩中理解事物的大和小，发展感知能力。

活动准备：大球、小球各一个，大篮子、小篮子各一个

活动过程：

1. 大球小球滚滚滚

家长和宝宝各持一球，面对面站好，中间保持适当距离，让球在两人之间滚来滚去。当大

球滚向宝宝时，家长要说："滚滚滚大球，大球滚向调皮猴。"当小球滚向宝宝时，家长要说："滚滚滚小球，小球滚向调皮猴。"滚球过程中可以停下来问宝宝手里拿的是大球还是小球。滚球活动结束，家长以明确的语言指令引导宝宝把大球放入大篮子中，小球放入小篮子中。

2. 大脚丫小脚丫

家长与宝宝脱掉袜子面对面坐好，脚丫对着脚丫有节奏地相互拍打，同时家长以同样的节奏念儿歌："妈妈有双大脚丫，宝宝有双小脚丫。啪啪啪，啪啪啪，脚丫拍脚丫。"每隔两遍，停下来问一问宝宝"谁的脚丫大？""谁的脚丫小？"活动结束后，家长给自己和宝宝都穿好袜子，同时告诉宝宝："小脚穿小袜，大脚穿大袜。"

评析：

此活动为 13 ~ 18 个月的宝宝设计。这个年龄阶段的宝宝已经能够独立行走、开口说话，而且他的注意力、记忆力及思维能力都有很大发展，探索感知周围事物、自由活动的欲望越来越强烈。这是此活动能够开展的前提。此活动意在让宝宝在玩中理解事物的大和小，发展感知能力。这个活动过程就是早期教养中的"教"的体现。

这个活动可以反复进行，也可以在活动中加入大小娃娃、大小水果等身边事物，让宝宝对大小有更深入、扎实的理解。

"教"可以通过设计好的游戏活动来实现，更可以随时随地进行。如，上下楼梯时，可以教宝宝理解"上"和"下"的含义，也可以教宝宝迈台阶数数。教育无处不在。

"养"含有养育之意，它不仅指喂养，还包含对婴幼儿身体、心理的呵护及对其个性的培育和习惯的培养。遵循婴幼儿身心发展规律、坚持科学养育、保障幼儿快乐健康成长是"养"的终极目标，其中，健康是养育的核心，包括生理和心理两个方面。

案例 2　爱哭鼻子的天天

表现：男孩天天，34 个月。经常会因一点小事就哭鼻子，像小女孩那样娇气。家长为此忧虑。

分析：如果长期如此，将影响宝宝性格的良性发展，严重的话，将形成男孩女性化的特点。主要原因是家长的关心、呵护过多，已对其产生消极的心理暗示，认为只要哭就会得到家长的关注与呵护，从而获得心理满足。

矫治：面对这种情况，很多家长都会以责备的口吻说："你怎么又哭了？""你怎么总哭呢？""你能不能不哭好好说啊！"无奈之情溢于言表。这样做不但难有效果，反而容易适得其反，起到强化的作用。

正确的处理方式为：①冷处理。对他的各种感受逐渐减少关心，对他的开心、伤心都要淡然以对。②转移注意力。以能够吸引他的不相关的声音、物品等对其造成较强的刺激，从而使其关注点转移。这种做法虽然是有意而为，但是要做得自然随意。③提供锻炼机会。要让他去做这个年龄阶段的孩子能够自己做到的事情，家长不要过多参与。如摔倒时，要让他自己站起来，而不是心疼地马上过去扶起来。

评析：

这个案例是早期教养中"养"的充分体现，其中，在培养天天男孩性格的同时，也充分体现了对宝宝内心的呵护。

实际上，教养是一个整体概念，即婴幼儿的保育和教育是不可分离的。做到"以养为主，教养融合”才能培养出健康、高能、快乐的人才。

首先，在“养”的过程中自然而然渗透了“教”的成分。例如喂宝宝吃奶、哄宝宝入睡是对婴幼儿生理需求的满足，是为“养”。但按时喂奶、定时哄睡这些行为在养成宝宝生活规律的同时，也不自觉地渗透了人生按规律做事这一理念，是为“教”。“爱哭鼻子的天天”这一案例虽然突出的是“养”，但是同时也渗透着坚强、独立的思想认知。也就是说，“教”伴随“养”的整个过程，在养育过程中，渗透着认知、动作、语言和社会性等内容。

其次，将“教”独立于养之外，是对婴幼儿身心发展规律的忽视。了解各个年龄阶段婴幼儿心理和生理发展特点，懂得某个阶段的养育之道，“教”才有针对性，才科学，才可能收到好的效果，而不至于事倍功半，甚至无功而止。

0～3岁婴幼儿由于其生理、心理特点，尚不适合全天候集体生活、学习的环境，因而大多散居家中，家庭的保育和教育成为婴幼儿重要的学习途径，对其成长有着至关重要的作用。在婴幼儿的教养过程中，需要家长为其创设良好的环境，它包括充分合理的营养、丰富感知刺激的环境、充满爱的家庭和社会氛围。合理的营养、均衡的饮食搭配是婴幼儿身心发育发展的物质基础，良好的环境是其身心发展的精神支持。

目前，我国早教机构、亲子中心逐渐兴起，为0～3岁婴幼儿的教养提供了相对规范的指导，弥补了传统家庭教养欠科学、不系统的缺憾。

二、0～3岁婴幼儿保育与教育的内容

对0～3岁婴幼儿的保育与教育要全面、科学而具体。任何方面的忽视都可能产生无可弥补的遗憾。细心、耐心、责任心是对保教人员应有的要求。而这些还不足以给婴幼儿带来良好的教养，保教人员还必须具有一定的科学育儿意识，较强的学习能力，并能够将所学施教于所看护的婴幼儿。这需要接受一定的培训才能达到要求。培训的内容包括以下两个方面。

（一）保育方面

保育对0～3岁婴幼儿而言极为重要，它包括对婴幼儿各个年龄阶段生理发展情况的关注、营养获得及膳食平衡的了解，科学喂养、日常生活如睡眠大小便的照顾及规律的培养、衣饰的选择、日常卫生保健、疾病的护理、心理发展的关注与调节等。所有这些方面的保育，最基本最重要的目的只有一个，即保障婴幼儿生理、心理的健康。身心健康可为教育提供良好的施行基础。拥有健康的身心，才能发展完善的人格，获得聪明的才智，培养良好的习惯。

（二）教育方面

教育的内容根据0～3岁婴幼儿身心发展的阶段性特点而定。但基本包括认知、精细动作、大运动、社交行为、语言等五大方面。如认识大小、感知软硬、区分颜色、三指捏起小纸片、按要求走路、穿越障碍、乐于与人交往、会表达需要等，都属于教育的内容。

当然，在婴幼儿的教养过程中，保育与教育是融为一体、互相促进的。

综上所述，0～3岁婴幼儿保育和教育的核心是指在宽松自由的环境下，通过游戏等形式对婴幼儿产生各种刺激，从而促使其认知、语言、社会性、大运动、精细动作的发展。保育，含保护、喂养、培育之意。指通过对婴幼儿日常生活的护理和喂养，保障其生理和心理健康成

长。通过教育和保育，最终使其获得健康的体魄、智慧的大脑、健全的人格、良好的习惯。

三、0 ~ 3 岁婴幼儿保育和教育的理论基础及现实意义

目前，0 ~ 3 岁婴幼儿保育和教育已得到越来越多的重视。自 20 世纪 60 年代至 90 年代，国际上对 0 ~ 3 岁婴幼儿的保育与教育的研究在理论体系和服务体系两方面都已趋于完善。目前我国对 0 ~ 3 岁婴幼儿的保育与教育也已给予重视。2003 年 3 月，国务院办公厅转发教育部、全国妇联等部门《关于幼儿教育改革与发展的指导与意见》，将 0 ~ 3 岁婴幼儿教育纳入整个国民教育体系进行统筹规划，将“要全面提高 0 ~ 6 岁婴幼儿家长及看护人员科学育儿能力”纳入我国婴幼儿教育发展总目标。2010 年 5 月，国务院颁发的《国家中长期教育改革和发展规划纲要（2010—2020 年）》正式将 0 ~ 3 岁婴幼儿教育纳入我国教育改革发展规划之中，强调对 0 ~ 3 岁婴幼儿的教育要予以重视。2011 国务院印发《中国儿童发展纲要（2011—2020 年）》指出，要“积极开展 0 ~ 3 岁儿童科学育儿指导”，通过“积极发展公益性普惠性的儿童综合发展指导机构，以幼儿园和社区为依托，为 0 ~ 3 岁儿童及其家庭提供早期保育和教育指导。加快培养 0 ~ 3 岁儿童早期教育专业化人才”的策略，达到“促进 0 ~ 3 岁儿童早期综合发展”的教育目标。同时，近些年，一些学前教育专业已将 0 ~ 3 岁婴幼儿的教育和保育纳入课程体系当中，不但提高了幼儿教师的素质，也为社会培养了一些早教专业人才。

国际的影响、国家的重视、教育的发展促进了国内专家、学者对婴幼儿早期教养的研究，也使得一些家长意识到早期教养的重要性，并通过图书、杂志、报纸、网络以及早教机构等各种途径获得婴幼儿教养知识和技能。家长认识提高，对下一代的成长则有了更高期待，因而对科学教养下一代也有了更高的要求。与此同时，一些早教机构也应运而生，有方兴未艾之势，这反过来也对我国对婴幼儿早期教育及保育的发展起到了促进作用。

（一）0 ~ 3 岁婴幼儿保育与教育的科学依据与理论基础

0 ~ 3 岁婴幼儿的早期教养之所以能够越来越被重视，是因为它建立在科学研究基础之上，有其存在的理论基础及现实意义。

1. 婴幼儿期大脑的迅速发育是进行早期保育和教育的物质基础

人体由许多器官、系统组成，它们可以完成语言交流、身体运动、空间感知、情感表达等各种机体活动，而这些活动的完成离不开大脑这个人体机能主要控制器官，人所有的思维活动也是在大脑的控制下得以完成的。

科学研究表明，人的一生中，大脑皮层神经细胞从胎儿 5 个月时开始增殖分化，直到出生后一年增殖基本结束，之后进入神经细胞体积的增大、树突的增多和发育、神经髓鞘的形成和发育的复杂化阶段。具体表现为：一是脑重增加迅速。新生儿脑重在 390 克左右，6 个月为 700 克左右，1 岁为 900 克左右，3 岁为 1010 克左右，7 岁为 1280 克左右，与成人的平均脑重 1400 克基本接近。通过这些数据可以看出，成人脑重的 60% 都是在 3 岁前通过大脑神经细胞增殖、增大而发育完成的。二是婴幼儿的脑神经元树突发育迅速。树突是从胞体延伸出的一至多个突起，形如树枝状，交叉密布，形成网络。树突是其他神经元传入的信息的入口，具有接受刺激并将兴奋传入细胞体的功能。树突越多，其所组成的网络越稠密，人体的各种机能则越发达。相反，大脑皮层神经元树突越少，人的各种机能则越迟钝。因此说，婴幼儿 3 岁前大脑

的迅速发育为接受早期教养提供了物质基础。

2. 婴幼儿期大脑的可塑性是进行早期保育和教育的前提

通过大量的对动物和人类婴幼儿的研究，人们发现，婴幼儿大脑的发展在很大程度上受后天环境的影响和制约。在婴幼儿 3 岁前这一时期，如果教养者能够为其提供丰富、均衡的食物和足够丰富、科学的外界刺激，可以极大地促进婴幼儿大脑的发育和发展。营养和教育的刺激，会促进树突的发育，表现在大脑皮层上就是树突“网络”变得稠密，这样的孩子都比较聪明。相反，如果剥夺了婴幼儿早期成长经验，不提供足够的听、视、触觉等感官的刺激，或是不能提供足够的营养，都将会导致其中枢神经系统发育停滞、甚至萎缩的现象出现，并对其造成终生伤害。如果抓住婴幼儿脑发育的关键期，施以正确的教养，就可以促进婴幼儿大脑的健康发展，为其成为全面发展的人打下坚实基础。

卡马拉，印度狼孩。从小被母狼叼走，在狼群中长大。被带回人类社会时已 7 岁。她不吃熟食和五谷杂粮，不肯穿衣服，没有羞耻感。睡觉喜欢趴在地上，不愿意盖被子，且总是白天睡觉，晚上活动，半夜里还爬到户外嗥叫。不能直立行走，不会说话，不会笑，但嗅觉灵敏，喜欢与狗和山羊接近。通过专业护理和专门的语言训练，1 年时间她才能够站起来走几步，2 年时间才能够露出一丝微笑，3 年时间才形成晚上睡觉白天活动的人类习性，4 年时间才学会 6 个单词，5 年时间才学会手握汤匙喝汤，到她 17 岁离开这个世界时也只会说 45 句常用的话。也就是说，在人生初期这个大脑可塑性最强的关键时期，她失去了人类的教养，没有机会获得人类世界任何信息的刺激，得到的却是狼的生活习性的启蒙，其大脑接收的是狼传给她的各种生存信息，最终学会的也是狼的各种习性，这导致她丧失了人本该拥有一切习性、智慧、能力与品格。回到人类社会后，其大脑最容易被塑造的时机已经错过，这些人所该拥有的东西就再难以获得了。这充分证明了人脑的可塑性，以及在教养中把握儿童成长关键期的重要性。

3. 婴幼儿大脑的可修复性体现出早期保育和教育的必要性

通过对脑损伤病人的研究发现，婴幼儿早期大脑具有良好的修复性。将儿童失语者和成年失语者相比较，无论在语言恢复的速度还是语言恢复的程度上，前者明显优于后者，甚至通过训练，有可能得到完全的恢复。在 5 岁前，如果大脑左半球语言中枢受到损伤，且面积较大，那么，通过某种训练，右侧脑半球与之相对应的区域就可能产生替代性功能，使语言中枢转移。一般情况下，发生损伤的年龄越小，语言功能恢复的效果越好。如果婴幼儿先天斜视，在 3 岁以前予以科学矫正，通过大脑的修复作用，其视觉的立体感就可以得到恢复，如果错过这个时机，就将成为永久性的立体盲。

大脑的可修复性告诉我们，婴幼儿大脑的发展在很大程度上受后天环境的影响和制约。对婴幼儿身体和神经系统施以刺激，对促进其大脑的发展具有重要意义，对那些身体机能有缺陷的儿童进行康复训练，将起到一定的弥补作用。

4. 儿童发展关键期的理论促使早期教养势在必行

人体各种机能发展的速度并不均衡，在某一时期，人们对外界的某种刺激会特别敏感，变得很容易接受特定影响并获得某种能力。这种现象被称为能力或智力发展的关键期，或称为能力发展的敏感期。通过研究，儿童发展心理学家皮亚杰认为，从初生到 4 岁，是人的智力发展的关键时期。孩子的智能发展有其关键期，抓住关键期进行科学、系统的教育是培养其高超智能的重要举措。著名的教育家蒙台梭利认为，儿童敏感期是自然赋予幼儿的生命助力，如果儿

童敏感期的内在需求受到妨碍而无法发展时，就会丧失学习的最佳时机。日后如果才想要学习此项事物，不仅要付出更大的心力和时间，而且难以取得令人满意的成效，有时甚至会终生遗憾。

辽宁省台安县猪孩王显凤的故事是对就这一观点的有力证明。王显凤的家四邻不靠，母亲智力低下，继父对她又不施教养，因而常被遗忘。从婴儿期起就经常爬进猪圈，与小猪同吃同玩，学会啃草根，嚼树皮，用手刨土做窝，学猪的样子蹭痒痒、哼哼。这种特殊环境的“教养”，以及智力环境的被剥夺，导致她成了智力低下的儿童——说话不清、颜色不辨、大小多少不分、男女不知，其智商测试结果为 39，相当于 3 岁半的孩子。虽然她生活在半人类、半猪群的环境中，还具有穿衣、吃饭、简单交谈的人的习性，但到 1983 年被发现时她已经 8 岁多，已经错过成长关键期，在由专家负责对她进行“教养”的情况下，也已经是“猪性”难改、智商难以提高了。在电视中看到猪就异常兴奋，经常偷啃青草，跑到猪圈里去玩耍，半夜起来学猪的动作。据统计，1984 年 9 月 28 日夜里，在 80 分钟内：她在房间内来回爬动，并像猪那样哼哼 114 次，吧嗒嘴巴 96 次，甩头 7 次，在墙上蹭痒 5 次，后腿弹踢 3 次。这是她早期接受“猪”的教育受到压抑后的反抗表现。此外，通过专家的教育和训练，一年多后，在数学方面，她只学会写数字“2”，三年后才初步学会 10 以内加减法。由此可见，婴幼儿时期是人生发展的关键期，在这一时期进行科学的保育和教育，可以充分发掘人的潜能，从而对其一生的成长与发展产生不可估量的作用。相反，如果剥夺婴幼儿时期的正常接受保育和教育的权利，埋没人的潜能，或者在其成长关键期放弃教育，任其发展，所造成的损失将是终身都无法弥补的。

【拓展阅读】

儿童发展关键期及其训练

2 ~ 3 岁是口头语言发展的关键期。在正常语言环境中，这时期儿童学习口语最快、最巩固，相反，这个时期完全脱离人类的语言环境，其后就很难再学会说话，狼孩的情况就是这样。

4 ~ 5 岁是儿童学习书面语言的最佳期。

4 岁前是儿童对图像的视觉辨认的最佳期。

儿童在 5 ~ 6 岁时掌握词汇能力发展最快。

儿童掌握概念的最佳年龄是 5 岁到 5 岁半。

耳聋儿童如果在 1 岁前被发现而给他助听器，就能正常地学会语言发音。如果 1 岁以后才采取措施，学习发音就会变得十分困难。

一、关键期 1

初生到 4 岁是儿童视觉发展的关键期，4 岁是儿童形象视觉发展的关键期。

1. 训练——基础篇

（1）训练时间 从出生起

（2）训练方法 在宝宝周围放置一些五颜六色的布制小猫、小狗等，时常移动玩具刺激他的视觉。

在墙上贴上一些画，指给他看，并且告诉他画的名称和内容。

用三棱镜将太阳光反射成七色光映到墙上，指给他看。

带宝宝观赏大自然的风光，以扩大他的视野，开阔他的眼界。

2. 训练——提高篇

在给宝宝看某样东西时，同时让他用小手去摸，并用清晰准确的语言告诉他这样东西的名称、用途等，充分刺激宝宝的感觉器官。

让宝宝多看、多听、多摸、多闻，以促进各种感知觉功能的发展。

3. 障碍早发现

有斜视的宝宝，如在 3 岁以前矫正了斜视，立体感就能恢复，如果错过这个时机，就会成为永久性的立体盲。

二、关键期 2

宝宝出生 1 周后，就能辨别给他喂奶的妈妈的声音，4 周就具有对不同发音的辨别力。从出生到 1 岁是语言的准备期，是语言发生的基础。研究表明，天才人物的语言训练是从摇篮期开始的。

1. 训练——基础篇

（1）训练时间　从出生起。

（2）训练方法　精神很好时，朗读诗歌给他听。

妈妈经常唱歌或放音乐给宝宝听。

妈妈经常对宝宝说话，教他人物或物品的名称等。

常带宝宝到户外聆听周围环境中的各种声音，如狗叫声、喇叭声、自行车铃铛声、门铃声等，并向宝宝一一解释。

模仿动物的叫声，鼓励宝宝模仿。

利用游戏的机会，让宝宝辨别从各个不同方向传来的声音。

多与周围的人接触，让宝宝感受不同的声音特点和模式。

2. 训练——提高篇

在能发出七个音的琴键上，分别拴上红、橙、黄、绿、青、蓝、紫这七种颜色的带子，起名红色键、橙色键等。敲这些键给他听，并告诉他键的名字，这样可以同时训练宝宝声音和颜色概念。

放莫扎特或贝多芬等名家的音乐给宝宝听，既训练宝宝听觉，又对宝宝的性格以及智力发展有益。

3. 障碍早发现

耳聋宝宝如果在 1 岁前发现，并使用助听器，就能正常地学会语言发音。

三、关键期 3

2 岁之前是许多动作发展的关键期。

1. 训练——基础篇

（1）训练时间　从出生起。

（2）训练方法　提供合适的条件和合理的外界刺激促进动作的发展。

例如：满月起，用手推着孩子的脚丫，训练他爬行。

4 个月左右的宝宝喜欢用手玩弄胸前的玩具，可在宝宝 3 个月时，在他小床的上空悬挂一些玩具，使孩子双手能够抓到，锻炼他的手眼协调功能。

8、9 个月的宝宝俯卧时能用双膝支撑着向前爬，可在宝宝 6、7 个月时就开始设法创造爬

的机会，如让宝宝俯卧着，放一两件玩具在他前方，吸引他向前爬，尝试着去抓取玩具，以促进他动作的发育。

2. 训练——提高篇

让宝宝跟着音乐的节奏运动，如拍手、摇晃身体、打拍子、做操、跳舞等，感受音乐的节拍和运动的快乐。

在宝宝蹒跚学步时，选择阶梯不高、坡度较小的楼梯让他进行上下楼梯练习，宝宝的兴趣会很浓的。

通过精心设计的游戏，如把小球放入小瓶中、把圆圈套在木棍上、抛接球、折纸、画线、搭积木、穿绳、涂色等，促进宝宝手眼的协调性。

3. 重点提示

不要强迫。如宝宝抵触时，不要强制施行，但也不等于放弃，等时机成熟时再开始。

四、关键期4

3岁前是儿童口语发展的关键期。

1. 训练——基础篇

从宝宝牙牙学语时开始，就可以循序渐进地训练宝宝的语言能力。此时宝宝能注意大人说话的声音、嘴形，开始模仿大人的声音和动作。这时主要是训练宝宝的发音，尽可能使他发音准确，对一些含糊不清的语言要耐心纠正。

在训练宝宝发音及说话时，引导宝宝把语音与具体事物、具体人联系起来，经过多次反复训练，宝宝就能初步了解语言的含义。如宝宝在说“爸爸”、“妈妈”时，就会自然地把头转向爸爸妈妈；再经过一段时间的训练，有了初步的记忆，看到爸爸妈妈时就能说出“爸爸”、“妈妈”。利用生活中遇到的各种事物向宝宝提问，如散步时问树叶是什么颜色等，并要求宝宝回答，提高他的语言表达能力。

利用日常生活中和宝宝说话的机会，鼓励宝宝多说话，注意让宝宝用准确的语言表达自己的想法和要求。耐心纠正宝宝表达不完整或不准确的地方。

2. 训练——提高篇

父母日常生活中的口语，对宝宝有深刻的影响。因此，父母在平时说话时，要努力做到用词准确、吐字清晰、语法规范，让宝宝多接触正确的语言。

为宝宝多提供当众演讲的机会，训练宝宝的思维能力和口头表达能力。

五、关键期5

4～5岁是儿童学习书面语言的关键期。5～6岁是儿童掌握词汇能力的关键期。

1. 训练——基础篇

可以通过游戏、实物、儿歌、识字卡等教宝宝说话，背诵简单的儿歌及复述简单的故事，培养宝宝辨音能力，丰富宝宝的词汇。

设计很多有趣的游戏，如填字比赛、汉字接龙、制作字卡、踩字过河等，让宝宝在游戏中学习汉字。

向宝宝解释汉字的字形和结构，引导宝宝精确地感知和辨认每一个字。通过各种练习，让宝宝加深对汉字音、形、意之间联系的了解，让宝宝牢固地掌握汉字。

2. 训练——提高篇

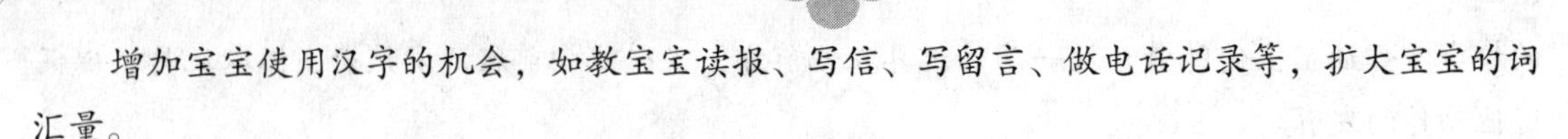

增加宝宝使用汉字的机会，如教宝宝读报、写信、写留言、做电话记录等，扩大宝宝的词汇量。

鼓励宝宝多读书、读好书，培养广泛的阅读兴趣。

六、关键期6

3岁是计数能力发展的关键年龄，掌握数字概念的最佳年龄是5岁至5岁半。

1.训练——基础篇

（1）训练时间　3岁起，某些数或说给宝宝听的项目可以更早开始。

（2）训练方法　经常数数给宝宝听，如给宝宝糖果时、上下楼梯时。

用不同的物品，如手指、积木等，和宝宝一起数数，增加宝宝对数字的感性认识。

利用生动的形象，教宝宝认识数字符号，如1像筷子、2像鸭子、3像耳朵等。

设计一些有趣的游戏让宝宝做，如让宝宝从数字卡片中找数字。

运用具体实例，教宝宝加减法。如用苹果、积木等演示。

提供足够的实物材料，让宝宝自己动手，寻找数字间的联系。

2.训练——提高篇

调动多种感官学习数学知识。如利用实际的物品产生触觉感受，听声响的次数产生听觉上的印象，利用身体的跳跃次数或拍球的次数形成动作上的感受。

教宝宝掌握时间概念，如与孩子讨论一周中的7天以及每天的时间，了解今天、明天和昨天，了解月份和季节。

3.重点提示

所数物品的数量从少到多，富有变化地重复，把抽象的数学知识用具体、生动、形象的形式呈现出来，循序渐进，不让宝宝感到枯燥而失去兴趣。

七、关键期7

3～5岁是音乐能力发展的关键年龄。

1.训练——基础篇

（1）训练时间　3岁起，欣赏的部分从出生时就可以开始。

（2）训练方法　与孩子一起欣赏世界名曲、童话故事音乐等，同时进行讲解，或向孩子提出问题，激发孩子的想象。

选择适合孩子年龄特点的歌曲，教孩子唱。

2.训练——提高篇

根据孩子的兴趣、特长和其他条件选择合适的乐器，如钢琴等。选择好乐器后，每天引导孩子坚持练习。

3.重点提示

要从孩子的兴趣和爱好出发。音乐能力的早期培养不仅限于开发孩子的音乐天赋，它对于孩子身心的健康发展也具有不容忽视的作用。

八、关键期8

3～8岁是学习外语的关键期。

1.训练——基础篇

（1）训练时间　3岁起。

（2）训练方法　有趣的外语故事。

选择一些浅显的、优秀的外语读物，让他通过查字典自己阅读。

2. 训练——提高篇

用不同的语言讲同一个故事。

利用不同语言做各种游戏，如组词造句、猜谜、编故事等。

与外国孩子通信。

3. 重点提示

没有条件的可以送孩子上相应的兴趣班或者请个老师。注意学习一定要吸引孩子的兴趣，充分调动他学习的热情和积极性。

在儿童的智力发展中，遗传是自然前提，环境和教育是决定条件，其中教育起着主导作用。抓住儿童各种能力发展的关键期，施行早期教育，为儿童创造更为优越的客观条件，儿童的智力潜力就会得到更大的发挥，会起到事半功倍的效果，并可提高儿童的智商。超常儿童虽然有比较好的先天素质，但如果不在关键期给予教育，将永远达不到他们原来应该达到的水平。所以，关键期对孩子一生智力的发展起着决定性的作用，千万不要错过。而在关键期内施行的教育可以有很多种方式，有心的父母应该根据孩子的性格和爱好，选择合适的方法，并注意不断尝试新的做法，尤其要充分利用游戏，通过做游戏教会孩子各种知识和技能。注意及时对孩子的进步进行表扬和强化，给孩子一些成功的感觉，以使孩子保持学习的兴趣。

（资料来源：寻医问药网 . http://www.xywy.com/ ）

5. 3岁之前是人类性格形成最佳时期的早期教育理论也为婴幼儿的早期教养提供了支撑

专家指出，人类性格形成的最佳时期是3岁之前。在这个年龄阶段，人类的包括感知觉、注意、记忆、学习、想象、思维、言语、情感、意志行动、自我意识及个性心理特征等种种心理活动都开始发生，是个性心理形成的重要时期。此时所接收到的外界刺激对个体的发展至关重要，对其儿童期、青少年期乃至一生的发展都将产生无可替代、难以改变的影响。蒙台梭利也特别强调人生头三年的重要性。他说，出生不久的新生儿经常从父母那里得到抚爱，往往性情比较温和、友爱，易形成信赖感。相反，如果新生儿得不到父母或看护人的亲近，那么他的心理发展将会受到极大摧残，并最终变得智力低下、性情粗暴、行为野蛮。

1980年，英国伦敦精神病学专家卡斯比教授和伦敦国王学院的精神病学专家们做了如下一个试验观察：选取1000名3岁幼儿，以面对面观察、谈话的方式进行测试，将他们分为充满自信、良好适应、沉默寡言、自我约束和坐立不安5大类。23年后，这些当年的婴幼儿已经成长为26岁的青年。研究者再次与他们进行了面谈，并通过观察及对其亲友的调查，得出如下结果：充满自信者成年后开朗、坚强、果断、领导欲强。良好适应者成年后自信、不容易心烦意乱。沉默寡言者成年后比一般人更倾向于隐瞒自己的感情，不愿意影响他人。坐立不安者成年后为行为消极，注意力分散，更易对小事情做出过度反应，容易苦恼和愤怒。不现实，心脑狭窄，容易紧张和产生对抗情绪。自我约束者成年后和3岁时一样。其结论是：3岁幼儿的言行可以预示他们成年后的性格。卡斯比教授指出，父母务必认真对待孩子3岁前多方面能力的教育。如果父母能在孩子3岁前对其个性上的优点有意进行培养，对其个性中的缺陷和弱点有意识进行矫正，则对塑造幼儿良好个性是十分重要的。

【拓展阅读】

恒河猴实验

美国比较心理学家哈利 · 哈洛(Harry Harlow，1905—1981)把新生的恒河猴（94%的基因与人类相同）与其母猴及其他同类分开，并将两个用铁丝和柔软绒布做的假母猴与小猴子关在同一个笼子里，铁丝母猴胸前有一个提供奶水的装置，可以24h喂奶；绒布母猴不能喂奶，但却像哈洛描述的那样，是一个“柔软、温暖的母亲”。几天之后，哈洛发现，小猴子把对生母的依恋转向了绒布母猴，除了饥饿时跑到铁丝母猴那里喝奶外，其他时间都在绒布母猴身边玩耍。当给它以恐惧刺激时，小猴子会跑到绒布母猴怀中，并紧紧抱住她。可见，是身体接触时舒服的感觉给小猴子带来了心理慰藉和安全感。研究结论是：“接触所带来的安慰感”是爱最重要的元素。

在接下来的实验中，哈洛发现由绒布母猴抚育长大的猴子不能和其他猴子一起玩耍，不能交配，性格极其孤僻，有些甚至出现了孤独症的症状。于是，哈洛又制作了可以摇摆的绒布母猴，并让小猴子和真正的猴子在一起玩耍一个半小时，这样哺育大的猴子基本上正常。哈洛的学生、猴类研究专家伦纳德·罗辛布林（Leonard R osenblum）说：“这证明了爱存在三个变量：触摸、运动和玩耍。如果你能提供这三个变量，你就能满足一个灵长类动物的全部需求。”

哈洛的发现对当代育儿理论产生了极大影响，许多孤儿院、社会服务机构、爱婴产业也都接受了他的观点，对自己的育儿策略做了或多或少的调整。医生们开始把新生婴儿直接放在母亲的肚子上，孤儿院的工作人员在给婴儿喂奶之余，还开始了对婴儿拥抱、抚摸、微笑，甚至是交流。

（二）0 ~ 3岁婴幼儿保育与教育的意义

随着社会的进步、教育科学研究的发展及教育体制改革的深入，一些传统的教育观念正在受到冲击，婴幼儿的早期教养也得到了人们越来越多的重视。这是我们人类自身进步、自身发展的大事，是社会和科学发展的必然需要。如果早期教育能够被社会所接受，并得到普及，那么，中华民族的人口素质将大大提高，甚至会有一个飞跃。

1. 培养良好习惯

“习惯决定孩子的命运。”这是中国青少年研究中心专家孙云晓经过多年的实践和研究得出的结论。培根也说：“习惯是人生的主宰。”许多心理学家则一致认为，习惯在影响人们个人生活的同时，也对整个社会结构中心理机制的改变起着引导作用。事实的确如此，人类社会中的成功人士都有一个共性，即基于良好习惯构造的日常行为规律。我们知道，各个领域中的佼佼者，如成功的运动员、律师、政客、医生、企业家、音乐家、教育家、销售员等，在他们的身上有一个共同的特点，那就是良好的习惯。正是这些好的习惯，帮助他们开发出更多的与生俱来的潜能。

习惯深深根植于人的潜意识之中。习惯的本质是人们的显意识几乎无法改变的。也就是说，人的习惯一旦养成，就会不自觉地在这个轨道上运行，好习惯将使人一生受益，坏习惯则会成为人一生的阻碍。因此说，习惯的力量是巨大的，成功从培养习惯开始。

人脑的可塑性、人的智力在婴幼儿时期发展最快，这是儿童发展的关键期，是培养习惯

的最佳时期。有这样一个公式：早期教育花一千克的气力 = 后期教育花一吨的气力。几年前，在一次几十位诺贝尔奖获得者的聚会中，记者问其中一位获诺贝尔奖的科学家："请问您认为在哪所大学学到了最重要的东西？"这位科学家平静地说："在幼儿园。""在幼儿园学到了什么？""学到把自己的东西分一半给伙伴，不是自己的东西不要拿，东西要放整齐，做错事要道歉，仔细地观察事物。"这个回答出人意料，却有力地说明了儿时养成的良好习惯对人一生发展所具有的重大意义。

在0 ~ 3岁婴幼儿时期，应该养成的好习惯主要包括主动进餐、安然入睡、讲究卫生、和谐交往、独立玩耍、懂得礼貌、喜欢读书等。主动进餐包括不挑食、不偏食、按时吃饭、尽量不吃零食等习惯。安然入睡包括在固定的时间很快入睡，睡前不用大人抱、拍、摇，不含奶瓶入睡等习惯，同时也包括按时起床、主动穿脱衣服等习惯。讲究卫生包括外出归来及餐前和便后洗手，睡前刷牙、洗澡或洗小脚、洗小屁屁，整理自己物品等习惯。懂得礼貌包括不讲脏话、不抢其他宝宝的东西、见面主动问好、分别时摆手说"再见"等习惯。和谐交往包括主动且快速融入群体、关心爱护他人、爱护玩具和小动物、乐于分享、不自私等习惯。这样的习惯有助于形成亲密的人际关系，也能促进语言能力的发展，还能培养宝宝良好的社会情感。喜欢阅读包括喜欢听故事、儿歌，喜欢"读"书——翻动一些色彩鲜艳的图书、卡片等习惯。独立玩耍可以培养宝宝的独立、自信、创造力以及语言能力。在保障安全的前提下，父母应该给宝宝提供独立玩耍的机会，让他去享受独处的快乐。

作为父母，在宝宝的教养方面，最好接受正规的婴幼儿早期教养的培训，以科学的方式、方法来养育宝宝。如果不具备这样的条件，也应该通过书籍、网络等途径获得相关指导。同时，父母是孩子的启蒙老师，也是宝宝效仿的榜样，因此父母应该以身作则，用良好的行为习惯影响宝宝，给宝宝提供一个安全且健康的成长环境。

【案例及评析】

案例3　小汽车回家喽

活动目标：培养遵守规则、爱惜玩具、按位归还的习惯。

活动准备：

（1）在教室内画好马路。

（2）小汽车装在盒子里，放在马路起点，按照宝宝每人一套的数目准备。

活动过程：

（1）家长和宝宝一起站在马路起点，教师站在马路终点。

（2）教师念儿歌并示范游戏玩法："宝宝看一看，盒子里是什么？""盒子里是小汽车，盒子是小汽车的家。""小汽车怎么叫？""嘀嘀嘀。小汽车，嘀嘀嘀，开到东，开到西，最后回到盒子里。"教师蹲在地上将小汽车沿着马路开到对面再开回来，然后将它放到盒子里，并说"小汽车回家喽！"

（3）宝宝拿起自己盒子里的小汽车，开到对面再开回来，家长在旁边关注宝宝的安全，反复念儿歌，并询问宝宝小汽车的家在哪里。

家庭延伸：在日常生活中，家长可以从各个方面有目的地引导宝宝。如超市购物时让宝宝

明白购物要付款、拿起的商品不买后要放回原位等规则；过马路时让宝宝明白“红灯停，绿灯行”的规则；进餐时让宝宝懂得珍惜粮食，等等。而且可以将这些设计成游戏，并配合儿歌来培养宝宝。

评析：

此游戏适合19～20个月的宝宝。这个月龄的宝宝已经能够自如蹲起，游戏可以独立完成。家长要有意识地引导宝宝按照规则进行游戏，并使其熟悉儿歌。

此游戏的目的是培养宝宝养成遵守规则、爱惜玩具，以及整理自己物品的习惯。孙晓云说过，中国的教育不重视孩子习惯的培养。很多孩子在长大后不会整理自己的物品，做事上缺少条理。在生活中，各种衣物堆在一起，乱得惨不忍睹；在工作中，文件杂乱堆放，翻找困难。这些习惯和孩子年幼时缺少好习惯的培养关系密切。

“习惯是一种重复性的、通常为无意识的日常行为规律，它往往通过对某种行为的不断重复而获得。”因此，此类游戏活动可以反复进行，而且把它延伸到日常生活中，在进餐、收放物品、购物、出行和游戏等过程中引导宝宝遵守规则、爱惜物品、按位放置等习惯，为将来的学习、生活和工作打下良好基础。

案例4　宝宝不吃胡萝卜怎么办

胡萝卜中含有丰富的β－胡萝卜素，它在人体内可以转化为维生素A。维生素A有保护眼睛、促进生长发育、抵抗传染病的功能，是婴幼儿生长发育不可缺少的维生素。缺乏时皮肤干燥，呼吸道黏膜抵抗力低，易于感染，易患干眼病、夜盲、生长发育迟缓，骨髓、牙齿生长不良等症。尽管胡萝卜对人体好处很多，可是一些宝宝还是不喜欢吃，让家长很头疼。那么，怎么办呢？以下几种做法可以让宝宝接受胡萝卜，同时可以促进宝宝良好饮食习惯的养成。

（1）发挥榜样的力量　吃胡萝卜时，父母做出吃得非常香的样子，而且边吃边说胡萝卜的好处。身教结合言传，给喜欢模仿的宝宝做出榜样，带动宝宝来吃胡萝卜。还可以邀请喜欢吃胡萝卜的宝宝来家做客，共同进餐，让同伴津津有味的吃相感染宝宝，从而使宝宝产生吃的欲望。

（2）发挥创造的力量　宝宝对食物的色彩、形态特别注意，家长可以发挥创造才能，将胡萝卜做成花、鱼、小鸟、太阳等各种有趣的造型，或与其他色彩鲜艳的食物搭配，摆出图画来，从而引起宝宝的兴趣。此外，宝宝对不喜欢吃的食物的味道特别敏感，因此家长可以将胡萝卜做成泥状，与其他宝宝容易接受的食物搅拌在一起来让宝宝吃。还有，在烹调过程中，可以将胡萝卜片切成小鱼等形状，两片之间夹肉，然后沾上面糊蒸熟。这样做出的食物宝宝不能一下子看出原料胡萝卜，却会被它的外形所吸引。

这些方法，坚持一段时间，口感适应后，宝宝就不再会讨厌吃胡萝卜了。所以说，无论是好的还是坏的习惯，都是在生活中养成的，它需要家长的引导与培养。

评析：

简而言之，好的教养方法不是说教式的，也不是命令式和训斥式的。好的教养方法需要家长的耐心和付出。好的教养形成好的习惯，它会影响孩子的身心健康，也会影响孩子未来的生活。

【拓展阅读】

习 惯

《美国传统词典》对习惯的解释如下：① a. 一种重复性的、通常为无意识的日常行为规律，它往往通过对某种行为的不断重复而获得；b. 思维和性格的某种倾向；②一种习惯性的态度和行为。

毋庸置疑，人就是一种习惯性的动物。无论我们是否愿意，习惯总是无孔不入，渗透到我们生活的方方面面。习惯对我们的影响如此之大，却很少有人能够意识到这一点。

通过调查，人们发现，人类 90% 的日常活动都源自于习惯和惯性。也就是说，我们大多数的日常活动都只是习惯而已！我们几点钟起床，如何洗澡、刷牙、穿衣、读报、吃早餐、上班，等等，每天，都有会有上百种习惯发生着。然而，习惯还并不仅仅是日常惯例那么简单，它的影响十分深远。如果不加控制，它将给我们的生活带来全面而深刻的影响。小到啃指甲、挠头、握笔姿势及双臂交叉等微不足道的事，大到一些关系到身体健康的事，比如，吃什么、吃多少、何时吃、运动项目是什么、锻炼时间长短、多久锻炼一次，等等。甚至我们与朋友交往、与家人和同事如何相处都是基于我们的习惯。再说得深一点，甚至连我们的性格都是习惯使然。

牧师华理克（Rick Warren）在《目标驱动生活》（The Purpose Driven Life）中说："性格其实就是习惯的总和，就是你习惯性的表现。"关于习惯成就性格的说法并不是最近才提出来的。早在公元前 350 年，古希腊哲学家亚里士多德便宣称："正是一些长期的好习惯加上临时的行动才构成了美德。"

习惯实际上不仅仅影响我们的个人生活，许多心理学家都一致认为，实际上正是习惯引导着整个社会结构的心理机制的改变。19 世纪心理学家威廉 · 詹姆斯（William James）如此写道：

习惯就像一只巨大的飞轮。是它使那些从事最艰苦、最乏味职业的人们没有抛弃自己的工作；也是它注定了每一个人都只能在自己所接受的教育和最初选择的范畴内与生活展开搏斗，并为那些自己虽不认同，但却别无他选的某种追求而付出最大努力；同时，也是它使各社会阶层清晰地区分开来。

哪怕一个人只有 25 岁，你也能够在这个年轻的身影上一眼看出未来的推销员、医生、律师，或是首相；哪怕只是一句话，你也能够从中分辨出细微的主观思维模式，以及特定的行为方式。而这些都在表明，他们总有一天逃不过某种命运，就像是衣袖上会出现的褶子一样。我们的性格就像塑料，一旦塑造成形就很难改变，不过，这对于整个社会来说，也未尝不是件好事。

詹姆斯不仅注意到习惯的巨大力量是如何影响整个社会架构的，同时，他也指出了改变习惯的艰巨和不易。

（资料来源：[美] 杰克 · 霍吉 . 习惯的力量 . 吴溪译 . 北京：当代中国出版社，2007.）

2. 发掘潜能

潜能是一种尚未显现的潜在的能力，它一旦外化，与活动联系起来并影响活动效果，就变成显在能力，即通常所讲的能力。人的潜能是人的心理能量、大脑潜力的总和，具体包括创造潜能、社会潜能、感觉潜能、计算潜能及空间潜能等。从生理角度而言，人的身体潜能存在一个限度；但是从心理学角度讲，人的心理潜力之大却是无法想象的。

许多事实表明，潜能有着巨大的遗传性，它是人类进化的积淀，每一个人身上都有尚未开发出来的巨大潜能。通常情况下，一个人约 120 亿的脑细胞被激活的不到 10%，伟大的科学家爱因斯坦的脑细胞被激活量也不过 30% 而已，绝大部分都处在沉睡状态，科学上称其处于完全抑制状态。国内外学者用“海上冰山”的理论来形象地说明人类潜能的巨大。即人的能力好似一座海中的冰山，浮在水面上的很小的那部分是人的已知能力——显能，而沉没在水面之下的未显露的无法估量的部分是人的未知的能力——潜能。因此，人的潜能若能得到充分开发，则人类的能力将无可限量。

根据敏感期和大脑发育理论，婴幼儿时期是孩子神经系统发育最快、各种潜能开发最为关键的时期。也就是说，潜能只有在人类大脑成长发育时期才能被充分激发出来。对 0 ~ 3 岁婴幼儿进行科学的早期教养的意义正在于此，即在人的大脑成长发育最迅速的婴幼儿时期促进左右脑同时发展，增强大脑的活跃度，让脑细胞、脑神经能够发挥无限的可能，形成最有效的人脑功能网络，从而使各项潜能得到最大程度的开发。

早期教育的核心在于提供一个教育营养丰富的环境，对孩子的大脑发育和人格成长进行激活，从而为其日后的发展打下一个坚实的基础。

美国科学家在动物实验中发现，对猫头鹰进行早期教育可以使它们的大脑产生持久的生理变化，这样它们在幼年学习到的技能也能保存到成年时期。科学家们引申说，对孩子进行的早期益智教育，也会在他们的脑海中留下永久印记。

3. 养育健康的身体

“教养融合，以养为主”是对 0 ~ 3 岁婴幼儿进行教养的原则。健康是养育的核心。在良好的环境氛围中促进婴幼儿身体和心理的良好发展是一切早期教育活动的前提，也是早期教育活动最基本的意义之所在。

在《中国儿童发展纲要》中一直都把婴幼儿的健康作为保育的重要目标，并予以细致的阐述。2011—2020 年的《中国儿童发展纲要》便指出：“婴儿和 5 岁以下儿童死亡率分别控制在 10‰和 13‰以下”“减少儿童伤害所致死亡和残疾”“控制儿童常见疾病和艾滋病、梅毒、结核病、乙肝等重大传染性疾病”“0 ~ 6 个月婴儿纯母乳喂养率达到 50% 以上”“降低儿童心理行为问题发生率和儿童精神疾病患病率”等。可见，国家把婴幼儿的健康放在了儿童发展的首位。

从家长的角度来说，如果让家长在健康、智慧和美貌三者中为孩子进行选择，绝大多数的家长都会选择健康。失去健康，智慧和美貌的价值都会减损，甚至无价值可言。

但是，人们有一种传统思想，认为养育孩子并不需要如何去学习，凭借一代代传下来的经验就能够养育健康的孩子。而实际上，那些经验常常是存在问题的。如果以一些不当的方式来教养孩子，常会给孩子带来伤害，而且这些伤害会在孩子的成长中逐渐地显现出来，甚至会影响孩子一生。同时，有些家长意识到孩子需要科学教养，但却不知道如何去做。什么时候添加辅食，什么时候在食物中添加食盐，添加多少，什么时候断奶，宝宝挑食、厌食怎么办，宝宝需要什么时候如何补钙，宝宝生病时如何发现和护理，宝宝脾气暴躁或不喜欢与人交往怎么办，如何保证宝宝的安全，等等问题，从各个方面来说，这些问题的解决都需要科学的指导。举个简单的例子，一些祖辈认为新生儿的乳头需要挤压，否则成年后乳头会向内凹陷。这种做法毫无科学道理，对宝宝不但无益，严重的话还会引起乳腺组织发炎。

4. 培养良好的性格

良好的成长环境、科学的教养不但可以培养出头脑聪明、身体健康的孩子，而且可以培养出具有良好性格特征的社会人。这样的人，快乐活泼、勇敢自信、勤劳善良、安静专注，且具有很强的创造性和独立性。无论智商高还是低，他们都比较容易成就自己的人生，创造出更高的社会价值。

性格是表现在人对现实的态度和惯常的行为方式中的比较稳定的心理特征，是在个体和周围环境相互作用的过程中形成的。一方面，不同的生活环境，会使人形成不同的性格特征。而科学研究又已经证明，3 岁之前是人的性格形成的最佳时期。宁静愉快家庭中的孩子与气氛紧张及冲突家庭中的孩子在性格上有很大的差别。宁静愉快家庭中的孩子，在家中感到有安全感，生活乐观、愉快、信心十足，待人和善，能很好地完成学习任务。气氛紧张及冲突家庭中的孩子缺乏安全感，情绪不稳定，容易紧张和焦虑，长期忧心忡忡，害怕父母迁怒于自己而受严厉的惩罚，对人不信任，容易发生情绪与行为问题。再如，具有完美性人格的人会表现出思虑过度、多疑、恪守规矩、缺少安全感等性格特征。这样的人，当受到一定的心理刺激后，就很容易患上强迫性神经官能症。而从小就用这种方式培养的孩子将来也很可能成为强迫症患者。

另一方面，性格一经形成便影响和制约人所从事的实践活动，也可以控制、支配与调节人的气质特征。性格的好坏影响人的一生。一个性格稳健的人，就可以控制容易冲动、脾气急躁等气质现象；一个性格乐观的人，即使是抑郁质的人，也会表现出热情与振奋。

由此可见，对 0 ~ 3 岁婴幼儿进行科学的保育和教育非常重要。

【拓展阅读】

软糖实验

1960 年，美国著名的心理学家瓦特 · 米歇尔在斯坦福大学的幼儿园做了一个著名的软糖实验。

实验过程：瓦特 · 米歇尔召集一群四五岁的小孩，给每个孩子发放一颗软糖，并告诉他们，他要出去一会儿，如果谁能控制自己不吃这块软糖，他回来后会再奖励他一颗。否则的话，这个奖励就没有了。

实验结果：孩子们表现出了不同。有些孩子禁受不住诱惑，吃掉了那颗软糖；而有些孩子却能够坚持不吃，并最终得到了两颗糖。

后续调查表明，这些孩子上中学后，表现出了一些明显的差异。那些在四五岁时能够坚持换得第二颗软糖的孩子大多具有自信、独立、受人喜欢、适应性强及冒险精神强等特点。他们长大后，在毅力、抗挫能力和合作能力等方面都很强，比较容易成功。而那些吃掉软糖的孩子则更可能变得孤僻、固执和抗挫能力差。

实验结论：自控能力强的人往往具有更多的良好性格特征，也往往更容易成功。一个能够成熟地调控自己情绪和情感的人，也往往具备调节别人情绪的能力。性格在人生成败上所起到的作用，常常超过智力因素。

5. 补偿先天不足与缺陷

由于遗传、营养、意外伤害等因素，导致一些儿童先天不足，或出现某种生理或心理缺陷。而儿童的生理发展和心理发展密切相关，相互影响。年龄越小，这种相互影响就越大。如听力

有问题的儿童，他的理解能力和思维能力的发展会受到限制，视力有问题的儿童，他的定向能力和对物体进行视觉加工的能力就会受到影响。

由于大脑可塑性和儿童发展关键期的存在，在出生后的头几年，儿童的身体器官、骨骼、神经系统等都处于迅速发育阶段，可塑性极大，只要适时地抓住这个关键阶段，尽早进行科学的喂养、训练和教育，就会产生较好的补偿效果，甚至使问题得以完全改善。如孩子个头矮小的干预在 12 岁之前效果明显，失聪干预 3 岁前最关键，视力问题的干预关键期在 4 岁之前。在中国，错过 0 ~ 4 岁早期干预治疗的视障儿童很多，大约每分钟就会增加一个盲童，而每分钟增加的“低视力”儿童则会多达 3 个。如果对这些“低视力”儿童进行干预，其最佳矫正视力则可以达到 0.05 ~ 0.3 之间（不包括 0.3），这样就可以避免成为盲人的命运。这些儿童将来在生活中可能遇到的一些困难被解决在人生早期，可以增强他们的社会适应力。

通过对 30 名智力发育迟缓儿童的教育，北京首都儿科研究所发现，经过早期教育可以弥补婴幼儿智力方面的缺陷。通过早期教育，这些智力有缺陷的婴幼儿不但拥有了正常儿童具备的站立、行走等能力，而且其语言表达能力和思维能力都有极大的发展，有些轻度智力残疾婴幼儿，经过早期教育可以接近甚至达到正常水平。相反，没有经过早期教育的有智力缺陷的婴幼儿，其智力发展跟不上年龄的增长，在智商上表现为相对下降。

6. 改善教育现状，提高民族素质

在高速发展的今天，教育水平已经是一个国家是否强大的重要依据。高超的科技水平、优越的生活条件、强大的综合国力都源自对教育的高度重视和教育水平的高超。因此，任何一个国家，若想走在世界前列，首先应该重视的是教育和整体国民素质的提高。而早期教育的成败，对此有着相当重要的影响。

当前，早期教育在一些先进国家，如美国、英国、新西兰以及一些北欧国家都已得到相当重视，它已成为提高人类文明、促进社会进步的重要内容，被视为人才培养的奠基工程。同时，如前文所述，我国的《关于幼儿教育改革与发展的指导与意见》《国家中长期教育改革和发展规划纲要（2010—2020 年）》《中国儿童发展纲要（2011—2020 年）》等纲领性文件也都强调了 0 ~ 3 婴幼儿教育和保育的重要性，而且一些学前教育专业也已经将 0 ~ 3 岁婴幼儿的教育和保育课纳入课程体系当中。

但是，就我国目前教育现状来看，对于 3 ~ 6 岁幼儿的教育从理论到实践都已趋于成熟，但是对 0 ~ 3 岁婴幼儿教育的重视则起步较晚，此年龄阶段的婴幼儿只有一小部分能够进入托儿所接受教养，而更多的则是在家庭中由亲人、保姆等看护。目前，0 ~ 3 岁婴幼儿的教育问题只在北京、上海、深圳等一些大城市得到较多关注，由政府出台惠民政策，并建立监督机制，基本保障常住人口 95% 以上的婴幼儿家长及看护人员每年都能受到一定程度的早期教育指导。在其他一些城市，虽也相继出现了一些民间早教机构（亲子园），为婴幼儿提供了一定的接受早期教养的机会。但实际上，我国目前仍有相当比例的婴幼儿家长及看护人员得不到科学的早期教育指导，他们并不懂得如何对婴幼儿进行科学教养，一些人根本就不接受早期教养这个概念，认为 3 岁以前的孩子过小，能够吃饱、喝好、穿暖、不生病就足够了，对于婴幼儿健康的理解存在偏颇，常忽视心理、情绪、智力等方面的发展、变化与需求。因此，这些看护人员只把对婴幼儿的喂养、照顾、生活能力的培养看作是自己的主要职责，基本上谈不到系统、科学的教育。

因此，为与国际教育接轨，提高国民整体素质，使中华民族在国际社会竞争中立于不败之

地，重视 0 ~ 3 岁婴幼儿的教育和养育是必要之举，而且迫在眉睫。

第二节 国内外 0 ~ 3 岁婴幼儿保育与教育发展概述

对 0 ~ 3 岁婴幼儿的保育与教育，从 20 世纪 60 年代起，世界上许多国家就已开始重视。到 20 世纪 90 年代，形成了比较完善的理论体系和服务体系。与之相比，我国的相关研究起步稍晚，但发展迅速。从 20 世纪 90 年代中期开始，至今已在武汉、北京、江苏、广州、天津等一些大城市进行了实践研究，并已经取得一定成效，而且国家已将 0 ~ 3 岁婴幼儿的保育与教育纳入教育发展规划之中，一些早教机构如雨后春笋般的蓬勃兴起也为我国 0 ~ 3 岁婴幼儿接受保育与教育提供了更多的机会。

一、国外 0 ~ 3 岁婴幼儿保育与教育的发展

自 20 世纪 60 年代起，早期教育的重要性就引起了一些发达国家和发展中国家的政府及社会各界的重视，于是他们纷纷行动起来，相继开展早期教育活动。其中具有代表性的有美国的“早期开端教育计划”、英国的“确保开端计划”和“早期教育纲要”、新西兰的“普鲁凯特计划”、以色列的 0 ~ 3 岁教养计划、秘鲁的“娃娃之家”工程和我国的“0 ~ 3 岁婴幼儿早期关心与发展”研究行动等，0 ~ 3 岁婴幼儿及其家庭的早期教养指导与服务计划已经在世界各地全面铺开。在这些早期教养实践活动中，教育者积累了丰富的教养经验，为早期教育实践及理论研究的深入奠定了坚实基础。

（一）国外 0 ~ 3 岁婴幼儿保育与教育的发展状况

这里，只选取几个具有代表性的案例来介绍。

1. 美国的“早期开端教育计划”

1965 年，美国联邦政府实施了迄今为止规模最大的早期儿童发展项目——开端计划 (Head Start Project)。该计划主要关注 3 ~ 4 岁家庭贫困儿童的教育、医疗与身体健康状况，旨在通过关注儿童的早期发展来扩大弱势群体受教育的机会，以消除贫困。到 1995 年，开端计划项目把服务对象延伸到婴儿、蹒跚学步的儿童及怀孕妇女，旨在提高婴儿出生时的健康水平、促进婴儿的发展、增强家庭在儿童早期教养中的积极作用。这便是早期开端计划 (Early Head Start，简称 EHS)。

早期开端计划包括儿童发展、家庭发展、社区的建立和工作人员的发展四个部分。具体内容为：促进所有婴幼儿（包括残疾儿童）的身体、社会性、情感、认知和语言发展的需要；进行家访，尤其是对新生儿家庭的家访；要求父母积极参与决策的过程，且特别注意引导父亲的养育行为；工作人员和父母一起开发个性化家庭发展规划，注重孩子的发展需要、家庭的社会和经济需求；建立全面的社区服务网络，以增加家庭获得社区支持的机会，从而有效地利用社区有限的资源，改善社区的服务系统；要求工作人员必须具有开发和培育的能力，能给儿童与家长提供支持性帮助，使用跨学科的方法开展持续的培训、监督和指导，并重视各种良好关系的建立。此外，此项目负责帮助儿童从接受“早期开端计划”到接受“开端计划”或者其他高质量的支持性服务的过渡——这种衔接对于保证儿童继续接受相关早期儿童发展服务相当重

要，对于相关家庭继续接受支持性服务以便促进儿童更加健康地发展是必要的。

通过对接受此项目的3岁幼儿的评估，人们发现，他们在认知、语言、社会情感发展方面的得分明显高于对照组。同时，他们的父母在家庭环境和养育行为等方面的得分也显著高于对照组的父母。而且早期开端计划也使很多父母改进了家庭的消费质量，那些参与早期开端计划的父亲也受益匪浅，改变颇大。总体上看，在与开端计划的衔接上，控制组儿童的得分好于对照组。

2. 英国的“确保开端计划”和“早期教育纲要”

（1）确保开端计划（Sure Start）是1998年起英国布莱尔政府为消除贫困、防止社会排斥及改善处境不利幼儿的生活环境、大力发展学前教育而推行的一项教育改革，曾被誉为英国学前教育的“希望工程”。该计划的实施主要针对低收入家庭，重点关注此类家庭中包括胎儿在内的4岁以下婴幼儿的教育及其家庭的健康和福利状况。它通过创建地方开端计划、向所有为儿童服务的人员宣传地方计划中的实践经验等主要措施，为幼儿及其家庭提供支持，并鼓励家长广泛参与。计划包括对家庭的支持、教养建议、健康服务和早期学习等内容，其特点是通过吸收家长参与管理和决策、组织家长座谈会、实行“男性公民参与计划”等途径实现与家长的广泛合作，为家长提供就业信息，实行“家庭访问计划”，开展“健康饮食计划”及向家长提供必须用来支付幼儿教育、保育以及家庭医疗等方面费用的工作税贷款。

确保开端计划是政府解决儿童贫困和社会问题的一项基础性工作，已取得显著成效。

（2）早期教育纲要（The Early Year Foundation Stage，简称EYFS）是世界权威的婴幼儿教育标准之一。它是英格兰政府以“给父母最好的选择、给幼儿最好的开始”为宗旨提出的一个教育方案，此方案在2008年9月被正式纳入英格兰的法制之中。

EYFS由英国教育部组织7000多名专家、学者和教师历时12年制定完成。它是通过对世界各国先进的幼儿教育理论和实践经验进行研究而最终总结出的一套比较科学的早期教育方案。这些先进的教育理论包括意大利蒙台梭利（Maria Montessori）教育理念、瑞吉欧（Reggio Emilio）关于成人的儿童观及成人期望的重要性的观点、德国史坦那（Rudolf Steiner）的华德福（Waldorf）理念、美国的高瞻教育（High Scope）、福禄倍尔的哲学、苏珊艾萨克的经验主义理论、列夫维果茨基关于游戏和最近发展区的理论、美国Margayet Donaldson博士和Carol Dweck博士关于儿童对自己作为学习者的认识的观点、以及Kathy Sylva教授关于早期教育影响作用的研究观点等。

EYFS涵盖了婴幼儿学习的6个领域：①个性、社会性和情感；②交流、语言和书写；③解决问题、推理和数理能力；④对周围世界的认识；⑤身体的发展；⑥创造力的发展。其目标是给所有0～5岁的幼儿提供一个连续的发展与学习体系，使他们在生活中获得更多更好的发展机会，让每个幼儿都能在将来成为身心健康、拥有安全感、成功和快乐的人。

3. 新西兰“普鲁凯特计划”

新西兰是一个教育比较发达的国家，教育经费开支占政府开支第三位，它的早期教育也发展得比较迅速。1972年开展了婴儿成长跟踪行动，1993年正式启动普鲁凯特（Plunket）计划，2002年制定了一项从2002年至2012年的早期教育十年战略计划(Path-ways to the Future)。

普鲁凯特（Plunket）计划是以新西兰前首相的名字命名的一项国家教育行动计划，旨在通过提供合适的医疗或支持计划、教育活动等来为拥有婴幼儿的家庭提供支持，从而使这些家庭中的婴幼儿得到优质的保育服务。现已有90%多的新生儿父母都在某些方面得到了普鲁凯

特计划的帮助。

普鲁凯特计划为家庭提供的服务内容主要包括：家访咨询、帮助家长理解和支持幼儿的游戏、分享儿童保育和教育的经验、提供初步的社区健康服务、为有特殊需要的儿童和家长提供支持。

普鲁凯特计划面向全国所有婴幼儿，由卫生部确立了以下关于儿童和家庭健康的目标：确定毛利人、太平洋人和其他新西兰儿童之间的健康差别；确保婴幼儿得到相应的照顾，提倡母乳喂养；宣传无烟环境对怀孕的好处，减少被动吸烟带来的危害；增加学前牙齿保护服务的注册；宣传积极的育儿知识，降低因虐待儿童和家庭暴力导致的伤害、残疾和死亡；提供免疫服务，以减少由可预防疾病带来的危害；减少由意外伤害带来的伤害、残疾和死亡；减少出现在婴儿期或儿童期的可预防或可治愈的听力及视力丢失；减少婴儿猝死症（SIDS）的发生，减少可诱发婴儿猝死症的因素；帮助父母及早识别儿童疾病；推动早期发育和发育不良的检查；提高母亲、婴儿以及家庭的心理健康。

（二）国外 0 ~ 3 岁婴幼儿保育和教育的发展特点

1. 面向全体婴幼儿

国家的发展依靠民众，民众素质的整体提高是国家持续、良好发展的前提。因此，在早期教育发展比较完善的国家，其早期教育的受益者为国内的全体婴幼儿，也就是说，它所关注的对象是包括胎儿在内的所有婴幼儿，且特别关注处境不利婴幼儿的教育及其家庭的健康和福利状况。政府还为有特殊需要的儿童和家长提供经济及教育方面的支持。例如，针对日常生活和学习中残疾婴幼儿及其家长常常被歧视和排斥的现象，“确保开端计划”便要求所有的工作人员必须对残疾幼儿及其家长予以充分的尊重，并组织家长座谈会，交流抚育残疾儿童的经验教训，减轻家长的心理压力，帮助他们重建自信。这样做，不仅可以扩大弱势群体接受良好教育的机会，同时也能够提高民族的整体素质。

2. 家长广泛参与

家长是孩子的第一任老师，陪伴孩子的时间最长，而且婴幼儿时期是孩子模仿力最强的阶段，因此家长的言语、行为、性格和爱好等都对孩子起着耳濡目染的作用，令其终生受益或受害。此外，加强亲子沟通有助于加强婴幼儿的自信力和抗逆力，利于婴幼儿良好性格的形成。鉴于此，很多国家的早期教育都非常重视家长的全面参与，通过制定和实施多种项目吸收家长全面参与到婴幼儿教育中来，通过建立“父亲学习小组”和男性产假等措施，鼓励男性积极参与到婴幼儿的保育和教育中来，并对父亲的养育行为予以引导，从而为幼儿的成长提供良好的环境（图 1-1）。

图 1-1　你的成长有我的陪伴

3. 服务综合化、多元化

对 0 ~ 3 岁婴幼儿进行保育和教育的形式多种多样，但父母可以根据自身情况和需求来选择。可以选择家庭教养,也可以选择机构教养;可以选择短时看护,也可以选择正式、正规的教养。同时，早期教育方案的制定也比较灵活，针对性强，对有特殊需要的服务对象和社区，以及社区中每位婴幼儿和家庭的需要做出反应。所提供的早教服务务求灵活、有效，富有弹性。

二、国内 0 ~ 3 岁婴幼儿保育与教育的发展

(一) 国内 0 ~ 3 岁婴幼儿保育与教育的发展状况

与国际上一些教育先进国家相比较，我国 0 ~ 3 岁婴幼儿的保育与教育的实践与研究都略为滞后，但发展迅速。从 20 世纪 90 年代中期始，在北京、上海等一些大城市已由教委、计生委、妇联等政府相关部门出台政策，并组织实施了 0 ~ 3 岁婴幼儿早期教养的实践研究活动，且取得一定成效；目前，0 ~ 3 岁婴幼儿的保育与教育已正式受到国务院、全国妇联、教育部、国家人口计生委等中央政府部门重视，已将其纳入教育发展规划之中；此外，国内自创和国外引进的早期教育机构使得早期教养的实践与研究得到了极大的推广，其作用不可低估。

1. 0 ~ 3 岁婴幼儿保育与教育在我国一些城市的发展

0 ~ 3 岁婴幼儿的早期教养以北京、上海、广州等大城市为先导，集政策支持引导、实践指导和理论研究于一体，逐步趋向完善。

(1) 北京 0 ~ 3 岁婴幼儿保育与教育的发展

1995 年，北京市妇联等单位与北京幸福泉幼教机构程淮教授联合推出“人生第一年——北京六婴成长跟踪指导行动”。该行动最终荣获两项国家级大奖。行动中，组织者在北京市随机选取 6 名元旦出生的婴儿，对其成长进行定期的跟踪指导。从婴儿出生到三周月，每周一次上门跟踪指导；从第四个月起，到满 1 周岁，每月两次。主要是向其父母普及适合婴儿发展特点的个别化的实用知识和技能。在孩子 1 周岁，即该行动结束时，这些随机抽选的出身普通家庭的婴儿，智商平均达到 130 以上。

1998 年，“2049 计划”，即为共和国的百岁华诞（2049 年）培育百万英才的“全国百万婴幼儿潜能开发跟踪指导计划”由著名儿科专家、北京协和医院儿科前主任籍孝诚教授和程淮教授领导的北京幸福泉儿童发展研究中心与中国家庭教育学会、国家计生委生殖保健协会、卫生部中国妇婴保健中心等机构联合推出。该计划准备在两年内，即到 2000 年底，在全国范围内，以滚动方式跟踪指导 100 万 0 ~ 3 岁婴幼儿的成长，对其父母进行婴幼儿营养、保健、心理、教育等多学科知识与技能的指导，从而使这些婴幼儿的潜能得到全面而充分的开发。该计划在北京、太原、深圳、长春、南昌、齐齐哈尔、石家庄等十余个城市设立了“0 ~ 3 岁宝宝潜能开发俱乐部”，以会员制的形式，为 0 ~ 3 岁的婴幼儿和家庭提供科学的、规范化的早期潜能开发与亲子教育服务。作为 2049 计划的专用跟踪指导工具《0 ~ 6 岁儿童体格—智能发育综合监测图》已获国家专利，其配套的计算机软件作为国家教育部科学教育重点课题的创新成果已通过鉴定，日前已正式启用。中心目前还承担教育部“0 ~ 6 岁一体化的婴幼儿潜能开发”重点课题的研究，仅北京市就有若干所一级一类或一级二类幼儿园参加课题实验班，并开办了 0 ~ 3 岁社区宝宝潜能开发俱乐部。

把学前教育写入法规，是世界教育科学、心理学发展和教育法规的发展使然。在教育实践

与研究的基础之上，北京市政府、教委等部门负责人联合学前教育专家程淮等人经过长期酝酿、多方调研，于 2001 年共同草拟了《北京市学前教育条例》(以下简称《条例》)。《条例》规定:“本市提倡和支持开展 3 周岁以下婴幼儿的早期教育。”并指出，“学前教育应当遵循学龄前儿童的年龄特点和身心发展规律，实行保育与教育相结合，以游戏为基本活动形式，寓教育于生活及各项活动之中。”《条例》是全国第一部关于学前教育的法规，北京人开始受教育的法定年龄从过去的 3 岁一下子上推到呱呱坠地之时的 0 岁，这是社会教育理念的重大突破。《条例》的出台，被称之为北京教育领域一场静悄悄的革命。

2002 年，在全市建立 20 个社区儿童早期教育基地是北京市政府为市民办的 60 件实事之一，11 月，北京首批 20 个社区儿童早期教育示范基地挂牌，任务如期完成。第一批授牌的 20 个早教基地分布在本市 8 个城近郊区，主要依托社区内的幼儿园，可覆盖社区内的 4400 多个家庭。早教基地建在幼儿园，但是与幼儿园不同的是，每个基地配备了 3 岁以下儿童的专用活动室、有专门的运动器械和儿童玩具，有接受过婴幼儿早期教育培训的专业教师，基地向社会开放，举办各种定期的亲子活动。授牌仪式上，北京市教委副主任李观正还宣布：“十五”期间，北京还要建立 100 个社区早教中心，彻底缓解本市三岁前儿童受教育难的问题。让每个儿童拥有最佳的人生开端已正式列入北京教育规划之中（图 1-2）。

图 1-2　社区早教服务

2003 年，《北京市 0 ~ 3 岁儿童教养大纲》面世，0 ~ 3 岁婴幼儿早期教育工作正式纳入北京市教育部门行政管理范畴。大纲包括身体与动作、语言与认知、生活与交往等方面的教养要求，具体划分为发展指标与教养策略两大部分。对婴幼儿的早期教养具有很强的规范和指导作用。

2006 年 6 月起，北京市向 10 万儿童发放由市教委和市卫生局联合印制的“北京市 0 至 3 岁儿童免费教育卡”，教育卡将在儿童接种疫苗时发放给家长，流动人口子女同样可以领取，这体现了此次活动“使 0 ~ 3 岁婴幼儿均享教育机会”的特点。得到免费卡的儿童可到北京市、区县早期教育示范基地参加两次免费教育活动。同时下发文件，要求市、区县早教基地承担起免费接受持卡儿童家长参加早教活动的任务，热情为社区家长服务，做到“零”拒绝。各早

教基地的联系电话要确保每日有人接听,保证接待电话预约的儿童家长参加免费早教活动。"北京市0至3岁儿童免费教育卡"活动将纳入市、区县教委对市区早教基地动态管理中，作为考核市、区县早教基地的重要内容之一。目前全市已有市级社区早教基地110所,覆盖了18个区县。

2007年,北京市委、市政府发布《关于深入贯彻落实科学发展观统筹解决人口问题的决定》,明确指出:要"大力普及婴幼儿抚养和家庭教育的科学知识，开展婴幼儿早期教育"。2011年，为贯彻此《决定》精神，北京东城区人口计生委结合区域实际，确立了以"政府部门主导，社会力量支持，个体家庭参与"为指导思想，立足于社区、服务于社区，满足个体家庭需求的东城区"0 ~ 3岁婴幼儿家庭早期教育促进"项目。该项目计划在两年内提高东城区0 ~ 3岁婴幼儿家庭科学育儿技能，针对0 ~ 3岁婴幼儿家庭，系统开发、规范符合中国家庭需求的早教示范教程并进行专业辅导；指导社区开展受婴幼儿家庭欢迎的早教活动，提高0 ~ 3岁婴幼儿家庭早教知识和动手能力。

2011年，为提高人口素质、树立现代早教观念，北京市人口和计划生育委员会推出《"十二五"0 ~ 3岁婴幼儿教育发展规划》，该规划明确规定，从2011年至2015年，在北京16个区县建立16个北京市人口计生委0 ~ 3岁婴幼儿教育基地；培训0 ~ 3岁儿童健康教育指导师和育婴师各约1万人；0 ~ 3岁婴幼儿受惠人数60万~ 80万人。同时，在基地规模建设和儿童健康教育指导师和育婴师培训上加大了经费的投入。

（2）上海0 ~ 3岁婴幼儿保育与教育的发展

作为国际大都市的上海，在教育发展方面也走在时代前列。早在1999年就已初步形成了社区、机构和家庭三位一体的多方位、多形式的社区学前教育模式。

2000年，上海市教委联合上海市教育科学研究院、华东师大、上海市儿童保健所、上海市儿童医学中心及各区县幼儿园、托儿所等单位，开始了《0 ~ 3岁婴幼儿早期关心与发展的研究》这一课题的研究。在研究中，获得了大量有效的婴幼儿教育经验，并将这些经验总结归纳，提升为具有推广价值的理论，且发展了婴幼儿教养的新理念，同时培养了一批婴幼儿教育研究的骨干力量。

2003年，为进一步推进市学前教育事业的发展，实行托幼一体化的教育，提高学前教育机构对3岁前婴幼儿教养工作水平和家庭教育指导水平,上海教委制订并下发了《上海市0 ~ 3岁婴幼儿教养方案(试行)》,《方案》成为上海市托幼园所实施3岁前教养工作的活动指南,也为家庭教养提供了参考。

2004年，上海市教委、卫生局、民政局、机构编制委员会、人口和计划生育委员会、妇联等单位联合颁发了《关于推进0 ~ 3岁散居儿童早期教养工作的意见》,《意见》明确规定,到2007年，0 ~ 3岁散居儿童的家长和看护人员应普遍得到科学育儿的指导，即95%以上自出生到3岁的儿童的家长和看护人员每年接受4次以上有质量的科学育儿指导，在社区早期教育指导机构内有儿童的家长和看护人员接受指导的记录。同时，对科学育儿指导的形式、内容、工作管理和运行机制都做了明确要求。

2006年，上海市教委、卫生局和民政局联合颁发了《上海市民办早期教养服务机构管理规定》,《规定》指出，民办早期教养服务机构主要面向0 ~ 3岁散居儿童，对其家长及看护人员提供科学育儿指导、咨询，并提供儿童教养活动场所，是本市普及学前教育的重要服务形式，其目的是提高科学育儿的水平，促进儿童身心和谐发展。《规定》对民办早期教养服务机构的

房屋、设施设备条件、工作人员的基本条件、教育服务内容、申办和收费等方面都做了明确要求，这对上海早教市场的规范发展起到了很大作用。

2007 年，上海市教委为推广早期教育研究成果，修订了《上海市 0 ~ 3 岁婴幼儿教养方案（试行）》，使婴幼儿早期教育指导工作更加科学。同时，召开早期教育工作现场交流会，建立健全区域早期教育指导网络。这些工作，都促进了婴幼儿早期教育研究推广。

随着上海市各区县 0 ~ 3 岁婴幼儿一年 4 次科学育儿指导活动的不断推进，为进一步提升科学育儿指导活动的覆盖面和受益面，2012 年，上海闸北、杨浦、虹口、黄浦四个区县公办早教机构整合其优质早教资源，举办了上海市第一届早教节。此次早教节有近万名 0 ~ 3 岁宝宝家庭参加，成为上海市历史上规模最大的早期教育指导活动。参与活动的宝宝家庭不但可以在户籍所在地相关的早期教育乐园中接受早教亲子指导，体验游戏，参加活动，同时还可以聆听特邀知名儿童专家坐堂育儿大讲堂，分享宝贵的育儿心经。早教节凸现了上海市区 0 ~ 3 岁科学育儿指导活动的公益性、指导性和服务性，切实满足了 0 ~ 3 岁婴幼儿家庭多样化的早期教育指导与服务需求，2013 年上海早教节参与范围扩大，使更多适龄宝宝家庭享受到优质早教资源。

2. 国家关于 0 ~ 3 岁婴幼儿保育与教育的相关政策

联合国儿童基金会执行主任卡罗尔·贝拉米说：“0 ~ 3 岁是孩子成长的关键时期，任何负责任的政府都应该把早期儿童教育放在最优先考虑的位置，并在法律、政策、项目和资源配置等方面给予重视。”随着中国日益与国际接轨，早期教育在中国大陆也越来越受到政府和家庭的重视。

2001 年，《幼儿园教育指导纲要（试行）》指出：“幼儿园教育要与 0 ~ 3 岁儿童的保育教育以及小学教育相互衔接”。全国家庭教育工作“十五”计划提出，要“大力推广 0 ~ 3 岁儿童家庭教育工作指导的经验”。

2001 年，国务院在《中国儿童发展纲要（2001—2010 年）》中指出，儿童期是人的生理、心理发展的关键时期，教育必须从儿童早期着手培养。《纲要》从儿童健康、教育、法律保护和环境四个领域提出了儿童发展的主要目标和策略措施。至 2010 年，《纲要》确定的主要目标基本实现。儿童健康、营养状况持续改善，婴幼儿及孕产妇死亡率大为下降。2010 年，《国家中长期教育改革和发展规划纲要（2010—2020 年）》也指出，要“重视 0 至 3 岁婴幼儿教育”。

2006 年 12 月颁布了《中共中央国务院关于全面加强人口和计划生育工作统筹解决人口问题的决定》。《决定》中指出：“提高出生人口素质，事关千家万户的幸福，事关国家和民族的未来。要求大力普及婴幼儿抚养和家庭教育的科学知识，开展婴幼儿早期教育。”

2010 年，由全国妇联、教育部、国家人口计生委等七部门联合印发的《全国家庭教育指导大纲》中明确规定：人口计生部门负责 0 ~ 3 岁儿童早期发展的推进工作，将其逐步纳入公共服务的范畴。开展早期教育是提高人口素质的重要环节和有效措施，是新形势下的一项重要任务和义不容辞的历史责任。

为促进人的全面发展，为提高中华民族整体素质奠定更加坚实的基础，2011 年，国务院制定《中国儿童发展纲要（2011—2020 年）》，《纲要》提出要“促进 0 ~ 3 岁儿童早期综合发展”的要求，明确指出，要“积极开展 0 ~ 3 岁儿童科学育儿指导。积极发展公益性普惠性的儿

童综合发展指导机构，以幼儿园和社区为依托，为0～3岁儿童及其家庭提供早期保育和教育指导。加快培养0～3岁儿童早期教育专业化人才。”同时，要“提高0～6岁残疾儿童抢救性康复率”。

2013年1月，教育部办公厅下发了《关于开展0～3岁婴幼儿早期教育试点的通知》（以下简称《通知》），决定在上海市、北京市海淀区等14个地区开展0～3岁婴幼儿早期教育试点。《通知》强调了此次0～3岁婴幼儿早期教育试点的公益普惠性，要求将公共教育、卫生和社区资源予以充分整合，从而构建以幼儿园和妇幼保健机构为依托、面向社区、指导家长的婴幼儿早期教育服务体系。发展公益性婴幼儿早期教育服务是此次试点的目标，并要落实政府在早期教育中的规划、投入和监管等方面的责任，重点在婴幼儿早期教育管理体制、管理制度、服务模式和内涵发展等方面进行研究探索。

从《通知》中可以看出，0～3岁婴幼儿早期教育正逐步纳入政府教育工作重要内容，发展0～3岁婴幼儿早期教育正逐步列入教育发展总体规划。同时，政府牵头，教育和卫生等部门协调配合、资源有效整合正在付诸实施。

自0～3岁婴幼儿早期教育理念走入我国之后，各大小城市先后联合多方力量，选择试点单位开展早教指导研究工作。研究中，以医护为起点，融合教养，不断探索促进婴幼儿身心发展、提高家长育婴素质的新途径。例如，从1997年开始，北京社区婴幼儿早期教育研究协作组以北京方庄出生的两组同质正常儿童为对照组和被试组，指导被试组家长对新生儿从运动、认知、语言和社会交往能力等方面进行教养，其指导方法主要有向家长讲解婴幼儿期教育的重要性、帮助家长了解孩子的能力、介绍育儿常识等。两组婴幼儿在1岁半后接受测评。测评发现，两组婴幼儿在体格和社会文化方面的发展没有呈现出显著差异，但是在智力发展指数和心理发展指数上出现了明显的不同。研究组认为，试验的成效主要来自于对家长指导产生的作用。

综上所述，我国0～3岁婴幼儿早期教育得以迅速发展，一方面是得利于政策的支持和引导，另一方面，一些城市也起到了先锋的作用。此外，民间早教机构的促进作用更不可低估。

3. 蓬勃发展的早教机构

国内早教市场在1998、1999年开始萌芽。2000年全国仅有北京、上海、合肥3个城市拥有早教机构，2001年是早教发展的“井喷期”，政府开始加大对0～3岁婴幼儿早期教育的关注程度和投入力度。2003年的非典对早教市场造成重创，国内的早教机构进行了大洗牌。2005年国内外更大资本进驻，早教市场成为名副其实的“朝阳产业”。

目前，我国主流早教机构的门店数量众多，但各家寻找的市场有所不同，这使得早教市场在不断细分中升级，各自形成了自己的商业模式。主要有亲子园与幼儿园一体化教育的红黄蓝，把家长纳入教育对象的新爱婴、东方爱婴，独创“三维平衡”发展理论的积木宝贝，将美式教育本土化的金宝贝、天才宝贝，用艺术启发孩子思维的创艺宝贝，主攻少儿英语教育的瑞思等早教机构。这些早教机构以加盟的形式在全国推广，覆盖率逐年增大，极大地弥补了我国公立早期教育机构的不足，为我国更多的0～3岁婴幼儿接受早期教育提供了机会。但是，目前我国政策还未立法规范0～3岁早教市场的运作模式，行业规范、监管和规划发展尚未建立起来（图1-3）。

图 1-3　早教机构的亲子教室

（二）国内 0 ~ 3 岁婴幼儿早期教育发展的特点

经过近些年的发展，我国 0 ~ 3 岁儿童保育与教育在一些城市的发展已趋于成熟，一些城市也正在逐步加快发展步伐。在发展过程中，体现出如下一些特点。

1. 城市先锋，实践与研究相促进

早在 20 世纪 90 年代，北京、广州、上海等一线城市就发起了关于 0 ~ 3 岁婴幼儿的保育与教育的跟踪指导、潜能开发等活动。如 1995 年，北京市妇联等单位与北京幸福泉幼教机构程淮教授联合推出了“人生第一年——北京‘六婴’成长跟踪指导行动”。1996 年，广州市实施了“广州市百名 0 ~ 3 岁儿童潜能开发项目”，并出台《广州市 0 ~ 3 岁婴幼儿社区保教服务方案》。1998 年，由北京推出了为共和国的百岁华诞培育百万英才的“全国百万婴幼儿潜能开发跟踪指导计划”，即“2049 计划”。1999 年，上海着手建立 0 ~ 6 岁托幼一体化的管理，并开展了《0 ~ 3 岁儿童早期关心和发展》的研究。这些活动多有专家参与，边实践，边研究，最终都取得了较好的成果，为我国早期教育的发展起到了先锋作用。

2. 政策引导，转变早期教育观念

北京、上海等城市的先锋实践，促进了中央政府相关部门对 0 ~ 3 岁婴幼儿保育与教育的重视，因此，进入 21 世纪，国务院、教育部、全国妇联、国家人口计生委等部门通过研讨制定了一系列相关文件，使 0 ~ 3 岁婴幼儿保育与教育从最初的被忽视提升到了被真正重视的层面。政策的出台，促进了人们早期教育观念的变化，由原来对 0 ~ 3 岁婴幼儿只重视保育的观念转变为了“教养融合，以养为主”，注意到了婴幼儿身心的全面发展。同时，人们也逐步意识到，对 0 ~ 3 岁婴幼儿保育与教育应是教师、家长、孩子三位一体的，对家长的“早期教育指导”也是我国早期教育发展的重要内容。需要一提的是，0 ~ 3 岁婴幼儿保育与教育虽然得到了政府的重视，但距离将其纳入国民教育体系还有很长一段路要走。教育经费的投入、教育过程的监管，以及专业从教人员的匮乏都是影响因素。

3. 政府行动，促进早期教育公平化

政策的引导及政府的行动，也促进了 0 ~ 3 岁婴幼儿保育与教育的公平化。目前，国家人口计生委已在全国所有省市开展了 0 ~ 3 岁儿童早期发展工作；“早期儿童养育与发展”（ECCD）项目也在越来越广泛的城市覆盖；教育部、妇联、卫生部等联合开展的全国家庭教育工作，也指向所有儿童。2013 年，在教育部下发的《关于开展 0 ~ 3 岁婴幼儿早期教育试点的通知》中，

也把0～3岁婴幼儿早期教育的普惠公益性作为了试点工作的目标。可以看出，注重教育公平也在呼唤政府来主导0～3岁儿童保育与教育工作，而不是将它交予市场调控。政府主导早期教育，是促进其公平、加快其发展的最为合理的途径。这不仅是中国，也是世界0～3岁儿童保育与教育发展的方向。

4. 跨部门合作与资源整合正在探索中

关于0～3岁婴幼儿的保育与教育涉及营养、卫生、保健、教育和资金支持等多个方面，因此，这不是哪一个部门能够单独承担的任务，它需要教育、卫生、计生、妇联、民政等多个部门协调与合作，需要各方面资源的整合。目前，我国这些部门都在为0～3岁婴幼儿的发展做着贡献，而且在国务院的领导下，已经有了多次合作。如联合下发指导性文件、发文部署任务等，特别是2013年在上海市、北京市海淀区等14个地区开展0～3岁婴幼儿早期教育试点，把各个相关部门的合作与资源整合落在了实处。但这些部门之间尚未形成合力，缺乏统筹，易导致责任难落实处。可以看出，我国儿童早期发展服务体系的跨部门合作仍在探索之中。

5. 市场主导，增加入学机会

目前，我国0～3岁婴幼儿早期教育仍然是市场主导，各种形式的早教中心、早教机构在政府的支持下可谓雨后春笋般地蓬勃发展起来。这在很大程度上弥补了我国政府行为下的早期教育发展滞后的不足，为0～3岁婴幼儿提供了更多的受教育机会。但是，这些教育机构层次参差，缺乏科学有效的监管，婴幼儿的早期教育价值难以全面体现。同时，由于父母教育观念落后、家庭经济状况差，导致了一部分婴幼儿无法接受价格不低的早期教育。因此我国早期保育和教育的发展应该以政府行为为主导，而不是依靠市场调控。

【案例及评析】

案例5　早教机构的亲子教学活动——走线（图1-4）

活动目标：

（1）培养宝宝养成良好的走路姿势，放松宝宝的心情，使宝宝能够以愉快的心情进入课堂。

（2）家长了解走线活动对婴幼儿教养的意义及注意事项，掌握走线的方法。

活动准备：

班得瑞轻音乐、布娃娃。

活动过程：

（1）老师与家长和宝宝打招呼后，请家长和宝宝在对面沿蒙氏线站好，向右转，然后带领家长和宝宝跟随音乐（由副班老师放音乐）沿着蒙氏线走起来。

（2）教师可变换走路时的动作，例如，请宝宝双手叉腰、将手臂伸平学习小飞机的样子、用小手轻轻地拍拍自己的小肚子等。

（3）最后，引导家长和宝宝在老师的对面沿着蒙氏线坐好。

图1-4　学前教育专业的学生在上亲子课——走线活动

评析：

此活动是早教机构亲子课的第一个活动环节。上课之初，宝宝刚刚进入教室，尚未进入上课状态，因此，以走线活动安抚宝宝情绪，放松其心情，引导其把注意力带到课堂，促使宝宝愉快而安静地进入学习状态。

此活动适合13至24个月的幼儿。这个年龄段的幼儿大多已经能够独立行走，正是培养正确行走姿势的关键时期。同时，加入简单的动作，可以训练宝宝走路时的平衡能力，增加走线活动的趣味。

注意事项：

（1）在活动过程中，老师要交代走线活动的目的。

（2）在活动过程中，要对家长和宝宝给予表扬。表扬要具体，避免笼统。像“大家走得真棒啊！”这样的话尽量不说，可以说“某某的脚抬得真高啊！”这样，宝宝就会明白自己棒在哪里，其他宝宝也会效仿。

（3）在这个年龄阶段幼儿的走线活动中，老师的语言表达要准确、简洁，指令清晰，语调要活泼轻快，起到带动的作用。

（4）活动时间为5分钟左右。过短，作用不大；过长，幼儿会失去兴趣。

案例6　妈妈去哪儿啦——藏猫猫（适合年龄：12至15个月）

活动目标：锻炼宝宝行走的能力，培养宝宝循声找物的能力。

活动准备：

（1）将一只沙发移动到客厅宽敞处，并清除沙发周围的障碍物、危险物。

（2）一两件宝宝喜欢的玩具。

活动过程：

（1）妈妈先把宝宝放到沙发旁，让宝宝自己玩喜欢的玩具。

（2）趁宝宝不注意，妈妈悄悄躲到沙发后面。

（3）妈妈轻轻呼唤宝宝的名字，并偶尔迅速探出头来，快速说“喵”，再快速缩回沙发后面，逗引宝宝寻找。

（4）当宝宝围绕沙发寻找时，妈妈也围着沙发变换位置，逗引宝宝。

（5）活动过程中，妈妈要给宝宝“找到”的机会，偶尔让他“发现”一下。

（6）找到后，妈妈要抱一抱宝宝，亲吻他，并予以夸赞。

（7）活动结束，妈妈和宝宝面对面坐下，妈妈拉着宝宝的手唱儿歌《藏猫猫》，同时配合适当的动作。

藏猫猫

小宝宝，藏猫猫，找啊找，找啊找，找来找去找不到。

喵喵喵，喵喵喵，找到啦，哈哈笑。

评析：

（1）听力发育影响宝宝语言的发展。宝宝12个月时声音定位能力已发育得很好，能主动向

声源方向转头，也就是有了辨别声音来源的能力。此活动对声音定位能力有强化作用。

（2）12 个月的宝宝，大多数都能够站稳走几步；到 15 个月时，已经能够走得稳了。此活动可以锻炼宝宝独立行走的能力。同时，以沙发为中心，意在为还不能稳稳当当走路的宝宝提供把扶依靠。

（3）活动过程中为宝宝提供找到的机会，让宝宝有成就感，体会发现的快乐，增加宝宝参与活动的兴致。

（4）此活动还可以拓展，在房间宽敞处摆放 2 ~ 3 个能让大人藏身的纸盒箱，大人在箱子后面变换位置，让宝宝找。宝宝稍大一些时，还可以让宝宝藏，大人寻找。难度不断增大，宝宝则兴致不减。这样，也培养了宝宝空间探索的能力。

【理论探讨】

（1）实例畅谈：结合生活实例谈谈对婴幼儿保育与教育的理解。

（2）小组讨论：在班级进行小组讨论，并以代表发言的形式展示讨论成果。

① 我国 0 ~ 3 岁婴幼儿保育与教育的发展特点与不足。

② 我国 0 ~ 3 岁婴幼儿的保育与教育应该如何发展。

【实践探究】

实地考察：以小组为单位，到所在地的早教机构或妇婴医院进行一次实地考察。

（1）记录被考察对象的一日活动。

（2）听取一节完整的早教课，并做记录。

（3）调查被考察对象的基本情况，并以表格的形式体现出来。

（4）观察被考察对象的教育环境，并从环境创设、教育理念等方面予以分析。

【拓展阅读】

北京市人口和计划生育委员会
“十二五”0 ~ 3 岁婴幼儿教育发展规划

为深入贯彻中共中央、国务院《关于全面加强人口和计划生育工作统筹解决人口问题的决定》和北京市委、北京市政府《关于深入贯彻落实科学发展观统筹解决人口问题的决定》中“大力普及婴幼儿抚养和家庭教育的科学知识，开展婴幼儿早期教育”的文件精神，落实《全国家庭教育指导大纲》中“人口计生部门负责 0 ~ 3 岁儿童早期发展的推进工作，逐步纳入公共服务范畴”的部门职责分工，特制订本规划。

一、战略意义

进入 21 世纪以来，我国人口和计划生育事业进入了稳定低生育水平、统筹解决人口问题、促进人的全面发展的新阶段，提高人口素质已经成为本市人口与计划生育工作的一项重要任务。科学研究表明：人类生命的最初三年是生长发育的重要时期，婴儿出生后的 36 个月是成长的

关键，此时，大脑发育最快、最具开发潜力，适时的培养和环境的刺激对大脑的发育能产生重要的影响。因此，应当树立提高人口素质要从提高 0 ~ 3 岁的人口素质抓起的现代理念，把全民素质教育的开端提至 0 ~ 3 岁婴幼儿及孕期、怀孕前准备期，使 0 ~ 3 岁婴幼儿教育受到政府、社会、学前教育机构和家庭的普遍重视，把发展 0 ~ 3 岁婴幼儿教育作为我国政府继控制人口数量之后，着力提高人口素质的一项重要的奠基工程，不断促进我国由人口大国向人力资源强国的转变。

二、指导思想

以科学发展观为指导，坚持以人为本，深入贯彻落实国家七部委《全国家庭教育指导大纲》的精神，提高首都人口素质，为建设世界城市，落实人文北京、科技北京、绿色北京营造良好的人口环境。

以“政府部门主导，社会力量支持，个体家庭参与”为原则，立足于社区、服务于社区，为满足个体家庭需求，构建起公共服务平台的早期教育模式。

三、发展目标

具有国际视野的 0 ~ 3 岁婴幼儿教育。与国际接轨，从国际化的高度上认真筹划，以国际化的理念指导项目实施，取得良好的效果，完成“十二五”发展规划任务，达到提高北京市人口素质的目标。

走在全国的前列的 0 ~ 3 岁婴幼儿教育。符合北京首善之区的城市定位，为全国 0 ~ 3 岁婴幼儿教育项目做表率，为推动全国人口素质的提高做出贡献。

构建有效管理机制的 0 ~ 3 岁婴幼儿教育。以培养儿童的创造性思维和创造性的社会心智模式为核心理念，为 0 ~ 3 岁的婴幼儿提供安全、健康、自信、愉快成长的环境，通过“在快乐中自我探索，在探索中享受快乐”，使其具有良好的适应能力、社交能力、创造能力以及健康的人格特质，成为对社会对人类有责任感的世界公民，从而建造和谐、健康、幸福的家庭。

四、工作原则

(1) 以人为本的原则　尊重儿童的个体差异性，强调儿童的个性发展，因材施教，促进儿童的全面发展。

(2) 统筹的原则　统筹各部门资源，协调相关部门，积极发挥职能部门的支持作用。

(3) 不断创新的原则　学习并吸取国内国际先进理念和方法，发挥创新思维优势，开拓出一流的 0 ~ 3 岁婴幼儿教育服务基地。

(4) 分类指导的原则　认真面对城区和郊区的经济、文化、教育水平的差异，采取有针对性的分类指导策略，使得城区和郊区的 0 ~ 3 岁婴幼儿教育基地均能够健康的发展。

五、工作目标

(1) 总体目标：2011 年至 2015 年在北京 16 个区县建立 16 个北京市人口计生委 0 ~ 3 岁婴幼儿教育基地。

(2)“十二五”期间，培训 0 ~ 3 岁儿童健康教育指导师和育婴师各约 1 万人。

(3)“十二五”期间，0 ~ 3 岁婴幼儿受惠人数 60 万 ~ 80 万人。

六、经费投入

（1）每个0～3岁婴幼儿教育基地挂牌后，市人口计生委给予基地所在区县人口计生委一次性补贴30万元。

（2）每个0～3岁婴幼儿教育基地房屋使用面积在100～550平方米之间，条件许可的区县面积不限，每个基地需要的资金市里补助1/2。

（3）0～3岁婴幼儿教育基地要有统一的标识设计、统一的外观装修标准、统一的室内布局、统一的教育活动规范管理。

（4）每区县培训儿童健康教育指导师和育婴师，市里每人补助4000元。

七、工作职责

北京市人口计生委职责：负责拟定0～3岁婴幼儿教育工作的规划和工作计划，并组织实施；对各基地的运营情况进行检查、评估和指导；组织指导协调各区县参与培训；组织各项教育、交流活动；组织其他省市的相关人员进行研讨，展示我市项目成果。

各区县人口计生委职责：配合市人口计生委的工作；为婴幼儿教育基地提供符合要求的场所；组织开展婴幼儿教育师资培训和育婴师培训工作；制定科学合理的长效管理机制，确保基地正常运行、发挥公共服务平台作用；向社会、家长传播科学育儿知识；组织0～3岁婴幼儿教育活动。

0～3岁婴幼儿教育基地的职责：在区县人口计生委的指导下开展工作；对0～3岁婴幼儿教育基地进行管理；配合区县人口计生委的工作，为家长、儿童提供温馨、透明的家园互动平台，便于家长及时全面地了解儿童在中心的活动及生活。

八、工作要求

（1）领导重视，保证区县财政经费投入。0～3岁婴幼儿教育公共服务网络的建设是人口计生部门职能拓展的一项重要内容，要从提高人口素质的高度认识开展0～3岁婴幼儿教育的重要意义，把此项工作放在突出位置，与各部门密切联系，明确领导责任，完善具体措施，不断加大区县的财政经费投入，保证0～3岁婴幼儿教育的资金需求，促进0～3岁婴幼儿教育工作的蓬勃发展。

（2）加强学习，抓好0～3岁婴幼儿教育队伍建设。0～3岁婴幼儿教育是融合多学科的特殊形态的教育，要加强学习，勤于思考，大胆实践，努力提高对0～3岁婴幼儿教育科学规律的认识和把握；坚持把0～3岁婴幼儿教育工作队伍建设作为重中之重，建立一支具有较高管理经验、政策水平的管理者队伍和一支具有丰富知识背景、富于实践经验的专业人才队伍，为0～3岁婴幼儿教育工作的长期蓬勃开展提供人才支撑。

（3）广泛宣传，促进科学的0～3岁婴幼儿教育的意识深入人心。充分利用人口计生部门的宣传教育网络，宣传0～3岁婴幼儿教育工作的重要意义和作用，增强群众对提高人口素质社会意义的了解和关注，激发群众科学育儿的强烈愿望，形成良好的0～3岁婴幼儿教育社会氛围。

（4）加强管理，规范0～3岁婴幼儿教育基地运行。充分发挥各级人口计生委的职能，加强对0～3岁婴幼儿教育基地的指导、检查和评估，坚持政府在推动0～3岁婴幼儿教育发展中的主导作用，逐步实现0～3岁婴幼儿教育基地运行的规范化和标准化。

第二单元

0 ~ 3 岁婴幼儿各年龄阶段生理发展

孩子从呱呱坠地到长大成人，这期间经历了很多个生长发育阶段，尤其是0 ~ 3岁的婴幼儿，生长发育速度最快且不间断地进行着。本单元以 0 ~ 3 岁婴幼儿生长发育的特点、规律、影响生长发育的主要因素、生长发育的特征、评价指标以及婴儿期、幼儿期的生理发展及测量等为主要内容，并在此基础上，结合案例分析和实践活动通等多种形式，为幼儿教师及家长呈现更易理解的、与婴幼儿生长发育相关的指导，使幼儿教师及家长更容易根据具体量化的测量值去掌握婴幼儿各阶段的发育是否在正常值范围内，从而确保婴幼儿的健康成长。

第一节　0 ~ 3 岁婴幼儿各年龄阶段生长发育概述

人的生长发育是指从受精卵到成人的成熟过程。生长和发育是儿童不同于成人的重要特点。生长一般是指儿童形体上数与量的增加，也可以理解为体格增长和体格发育，发育指的是细胞、组织、器官、系统的成熟与功能的逐步完善。生长可有相应的测量值来表示其量的变化；发育是指细胞、组织、器官的分化与功能成熟。生长与发育二者紧密相关，相互依存，生长是发育的物质基础，而发育的成熟状况又反映在生长的数量变化之上。

一、婴幼儿生长发育特点

生长发育是各年龄段儿童相同的、主要的生理特点。婴幼儿机体总是处在生长发育的动态变化过程中，人体的生长发育不是直线上升的，而是波浪式的，发展是不等速的，有时快些，有时慢些，交替着进行，人体的生长发育有四个显著的时期：①从出生到两岁，发展十分迅速；②两岁到青春期发育前，发展较平缓；③青春发育期（男孩在 13 ~ 15 岁，女孩在 11 ~ 13 岁），发展急剧迅速，变化明显；④ 15、16 岁时发育到成熟，发展又趋于缓慢。

生长发育在整个婴幼儿时期是连续的过程，但各年龄段生长发育的速度不同，身体各部分的生长速度也不完全相同，增长幅度也不一样，遵循“1、2、3、4”规律，即从出生到成年的生长发育过程中，头只长了一倍，躯干增长两倍，上肢增长三倍，下肢增长四倍。

二、婴幼儿生长发育的规律

生长发育在整个儿童期不断进行，但是各年龄阶段有各年龄阶段的特点，各年龄期生长发

育不是等速进行的，年龄越小，增长越快。例如：体重和身长在出生后第一年，尤其是前三个月增加很快，第一年为出生后的第一个生长高峰期；第二年以后生长速度逐渐减慢，至青春期生长速度再次加快，出现第二个生长高峰期。各年龄按顺序衔接，不能跳跃，前一年龄期的发育为后一年龄期的发育奠定必要的基础。身体各部的生长发育有一定的顺序。儿童少年生长发育的一般规律包括:阶段性和程序性、速度的不均衡性、时间顺序性、统一协调性及个体差异性。

（一）生长发育的阶段性和程序性

1. 生长发育的阶段性

生长发育是一个连续过程，由不同的发育阶段组成。根据这些阶段特点，加上生活、学习环境的不同，可将儿童少年的生长发育过程划分成几个年龄期：婴儿期、幼儿期、童年期、青春期和青年期。

2. 生长发育的程序性

生长发育有一定程序，各阶段间顺序衔接。前一阶段的发育为后一阶段奠定必要基础；任何阶段的发育出现障碍，都将对后一阶段产生不良影响。

胎儿和婴幼儿期发育遵循“头尾发展律”。从生长速度看，胎儿期头颅生长最快，婴儿期躯干增长最快，2 ~ 6 岁期间下肢增长幅度超过头颅和躯干。因此，儿童的身体比例不断变化，由胎儿 2 个月时特大的头颅（占全身 4/8）、较长的躯干（3/8）、短小的下肢（1/8）发展到 6 岁时较为匀称的比例（头占 1/8 强，躯干占 4/8 弱，下肢占 3/8）。从动作发育看，儿童会走路前必须先经过抬头、转头、翻身、直坐、爬行、站立等发育阶段。手部动作发育的规律性更明显，新生儿只会上肢无意识乱动；4 ~ 5 个月开始有取物动作，但只能全手一把抓；10 个月时才会用手指拿东西;2 岁左右手的动作更准确，会用勺子吃饭;手部精细动作（如写字、画图等）要到 6 ~ 7 岁才基本发育完善。

儿童期、青春期发育遵循“向心律”。身体各部的形态发育顺序是：下肢先于上肢，四肢早于躯干，呈现自下而上、自肢体远端向中心躯干的规律性变化。青春期足的生长突增最早开始，也最早停止生长；足突增后小腿开始突增，然后是大腿、骨盆宽、胸宽、肩宽、躯干高，最后是胸壁厚度。上肢突增的顺序依次为手、前臂和上臂。手的骨骺愈合也由远及近，顺序表现为指骨末端—中端—近端，掌骨—腕骨—桡骨、尺骨近端。

（二）生长发育速度的不均衡性

人体各系统的发育快慢不一。不同的身体系统有着不同的发展速率，整个生长期内个体的生长速度有时快，有时慢，是不均衡的。因此，生长发育速度曲线呈波浪式。从胎儿到成人，先后出现两次生长突增高峰：第一次从胎儿 4 个月至出生后 1 年；第二次发生在青春发育早期，女孩比男孩早两年左右。身长在胎儿 4 ~ 6 月增长约 27.5 厘米，占新生儿身长的一半左右，是一生中生长最快的阶段;体重在胎儿 7 ~ 9 月增长约 2.3 千克，占正常新生儿体重的 2 / 3 以上，也是一生中增长最快的阶段。出生后增长速度开始减慢,但生后第一年中身长增长 20 ~ 25 厘米，为出生时的 40% ~ 50%;体重增长 6 ~ 7 千克，约为出生时的 2 倍，都是出生后生长最快的一年。生后第二年，身长增长约 10 厘米，体重增长 2 ~ 3 千克。2 岁后至青春期前，生长速度减慢并保持相对稳定，平均每年身高增长 4 ~ 5 厘米，体重增长 1.5 ~ 2.0 千克，直到青春期开始。青春期开始后生长速度再次加快，身高一般每年增长 5 ~ 7 厘米，处在生长速度高峰时一年可达

10 ~ 12厘米;男孩增幅大于女孩。体重一般每年增长4 ~ 5千克，高峰时一年可达8 ~ 10千克。青春期突增后生长速度再次减慢，在女17 ~ 18岁、男19 ~ 20岁身高停止增长。男孩突增期增幅较大，生长持续时间较长，故进入成年时其大多数形态指标的值高于女孩。

（三）生长发育的时间顺序性

婴幼儿的生长发育有一定的顺序与方向，不会越级发展，整个0 ~ 3岁婴幼儿生理发展都遵循以下一些共同的原则。

1. 头尾原则

头尾原则是指婴幼儿体格发育遵循着头部领先生长，躯干、四肢生长在后的规律。在胎儿时期的形态发育时头部领先，其次为躯干，最后为四肢。婴儿出生时头大、身体小，四肢较短；头部而后生长不多，以后四肢的增长速度快于躯干，渐渐生长为躯干粗，四肢长，同时胸围增加的速度大过头围增加的速度，逐渐出现成人体型。婴儿头部的高度约占身高的1/4，成人头部高度约占身高的1/8。乳儿期动作发展顺序为首先会抬头、转头，然后为翻身、直坐、爬，最后才会站立和行走。

2. 近远原则

从整体到分化，婴幼儿最初的生长是全身性的、笼统的、散漫的，以后，婴幼儿的生长逐渐局部化、准确化和专门化。身体发育遵循躯干的生长先于四肢、肢体近端的生长早于远端的生长，这种规律被称为规律近远原则。

（四）各系统生长模式的统一协调性

根据不同组织、器官的不同生长发育时间进程，可将全身各系统归纳为四类不同的生长模式。

1. 一般型

包括全身的肌肉、骨骼、主要脏器和血流量等，生长模式和身高、体重基本相同，先后出现胎婴儿期和青春期两次生长突增，其余时间稳步增长。青春发育中、后期增长幅度减慢，直到成熟。呼吸系统、消化系统、泌尿系统、循环系统等的发育基本与体格的生长发育持平。

2. 神经系统型

神经系统发育的较早，脑在出生后的两年发育的最快，5岁儿童脑的重量和大小已接近成人脑的发育水平，脑、脊髓、视觉器官和反映头颅大小的头围、头径等，只有一个生长突增期，其快速增长阶段主要出现在胎儿期至6岁前。由于神经系统优先发育，出生时脑重已达成人脑重的25%，而此时体重仅为成人的5%左右；6周岁时脑重约1200g，达成人脑重的90%。头围测量在评价学前儿童（尤其3岁前）神经系统发育方面有特殊重要的意义。

3. 淋巴系统型

淋巴系统发育先快后慢，在青春期前达到高峰，之后发育逐渐减缓。胸腺、淋巴结、间质性淋巴组织等在出生后的前10年生长非常迅速，12岁左右约达成人的200%。其后，伴随免疫系统的完善，淋巴系统逐渐萎缩。体检时对儿童的淋巴系统状况进行评价，不应以成人标准来衡量。

4. 生殖系统型

生殖系统发育的较晚，在青春期阶段开始迅速生长发育，生后第一个十年内，生殖系统外形几乎没有发展；青春期生长突增开始后生长迅猛，并通过分泌性激素，促进机体的全面发育成熟。

综上所述，机体各系统的发育既不平衡，又相互协调、相互影响和适应。这是人类在长期生存和发展中对环境的一种适应性表现。任何一个系统的发育都不是孤立的，而任何一种作用于机体的因素都可对多个系统产生影响。例如，适当的体育锻炼不仅促进肌肉和骨骼发育，也促进呼吸、心血管、神经系统功能水平的提高。

【拓展阅读】

人体系统的分类

人体共有八大系统：运动系统（骨、关节、骨骼肌）、神经系统（脑、脊髓、脑神经、脊神经、植物性神经）、内分泌系统（甲状腺、甲状旁腺、肾上腺、垂体、松果体、胰岛、胸腺、性腺）、循环系统（心脏、血管）、呼吸系统（呼吸道、肺）、消化系统（消化道、消化腺）、泌尿系统（肾、输尿管、膀胱、尿道）、生殖系统（内生殖器、外生殖器）。以上系统构成了人体，并且由神经系统和内分泌系统调节互相联系、互相制约，这些系统协调配合，使人体内各种复杂的生命活动能够正常进行。

（五）个体差异性

婴幼儿的体格发育虽然会按照一定规律进行，但是由于受机体内外因素如遗传、环境、营养、教养等因素的影响，可产生相当范围的个体差异，毕竟每个人生长的频率不会完全相同。有的早有的晚，有的快有的慢，有的先快后慢，有的先慢后快。同龄婴幼儿体格发育也可能存在较大的差别。因此幼儿生长发育水平有一定的正常范围，所谓的正常值并不是完全绝对的，参照评价时一定要考虑个体差异。

三、影响婴幼儿生长发育的因素

婴幼儿的体格、智能及心理的发育，一直受到内外因素的影响，而且两者相互作用。

（一）遗传

细胞、染色体所载的基因是决定遗传的物质基础，决定着每个婴幼儿体格生长发育的特征、潜力、趋向、限度等。如父母的身高、体重、皮肤颜色等均可以影响下一代。近亲结婚者下一代中智能迟缓的发生率较高。父母的性格也可以传给下一代。

（二）营养

营养对生长发育至关重要。足够的热能和各种营养素是婴幼儿体格发育的物质基础。婴幼儿期需要合理的饮食结构，婴幼儿出生后的营养供给不足不仅影响体重及身高的增长速度，对智能的发育也有影响。但营养过分可造成肥胖，对身体也有影响。在缺铁性贫血发生之前已有注意力不集中、记忆力减退及性格的改变。缺碘可致甲状腺功能低下，造成体格发育落后及智能迟缓。

（三）精神因素

专家认为得不到抚爱的儿童，由于体内分泌的生长激素比较少，故他们的平均身高可能低于同龄儿童。

（四）睡眠

儿童入睡后，脑垂体的前叶就能分泌出一种生长激素。如睡眠不足，生长激素就可能受阻，形成精神性侏儒症。

（五）锻炼

利用自然条件进行体格锻炼对增强儿童体质，提高发育水平和降低发病率有很大作用。日光、空气、水能促进新陈代谢、消化、吸收和血液循环，有利于生长发育。

（六）疾病

婴幼儿急性疾病后体重明显减轻，慢性疾病对体重及身高均有影响。有些内分泌疾病可导致身材矮小。患有代谢性疾病可影响婴幼儿的体格和智能发育。患脑部外伤及神经系统感染性疾病后有时留有程度不等的智能低下。长期消化功能紊乱、反复呼吸道感染、内分泌系统疾病以及大脑发育不全等，对小儿生长发育都有直接影响。

（七）药物

婴幼儿用药不当可直接或间接影响生长发育。如链霉素、庆大霉素、卡那霉素对婴幼儿的听力有一定的影响。长期应用肾上腺皮质激素者，身高增长速度减慢。

（八）教育

早期教育对婴幼儿的心理发育有积极的促进作用。目前强调婴幼儿出生后第 1 小时内的母婴接触，这与婴幼儿今后良好的性格、情感有密切的关系。轻度的智能迟缓主要由教育、经济、社会等因素造成；通过适当教育，可提高智能水平。

（九）环境和气候

人体学研究已经证明，秋季长重，春季长高。从地区来看，热带发育较早，寒带生长迅速。良好的生活环境和完善的医疗保健服务，均可促进婴幼儿的生长发育。合理的生活制度安排、充足的日光、新鲜的空气、没有噪声和污染的环境均有利于小儿体格和精神的发育。可以培养有节奏的、饱满的情绪。

【拓展阅读】

影响宝宝生长发育的食物

1. 富含蛋白质的食物

构成人体组织的基本单位是细胞，蛋白质是细胞的重要构成物质，因此也是生长发育的重要物质基础。优质蛋白质的食物来源包括动物性食品和豆类及其制品。如蛋类食品富含卵磷脂，能够改善脑组织代谢，可促进儿童智力发育。在蛋类中以鹌鹑蛋含的磷脂类物质尤为丰富，对

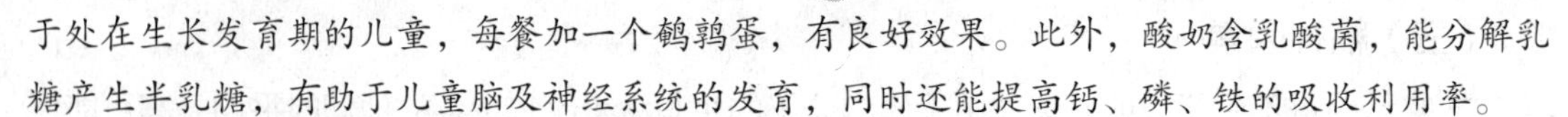

于处在生长发育期的儿童，每餐加一个鹌鹑蛋，有良好效果。此外，酸奶含乳酸菌，能分解乳糖产生半乳糖，有助于儿童脑及神经系统的发育，同时还能提高钙、磷、铁的吸收利用率。

2. 富含铁的食物

营养调查计算往往指出，人体摄入铁量已超过供给量标准，但因非血红素铁多，血红素铁少，故吸收率低。因此，防治缺铁性贫血时必须注意此点。婴儿应尽量及时添加含铁辅食与断奶食品;2 岁以后应多食用含铁多的食物如肝脏、动物血、瘦肉、禽、鱼、木耳、海带、芝麻等。

3. 富含锌的食物

此类食物如牡蛎、海鱼、蛤贝等海产品与肉类;精制米、面中锌含量低,不宜长期用精白米面。人乳中有含锌的配位体,故婴儿应尽量多摄入母乳,还要矫正儿童的偏食习惯以便能摄入较多锌。由于大量的钙和铁可妨碍锌的吸收，故食用加强钙或铁的强化食品时更要注意锌的供给。

4. 富含钙的食物

奶和奶制品是钙的主要来源，其含量和吸收率均高。虾皮、鱼、海带、硬果类、芝麻酱含钙量也高。豆类、绿色蔬菜（如甘蓝菜、花椰菜）因含钙丰富含草酸少也是钙的较好来源。

5. 其他

虾皮富含钙、碘及其他成分，海藻类食品富含钙、磷，是促进儿童生长发育的良好食品。铜元素缺乏会产生少年白发或贫血，贝壳类、动物内脏、豆类食品含铜丰富，常食有益。锰与脑垂体代谢有关，小儿缺锰会造成智力低下。母亲缺锰，会殃及胎儿。如儿童出现各种皮炎、白发、体重下降要想到缺锰。多吃水果、蔬菜和粗粮可补其不足。

四、婴幼儿身体健康的主要特征

身体健康主要是指人的身体发育正常、机能协调发展、体质强健。身体健康的婴幼儿应具备以下主要特征。

（一）生长发育良好，体型正常，身体姿势端正

① 身高、体重、头围、胸围等各项指标的数值，均在该年龄组婴幼儿发展的正常值范围之内。

② 形态发育正常（如无脊柱异常弯曲、无扁平足、身材的比例符合该年龄组婴幼儿发展的基本特点等）。

③ 身体各器官、系统的生理功能正常，并处于不断完善的过程中。

④ 身体能保持正确的姿势（如站姿、坐姿等）。

⑤ 身体无疾病和缺陷（如龋齿、斜视、弱视、近视、佝偻病、贫血等）。

⑥ 食欲较好、睡眠较沉、精神较充沛等。

（二）机体对内外环境具有一定的适应能力

① 具有一定的抵抗疾病的能力，较少患病。

② 对环境及其变化（如寒冷、炎热、冷热的变化等）具有一定的适应能力。

③ 能适应多种体位的变化（如摆动、旋转、身居高处等）。

（三）体能发展良好

① 身体的基本动作能适时地产生（如抬头、翻身、坐、爬、站立、走、跑、跳跃等）。

② 走、跑、跳跃、投掷、钻、爬、攀岩等动作能力不断提高。

③ 肌肉较有力，身体动作较平衡、准确、灵敏和协调。

④ 手眼协调能力发展良好。

五、体格发育的测量方法

体格发育的测量要采用规范的测量用具和正确的测量方法，力求获得准确的测量数据。

（一）身高（身长测量）

0 ~ 3 岁婴幼儿测量身长用量床。脱去婴幼儿鞋、袜仰卧于量床中央，使其面朝上。将婴幼儿头扶正，头顶触及头板。测量者站在婴幼儿右侧，左手握住小儿双膝，使腿伸直并贴紧量床底板，右手移动足板使其接触双脚足跟，然后读取量床刻度，以厘米为单位，精确到小数点后一位。

（二）体重测量

体重的测量最好在清晨空腹排便后进行。新生儿称体重可用婴儿磅秤，婴幼儿应用杠杆式磅秤，称体重以千克为单位，记录到小数点后两位。被测量的婴幼儿要脱去外衣、鞋、帽，尽量只穿单衣裤，否则测量后应扣除衣裤重量。称重时，1 岁以下婴儿采取卧位，1 ~ 3 岁幼儿可蹲于秤台上。测量时，不要让婴幼儿接触其他物品，家长也不要把扶，以免影响到测量的精准度。

（三）胸围测量

0 ~ 3 岁婴幼儿采取卧位或者立位。被测婴幼儿应脱去外衣，双眼平视，双肩放松，双手自然下垂，不要故意挺胸、驼背或者深呼吸。测量者位于婴幼儿前方或右侧，左手先将软尺零点固定于婴幼儿胸前乳头下缘，右手拉软尺绕经后背，过两肩胛下角下缘，最后回至零点查看结果。

（四）头围测量

测量者位于婴幼儿前方或者右侧，左手将软尺零点固定于婴幼儿额头眉间处，软尺从右侧经过枕骨最突出处，再绕回至零点，经过的距离即为头围。测量时需要注意，软尺需紧贴皮肤，测量长发婴幼儿要先将头发在软尺经过处上下分开，以免影响测量精度。

（五）坐高测量

0 ~ 3 岁婴幼儿取卧位，头部位置与测量身长时的要求相同，测量者左手提起婴幼儿双腿，同时使婴幼儿整个身体紧贴底板，移动足板使其贴紧臀部，然后读取测量数值，以厘米为单位，精确到小数点后一位。

六、评价幼儿生长发育的主要指标

评价幼儿的生长发育分为形态指标和生理功能指标两类。

（一）形态指标

即身体及各部分在形态上可测出的各种长度（如长、宽、围度以及重量等）。最重要、常

用的形态指标为身高和体重。此外，代表长度的还有坐高、手长、足长、上肢长、下肢长；代表横径的有肩宽、盆骨宽、胸廓横径、胸廓前后径；代表周径的有头围、胸围、上臂围、大腿围、小腿围；代表营养状况的有皮褶厚度等。

（二）生理功能指标

即身体各系统、各器官在生理功能上可测出的各种量度。常用的有：握力和背肌力，为骨骼肌肉系统的基本指标；肺活量，为呼吸系统的基本指标；脉搏和血压，为心血管系统的基本指标。

第二节　新生儿期

从娩出后脐带结扎开始到出生后28天的婴儿叫新生儿。诞生至28天这段时间，称新生儿期。新生儿期时间跨度不大，却是儿童发育的第一个重要阶段。

一、新生儿期概况

新生儿娩出后，除了眼睛偶尔睁开一会儿外，其余大部分的时间都是闭着的，随着时间的推移，他的眼睛睁开时间会稍长一些，通常会被周围色彩鲜艳、对比鲜明的结构或者形状所吸引。新生儿期的感知觉非常的敏感，还有一些这个阶段特有的反射行为。

二、新生儿期的特点

娇嫩、弱小是新生儿生理上的突出特点，但是在这短短的28天的周期内，新生儿的生长发育非常快。

(一)身体特点

1. 体型

新生儿的体型很特殊，头大、躯干长、四肢短。头长大约占整个身高的1/4（成人头长约为1/8)，腿长约占整个身高的1/3（成人腿长约为1/2）。这种体型决定了不便于活动的特点。随着年龄增加，身体各部分比例会逐渐协调起来。

2. 身长

新生儿诞生时的平均身长为50厘米，男、女婴有0.2 ~ 0.5厘米的差别。正常新生儿之间身长也略有差异，但差异很小。正常足月儿出生后第一个月的身长可以增长4 ~ 5厘米，这是婴幼儿期增长最快的阶段。

3. 体重

新生儿体重增长是胎儿宫内体重增长的延续。出生时的体重与宫内营养状况、新生儿的胎次、胎龄、性别有一定关系，出生后则与营养或疾病等因素密切相关。新生儿诞生时平均体重为3 ~ 3.3千克。最新统计表明，新生儿平均体重已达3.5千克，目前还呈继续增长趋势，出生后几天，体重相较刚出生会略有减轻，第二周开始恢复，之后体重会迅速增长。正常足月儿出生后第一个月的体重能增加1 ~ 1.5千克。

4. 头围

新生儿诞生时平均体重增加，平均头围也相应增加，最新统计显示，新生儿平均头围已达 3.5 厘米。

5. 皮肤

新生儿的皮肤常呈现出淡淡的红色，而且褶皱较多。这与胎儿期一直浸泡在羊水中，出生后干燥有一定关系。随着体重增长，肌肉丰满，皱纹很快就会消失，肤色也逐渐变白。需要注意的是新生儿的皮肤比较薄嫩，很容易受到损伤。

6. 骨骼

新生儿的骨骼非常的柔软，构造与成人不同，其骨骼的成分中无机盐含量较少，水分含量较多，血管丰富，所以骨骼弹性较成人要高，硬度较成人较弱，这个阶段的骨骼特点是不易折断但极易弯曲变形，由于骨骼较软，支撑力量较弱，很难支撑身体、甚至是头部的重量。当然，这与新生儿肌肉柔弱无力也有直接的关系。

（二）新生儿各系统的生理特点

1. 神经系统

与人体其他器官和组织相比，神经系统的发育是比较早的。

新生儿脑细胞的体积小，神经纤维的长度与分支也不发达，神经纤维还未髓鞘化（轴突外包的髓鞘没有形成）。新生儿的脑重大约有 390 克，相当于成人脑重的 25% ~ 30%（成人脑重约 1400 克）。皮质下中枢如丘脑、下丘脑、苍白球在功能上比较成熟，但大脑皮质及新纹状体发育尚未成熟，故初生时的活动主要由皮质下系统调节。随着脑实质的逐渐增长、成熟，运动转为由大脑皮质中枢调节，对皮质下系统的抑制作用也日趋明显。

由于神经系统的不成熟，新生儿睡眠的时间很多，刚出生的几天，每天约有 80% 的时间是处于睡眠状态。清醒的时间很短，常常是因为饥饿或者是在尿布湿了的时候才会醒过来，甚至是在吃奶的时候就会昏昏欲睡。同时新生儿神经系统的调节功能还很不完善，这体现在新生儿动作混乱，没有秩序感，有些新生儿两只眼球的运动并不协调，有时一只眼看左，一只眼看右，呼吸微弱、心跳很快、肠胃活动与体温调节也很没有规律。新生儿适应变化了的环境，主要是依靠低级中枢实现的本能反应，即无条件反射。

2. 循环系统

出生前，胎儿和母亲都有自己独立的循环系统、都有自己的心搏，但是胎儿的血液并不是通过自体循环系统来排除各种无用的甚至是有害的代谢产物而得以净化的，而是通过脐带把用过的血液送往胎盘并将代谢产物转给母亲，再把干净的血液输回给自己。出生后，脐带的结扎与呼吸的建立，使新生儿循环系统发生了很大的变化。新生儿必须通过自己的循环系统并借助于泌尿系统、呼吸系统和消化系统来完成这一功能；同时，由于呼吸的建立，肺部血液循环发生了较大改变，肺循环血流量明显增加。因此，新生儿的循环系统要发生较大改变，心跳快而且不规则，生后 7 天以内的心率一般在 85 ~ 160 次 / 分钟之间，血压也较低，以后逐步升高。家长有时会发现，在新生儿刚出生的最初几天，会出现手指或者全身青紫等症状，偶尔还能听见心脏杂音，对此，家长不用过于担心，如果去医院检查排除了先天性心脏病的可能，随着新生儿循环系统的完善，此现象会得到缓解。

3. 消化系统

新生儿消化系统的功能发育在出生后可适应纯母乳的营养摄入。新生儿肠道已具有各种消化酶，因此可较好地吸收母乳中的蛋白质、乳糖和脂肪，满足出生后迅速生长发育的需要。由于新生儿的胃部呈横位，容量小，因此比较容易发生溢奶或者呕吐的现象。新生儿在出生几周后小肠上皮细胞渗透性高，可以吸收到大量的分子，例如牛奶或者蛋清以及细菌及代谢的产物而导致过敏或者感染。所以，无论是从营养方面还是从消化酶的角度考虑，具备母乳喂养的妈妈应尽量母乳喂养，不仅可以提高新生儿的免疫力，还可以防止新生儿产生过敏。

4. 呼吸系统

新生儿的肋间肌薄弱，呼吸主要依靠膈肌的升降，以腹式呼吸为主。新生儿呼吸运动比较浅表，每次呼吸绝对量小，但代谢旺盛，对氧的需求量大。故以呼吸的频数来代偿呼吸的浅表性，日龄越小，呼吸的次数越多，每分钟平均达到 40 ~ 44 次。啼哭后，平均加速约 4 次 / 分，5 分钟后恢复正常，哺乳后，平均增速约 6 次 / 分，10 分钟后恢复常态，一次呼吸相当于 2.5 ~ 3 次脉搏数。由于呼吸中枢机能发育不全，呼吸运动的调节机能极不完善，故呼吸节律不整，呼气与吸气之间间歇不均匀，深浅呼吸相交替。新生儿出生后头两周呼吸频率波动较大，这是新生儿正常的生理现象。如果新生儿宝宝每分钟呼吸次数超过了 80 次，或者少于 20 次，就应引起重视了，应及时去看医生。

5. 免疫系统

由于丙种球蛋白和免疫球蛋白可通过胎盘传给胎儿，因而新生儿对多种传染病有特异性免疫，但是这种被动免疫抗体在新生儿出生后会逐渐减少以至于消失。新生儿的非特异性和特异性免疫功能均不成熟，网状内皮系统的吞噬作用与白细胞对真菌杀灭作用均较差，血中补体水平低，缺乏趋化因子，故易患多种感染性疾病。

（三）新生儿其他的生理特点

1. 体温调节

新生儿出生以前是生活在母亲的子宫内，周围都是羊水，也就是说胎儿是泡在水中长大的，温度十分恒定，胎儿的深部温度又略高于母亲的温度，为 37.6 ~ 37.8℃，新生儿娩出后体温都要下降，然后再逐渐回升，并在出生后 24 小时内，达到后超过 36℃。

新生儿出生之后首先是环境温度有明显的下降，新生儿必须依靠自己的神经系统调节产热和散热系统，从而保持体温的恒定，这样才能维持全身的代谢、各器官系统的功能，才能维持正常生活与健康成长。新生儿的体重较小，体表面积较大，按照每千克有多少体表面积来算，新生儿的体表面积是成人的三倍，因此散热也就明显高于成人。我们知道成年人在寒冷的环境中常常会不自觉的缩成一团，这样就可以减少体表面积从而减少散热，新生儿由于肌肉薄弱，这种能力较差，在遇到寒冷的情况下就少了一种减少散热的方法。一般受热时，皮肤毛细血管会扩张，面色和皮肤变红，以增加散热。此外，新生儿皮下脂肪层薄，皮下脂肪传热的能力最低，所以新生儿防止热量丢失的能力也就很差。新生儿的体温调节中枢发育尚不成熟，保暖力较差，体温易受外界影响。

为新生儿保温的 5 个理由如下。

（1）新生儿体温调节中枢功能尚未发育完善。

（2）按千克体重计算体表面积，新生儿体表面积是成人的三倍。小生命的散热面积大，很容易散热。

（3）脂肪组织有隔热作用，新生儿皮下脂肪薄，明显少于成人，很容易丢失热量。

（4）新生儿体态姿势特殊，裸露面积大，散热量增加。

（5）新生儿寒冷时无颤抖反应，消耗的热量由棕色脂肪产生。但新生儿体内棕色脂肪分布有限，过度寒冷不能满足产热需要，容易引起皮下棕色脂肪硬肿。这就是新生儿寒冷损伤，也称新生儿硬肿症。

【拓展阅读】

保温过度也有危害

新生儿最适宜的环境温度称为中性温度。当环境温度低于或高于中性温度时，宝宝机体可通过调节来增加产热或散热，维持正常体温。当环境温度的改变，在程度上超过了新生儿机体调节的能力，就会造成新生儿体温过低或过高。过低会出现新生儿硬肿症，而过高则会出现脱水热。环境温度过高时，新生儿通过增加皮肤水分蒸发而散热。当水分蒸发过度，体内有效血循环不足时，新生儿就会发生高热，这就是新生儿脱水热。

2. 排泄

出生后 12 小时左右，绝大多数的新生儿就开始排便了。最初的大便是墨绿色或黑色的，糊状，较黏稠，这就是胎粪。48 小时左右后，变为混合着胎便的乳便，这叫过渡粪。3 ~ 4 天内，大便变为没有胎便混合的棕黄色大便。母乳喂养的新生儿，大便呈金黄色，牛奶喂养的新生儿，大便呈淡黄色。新生儿的排便次数因人而异，一般每天在 3 ~ 4 次。如果新生儿在出生 24 小时之内没有排出大便，应检查有无肠道畸形，例如直肠闭锁、无肛等。新生儿在出生后 24 小时之内会排尿，新生儿膀胱小，肾脏功能尚不成熟，每天排尿次数多，尿量小。正常新生儿每天排尿 20 次左右，有的宝宝甚至半小时或十分钟就尿一次。奶液较稀，排尿量、次就较多；奶液较稠，排尿量、次就较少。新生儿宝宝白天醒着的时间较长，吃奶次数也多，所以排尿量、次也较夜间多些。如果出生一个月左右，新生儿小便中出现茶色结晶，属于正常现象，待到肝脏充分发挥功能后，这些症状会自然消除的，如果出生 24 小时之内，新生儿无小便排出，应检查有无尿道畸形。排便、排尿是本体反射，新生儿不会有意识地控制，有便尿就会随意排出。排便、排尿的自控能力，要靠训练，随着新生儿年龄的增加，逐渐具有有意识排便、排尿的能力。

3. 先天“本领”与各种感官

新生儿一出生就会大声地啼哭，并且以一些先天“本领”来适应周围的环境，如觅食、吸吮、拥抱、握持和踏步等反射。这些先天的反射是新生儿特有的，可以从新生儿的这些反应观察了解到新生儿的机体功能是否健全。

4. 神经精神发育

新生儿触觉较敏感，对妈妈的抚触感受灵敏，嗅觉味觉在出生时已经发育成熟；视觉方面，新生儿可以注视人脸，能看见离眼 20 ~ 25 厘米远的黑白、鲜艳物体；听觉发育良好，清醒时，能听到近旁 10 ~ 15 厘米处的声响；新生儿的痛觉不敏感，温度感觉较敏锐，对冷比热更敏感。

5. 血液

新生儿血容量与脐带结扎时间有关，如果胎儿娩出5分钟后结扎脐带，血容量会增加到每千克126毫升。新生儿的血象也与脐带结扎时间有关。迟结扎的新生儿，血红蛋白和红细胞均较高。胎儿的白细胞，在出生后前3天比较高，可达1.8×10^{10}/升左右。出生5天后，就降到正常婴儿的水平了。

6. 眼睛视力

刚出生的新生儿，他眼前的一切都是模糊的，新生儿刚刚睁开眼睛，这时候他对光线会有反应，但眼睛发育并不完全，他能追着眼前的物体看，但视野只有45° 左右，视力只有成人的1/30，所有物体在他看来只不过是幅模糊的油画！这个阶段，新生儿只是可以分辨出简单的形状和对比明显的图案。虽然视觉器官都已经具备了，但是进入良好运行还需要时间。一方面，是因为他眼睛的玻璃体还没有完全透明，另一方面是他的视神经虽然已经长成了，但是还不能有效地发挥作用。他的视力，即眼睛的敏感度和分辨细节的能力，将会逐渐地发育。新生儿偏爱注视较复杂的形状和曲线，以及鲜明的对比色。但是要提防闪光灯和阳光。新生儿的虹膜对强烈的光线非常的敏感。

7. 耳朵听力

新生儿的听力是在出生后数天内随外耳道液体体液被吸收而提高的。对突发的大的声响会惊跳（哆嗦）。熟睡时，会睁开眼睛；如果睁着眼，对不是太大的声音会闭一下眼睛。

三、新生儿指标测量

身高测量方法：测量新生儿身高，必须有两个人进行。一人用手固定好宝宝的膝关节、髋关节和头部，另一人用皮尺测量，从宝宝头顶的最高点，至足跟部的最高点。测量出数值，即为宝宝身高。

头围测量方法：上缘和枕后，回到起始点，周长数值即宝宝头围。

胸围测量方法：软皮尺经过宝宝两乳头，平行绕一周，数值即胸围。

腹围测量方法：软皮尺经过宝宝肚脐上方边缘，平行绕一周，数值即腹围。

眼距测量方法：用软皮尺小心测量宝宝两眼内眦到眼间的距离，数值即为眼距。

眼裂测量方法：用软皮尺小心测量宝宝眼外眦到内眦的距离，数值即为眼裂。

【拓展阅读】

胎儿生长发育过程

1. 怀孕第一个月

第一、二周：由于排卵通常发生在月经周期的第14天，两周后月经若没有按时来，表示可能怀孕了。

第三周：在这第3周里可能会发现月经迟迟未来，或下体有少量流血，这时候可以到医院或自行做怀孕尿检，如果结果是阳性，证明已怀孕。

第四周：人在本周，胚泡这时候称做胚牙，它在子宫中就像苹果的种子一样。胚胎细胞的发育特别快。这时，它们有三层，称三胚层。

2. 怀孕第二个月

第五周：子宫里胚胎在迅速地生长。心脏开始有规律的跳动及开始供血。这时候的胚胎长度约 0.6 厘米，像一个小苹果籽。

第六周：这时候的胚胎长约 0.5 厘米，形状像蝌蚪。从本周开始孕妇可以适当的补充叶酸，以降低宝宝兔唇、腭裂的发生。

第七周：这时候的胚胎长约 1.2 厘米，形状像蚕豆。妊娠反应加剧，这种情况会持续 6 周或更长的时间。

第八周：怀孕第 8 周的时候，胚胎快速成长。这时候的胚胎长约 2 厘米，形状像葡萄。孕妇极其疲乏。嗜睡。

3. 怀孕第三个月

第九周：恭喜您，从第 9 周开始胚胎已经可以称为胎儿了，他（她）是您真正意义上的小宝宝。

第十周：怀孕第 10 周的时候胎儿长可达到 4 厘米，形状像扁豆荚。这时候宝宝的手腕和脚踝发育完成并清晰可见。宝宝的手臂更加长，肘部更加弯曲。胎儿的眼皮黏合在一起。

第十一周：怀孕第 11 周的时候胎儿身长可达到 4 ~ 6 厘米，体重达到 14 克。在这周您可能会发现在腹部有一条深色的竖线，这是妊娠纹。

第十二周：孕早期在本周即将结束了，3 个月来您和宝宝都发生了巨大的变化。怀孕第 12 周的时候胎儿身长可达到 6.5 厘米，现在宝宝已经初具人形。宝宝的成长速度在本周越发惊人。

4. 怀孕第四个月

第十三周：13 周胎儿的脸看上去更像成人了，身长有 75 ~ 90 毫米，体重比上周稍有所增加。他（她）的眼睛在头的额部更为突出，手指上出现了指纹。

第十四周：14 周胎儿的脸看上去更像成人了，身长有 75 ~ 100 毫米，体重达到 28 克。孕妇内分泌使胃顶部的括约肌松弛，胃酸侵入，造成消化系统紊乱。

第十五周：15 周的胎儿身长大约有 12 厘米，体重达到 50 克。宝宝在本周发生的最大的事情就是他（她）开始在子宫中打嗝了，这是胎儿开始呼吸的前兆。

第十六周：16 周的胎儿身长大约有 12 厘米，体重增加到 150 克，胎儿此时看上去像一个梨子。宝宝在本周发生的最大的事情就是他（她）自己会在子宫中玩耍了。

5. 怀孕第五个月

第十七周：17 周的胎儿身长大约有 13 厘米，体重 150 ~ 200 克，胎儿此时看上去像一个梨子。宝宝此时的骨骼都还是软骨，可以保护骨骼的“卵磷脂”开始慢慢地覆盖在骨髓上。

第十八周：18 周的胎儿身长大约有 14 厘米，体重约 200 克，胎儿此时小胸脯一鼓一鼓的，这是他（她）在呼吸，但这时的胎儿吸入呼出的不是空气而是羊水。

第十九周：19 周的时候，宝宝最大的变化就是感觉器官开始按照区域迅速地发展。味觉、嗅觉、触觉、视觉、听觉从现在开始在大脑中专门的区域里发育。

第二十周：20 周时的胎儿生长趋于平稳，此时您需要将更多的精力放到增强营养上。

6. 怀孕第六个月

第二十一周：21 周的胎儿身长大约 18 厘米，体重 300 ~ 350 克，在这个时候的胎儿体重开始大幅度的增加。小宝宝的眉毛和眼睑清晰可见，手指和脚趾也开始长出指（趾）甲。

第二十二周：22 周时候的孕妇身体越来越重，大约以每周增加 250 克的速度在迅速增长。

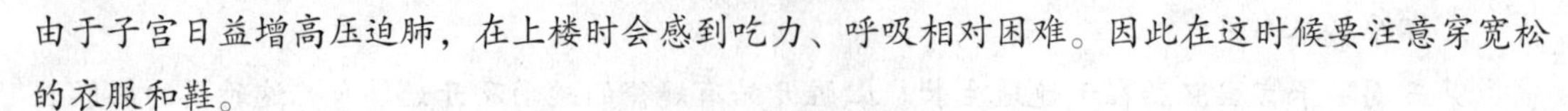

由于子宫日益增高压迫肺，在上楼时会感到吃力、呼吸相对困难。因此在这时候要注意穿宽松的衣服和鞋。

第二十三周：23周的胎儿身长大约19厘米，体重400克左右。23周时候的孕妇身体越来越重，大约以每周增加250克的速度在迅速增长。

第二十四周：24周的胎儿身长大约25厘米，体重500多克。宝宝这时候在妈妈的子宫中占据了相当大的空间，开始充满整个空间。

7. 怀孕第七个月

第二十五周：25周的胎儿身长大约30厘米，体重约600克。孕妇依然活动自如，不必摇摇摆摆的走路。

第二十六周:26周的胎儿坐高大约22厘米,体重约800克。宝宝的皮下脂肪已经开始出现，但这时候的宝宝依然很瘦，全身覆盖细细的绒毛。26周的胎儿开始有了呼吸。

第二十七周：27周的胎儿身长大约38厘米，体重约900克。宝宝这时候眼睛已经可以睁开和闭合了，同时有了睡眠周期。宝宝有时也会将自己的大拇指放到嘴里吸吮。

第二十八周：从28周开始，您就进入了孕晚期。

8. 怀孕第八个月

第二十九周：29周的胎儿坐高26～27厘米，体重约1300克。

第三十周：30周的胎儿身高约44厘米，体重约1500克。胎儿头部在继续增大，大脑发育也非常迅速。大脑和神经系统已经发达到一定的程度，皮下脂肪继续增长。

第三十一周：31周的胎儿身体和四肢继续长大，直到比例相当。胎儿现在的体重约为2000克。宝宝的皮下脂肪更加丰富了，皱纹减少。

第三十二周：32周的胎儿身长约45厘米，体重约2000克。

9. 怀孕第九个月

第三十三周：33周的胎儿身长约48厘米，体重约2200克。胎儿的呼吸系统和消化系统发育已经接近成熟。33周的胎儿应当注意头的位置。

第三十四周：34周的胎儿坐高约30厘米，体重2300克左右。胎儿现在圆圆的开始变胖。胎儿的皮下脂肪形成后将会在宝宝出生后调节体温。同时宝宝也在为分娩做准备了，宝宝的头转向下方，头部进入骨盆。

第三十五周：这时胎儿身长约50厘米，体重约2500克。胎儿现在圆圆的开始变胖。胎儿的皮下脂肪形成后将会在宝宝出生后调节体温。

第三十六周:36周的胎儿仍然在生长,本周宝宝身长51厘米,体重约2800克。从36周开始，要每周做一次产前检查。

第三节　婴儿期

自出生后28天到满一周岁为婴儿期（又称乳儿期）。

一、婴儿期概况

这一阶段，婴儿脏腑娇嫩，气血未充，生机蓬勃，脑发育较快。婴儿期是人生中生长发育的第一个高峰期，婴儿在这个阶段生长发育特别迅速。从体格发育、动作协调、认知能力等各个方面看，婴儿期都是人一生中生长发育最旺盛的阶段。

二、婴儿期的特点

(一)身体特点

1. 身长

婴儿 1 周岁时身高相当于出生时的 1.5 倍。足月新生儿平均身高为 50 厘米，出生前半年每月平均增长 2.5 厘米，后半年每月平均增长 1.5 厘米。一周岁时身高约 75 厘米。

2. 体重

婴儿一周岁时，体重相当于出生时的体重的 3 倍，为 9000 ~ 10000 克。体重增加的速度与年龄有关，足月新生儿出生时体重平均为 3 千克，前半年每月平均 0.6 千克，后半年每月平均增加 0.5 千克。一般计算方法如下。

1 ~ 6 个月平均体重（千克）=3+ 月龄 ×0.6

7 ~ 12 个月平均体重（千克）=3+ 月龄 ×0.5

3. 头围

婴儿在出生时头围约为 34 厘米，前半年增加 8 ~ 10 厘米，后半年增加 2 ~ 4 厘米，1 岁时平均为 46 厘米。以后增长速度减缓，到成年人时为 56 ~ 58 厘米。

(二)婴儿期各系统的生理特点

1. 神经系统及神经反射

婴儿期的中枢神经系统发育迅速，条件反射不断形成，但大脑皮质功能还未成熟，不能耐受高热、毒素或其他不良刺激，易见惊厥等神经症状。神经反射分为以下四种类别。①浅反射和深反射：婴儿肌腱反射较弱，腹壁反射和提睾反射不易引出，至 1 岁时才稳定。②病理反射：婴儿出生后 3 ~ 4 个月肌张力较高，可使克氏征呈阳性，2 岁以下小儿巴氏征阳性属生理现象。③先天性反射：婴儿出生时即具有的一些反射，如觅食、吸吮、吞咽、握持、拥抱等反射，以及对寒冷、疼痛及强光的反应。其中有些非条件反射如吸吮、拥抱、握持等反射应随着年龄增长而消失，否则将影响动作发育。如握持反射应于 3 ~ 4 个月时消失，如继续存在则将妨碍手指的精细动作发育。④条件反射：出生后 2 周左右形成第一个条件反射，即抱起喂奶时出现吸吮动作。这是由每次母亲抱起小儿时所产生的皮肤触觉、关节内感觉、三半规管平衡等这一系列复杂的刺激组合与随之而来的食物性强化相结合而产生的。生后 2 个月开始逐渐形成视觉、触觉、味觉、听觉、嗅觉等条件反射；3 ~ 4 个月开始出现兴奋性和抑制性条件反射；这意味着婴儿大脑皮层鉴别功能的开始。

2. 消化系统

由于生长迅速，婴儿对营养需求量大，但婴儿的消化吸收能力还比较弱，故添加辅食应注意适时适量，容易造成消化紊乱或者营养不良，从而影响婴儿的生长发育。

3. 免疫系统

从母体获得的具有抗病作用的免疫抗体逐渐消失，自身免疫又尚未发育成熟，容易患传染病和感染性疾病，所以要按时进行预防接种，注意卫生习惯，避免带小儿到人多的地方去。

4. 骨骼肌肉系统

从2～3个月开始，脊柱的四个生理性弯曲相继形成，肌肉的力量也在不断地增加，随着小儿神经、肌肉、身体各部分的发育，婴儿逐渐能够支撑住身体重量，逐渐能抬头、翻身、坐、爬、站立，在一周岁左右开始会走，其活动范围越来越大。但是婴儿的骨化过程远未完成，骨骼仍易变形，肌肉容易疲劳，所以让婴儿练习各种动作时注意适量，不要让婴儿过早的坐、站，且每次练习的时间不宜过长，且应注意小儿的安全。（图2-1）

图2-1　腰背部骨骼肌肉的发育——6个月起可独立起坐

（三）婴儿期其他的生理特点

1. 大脑发育

婴儿期的孩子神经纤维已经开始了髓鞘化的过程，神经纤维的髓鞘化是婴儿脑部结构逐渐成熟的重要标志，它保证神经信息沿着既定的通道迅速而准确地传到。神经系统的各部分神经纤维实现髓鞘化的时间不同，较早完成的是感觉神经，其次才是运动神经，这也是婴幼儿运动发展落后于感觉发展的重要原因之一。在联络皮层各部分的神经纤维中，与高级智力活动直接有关的额叶和顶叶部分髓鞘化过程开始的晚，大约7岁才能基本完成。

2. 视觉发育

2～3个月的婴儿，视力达到了0.02，能够认出亲人的面孔（包括照片）。这个时候，婴儿开始喜欢那些带颜色的东西。首先是红色和绿色，然后是黄色。婴儿的视网膜已经有了600万的视锥细胞，使他能够区分颜色，1亿视网膜杆状体负责识别黑色和白色。当然，目前这些

感觉细胞还没有完全发挥效力。在 4 个月之前，婴儿还很难将自己的眼睛聚焦到同一点：他还没有立体感。每只眼睛都有各自的焦点，大脑还不能重叠两幅图像以组成整体的大幅画面……这就是为什么婴儿会略微有点斜视。这个年龄段的斜视不需要担心。4 个月的婴儿，其视力能达到 0.04。这个阶段，视力的发育可以让他接受更多的视觉信息，但由于手眼协调能力的相对滞后，他还不能自如地使用这些信息。6 ~ 12 个月婴儿的视觉器官已经做好了充分的准备。眼睛能够聚焦，能从远处的图像转移到近处的图像。这个时期，需要带婴儿进行一次视力检查。早期（8 ~ 12 个月）筛查十分重要，如果有什么问题，3 岁之前的治疗成功的可能性将非常大。婴儿期是视觉发育最敏感的时期，如果有一只眼睛被遮挡几天时间，就有可能造成被遮盖眼永久性的视力异常，因此，一定不要随意遮盖孩子的眼睛。

3. 听觉发育

婴儿期，听觉持续发展，婴儿对周围响声会做出更为细致的举动与反应。1 ~ 2 个月突发的声音会使婴儿惊跳，伴有手的挥动或伸展；如果正在熟睡，会睁开眼，同时哭闹；哭闹时若听到突发声响会停止哭闹。3 个月睡眠时听到突发声响会双眼紧闭，手指乱动，但多数不会有全身惊动；吵架声、哄逗声、歌声或音乐声会使孩子出现不安、厌恶或喜悦的表情。5 个月时将闹钟靠近其耳边，听到滴答声时孩子能转头朝向闹钟；能比较好地分辨熟人的声音并能做出相应的反应。7 个月时能够追踪声音，听到收音机或电视机的声音，能够立即转头寻找声源。对婴儿说话或唱歌，他（她）会安静地注视，偶然还会发出声音来“应答”；对隔壁房间发出的声音、室外动物的叫声或其他大声响也能主动寻找。9 个月会发出嘎嘎笑声，会模仿动物叫声；对外界声音（如汽车发动声、行驶声、风雨声）表示关心（注意或转头向声源)，能对细小的声音（如手表声）作出反应。11 ~ 12 个月，能模仿成人的发音，如“妈妈”、“宝宝”等。能和着音乐的节拍摆动身体。能听懂熟悉的话语，并能做出相应的反应。

【拓展阅读】

如何保护婴儿听力

注意防止某些损害婴儿听觉器官的疾病的发生，如流脑、乙脑、病脑、结脑、麻疹、中耳炎等。婴儿一旦罹患疾病，父母要注意对链霉素、庆大霉素、卡那霉素、妥布霉素、小诺霉素、巴龙霉素、新霉素等氨基糖苷类药物谨慎使用。这些药物有较强的耳毒性，可引起听觉神经的损害，而婴儿对这些抗生素反应的差异性也较大，有的打一针可引起耳聋；有的打几天以后，耳部出现嗡嗡响声，若及时停药，造成的危害会少得多，若继续用药会造成终身残疾。在任何环境下，都要尽力防止婴儿突然接受强声刺激。不要给婴儿挖耳朵，防止耳道内进水，引起耳病，影响听力。曾看到很多父母都为婴儿挖耳朵，认为耳屎很脏，以为耳屎积累多了，会影响婴儿的听力。其实耳屎正是耳道内部为保证耳道清洁而分泌的一种物质，它会随着下颌的运动而自然排出，所以不必为其专门清洁。

4. 牙齿

乳牙的萌出是按照时间，有顺序地进行的，萌出先后与牙胚发育的先后基本一致。虽然牙齿的萌出有一定的时间，但其生理范围较宽，个体差异较大。晚萌 6 ~ 12 个月是正常的。左右同名牙大致同时出龈且下颌牙萌出略早于上颌的同名牙。在婴儿 6 个月左右，下颌会长出中切牙；7个月时下颌开始生长侧切牙；上颌的中切牙在7个半月左右开始生长。上颌的侧切牙在第9个月左右开始生长。下颌的第一乳磨牙在第12个月左右开始生长。

【拓展阅读】

婴儿长牙期间宝宝的一些异常表现

在婴儿长牙期间宝宝会有一些异常表现，总体来说主要体现于以下8个方面。①疼痛：婴儿可能表现出疼痛和不舒服的迹象。②脾气暴躁和爱哭闹，在出牙前一两天尤其明显。③脸颊上可能出现红色的斑点。④出牙时产生的过多唾液会让婴儿经常流口水。⑤喜欢把东西放到嘴巴里啃、嚼或咬东西。⑥牙龈肿胀。⑦睡不安稳。⑧出牙能使体温稍稍升高，婴儿可能会觉得比平时热一点。

三、新生儿指标测量

身长在出生时约为50厘米，一般每月增长3 ~ 3.5厘米，到4个月时增长10 ~ 12厘米，1岁时可达出生时的1.5倍左右。胸围在出生时比头围要小1 ~ 2厘米，到婴儿4个月末时，胸围与头围基本等同。

婴儿出生后一段时间内仍处于大脑的迅速发育期，脑神经细胞数目还在继续增加，需要充足均衡合理的营养素（特别是优质蛋白）的支持，所以对热量、蛋白质及其他营养素的需求特别旺盛。

【拓展阅读】

宝宝生长发育指标

1月生理指标：满月时，男婴体重2.9 ~ 5.6千克，身长49.7 ~ 59.5厘米；女婴体重2.8 ~ 5.1千克，身长49.0 ~ 58.1厘米。

1月发育指标：满月时，俯卧抬头，下巴离床三秒钟；能注视眼前活动的物体：啼哭时听到声音会安静；除哭以外能发出叫声；双手能紧握笔杆；会张嘴模仿说话。

2月生理指标：满两个月时，男婴体重3.5 ~ 6.8千克，身长52.9 ~ 63.2厘米；女婴体重3.3 ~ 6.1千克，身长52.0 ~ 63.2厘米。

2月发育指标：逗引时会微笑；眼睛能够跟着物体在水平方向移动；能够转头寻找声源；俯卧时能抬头片刻，自由地转动头部；手指能自己展开合拢，能在胸前玩，会吸吮拇指。

3月生理指标：满三个月时，男婴体重4.1 ~ 7.7千克，身长55.8 ~ 66.4厘米；女婴体重3.9 ~ 7.0厘米，身长54.6 ~ 64.5厘米。

3月发育指标：俯卧时，能抬起半胸，用肘支撑上身；头部能够挺直；眼看双手、手能互握，会抓衣服，抓头发、脸；眼睛能随物体转动180° ；见人会笑；会出声答话，尖叫，会发长元音。

4月生理指标：满四个月时，男婴体重4.7 ~ 8.5千克，身长58.3 ~ 69.1厘米，女婴体重4.5 ~ 7.7厘米，身长56.9 ~ 67.1厘米。

4月发育指标：俯卧时宝宝上身完全抬起，与床垂直；腿能抬高踢去衣被及踢吊起的玩具；视线灵活，能从一个物体转移到另外一个物体；开始咿呀学语，用声音回答大人的逗引；喜欢吃辅食。

5月生理指标：满五个月的男婴体重5.3～9.2千克，身长60.5～71.3厘米。女婴体重5.0～8.4千克，身长58.9～69.3厘米。

5月发育指标：能够认识妈妈以及亲近的人，并与他们应答；大部分孩子能够从仰卧翻身变成俯卧；可靠着坐垫坐一会儿，坐着时能直腰；大人扶着，能站立；能拿东西往嘴里放；会发出辅音一、二个。

6月生理指标：满六个月时，男婴体重达5.9～9.8千克，身长62.4～73.2厘米，女婴体重5.5～9.0千克，身长60.6～71.2厘米。头围44厘米，出牙两颗。

6月发育指标：手可玩脚，能吃脚趾；头、躯干、下肢完全伸平；两手各拿一个玩具能拿稳；能听声音看目的物两种；会发两三个辅音；在大人背儿歌时会做出一种熟知的动作；照镜子时会笑，用手摸镜中人；会自己拿饼干吃，会咀嚼。

7月生理指标：满七个月时，男婴体重达6.4～10.3千克，身长64.1～74.8厘米，女婴体重5.9～9.6千克，身长62.2～72.9厘米。牙齿2～4颗。

7月发育指标：会坐，在大人的帮助下会爬；手能拿起玩具放到口中；会表示喜欢和不喜欢；能够理解简单的词义，懂得大人用语言和表情表示的表扬和批评；记住离别一星期的熟人3～4人；会用声音和动作表示要大小便。

8月生理指标：满八个月时，男婴体重达6.9～10.8千克，身长65.7～76.3厘米。女婴体重达6.3～10.1千克，身长63.7～74.5厘米.本月可出2～4颗牙。

8月发育指标：能够扶着栏杆站起来；可以坐得很好；会两手对敲玩具；会捏响玩具；会把玩具给指定的人；展开双手要大人抱；用手指抓东西吃；会用1～2种动作表示语言。

9月生理指标：满九个月时，男婴体重达7.2～11.3千克，身长67.0～77.6厘米。女婴体重达6.6～10.5千克，身长65.0～75.9厘米。牙齿2～4颗。

9月发育指标：扶物站立，双脚横向跨步；拇指和食指能捏起细小的东西；能听懂自己的名字；能用简单语言回答问题；会随着音乐有节奏地摇晃；认识五官；会做3～4种表示语言的动作；知道大人谈论自己，懂得害羞；会配合穿衣。

10月生理指标：满十个月时，男婴体重7.6～11.7千克，身长68.3～78.9厘米。女婴体重6.9～10.9千克，身长66.2～77.3厘米。出4～6颗。

10月发育指标：会叫妈妈、爸爸；认识常见的人和物；能够独自站立片刻；能迅速爬行；大人牵着手会走；喜欢被表扬；主动地用动作表示语言；主动亲近小朋友。

11月生理指标：满十一个月时，男婴体重7.9～12.0千克，身长69.6～80.2厘米。女婴体重达7.2～11.3千克，身长67.5～78.7厘米。出4～6颗。

11月发育指标：大人牵一只手就能走；能准确理解简单词语的意思；会叫奶奶、姑、姨等；指出身体的一些部位；会竖起手指表示自己一岁；不愿意母亲抱别人；有初步的自我意识。

12月生理指标：满十二个月时，男婴体重达8.1～12.4千克，身长70.7～81.5厘米，女婴体重达7.4～11.6千克，身长68.6～80.0厘米。头围46厘米，胸围46厘米。出牙6～8颗。

12月发育指标：不必扶，自己站稳能独走几步；认识身体部位三到四处；认识动物三种；

会随儿歌做表演动作；能完成大人提出的简单要求；不做成人不喜欢或禁止的事；开始对小朋友感兴趣，愿意与小朋友接近、游戏。

【拓展阅读】

亲子操

将班级同学两人分成一组，用仿真娃娃模拟以下婴儿期阶段的亲子操训练，模拟过程中，每小组同学相互做好点评记录。

1. 横托抱

（1）适宜月龄　出生 10 天～3 个月。

（2）动作方法　妈妈站在床前或坐在床上，右手抓住宝宝的右手腕上提，左手托在宝宝的颈背部，再以右手托住宝宝的臀部，托至胸前，两手距离逐渐加大，宝宝身体受重力作用背部开始下垂，当宝宝的身体下降到一定程度就会出现本能的挺胸动作，新生儿一般可以挺 3 ～ 5 秒钟，然后妈妈的双手向中间一起靠拢。

（3）练习方法　新生儿每日练习 2 ～ 3 遍，每遍 2 ～ 3 次，根据宝宝的能力增加时间和次数。

（4）锻炼部位　宝宝：背底脊肌力量、身体的自控能力，增加腹压促进大肠蠕动，利于肠胃成熟，促进大便通畅。让头颈部控制力提前，为坐姿挺拔、预防驼背奠定基础。

妈妈：腕部、上肢腰部尤其是腹部的刺激。

（5）注意问题

① 做动作时两手距离过窄，达不到锻炼目的。

② 不要裹被，减少婴儿身体支撑，加大反射屈伸动作。

③ 细致观察宝宝的身体变化，尽可能在控制的范围内。刚开始距离床近一点，保证安全。

2. 反托抱

（1）适宜月龄：1 ～ 3 个月。

（2）动作方法　宝宝成俯卧状（俯卧抬头），双手抓住宝宝的肘部向后拉，并托住宝宝的胸腹部慢慢托起，使宝宝成背弓状。

（3）练习方法　每天做 10 次左右，每次拉起 30 秒。

（4）训练目的　宝宝：背肌肉力量、身体的自控能力，增加腹压促进大肠蠕动，利于肠胃成熟，促进大便通畅，减少疾病，为坐姿挺拔、预防驼背奠定基础。

妈妈：腕部、上肢尤其是腹部的刺激，利于产后体形恢复。

（5）注意问题　对月龄小、头部力量差的宝宝可做成仰头后曲状，时间短、次数多。

3. 中托抱

（1）适宜月龄　1 ～ 3 个月。

（2）动作方法　宝宝躺在床上，抓右手腕上提，妈妈的左手托住宝宝腰背部，慢慢托起，使宝宝成桥型，身体充分展开。

（3）练习方法　每天做 2 ～ 3 次累计 5 ～ 6 分钟。

（4）训练目的　宝宝：胸腹开展、气血流畅，对健康的成长有益、减少疾病，对本体感觉、空间感觉有促进作用。

妈妈：对手腕、前臂、腰腹力量有促进作用。

（5）注意问题　吃饭前、洗澡后做，动作要慢而稳，月龄稍大的婴儿要防止翻身动作。

4. 竖托抱

（1）适宜月龄：出生 ~ 4 个月。

（2）动作方法　站在床前或坐在床上，右手抓住宝宝的手腕上提，左手托住头部，继而以右手托住臀部，并以左手使婴儿头部做 45° 的运动及转动。

（3）练习方法　每天做三遍，每遍 5 分钟，与横托抱交替做。

（4）训练目的　宝宝：头颈转动，刺激前庭和脑干部、大脑及神经系统教育良好。

妈妈：腕部、上肢、腰部尤其是腹部的刺激，利于妈妈的体形恢复。

（5）注意问题　头部 45° 运动由慢到快，始终和宝宝做表情沟通，如伸舌、眨眼、微笑。

5. 托腋站立

（1）适宜月龄　2 ~ 4 个月。

（2）动作方法　宝宝躺在床上，妈妈双手托住宝宝双腋，由躺姿提拉站起，到双脚稍稍离开床面为止。宝宝即反射性地挺腹、蹬腿。

（3）练习方法　每天三遍，每遍 3 ~ 6 次 。

（4）训练目的　宝宝：促进腰腹部力量、本体感觉功能提高，为七坐八爬能力做准备。

（5）注意问题　月龄小的婴儿应托住他的头背，注意安全。

6. 竖托摆转

（1）适宜月龄　2 ~ 5 个月。

（2）动作方法　妈妈站在床前，左手拖住头，并使宝宝身体支撑于妈妈腕上。右手托住宝宝的腰，让宝宝身体成 30° ，妈妈重心左右移动双臂随之摆动，温和且节奏性摆动，当宝宝适应后，利用惯性使宝宝以身体纵向为轴做 90° 转动。

（3）练习方法　可做 3 ~ 4 次，每次 10 个摆动，与竖托摆交替做。

（4）锻炼部位

宝宝：大脑、前庭良好刺激，哭闹婴儿即可情绪稳定。

妈妈：腕部、上肢、腰部尤其是腹部的刺激。

（5）注意问题

① 妈妈双臂做婴儿身体支撑，注意安全。

② 配合音乐或唱儿歌，母子情感交流。

7. 扭转运动

（1）适宜月龄　1 ~ 4 个月。

（2）动作方法　宝宝平躺在床上，妈妈的双手抓住宝宝的双踝，以左右手扭转婴儿身体成 90° ，反复进行。

（3）练习方法　每天做三遍，每遍 5 ~ 10 次。

（4）训练目的　左右平衡、协调及头背支撑力提升。

（5）注意问题　床面要软一些，转动要慢，扭转时注意 90° ，不做全翻转。

8. 提腿运动

（1）适宜月龄：2 ~ 6 个月。

（2）动作方法　宝宝俯卧床上，抓住双脚向上提，直到胸部贴床，头部自然抬起后即做放下动作。重复之。

（3）训练目的　头颈反射、刺激脑干部，利于大脑及运动神经发展。

（4）注意问题　婴儿头部无力抬起，先训练4、6动作，再进行8，可快可慢，视能力而定。

9. 拉腕站立

（1）适宜月龄　5～10个月。

（2）动作方法　宝宝躺在床上，双手抓住宝宝的腕部，向垂直方向提起，速度要慢，提到宝宝臀部离床时停止，宝宝反射性地挺腹、蹬腿，然后拉成站立。

（3）练习方法　每天练习2～3遍，每遍3～5次。

（4）训练目的　宝宝的腰腹部、肩部、本体感良好的刺激，亦是全身运动项目之一。

（5）注意问题　配合节奏或数数，臀部离床一个节奏，蹬腿另一个节奏，是坐爬前期准备工作。

10. 坐抱

（1）适宜月龄　1～6个月。

（2）动作方法　妈妈站或坐托抱婴儿，使其自行支撑身体数秒，托抱与松托之间，训练婴儿全身伸张力量。

（3）练习方法　每日做3～4遍，每遍做3次。

（4）训练目的

母亲：加强对腕、上肢和腰腹的刺激，尽快恢复体形。

宝宝：感受坐姿的地心引力、位置、平衡感，维持与坐姿相关的肌肉力量。

（5）注意问题

① 在宝宝颈部不稳时，可缩短坐姿时间。

② 每次练习时间要短，次数可以多一些。

11. 跪抱（爬前准备）

（1）适宜月龄　3～6个月。

（2）动作方法　妈妈坐在床上，双手托住宝宝的腋下，拉伸重复动作。

（3）练习方法　每天2次，每次5分钟。

（4）锻炼部位　宝宝：本体控制，腰背、膝部着地能力，视觉、空间训练。

（5）注意问题

① 对于没有坐稳的宝宝不要时间太长，以防背部弯曲。

② 以游戏方式进行，增强趣味及顺应性反应。

12. 拉腕抱

（1）适宜月龄　2个月～1岁。

（2）动作方法　宝宝躺、坐或站时妈妈抓握住宝宝的手指或手腕，当宝宝被提到胸前高度后放在妈妈的胸前，右手抱住腰，左手托住颈背部，变成自然的抱法。

（3）练习方法　抱婴儿方式改成这种运动方式，无形中会加强婴儿全身力量，每天20次。

（4）锻炼部位

宝宝：抓握上肢、腰背、腹力量。

妈妈：手腕、上肢、腰腹力量。

（5）注意问题　提拉时不要快，用力均匀，当宝宝适应后可以加快速度。

13. 卷卷提

（1）适宜月龄　3～10个月。

（2）动作方法　把浴巾铺在床上，宝宝躺在浴巾的一端，头和双手要放在浴巾外，由浴巾一端到另一端卷起，卷的时候要慢，注意婴儿表情、语言沟通，由慢到快，当宝宝完全放松后就可以加快速度并变成刺激的游戏。

（3）练习方法　每天练习三遍，每遍4～8次。

（4）训练目的　触觉训练，使宝宝将来不会偏食、脾气不古怪，情绪稳定。

（5）注意问题

① 床面要软一些，卷和提的速度一定要根据宝宝表情的放松程度来决定，保持语言交流。

② 最好爸妈两人一起做，保证滚动时的安全性。

14. 浴巾操

（1）适宜月龄　3～12个月。

（2）动作方法　让宝宝躺在浴巾中间，妈妈和爸爸抓住浴巾的四个端点作晃动，当宝宝高兴以后，逐渐增加摆动速度和摆动方向。

（3）练习方法　每天两次，每遍5～10分钟。

（4）训练目的　触觉训练，健康的皮肤识别能力，不怕洗头，对冷热温度感应加强，情绪稳定。

（5）注意问题

① 以游戏方式进行，促进亲子交流。

② 注意晃动速度，不要勉强。

15. 倒抱

（1）适宜月龄　2～12个月。

（2）动作方法　宝宝成俯卧状，抓住宝宝的双踝，慢慢地拉提起至胸前，妈妈身体后仰，腾出一只手托住宝宝的胸部回到放到床上。

（3）练习方法　3～6次，根据宝宝的情绪状况增减练习次数。

（4）训练目的　宝宝的空间感觉、本体感觉、自控能力、背部力量。

（5）注意事项　这是个较高难度的动作，可由爸爸来做，不可以勉强。

16. 拉腕摆

（1）适宜月龄　6～12个月。

（2）动作方法　宝宝躺或坐时妈妈抓握住宝宝的手指或手腕做左右前后摆动，根据宝宝的适应情况，增加摆动幅度。

（3）练习方法　一天练习三次，每次摆20～40次。

（4）锻炼部位

宝宝：本体感训练，使婴儿将来不胆小，不怯生，对自己身体控制具备信心。睡不实、易醒情况减少。

（5）注意问题

① 月龄小婴儿反抓妈妈手，要注意安全。

② 月龄大婴儿要妈妈抓腕不抓手，要注意松脱安全。

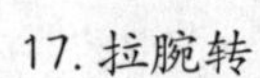

17. 拉腕转

（1）适宜月龄　6个月～1岁。

（2）动作方法　宝宝躺、坐或站时妈妈抓握住宝宝的手指或手腕（妈妈的拇指伸到宝宝手中，当宝宝抓住之后，妈妈顺势抓握住宝宝的手向上提）作旋转摆动。

（3）练习方法　一天练习三次，每次摆20～40次。

（4）练习部位　前庭和本体训练。左右脑及脑干部刺激，对婴儿语言视觉及智力均有帮助。

（5）注意问题

① 旋转幅度、速度要依宝宝喜欢情况，不可勉强。

② 可顺时、逆时方向交替之。

18. 站抱

（1）适宜月龄　2～10个月。

（2）动作方法　左手抱住宝宝的腰腹部，右手拖住宝宝的双脚往上托，月龄小的孩子就会往下蹬，当宝宝蹬腿时妈妈的左手稍微松一下，让宝宝感受一下支撑。

（3）练习方法　每天练2～3遍，每遍做4～6次，月龄小的一次几秒钟，月龄大的每次几十秒钟。

（4）训练目的　宝宝：锻炼踝关节、腿、腰的力量，控制平衡能力（地心的引力）。

母亲：加强腕、臂力。

（5）注意问题　最好爸妈两人起做，亲子情感交流。

19. 小钟摆

（1）适宜月龄　4～12个月。

（2）动作方法　妈妈站立，双手合抱住宝宝腋下，先做小幅度的摆动，宝宝适应后逐渐加大摆动的幅度。

（3）练习方法　每天做3～4次。

（4）锻炼部位

宝宝：强化肩胛部肌肉和韧带力量。给脑干部良好刺激，身体协调能力加强。

妈妈：对妈妈腰腹部、肩部、胸部进行刺激。控制腰腹部的脂肪堆积，强化肩、上肢、胸部肌肉，美化妈妈的身体曲线。

（5）注意问题

① 以游戏方式进行，配合音乐产生节奏感。

② 每次时间不可过长，依婴儿喜欢情况。

20. 大钟摆

（1）适宜月龄　6～12个月。

（2）动作方法　妈妈站立，双手合抱住宝宝，妈妈手臂向前伸，使宝宝与妈妈的身体有一段距离（距离长短可酌情而定），妈妈抱起宝宝左右摆动，幅度逐渐加大。

（3）练习方法　每天做3～4次。

（4）锻炼部位

宝宝：强化宝宝肩胛部肌肉和韧带力量，脑干部良好刺激，身体协调能力加强。

妈妈：大钟摆是妈妈腰腹部减肥最佳良法。

（5）注意问题　以游戏方式进行，配合音乐节奏。

第四节　幼儿期

幼儿期（又称幼儿早期或学步儿期）是指从一周岁至三周岁，即婴幼儿出生后 13 个月至 36 个月。

一、幼儿期概况

幼儿期的幼儿生长发育速度减慢，但是智能发育较前期突出，身体各方面仍旧很柔嫩，不能耐劳，但已保证幼儿可以从事一些最基本的活动。2 ~ 3 岁时皮质抑制功能发育完善，内脏器官有了一定的发展，正常婴幼儿心率在每分钟 100 次以上，三岁时，心率已降为每分钟 100 次，但是与成人相比较仍然很快，因此仍不宜做剧烈运动，以免过分加重心脏负担。幼儿身体各个部分都在按不同的速度由小变大，唯有前囟随着年龄的增长由大变小，周岁以后逐渐闭合。2 ~ 3 岁时皮质抑制功能发育完善。

二、幼儿期的特点

（一）身体特点

1. 身长

1 ~ 3 岁的宝宝，虽然生长发育的速度比婴儿时期有所减慢，可仍然非常迅速，平均身高一年增加 10 ~ 13 厘米，身高 1 ~ 2 岁全年约增加 10 厘米，2 岁以后身高可用公式估算：身高 =（年龄 ×5）+80（厘米）。到 3 岁时，幼儿身高约达到他成年时身高的一半，对各种营养素的需求都还很高。加上断母乳，正是离乳食品转变为主食的饮食过渡阶段。因此，应该更注意保证各种营养素及热能的供应。不然，容易使宝宝出现生长缓慢、停滞甚至营养不良。

2. 体重

幼儿期体重的增加较婴儿期逐渐减慢。每月体重增加 0.25 千克，1 ~ 2 岁全年约增加 3 千克。2 岁以后每年约增加 2 千克。2 岁以后至 12 岁儿童的体重可用公式估测：体重 =（年龄 ×2）+8（千克）。

头围：头围第 2 年与第 3 年共增加约 3 厘米，3 岁时头围约 49 厘米。

3. 胸围

1 岁半与 2 岁时约与头围相等，以后逐渐超过头围。其超过的差数约等于儿童的实足年龄数。

【拓展阅读】

幼儿体格发育所需主要营养素

蛋白质：是幼儿身体发育所必需的，1 ~ 2 岁的幼儿每天需要蛋白质 35 克，2 ~ 3 岁的幼儿每天需要 40 克。在配方奶粉、肉类（鱼、禽、畜）、蛋类、豆类及豆制品等食物中蛋白质含量较高。

α 乳清蛋白：α 乳清蛋白的氨基酸比例与幼儿的需要非常吻合，而且很容易被消化吸收，幼儿就不容易出现呕吐、腹泻、便秘等胃肠道不适。

钙与维生素 D：它们总是像兄弟一样双双出现，因为这两者都是骨骼生长必不可少的。好

动的幼儿喜欢走来走去，爬上爬下，健壮的骨骼是基础。让幼儿多吃海产品、豆制品、奶制品、鸡蛋、根茎类蔬菜，这些食物中含钙丰富。

锌：是一种重要的生长因子。1～3岁的幼儿每天都在学习和练习新的动作，如果缺少了锌，动作发育指标就会不达标。而且，锌还能帮助增强有益身体健康的免疫系统，抵御感染与疾病。补充锌，就要多吃海产品、动物肝脏、鱼、蛋、奶、肉、豆类及果仁等。

铁：是幼儿运动机能发展必不可少的元素。1～3岁的幼儿如果体内缺少铁元素，他们的运动能力也许会受到阻碍，所以，多吃补铁食物吧，如动物肝脏、紫菜、海带、黑木耳、口蘑、芝麻酱、红色的肉、核桃仁、豆类等，帮助幼儿成为小小的“运动健将”。

天然胡萝卜素：幼儿每天在外面“东奔西跑”，需要增强免疫能力，这样才能少生病。天然胡萝卜素就具有抗氧化和提高免疫功能的作用。在深绿色蔬菜、红色和黄色水果、根茎类蔬菜中，天然胡萝卜素含量丰富。

核苷酸：它可以改善幼儿机体的免疫功能。核苷酸不仅可以降低幼儿腹泻的发生率，而且万一幼儿生病了，它还可以让病变得轻点，好得快点。

（二）幼儿期各系统的生理特点

1. 神经系统

幼儿的各项神经活动的发育有一定的规律性，这种规律由神经系统的成熟程度来决定。3岁时神经细胞已大致分化完成，但是神经纤维到4岁时才完成髓鞘化。故婴幼儿时期，由于髓鞘形成不完善，当外界刺激作用于神经传入大脑时，因没有髓鞘的隔离，兴奋可传入邻近的神经纤维，不易在大脑皮层形成明确的兴奋灶。同时，刺激的传导在无髓鞘的神经也较慢，这就是为什么婴幼儿对外来刺激的反应较慢且易于泛化的原因。

【拓展阅读】

幼儿期中枢神经发育所需主要营养素

DHA/AA：脑黄金的重要性不必多说了，DHA就是脑黄金。富含DHA与AA的食品包括深海的产品与藻类食物等。

α乳清蛋白：对于幼儿的神经系统发育相当重要。它含有丰富的色氨酸，能转化成5羟色胺，对幼儿的认知能力、注意力和记忆力的发展有很大帮助。

铁与锌：怎么才能让幼儿做到手眼协调，心到手到，当然要靠神经的传递作用，这就得说说铁和锌了，它们是保证神经递质的活性所必需的。

碘：对于两岁左右幼儿大脑的发育起了关键性的作用，碘缺乏严重甚至会造成脑及神经组织发育停滞，并造成智力发育障碍。

维生素B12：它对于成长中的幼儿的神经发育非常重要。B族维生素哪里含量多？动物肝脏、肉类、乳制品、鱼、贝类和蛋类中含量多。

2. 消化系统

胃肠消化功能仍不完善，咀嚼和消化能力比婴儿时期大为增强。但牙齿尚未完全出齐，咀嚼能力还相对较差。加之胃肠道蠕动及调节能力较低，各种消化酶的活性远不及成人。因此，

消化功能仍未发育完善，容易发生疾病。

3. 免疫系统

幼儿期的免疫系统仍旧很差，容易发生急性传染病。这个阶段从母体获得的先天免疫已经完全消失，自动免疫逐渐产生，但是对疾病的抵抗能力仍旧很弱，加之 1 岁以后，幼儿出门在外的机会大大增加，与周围环境接触的机会增多，遭受病菌侵扰的机会也越多，故导致急性传染病的发病率增高。所以要注意补充与提高抵抗力有关的营养素，这样幼儿才能远离疾病。

4. 骨骼肌肉系统

由于幼儿的肌肉和骨骼系统的不断发育，幼儿动作的发展也迅速形成。但幼儿期的骨骼还在继续骨化，仍然具有弹性大、易弯曲的特点。身体肌肉发育也较快，特别是下肢、臀部和背部肌肉的发育。大肌肉已经发展，大运动能力迈上了新台阶，逐渐从蹒跚学步到学会主动爬楼，甚至一路小跑了。但是耐力仍旧很差，容易疲劳；小肌肉还未发展起来，因此还不能从事灵活性、准确性要求很高的动作，手指精细活动也不能很好地完成。

（三）婴儿期其他的生理特点

1. 大脑发育

与成人相比，幼儿期脑占体重的比例相对较大，脑重的增加主要由于神经细胞体积增大和树突的增多、成长，以及神经髓鞘的形成和发育。2 岁时达 900 ~ 1000 克，成人脑重约为 1500 克。幼儿期的大脑外观已具备成人所有的沟回，但较浅，发育不完善；灰质层也较薄，细胞分化较差，而中脑、脑桥、延髓、脊髓发育较好，可保证生命中枢的功能。身体对蛋白质的需求量大。幼儿的整个身体正处于各个器官组织建造中，对蛋白质的需求量很大，特别是大脑的生长发育，不然就会影响到智力发育。

2. 视觉发育

幼儿的视力敏锐度大大提高，1 ~ 3 岁幼儿的视力发育标准约能达到 0.1 ~ 0.6 之间，一般 2 岁时为 0.4，3 岁时为 0.6。已经能够大致区别距离的远和近，且视线跟得上快速移动的东西，并看得清楚。视觉较为敏锐，喜欢观察，会借由眼睛来引导手去接触新事物，眼手协调更灵活，立体视觉的建立已接近完成。幼儿辨认颜色的能力已经不仅仅局限于能够区分不同的颜色，甚至能看出两张图画颜色的不同深浅了。从 1 岁开始，幼儿特别喜欢借由眼睛导引手部活动，他们喜欢接触新事物，眼手间的协调能力也因此快速成长，视觉辨识能力在这一阶段也大大提高了。

幼儿逐渐长大，活动范围越来越大，还学会了奔跑，眼外伤的可能也增大。这时应加强对孩子的安全教育，如不要拿着铅笔、筷子等尖物猛跑；家里人在使用洗涤剂时，要让幼儿避开，以免液体溅到幼儿眼中，造成化学烧伤；如果眼内进了灰尘等异物，不要用不干净的手帕去擦，以免造成眼球表面的划伤和继发感染。

【拓展阅读】

幼儿眼睛健康发育所需主要营养素

叶黄素：它是帮助幼儿眼睛健康发育的关键性抗氧化剂，就像幼儿的“天然太阳镜”那样，

保护幼儿的眼睛免受蓝光影响。在菠菜、甘蓝等绿叶蔬菜及其他蔬菜中含量较高。

DHA/AA：对1～3岁的幼儿来说，学习区分不同颜色深浅，区分不同物体远近，是视觉发育的重要成果。想让幼儿拥有好视力，DHA与AA的足量补充很关键，因为它们有助于促进视敏度，对于幼儿视觉发育具有重要的意义。

维生素A：它对视网膜感光机能的发挥具有重要作用，想让幼儿心明眼亮，可以多吃乳制品、蛋类、动物肝脏等，这些食物都是维生素A的“储藏室”。

3. 牙齿

幼儿期牙齿发育：上颌的第一乳磨牙在第14个月左右开始生长，下颌的犬牙在第16个月左右生长；上颌的犬牙在第18个月左右开始生长，下颌的第二乳磨牙在第20个月左右开始生长；上颌的第二乳磨牙在2岁左右开始生长，有的幼儿会有个别牙齿的萌出顺序颠倒，但最终并不影响牙齿的排列，无需处理。一般2岁～2岁半乳牙全部长出，共20枚，上下各10枚。一般的规律是左右两侧成对出现。

4. 髓鞘发育

脊髓的髓鞘按由上向下的顺序逐渐形成，为其成熟的重要标志。约于3岁时完成髓鞘化。

【拓展阅读】

幼儿长牙过慢的原因

（1）先天遗传　幼儿长牙较慢的主要原因来自遗传，包括家庭病史、种族等，甚至连性别也会有所差异。根据多数研究报告来看，女孩的长牙时间会比男孩早一些。

（2）后天环境　除了先天遗传因素之外，后天环境也可能间接造成长牙缓慢。就拿早产儿来说，他的长牙时间就必须先扣除早产时间，这样得出的结论才比较准确。如果是胎龄30周就出生的早产儿，长出第一颗牙的时间就必须延后10周（通常是出生后6～8个月时）。另外，凡是出生体重过轻的婴儿，也很可能出现长牙较慢的问题。

（3）系统性疾病　唐氏症、脑下垂体分泌异常、外胚层发育不全症候群等，都有可能造成幼儿长牙的速度有所差异，必须通过抽血检查才能确定真正的病因。

（4）外伤与感染　如果孩子的乳牙出现高低不一的情况，则很有可能是牙齿受到过外力撞击，导致与牙齿相连的韧带坏死，而以新生骨头取代（骨粘连），从外观看来只是某颗牙齿生长较慢，实际上却会影响到恒牙的萌发。如果幼儿乳牙提早丧失，牙龈表面便会生成结缔组织，一旦恒牙此时还未充分成长，就会受到压迫而导致恒牙出牙较慢。另外，有时幼儿所服用的药物会让牙龈增厚，牙齿不易冒出，也会让父母产生长牙较慢的误解。

需要提醒大家的是，幼儿的长牙周期都不尽相同，虽说应在约6个月大时长出第一颗牙齿，不过就乳牙而言，出牙的时间差距在半年之内都算正常，而恒牙萌出时间的合理差距甚至可延长至1年。所以，一般无需过度担心，通常只是长牙时间的快慢不同，并不会影响到牙齿的功能。

【拓展阅读】

世界卫生组织 0 ~ 3 岁婴幼儿生长发育标准

表 2-1　世界卫生组织 0 ~ 3 岁婴幼儿体格心智发育表

年龄	体重（男）/kg	身高（男）/cm	体重（女）/kg	身高（女）/cm	心智发育
初生	2.9 ~ 3.8	48.2 ~ 52.8	2.7 ~ 3.6	47.7 ~ 52.0	俯卧抬头，对声音有反应
1 月	3.6 ~ 5.0	52.1 ~ 57.0	3.4 ~ 4.5	51.2 ~ 55.8	俯卧抬头 45°，能注意父母面部
2 月	4.3 ~ 6.0	55.5 ~ 60.7	4.0 ~ 5.4	54.4 ~ 59.2	俯卧抬头 90°，笑出声，尖叫声，应答性发声
3 月	5.0 ~ 6.9	58.5 ~ 63.7	4.7 ~ 6.2	57.1 ~ 59.5	俯卧抬头，两臂撑起，抱坐时头稳定，视线能跟随 180°，能手握手
4 月	5.7 ~ 7.6	61.0 ~ 66.4	5.3 ~ 6.9	59.4 ~ 64.5	能翻身，握住摇荡鼓
5 月	6.3 ~ 8.2	63.2 ~ 98.6	5.8 ~ 7.5	61.5 ~ 66.7	拉坐，头不下垂
6 月	6.9 ~ 8.8	65.1 ~ 70.5	6.3 ~ 8.1	63.3 ~ 68.6	坐不需支持，听声转头，自喂饼干，握住玩具不被拿走，怕羞，方木能递交
8 月	7.8 ~ 9.8	68.3 ~ 73.6	7.2 ~ 9.1	66.4 ~ 71.8	扶东西站，会爬，无意识叫爸爸妈妈，咿呀学语，躲猫猫，听得懂自己的名字，会摇手再见
10 月	8.6 ~ 10.6	71.0 ~ 76.3	7.9 ~ 9.9	69.0 ~ 74.5	能自己坐，扶住行走，熟练协调地爬，理解一些简单的命令，如“到这儿来”
12 月	9.1 ~ 11.3	73.4 ~ 78.8	8.5 ~ 10.6	71.5 ~ 77.1	独立行走，有意识叫爸爸妈妈，用杯喝水，能分清家人的称谓和家庭环境中的物体
15 月	9.8 ~ 12.0	76.6 ~ 82.3	9.1 ~ 11.3	74.8 ~ 80.7	走得稳，能说几个字的短语，模仿，能垒两块积木，可以和成人很开心的玩
18 月	10.3 ~ 12.7	79.4 ~ 85.4	9.7 ~ 12.0	77.9 ~ 84.0	能走梯，理解指出身体部位，自己能吃饭，能认识色彩

续表

年龄	体重（男）/kg	身高（男）/cm	体重（女）/kg	身高（女）/cm	心智发育
21 月	10.8 ~ 13.3	81.9 ~ 88.4	10.2 ~ 12.6	80.6 ~ 87.0	能踢球，扔东西，能垒四块积木，喜欢听故事，会用语言表示大小便
24 月	11.2 ~ 14.0	84.3 ~ 91.0	10.6 ~ 13.2	83.3 ~ 89.8	两脚并跳，区别大小，能认识两种色彩，认识简单形状
30 月	12.1 ~ 15.3	88.9 ~ 95.8	11.7 ~ 14.7	87.9 ~ 94.7	独脚立，说出名字，洗手会擦干，能垒八块积木，常问为什么？试与同伴交谈，相互模仿言行

世界卫生组织（WHO）宣布了最新的“国际儿童生长发育标准”（表 2-1），以前制定的标准偏高，造成了很多“小胖墩”，那么儿童是否也是以过去的标准为参考？家长又如何正确评估孩子的身高体重？儿科研究所专家指出，生长发育不合格的孩子呈明显的两极分化趋势，家长通过画生长曲线进行检测（范围值以内正常）。

1. 体重推算公式

1 ~ 6 个月体重（克）= 出生体重 +（月龄 ×600 克）

7 ~ 12 个月体重（克）= 出生体重 +（月龄 ×500 克）

2 ~ 14 岁体重（千克）=（年龄 ×2）+8 千克

2. 身高推算公式

出生 3 个月增长 3 ~ 3.5 厘米 / 月

4 ~ 6 个月增长 2 厘米 / 月

7 ~ 12 个月增长 1 ~ 1.5 厘米 / 月

1 周岁后身高 =（年龄 ×5）+80 厘米

3. 增长速度参考表（表 2-2 ~ 表 2-4）

表 2-2 年龄增长速度参考表

单位：厘米 / 年

年龄	增长速度
婴幼儿期（3 岁以下）	> 7
儿童期（3 ~ 10 岁）	< 4 ~ 5
青春期（10 ~ 14 岁）	< 5 ~ 6

表 2-3　身长 / 身高参考表

单位：厘米

身长 \ 月	女孩（躺着）			男孩（躺着）		
	P15	P50	P85	P15	P50	P85
0	47.2	49.1	51.1	47.9	49.9	51.8
1	51.7	53.7	55.7	52.7	54.7	56.7
2	55.0	57.1	59.2	56.4	58.4	60.5
3	57.6	59.8	62.0	59.3	61.4	63.5
4	59.8	62.1	64.3	61.7	63.9	66.0
5	61.7	64.0	66.3	63.7	65.9	68.1
6	63.4	65.7	68.1	65.4	67.6	69.8
7	64.9	67.3	69.7	66.9	69.2	71.4
8	66.3	68.7	71.2	68.3	70.6	72.9
9	67.6	70.1	72.6	69.6	72.0	74.3
10	68.9	71.5	74.0	70.9	73.3	75.6
11	70.2	72.8	75.4	72.1	74.5	77.0
12	71.3	74.0	76.7	73.3	75.7	78.2
13	72.5	75.2	77.9	74.4	76.9	79.4
14	73.6	76.4	79.2	75.5	78.0	80.6
15	74.7	77.5	80.3	76.5	79.1	81.8
16	75.7	78.6	81.5	77.5	80.2	82.9
17	76.7	79.7	82.6	78.5	81.2	84.0
18	77.7	80.7	83.7	79.5	82.3	85.1
19	78.7	81.7	84.8	80.4	83.2	86.1
20	79.6	82.7	85.8	81.3	84.2	87.1
21	80.5	83.7	86.8	82.2	85.1	88.1
22	81.4	84.6	87.8	83.0	86.0	89.1
23	82.2	85.5	88.8	83.8	86.9	90.0
24	83.1	86.4	89.8	84.6	87.8	91.0

续表

身高 / 月	女孩（站着）			男孩（站着）		
	P15	P50	P85	P15	P50	P85
25	83.2	86.6	90.0	84.7	88.0	91.2
26	84.0	87.4	90.9	85.5	88.8	92.1
27	84.8	88.3	91.8	86.3	89.6	93.0
28	85.5	89.1	92.7	87.0	90.4	93.8
29	86.3	89.9	93.5	87.7	91.2	94.7
30	87.0	90.7	94.3	88.4	91.9	95.5
31	87.7	91.4	95.2	89.1	92.7	96.2
32	88.4	92.2	95.9	89.7	93.4	97.0
33	89.1	92.9	96.7	90.4	94.1	97.8
34	89.8	93.6	97.5	91.0	94.8	98.5
35	90.5	94.4	98.3	91.6	95.4	99.2
36	91.1	95.1	99.0	92.2	96.1	99.9
37	91.7	95.7	99.7	92.8	96.7	100.6
38	92.4	96.4	100.5	93.4	97.4	101.3
39	93.0	97.1	101.2	94.0	98.0	102.0
40	93.6	97.7	101.9	94.6	98.6	102.7
41	94.2	98.4	102.6	95.2	99.2	103.3
42	94.8	99.0	103.3	95.7	99.9	104.0
43	95.4	99.7	103.9	96.3	100.4	104.6
44	96.0	100.3	104.6	96.8	101.0	105.2
45	96.6	100.9	105.3	97.4	101.6	105.8
46	97.2	101.5	105.9	97.9	102.2	106.5
47	97.7	102.1	106.6	98.5	102.8	107.1
48	98.3	102.7	107.2	99.0	103.3	107.7
49	98.8	103.3	107.8	99.5	103.9	108.3
50	99.4	103.9	108.4	100.0	104.4	108.9
51	99.9	104.5	109.1	100.5	105.0	109.5

续表

月＼身高	女孩（站着）			男孩（站着）		
	P15	P50	P85	P15	P50	P85
52	100.4	105.0	109.7	101.1	105.6	110.1
53	101.0	105.6	110.3	101.6	106.1	110.7
54	101.5	106.2	110.9	102.1	106.7	111.2
55	102.0	106.7	111.5	102.6	107.2	111.8
56	102.5	107.3	112.1	103.1	107.8	112.4
57	103.0	107.8	112.6	103.6	108.3	113.0
58	103.5	108.4	113.2	104.1	108.9	113.6
59	104.0	108.9	113.8	104.7	109.4	114.2
60	104.5	109.4	114.4	105.2	110.0	114.8

注：1.24个月之前躺着量，之后站着量；

2.P15表示第15个孩子的指标（下限），P50表示第50个孩子的指标（中位），P85表示第85个孩子的指标（上限）。

表2-4 体重参考表

单位：千克

月＼体重	女孩（穿着内衣称量）			男孩（穿着内衣称量）		
	P15	P50	P85	P15	P50	P85
0	2.8	3.2	3.7	2.9	3.3	3.9
1	3.6	4.2	4.8	39	4.5	5.1
2	4.5	5.1	5.9	4.9	5.6	6.3
3	5.1	5.8	6.7	5.6	6.4	7.2
4	5.6	6.4	7.3	6.2	7.0	7.9
5	6.1	6.9	7.8	6.7	7.5	8.4
6	6.4	7.3	8.3	7.1	7.9	8.9
7	6.7	7.6	8.7	7.4	8.3	9.3
8	7.0	7.9	9.0	7.7	8.6	9.6
9	7.3	8.2	9.3	7.9	8.9	10.0
10	7.5	8.5	9.6	8.2	9.2	10.3
11	7.7	8.7	9.9	8.4	9.4	10.5
12	7.9	8.9	10.2	8.6	9.6	10.8

续表

月＼体重	女孩（穿着内衣称量）			男孩（穿着内衣称量）		
	P15	P50	P85	P15	P50	P85
13	8.1	9.2	10.4	8.8	9.9	11.1
14	8.3	9.4	10.7	9.0	10.1	11.3
15	8.5	9.6	10.9	9.2	10.3	11.6
16	8.7	9.8	11.2	9.4	10.5	11.8
17	8.8	10.0	11.4	9.6	10.7	12.0
18	9.0	10.2	11.6	9.7	10.9	12.3
19	9.2	10.4	11.9	9.9	11.1	12.5
20	9.4	10.6	12.1	10.1	11.3	12.7
21	9.6	10.9	12.4	10.3	11.5	13.0
22	9.8	11.1	12.6	10.5	11.8	13.2
23	9.9	11.3	12.8	10.6	12.0	13.4
24	10.1	11.5	13.1	10.8	12.2	13.7
25	10.3	11.7	13.3	11.0	12.4	13.9
26	10.5	11.9	13.6	11.1	12.5	14.1
27	10.7	12.1	13.8	11.3	12.7	14.4
28	10.8	12.3	14.0	11.5	12.9	14.6
29	11.0	12.5	14.3	11.6	13.1	14.8
30	11.2	12.7	14.5	11.8	13.3	15.0
31	11.3	12.9	14.7	11.9	13.5	15.2
32	11.5	13.1	15.0	12.1	13.7	15.5
33	11.7	13.3	15.2	12.2	13.8	15.7
34	11.8	13.5	15.4	12.4	14.0	15.9
35	12.0	13.7	15.7	12.5	14.2	16.1
36	12.1	13.9	15.9	12.7	14.3	16.3
37	12.3	14.0	16.1	12.8	14.5	16.5
38	12.5	14.2	16.3	12.9	14.7	16.7
39	12.6	14.4	16.6	13.1	14.8	16.9
40	12.8	14.6	16.8	13.2	15.0	17.1
41	12.9	14.8	17.0	13.4	15.2	17.3

续表

体重 月	女孩（穿着内衣称量）			男孩（穿着内衣称量）		
	P15	P50	P85	P15	P50	P85
42	13.1	15.0	17.3	13.5	15.3	17.5
43	13.2	15.2	17.5	13.6	15.5	17.7
44	13.4	15.3	17.7	13.8	15.7	17.9
45	13.5	15.5	17.9	13.9	15.8	18.1
46	13.7	15.7	18.2	14.1	16.0	18.3
47	13.8	15.9	18.4	14.2	16.2	18.5
48	14.0	16.1	18.6	14.3	16.3	18.7
49	14.1	16.3	18.9	14.5	16.5	18.9
50	14.3	16.4	19.1	14.6	16.7	19.1
51	14.4	16.6	19.3	14.7	6.8	19.3
52	14.5	16.8	19.5	14.9	17.0	19.5
53	14.7	17.0	19.8	15.0	17.2	19.7
54	14.8	17.2	20.0	15.2	17.3	19.9
55	15.0	17.3	20.2	15.3	17.5	20.1
56	15.1	17.5	20.4	15.4	17.7	20.3
57	15.3	17.7	20.7	15.6	17.8	20.5
58	15.4	17.9	20.9	15.7	18.0	20.7
59	15.5	18.0	21.1	15.8	18.2	20.9
60	15.7	18.2	21.3	16.0	18.3	21.1

【理论探讨】

（1）帮助壮壮变“壮” 壮壮与豆豆是邻居，他们是同年同月同日出生的好朋友，但是同为四岁的男孩儿，豆豆却比壮壮高出半个头，体重也比壮壮要重。壮壮妈妈特别奇怪，自己家的壮壮不仅不“壮”，反倒有些弱不禁风，壮壮妈妈一度怀疑壮壮生病了，于是带着壮壮到各家医院去检查，也没有查出问题所在，请你根据学习的知识判断一下，壮壮这种情况可能由于哪些因素导致的？并且给出建议，帮助壮壮变“壮”。

（2）妞妞的蛀牙 妞妞两岁了，由于总爱吃甜食导致牙齿有龋齿，妞妞妈妈认为有必要带妞妞到医院口腔科做个检查，但是妞妞奶奶认为不需要，奶奶说蛀牙不算病，何况牙齿迟早也是要换的，没必要特意去看一遍。妞妞妈妈与妞妞奶奶谁的观点对，为什么？

（3）爱睡的淘淘 淘淘已出生13天，妈妈发现淘淘每天大部分的时间都是昏昏欲睡的状态，吃奶的过程中都会睡着，妈妈担心淘淘会不会是在胎儿期营养不足，发育得不好，想近期带淘淘去妇幼保健院做一下全面的检查，请同学们小组讨论，淘淘这种现象是否正常，为什么？

（4）小组讨论

① 影响婴幼儿生长发育的因素有哪些？如果想让婴幼儿生长发育的更好，应该如何加强？

② 婴幼儿体格测量主要是测量哪几方面？不同身体部分应用何种方法进行测量？

③ 新生儿有哪些其他生理特点？

④ 为什么新生儿体温调节能力较差？

⑤ 婴儿期各月份的平均体重应该如何计算？

⑥ 对照新生儿期和婴儿期的生理特点，看看婴幼儿生长发育在两个不同的时期有哪些变化？

【实践探究】

（1）调研婴幼儿生长情况　将全班同学分为三组，分别到妇婴医院儿保科、早教中心、幼儿园进行调研，了解婴幼儿是否在生长发育过程中遵循了课本中所说的原则，哪个阶段婴幼儿的发育特征更明显。要求：观察并做出观察记录。

（2）进行婴幼儿生长发育形态指标测量　全班同学两人一组，到早教中心、亲子园、幼儿园等地方进行婴幼儿生长发育形态指标测量，一人进行测量，一人进行记录。

要求：

① 每小组至少测量五位婴幼儿，最好年龄有差异。

② 认真做好测量记录，会班后小组间进行比较研究，看看同龄婴幼儿间形态指标数是否有很大的差异。

③ 观察、参与新生儿指标测量　两人一组，到妇幼保健院观察并在医生的指导下参与新生儿指标测量的实践，掌握正确的测量方法，要求做好测量记录。

第三单元
0～3岁婴幼儿营养与喂养

胎儿期是依靠孕母供给营养，新生儿期是新生儿脱离母体独立生活，逐渐适应宫外环境，出生后营养素主要来自所摄入的食物，营养物质经体内消化吸收和代谢过程被利用，供给机体能量，以维持生命的一切生理活动。但新生儿的生理调节和适应能力不够成熟，容易发生不适应的现象。所以，育婴师应根据婴幼儿对营养素的生理需求，合理地指导婴幼儿喂养和平衡膳食。

营养行为包括择食行为、喂养行为、进食行为。

婴儿期是生长发育非常迅速的时期，必须有较多的营养物质来满足婴儿的需要，这一阶段的婴儿以乳汁为主要饮食。婴儿的喂养以母乳为佳，充足的母乳可以保证必要的营养供给，但随着婴儿月龄的增大，应逐渐增加辅食以补充营养。

1～2岁幼儿正在长牙，但牙齿尚未发育完全，咀嚼能力有限，胃肠道蠕动及调节能力较低，所以蛋白质的摄入有限。因此奶类食品仍是他们重要的营养来源之一，每天大约需要给幼儿提供奶类500毫升。另外，幼儿的胃比成年人小，不能一餐进食很多，但幼儿对营养的需求量却比大人多，因此每日进餐次数应多一些，早、中、晚三餐加上、下午点心各一次比较适宜，但两次加餐的点心不宜太多，以免影响正餐。此外，婴儿的食物要以天然、清淡为原则。

2～3岁幼儿应养成良好的饮食习惯，如：要定时、定位进餐，吃饭时要专心。这一阶段容易出现挑食和偏食现象，家长要注意用餐时的气氛，不能强迫喂食也不应在吃饭时责打幼儿；要注意食物的色、香、味，以促进幼儿食欲；不要让幼儿在饭前吃过多高糖分、高热量的食物或饮料；要鼓励幼儿多参加体育锻炼，多运动可以增加食欲。

营养是保障婴儿正常生长发育、身心健康的重要因素。营养不足可导致生长发育迟缓，体重不增，甚至引起营养缺乏和障碍。同时，如营养长期供给过量，同样会对婴儿的生长发育造成影响。

自然食物、均衡膳食、适度喂养、适量摄入是安全营养的重要原则。

第一节　0～3岁婴幼儿营养基础

营养是人体不断从外界摄取食物，经消化、吸收、代谢和利用食物中身体需要的物质（养分或养料）来维持生命活动的全过程，它是一种全面的生理过程，而不是专指某一种养分。食物是人类为维持生命所必须从外界摄取的，其中含有的能维持人体正常生理功能，促进生长发育和健康的化学物质称为营养素。

婴幼儿对营养和热能的需要，从种类上看，蛋白质、脂肪、碳水化合物、无机盐、水、维生素和膳食纤维七大类缺一不可，从数量上看，必须达到机体对营养素的需要量。

一、热能

生长发育是婴儿期特有的生命现象。生物体的能量来自于自然界和周围环境。热能并非营养素，而是由食物所供给的各类营养素的化学能转变而来，主要由蛋白质、碳水化合物、脂肪在代谢过程中氧化所释放的热能提供。机体依靠这些热能来维持各种生理功能并从事各项体力活动。一般情况下，人们膳食中大约总热量的60% ~ 70%来自碳水化合物，16% ~ 25%来自脂肪，10% ~ 14%来自蛋白质。按其在体内实际产生热能计算，每克碳水化合物在体内氧化时产生的热能为16.74千焦耳（4千卡），脂肪每克为37.66千焦耳（9千卡），蛋白质每克为16.74千焦耳（4千卡）。（单位换算如下：1千卡=4.184千焦耳，1千焦耳=0.239千卡）

二、婴幼儿的能量需求

小儿所需热量包括以下5个方面。

（一）基础代谢

是指在人体清醒、安静状态下，维持人体基本生理活动所需的最低热量。基础代谢所需热能随年龄、性别、体表面积、生长发育、内分泌及神经活动等变化而不同。婴幼儿时期所需量占总热量的50% ~ 60%，1岁约为每天每千克55卡，7岁约每天每千克44卡，12 ~ 13岁约需每天每千克30卡，与成人接近。各器官的热能消耗与该器官的大小及功能有关。婴幼儿时期脑、肝的代谢率较成人高，而肌肉活动耗能较少，脂肪组织的代谢率则极低。

（二）食物特殊动力作用

此为消化和吸收食物所需的热量。蛋白质的特殊动力作用最大，婴幼儿摄取食物较多，蛋白质需要量也较高，故这方面消耗热能也大，从小儿总需热量来说，婴儿期占总热能的7% ~ 8%，年长儿只占约5%。

（三）运动所需

是指肌肉活动所需的热量。1岁以内小儿需热量为每天每千克15 ~ 20卡，随着年龄的增长，需要量逐渐增加。好动、多哭和肌肉发达的幼儿，需热量较大些，可增加2 ~ 3倍；安静少哭的婴幼儿此项所需的热能可减半。到12 ~ 14岁时约需每天每千克30卡。

（四）生长发育所需

生长发育所需的热量与生长发育速度成正比，生长发育速度愈快所需热量愈多。每增加1克体重约需要热能5千卡，每增加1克蛋白质约需热能6千卡，每增加1克脂肪约需热能12千卡。生后数月内需15 ~ 20cal/kg/d，1岁时约需15cal/kg/d，到青春期增高，此项所需热能占总热量的25% ~ 30%。

（五）排泄的消耗

每日摄取的食物不能全部吸收，有一部分食物未经消化利用便排出体外。摄取混合食物的

正常婴幼儿，约有 10% 的食物丢失在排泄物中。

以上几方面所需热量的总和称为总需热量，各方面热能分配比例目前尚无统一意见，此热量由食物中的糖、脂肪、蛋白质供给。总热量长期供给不足，可使小儿发育缓慢、体重不增。若总热量长期供给过多，易发生肥胖症。

三、婴幼儿的能量组成及来源

（一）蛋白质

是构成身体细胞的主要成分，肌肉及神经细胞内含量最多。蛋白质是免疫抗体、激素、消化酶等物质不可缺少的成分。小儿不仅需要蛋白质来补充消耗，还要满足生长发育的需要。母乳喂养的婴儿需每天每千克 2 ~ 2.5 克，牛乳喂养则需 3 ~ 4 克，混合膳食喂养约需 3 克，学龄前儿童需蛋白质每天每千克 3 ~ 3.5 克，学龄儿童需 2 ~ 2.5 克，成人约需每天每千克 5 克。食物中乳类、蛋类、肉、鱼和豆类，蛋白质含量较多（图 3-1）。

图 3-1　蛋白质含量较多的食物

蛋白质中动物蛋白质所含氨基酸较植物蛋白质为优，米麦类植物蛋白质缺少赖氨酸，豆类蛋白质缺少蛋氨酸和胱氨酸，故混合供给小儿营养是合理的。在规定乳幼儿膳食时，动物蛋白质应不少于所需蛋白质的一半。若小儿长期缺乏蛋白质，会发生营养不良，如发育停滞、肌肉松弛、贫血、水肿等。如供给蛋白质过多，可致食欲减退、消化不良、呕吐和便秘等。

（二）脂肪

是细胞膜和细胞核的组成所必需，也是身体热量的主要来源。当热量摄入大于消耗时，脂肪被储存，但当热量不足时，就首先消耗脂肪。脂肪能防止体热的消散，保护脏器不受损伤；有利于脂溶性维生素 A、D、E、K 的吸收；提供必需脂肪酸，必需脂肪酸不能在人体内合成，

必须由食物脂肪供给。0 ~ 6 月龄的婴幼儿按每日摄入人乳 800 毫升计，可获得脂肪 27.7 克，占总能量的 47%。婴幼儿饮食中脂肪供给的热量约占总热量的 35%，婴幼儿约需脂肪每天每千克 4 克，学龄前小儿需 2 ~ 3 克，学龄期需 2 ~ 2.5 克。脂肪来源于食物中的动物油、植物油、奶油、蛋黄、肉类、鱼类等，也可在一定条件下由摄入的糖类和蛋白质转化而来。

脂肪摄入过多与不足均不行：长期缺乏脂肪的小儿会导致必需脂肪酸缺乏以及蛋白质或碳水化合物过量，体重下降、皮肤干燥、易发生脱屑，还容易发生脂溶性维生素缺乏症。如供给脂肪过多会影响蛋白质和碳水化合物的摄入并影响钙吸收，可引起食欲减退、消化不良和发生酸中毒。人乳喂养约 95% 的脂肪被吸收（因人乳中含脂肪分解酶），半乳喂养者仅有 80% ~ 85% 的脂肪被吸收，未被吸收的脂肪随粪便排出体外。

（三）碳水化合物（糖类）

由碳、氧、氢三种元素构成，是热量供应的主要来源，其供热量约占总热量的 50%，糖类能节省蛋白质的消耗量和协助脂肪氧化。糖类可与蛋白质或脂肪合成糖蛋白、纤维素与果胶（属非淀粉多糖），虽不能被消化吸收，但可促进肠蠕动和消化液产生，吸收水分，有利于正常排便，维持肠道生理功能。糖类在被身体吸收之前，须将双糖、多糖变成单糖，然后被吸收并在肝内凝缩为糖原储存备用。食物中乳类、谷类、豆类、水果、蔬菜中均含糖。婴儿约需每天每千克 12 克，2 岁以上需 8 ~ 12 克。糖类缺乏时，身体便动用脂肪和蛋白质作为能（热）量来源，糖类供给充足时，部分糖类转化为糖原储存在肝内，剩余糖类能转化成脂肪。婴儿饮食内过多供给糖类，最初其体重可迅速增长，日久则肌肉松软、面色苍白呈虚胖样，实为不健康的表现。故蛋白质、脂肪和糖类三者的供给，须有适当的比例才能发挥各自的良好作用。

（四）维生素

维生素虽不能供能，却是维持人体正常生长发育及调节生理机能所必需的物质并与酶有密切关系，每日需要量很少，多不能在体内合成，必须从食物中摄取。维生素种类很多，按其溶解性分为脂溶性与水溶性维生素：前者有维生素 A、D、E、K；后者有维生素 B 族和维生素 C 等。维生素对婴幼儿营养尤其重要，若缺乏会影响发育，还会出现某种维生素缺乏症。

1. 维生素 A

脂溶性，亦称视黄醇，可提高暗适应能力，主要作用是保持皮肤、骨骼、牙齿、毛发健康生长，还能促进视力、生殖机能和免疫功能的良好发展。维生素 A 与铁剂合用可明显改善缺铁性贫血，同时还有防癌抗癌的作用。维生素 A 缺乏可引起夜盲症、眼干燥症、角膜溃疡、头发枯干、皮肤粗糙、记忆力减退、失眠、生长发育迟缓等。维生素 A 摄入过多，会在体内积蓄而引起维生素 A 中毒。

含维生素 A 的食物有动物肝脏、蛋黄、奶油和鱼肝油；植物所含的胡萝卜素进入人体，可在肝中转变为维生素 A（1 毫克胡萝卜素 = 0.167 毫克维生素 A）。橙黄色或深绿色蔬菜或水果（如胡萝卜、红薯、木瓜、芒果、南瓜、深绿叶菜等）中含量较高。

2. 维生素 B 族

维生素 B1：又称硫胺素，溶于水，它以辅酶的方式参加糖代谢，能抑制胆碱酯酶的活性，减少乙酰胆碱的水解，主要用于防治维生素 B1 缺乏症（脚气病）；帮助消化，特别是碳水化合物的消化，因此，它有促进婴幼儿生长发育的作用；可以改善精神状况，维持神经组织、肌肉、

心脏活动的正常。维生素 B1 这种水溶性维生素副作用不大。多余的分量完全排出体外，不会贮留在人体中。

含维生素 B1 的食物有动物内脏（肝、心及肾）、肉类、豆类、花生及不过于碾白的谷类（糙米、全麦、燕麦）。所以要米面混吃、粗细搭配。维生素 B1 遇碱易破坏，谷物不要过分淘洗，做饭或蒸馒头时不应加碱。

维生素 B2：又称核黄素，微溶于水，是在自然界分布广泛的一种维生素，是哺乳动物必需的营养物，其辅酶形式是黄素单核苷酸和黄素腺嘌呤二核苷酸。参与铁的吸收储存，易受光和碱的影响而被破坏。当缺乏时，就会影响机体的生物氧化，使代谢发生障碍。缺乏时多表现为口、眼和外生殖器部位的炎症，如口角炎、唇炎、舌炎、眼结膜炎和阴囊炎及生长发育迟缓、贫血等。维生素 B2 容易消化和吸收，被排出的量随体内的需要以及可能随蛋白质的流失程度而有所增减，它不会蓄积在体内，所以时常要以食物或营养补品来补充。

含维生素 B2 的食物有奶制品及动物的肝脏和肾脏。另外像我们平时吃的蛋黄、紫菜、胡萝卜、生菜、香菇、鳝鱼中也富含维生素 B2。

维生素 B6：又称吡哆素。是一种水溶性维生素，遇光或碱易破坏，不耐高温。是一种含吡哆醇或吡哆醛或吡哆胺的 B 族维生素。为人体内某些辅酶的组成成分，参与多种代谢反应，尤其是和氨基酸代谢有密切关系。婴幼儿易缺乏，出现躁动不安、惊厥、贫血、口腔炎、周围神经炎等。

含维生素 B6 的食物有酵母菌、肝脏、谷粒、肉、鱼、蛋、豆类及花生等。

叶酸：叶酸是一种水溶性维生素，叶酸最重要的功能就是制造红细胞和白细胞，增强免疫能力，一旦缺乏叶酸，会发生严重贫血，因此叶酸又被称为“造血维生素”。叶酸是预防宝宝出生缺陷的一种重要方式，准备怀孕的女性和准妈妈都需要叶酸（包括天然叶酸和叶酸补充剂）。孕妇对叶酸的需求量比正常人高 4 倍。缺乏叶酸时会发生巨幼红细胞贫血，孕母缺乏可引起胎儿神经管畸形。

含叶酸的食物有绿色蔬菜、新鲜水果、肝脏、肾脏、禽肉及蛋类，如猪肝、鸡肉、牛肉、羊肉等。

维生素 B12：维生素 B12 又称钴胺素或氰钴素。是一种由含钴的卟啉类化合物组成的 B 族维生素。易溶于水和乙醇，在 pH 值 4.5 ~ 5.0 弱酸条件下最稳定，可在强酸（pH<2）或碱性溶液中分解，遇热可有一定程度破坏，但短时间的高温消毒损失小，遇强光或紫外线易被破坏。普通烹调过程损失量约 30%。能促进叶酸的利用，参与核酸、蛋白质、胆碱等合成过程，促进红细胞发育成熟。缺乏时发生巨幼红细胞贫血，青年可发生恶性贫血。

含维生素 B12 的食物有肉类、动物内脏、鱼、禽、贝壳类及蛋类。

3. 维生素 C

又叫 L- 抗坏血酸，是一种水溶性维生素。食物中的维生素 C 被人体小肠上段吸收。一旦吸收，就分布到体内所有的水溶性结构中，它在体内作为酶的激活剂和物质的还原剂，参与激素合成。促进骨胶原的生物合成，利于组织创伤口的更快愈合，促进胶原蛋白的合成，防止牙龈出血，促进牙齿和骨骼的生长；增强肌体的免疫力，改善铁、钙和叶酸的利用。维生素 C 是相当脆弱的维生素，易被氧化，遇水、热、光、氧、烟就会被破坏。缺乏时可发生坏血病，易出血，易感染，生长迟滞，伤口愈合差。

含维生素C的食物有新鲜的水果、蔬菜等，如西红柿、苹果、橘子、胡萝卜、柚子、杏、山楂、樱桃、猕猴桃、草莓、杨梅、辣椒、芹菜、南瓜、葱头、莴苣、香椿、大枣、葡萄等。

4. 维生素D

脂溶性，抗高温及耐碱，较稳定。可提高肌体对钙、磷的吸收，促进肾小管吸收磷，促进钙在骨骼中沉淀，从而促进骨骼的正常生长；促进牙齿健全。维生素D还和甲状旁腺激素与降钙素一起维持正常的血钙水平，以防止骨质疏松。人体缺乏维生素D会引起佝偻病、骨骼生长受阻，婴幼儿可有手足抽搐，青少年及成人可发生软骨病。长期摄入过多的维生素D（5000IU/天）将引起高血钙和高尿钙。特征为食欲减退，过度口渴，恶心，呕吐，烦躁，体弱，便秘腹泻交替出现，严重者将因肾钙化、心脏和大动脉钙化而死亡。

含维生素D的食物有马哈鱼、虹鳟鱼、鳕鱼肝油、比目鱼肝油、奶油、鸡蛋、鸡鸭肝等动物肝脏以及配方奶粉。另外，维生素D可由人体经紫外线照射后生成，所以日光浴是取得维生素D的可靠来源，所以提倡多做户外活动。

5. 维生素E

又称生育酚或产妊酚。在食用油、水果、蔬菜及粮食中均存在。是一种有8种形式的脂溶性维生素，易被氧化，对紫外线敏感，易被破坏，是一种强力抗氧化剂。主要有四种衍生物，按甲基位置分为α、β、γ和δ四种。缺乏维生素E，会产生皮肤发干、粗糙、过度老化，引发近视、残障、弱智儿等不良后果。早产儿缺乏时可发生红细胞溶血性贫血及硬肿症。

富含维生素E的食物有植物胚芽油、绿叶蔬菜、豆类、肉、蛋等。如:花生油、玉米油、菠菜、芽甘蓝、麦芽、大豆、坚果等。

（五）矿物质

又称为无机盐，是构成人体组织、维持正常的生理功能和生化代谢等生命活动的主要元素，约占人体重的4.4%。矿物质无法自己在体内产生与合成，其摄取量也基本固定，但随年龄、身体状况、生活环境、工作状况等因素的影响有所不同。人体内约有50多种矿物质，是生物体的必需组成部分。根据它们在体内含量的多少，大致可分为常量元素和微量元素两大类。人体必需微量元素有18种，即有铁、铜、锌、钴、锰、铬、硒、碘、镍、氟、钼、钒、锡、硅、锶、硼、铷、砷等。每种微量元素都有其特殊的生理功能。尽管它们在人体内含量极小，但它们对维持人体中的一些决定性的新陈代谢却是十分必要的。一旦缺少了这些必需的微量元素，人体就会出现疾病，甚至危及生命。

人体无机盐虽不供给热能，但有重要的生理功能：构成骨骼主要成分；维持神经、肌肉正常生理功能；为多种酶和大分子活性物质的组成成分；调节人体体液渗透压、电解质和酸碱度，使之保持平衡。钙和铁是婴幼儿最容易缺乏的矿物质。

1. 钙

在人体矿物质中钙占的分量最大，约占体重的2%（1200 ~ 1400克）左右，钙是牙齿的主要成分，99%存在于骨骼中。仅1%存在于血浆中，其中一半与蛋白质结合，另一半游离在体液中。小儿在生长发育期需钙量较成人多，每日需1克左右。在甲状旁腺激素、降钙素及维生素的调节下，机体存钙量相对恒定，正常血浆钙浓度为2.25 ~ 2.75摩尔每升。钙对骨骼的形成、维持神经与肌肉的正常兴奋性、参与凝血机制、降低毛细血管通透性具有一定作用。

长期缺钙可能引发下列症状。儿童：夜惊、夜啼、烦躁、枕秃、方颅、鸡胸、“X”形腿、“O”形腿、佝偻病、骨骼发育不良等。青少年：腿软、抽筋、体育课成绩不佳、疲倦乏力、烦躁、精力不集中、偏食、厌食、蛀牙、牙齿发育不良、易感冒、易过敏等。青壮年：经常性的倦怠、乏力、抽筋、腰酸背疼、易感冒、易过敏等。孕产妇：小腿痉挛、腰酸腿疼、关节疼痛、水肿、妊娠高血压等。

富含钙的食物有乳类与乳制品、豆类与豆制品、海产品、肉类与禽蛋、蔬菜水果与干果类。如：牛、羊奶及其奶粉、乳酪、酸奶、黄豆、毛豆、虾米、虾皮、海带、芝麻、香菜、花生等。

2. 铁

铁是人体必需的一种微量元素，在人体内的分布非常广，几乎所有组织都包含铁，以肝、脾含量为最高，肺内也含铁。铁的主要功能是制造血红蛋白及肌蛋白，是血液里输送氧和交换氧的重要元素，铁同时又是很多酶的组成成分与氧化还原反应酶的活化剂。铁与胎儿的大脑发育直接相关，而铁缺乏引起的大脑发育障碍是不可逆的。母乳中缺乏铁，因此，孩子需要在胎儿期从母体吸收足量的铁，以支撑出生后 4 ~ 6 个月的铁需求，直到添加辅食，由辅食接续铁的供应。如果孕妇在妊娠期间体内铁不足，不仅对胎儿的发育和自身的健康严重不利，还继续影响新生儿和婴儿的生长发育。婴幼儿期容易出现铁缺乏、铁摄入不足或吸收不良，易患缺铁性贫血，还可能导致抵抗力低下，易发生上呼吸道感染，严重贫血会影响婴幼儿的智力发育和认知能力，甚至可导致死亡。

富含铁的食物有动物肝脏、动物血、蛋黄、大豆、黑木耳、瘦肉、红糖等，平时也可以多吃含维生素 C 的水果蔬菜，可以促进铁的吸收。

3. 锌

锌是人体必需的微量元素，人体内锌含量为 1.4 ~ 2.3 克，广泛分布于各组织器官中，其中骨骼与皮肤中较多。是酶的组成成分或酶的激活剂。人体约 80 多种酶的活性与锌有关，如碳酸酐酶、碱性磷酸酶、乳酸脱氢酶等；它还促进生长发育与组织再生；锌与蛋白质和核酸的合成，细胞生长、分裂和分化等过程都有关；促进食欲，对味觉和口腔上皮细胞起重要作用；参与肝脏和视网膜维生素 A 还原酶的合成；参与免疫功能。当儿童体内锌缺乏时，其体格发育、智力发育和消化功能都将受到一定影响，最为突出的影响就是引起消化功能障碍，导致儿童出现味觉差、食欲缺乏、厌食、生长迟缓、矮小症、贫血等症状。少数患儿还可能出现异食癖，反复发作的口腔溃疡等异常现象。孕妇缺锌可导致胎儿畸形及低体重。

富含锌的食物有海产品、动物内脏等。如牡蛎、肉、肝、蛋等。

4. 磷

是人体组织的重要成分，磷存在于人体所有细胞中，是维持骨骼和牙齿的必要物质，几乎参与所有生理上的化学反应。磷还是使心脏有规律地跳动、维持肾脏正常机能和传达神经刺激的重要物质。缺乏时发生佝偻病。食物中含磷普遍丰富，很少发生营养性磷缺乏。

富含磷的食物有乳、肉、鱼、蛋及谷类、蔬菜。

5. 碘

碘主要用于制造甲状腺素，促进新陈代谢，碘缺乏会引起甲状腺功能不足、婴幼儿发育迟缓、智力低下、呆傻等。

富含碘的食物有紫菜、海带、海鱼等。

（六）水和膳食纤维

水是人体内最重要的物质，含量最多。营养运输与代谢的进行都需要水分。小儿新陈代谢旺盛，活动量大，体表面积也相对大，水分蒸发多，因此需水量相对较多，需要增加水的供给量。婴幼儿需每天每千克100～150毫升，随着年龄增长，水需要量相对减少。若摄入的水量少于每天每千克60毫升，易发生脱水症状，若摄入水量超过正常需要量，多余的水可从尿中排泄掉。

膳食纤维主要来自于植物的细胞壁，包含纤维素、半纤维素、树脂、果胶及木质素等，是一种不易被消化的食物营养素，纤维可以有效地保持消化系统的健康，是健康饮食不可缺少的，对防止结肠癌、预防便秘有一定作用。纤维可以清洁消化壁和增强消化功能，摄取足够的纤维可以预防心血管疾病、癌症、糖尿病等。它可稀释和加速食物中致癌物质、有毒物质的移除，保护消化道和预防结肠癌。纤维可减缓消化速度和最快速排泄胆固醇，可以将血液中的血糖和胆固醇控制在最理想的水平。

第二节　0～3岁婴幼儿营养获得及膳食平衡

0～3岁婴幼儿的营养获得是否适当，直接影响到宝宝的生长发育与身体健康。合理营养是指每天有规律的让婴幼儿按照适当比例摄取生长发育所需要的各种营养素，提供婴幼儿从事各种活动、维持机体正常生长发育的热能。合理营养能维持人体正常的生理功能与生长发育，促进健康和提高机体的抵抗力和免疫力，有利于某些疾病的预防和治疗。合理的营养能促进婴幼儿身心潜能的发展，提高机体的应激能力。

营养对小儿的生长发育和健康都起到非常重要的作用，特别是婴幼儿时期，合理的膳食能保证婴幼儿正常发育和增强其对各种疾病的抵抗力，对病儿尤为重要。过度摄入营养和热量或摄入不足都是有害于健康的，会发生营养缺乏病或营养过剩性疾病。儿童期饮食、喂养模式、进餐方式和饮食习惯对后期的疾病发生和健康状况都有影响。

一、婴幼儿消化特点

婴儿期是小儿营养最重要和最困难的阶段，婴儿新陈代谢旺盛，生长发育快，营养素需要量相对比成人高，但消化能力却比成人弱，因此婴幼儿饮食供给必须结合其消化功能特点，应合理喂养，避免营养不良及消化功能紊乱。

（一）口腔

婴儿颊部脂肪垫发育好，有助于吸吮活动。新生儿唾液腺分化不全，唾液量较少且淀粉酶含量不足，因此不宜过早喂淀粉类食物。3～6个月时唾液腺发育完全，唾液量及淀粉酶含量也增多。此时，小儿尚无咽下所有唾液的能力，常发生生理性流涎。牙齿发育变化大，婴儿出生时乳牙尚未萌出，不能咀嚼食物，4～10个月时开始出牙，2岁长齐，共20颗。乳牙的生长一般是先从中间的上下两颗开始长出，然后是两侧萌出。

乳牙萌出时间顺序（以月龄计算）如表3-1所示。

表 3-1　乳牙萌出时间顺序

乳牙分类	萌出时间 / 月龄	牙数 / 个	乳牙总数 / 个
中切牙	下：6 ~ 8	2	2
	上：9 ~ 10	2	4
侧切牙	下：9 ~ 10	2	6
	上：10 ~ 12	2	8
第一乳磨牙	12 ~ 14	4	12
尖牙	16 ~ 18	4	16
第二乳磨牙	20 ~ 30	4	20

乳牙牙釉质薄，牙本质较松脆，容易被腐蚀形成龋齿。一旦发生龋齿，发展很快，在短时间就可以穿透牙髓腔，引起疼痛。

（二）食管

婴儿的食管呈漏斗状，黏膜纤弱，腺体缺乏，弹力组织及肌层尚不发达，食管下段括约肌发育不成熟，容易发生胃食管反流引起溢奶，绝大多数婴幼儿在 8 ~ 10 个月时反流好转。

（三）胃

婴儿胃呈水平位，当开始会走时，其位置逐渐变为垂直。新生儿胃容量为 30 ~ 35 毫升，3 个月时为 120 毫升，1 岁时为 250 毫升。由于胃容量有限，故每日喂食次数较年长儿多。胃平滑肌发育尚未完善，在充满液体食物后易使胃扩张。吸吮时常吸入空气，称为生理性吞气症。贲门张力低，易使婴儿发生呕吐或溢乳。胃的排空时间由食物的种类决定，水的排空时间为 1 ~ 1.5 小时，母乳的排空时间为 2 ~ 2.5 小时，牛奶的排空时间为 3 ~ 4 小时，早产儿的胃排空时间则更慢。

（四）肠

新生儿肠的长度约为身长的 8 倍，婴儿超过 6 倍，而成人仅为身长的 4 倍。肠黏膜细嫩，富有血管及淋巴管，小肠的绒毛发育良好。肠肌层发育差，肠系膜柔软而长，黏膜下组织松弛，容易发生肠套叠及肠扭转。婴儿肠壁较薄，其屏障功能较弱，肠内毒素及消化不全的产物易经肠壁进入血液，引起中毒症状。

（五）胰腺

对新陈代谢起到重要作用，既分泌胰岛素又分泌胰液，后者进入十二指肠发挥多种消化酶的消化作用。数个月的婴儿，其胰腺结构发育尚不成熟，缺少结缔组织，但血管丰富。

（六）肝脏

新生儿肝脏相对较成人大，新生儿时肝重为体重的 4%（成人为 2%），到 10 个月为出生时重量的 2 倍，3 岁时则增至 3 倍，肝脏富有血管，结缔组织较少，肝细胞小，再生能力强，不易发生肝硬化，但易受各种不利因素影响，如缺氧、感染、药物中毒等影响其正常功能。

二、正常小儿每日营养素需要量（包括能量需要）

年龄：0 ~ 1(岁)；蛋白质：人奶每千克 1.7 克，牛奶每千克 3 ~ 4 克，植物蛋白更高；脂肪：每千克 4 ~ 6 克；糖：每千克 12 克；维生素 A：2000IU；维生素 B1：0.3 毫克；维生素 C：35 毫克；维生素 D：400IU；矿物质：钙 0.4 ~ 0.5 克；铁 10 ~ 15 毫克；水：每千克 100 ~ 150 毫升；能量：每千克 100 ~ 120 卡，渐减。

年龄：2 ~ 3(岁)；蛋白质：每千克 3.5 克；脂肪：每千克 4 克；糖：每千克 10 克；维生素 A：2000IU；维生素 B1：0.7 毫克；维生素 C：40 毫克；维生素 D：400IU；矿物质：钙 0.8 克；铁 15 毫克；水：每千克 100 毫升；能量：每千克 100 卡。

年龄：4 ~ 6(岁)；蛋白质：每千克 3.0 克；糖：渐减少；维生素 A：2500IU；维生素 B1：0.9 毫克；维生素 C：40 毫克；维生素 D：400IU；矿物质：钙 0.8 克；铁 10 毫克；水：每千克 80 毫升；能量：每千克 90 卡。

年龄：7 ~ 12(岁)；蛋白质：每千克 2.5 ~ 2 克；脂肪：每千克 3 克；维生素 A：3300IU；维生素 B1：1.2 毫克；维生素 C：40 毫克；维生素 D：400IU；矿物质：钙 0.8 克，铁 10 毫克；水：每千克 70 ~ 60 毫升；能量：每千克 80 卡。

年龄：13 ~ 14(岁)；蛋白质：每千克 1.5 ~ 1 克；维生素 A：5000IU；维生素 B1：1.5 毫克；维生素 C:45 毫克；维生素 D：400IU；矿物质：钙 1.2 克，铁 18 毫克；水：每千克 60 ~ 50 毫升；能量：每千克 60 卡。

三、1 ~ 3 岁幼儿的进食特点及膳食安排

（一）进食特点

（1）幼儿期的儿童生长发育速度减慢，较婴儿期旺盛的食欲相对略有下降，因而每日的进餐次数有所减少。

（2）此时幼儿对周围环境充满了好奇心，表现出探索性行为，在进食时有强烈的自我进食的欲望，家长应满足他们的进食欲望，允许幼儿参与进食，培养独立进食的能力，如果家长不让幼儿自己进食，幼儿会表现出不合作与违拗心理。

（3）幼儿注意力易分散，幼儿进食时易被玩具、电视等吸引，降低对食物的注意力，从而影响幼儿进食。

（4）家长的进食行为和对食物的反应可作为幼儿的榜样，影响儿童的进食行为和对食物的接受类型，如幼儿进食食物时家长给予鼓励，幼儿对食物的偏爱会增加；强迫进食可使幼儿不喜欢有营养的食物。

（5）幼儿有准确的判断能量摄入的能力。幼儿可能一日早餐吃很多,次日早餐什么也没吃；一天中有可能早餐吃得少，中餐吃得多，晚餐吃得较少。变化的进食行为提示幼儿有调节进食的能力，家长不必担心幼儿 1 ~ 2 餐的进食减少。

（6）幼儿的膳食安排要合理，蛋白质每日 40 克左右，其中优质蛋白质应占总蛋白的 1/3 ~ 1/2。蛋白质、脂肪和碳水化合物之比为 10% ~ 15%、25% ~ 30%、50% ~ 60%。每日

三餐两点为宜。频繁进食、夜间进食、过多饮水均会影响幼儿的食欲，甚至影响幼儿的生长发育。

（二）膳食安排

1 ~ 3 岁幼儿处于生长发育的旺盛阶段，需要很多营养，如营养供给不足会使其发育迟缓，抵抗力下降，甚至发生营养缺乏症。一般情况下，母乳从 9 个月以后便逐渐减少，质量也下降，幼儿便开始需要一种新的营养方式。而此时幼儿的咀嚼能力及消化功能远远不及成年人，其胃肠道对于粗糙食物比较敏感，并且幼儿自己又不会挑选食物，因此，为了达到平衡膳食的目的，父母在为幼儿准备食物时，应该注意食物品种的多样化，从谷物类、禽肉、鱼、蛋类、蔬菜、水果、奶类等各类食物中选择适合幼儿的品种，安排好幼儿每天的膳食。幼儿膳食应遵循以下原则。

1. 谷物类

幼儿的主食可以选择面条、面包、软饭、麦片等，每天选择二、三种，将细粮和粗粮搭配着吃是最好的。

2. 蛋、鱼、禽肉类

蛋、鱼、瘦肉、动物肝脏等都比较适合幼儿，每天选择二、三种。

3. 蔬菜

各种新鲜蔬菜都可以选用，其中绿叶蔬菜比其他浅色或根茎类蔬菜含有更多的营养物质，因此每天至少要吃 1 种绿叶蔬菜。豆类及豆制品含有丰富的蛋白质，需要经常吃一些。每天选择二、三种蔬菜是比较合适的。

4. 水果

幼儿每天需要吃新鲜水果二、三种。

此外，不同季节食物的品种有着一定的差别，不同地区食物的种类也不尽相同。在为幼儿准备食物时，应尽量选择应季的食品，选择那些新鲜、富含营养素的食物。

（三）1 ~ 3 岁幼儿饮食注意事项

（1）不要食用油炸、油腻、块大、硬质食品。

（2）不要食用刺激性大的食品，如咖啡、浓茶、辣椒、胡椒等。

（3）含粗纤维多的蔬菜，如芥菜、黄豆芽、金针菇、甘蓝菜 2 岁以下的幼儿不宜食用，2 ~ 3 岁可少量食用。

（4）胀气食品，如洋葱、生萝卜、豆类等，幼儿宜少量食用。

（5）熔点高的油腻、甜腻食品应尽量少吃，如羊、牛、猪的脂肪、奶油等。

（6）带核水果宜做汁供食，如橘子、樱桃、葡萄等，西瓜宜去子生食，桃、李、杏等宜少量煮食。

（7）鱼、虾蟹、蛤类、带骨的禽、兽类需经过去刺壳骨后食用。

（8）整粒的坚果，如花生、核桃、杏仁、榛子等必须经磨碎或制成酱方可食用。

第三节　0 ~ 3 岁婴幼儿喂养方式及操作要领

婴幼儿时期的喂养是很重要的，小儿除生理活动需要的营养外，还有生长发育的需要。正确的喂养能保证正常发育和增强对各种疾病的抵抗力，因此在喂养中一方面要保证各种营养物

质充分供给，同时还要照顾到新陈代谢和消化功能的特点。要使婴幼儿可以获得充足的营养物质，又不能发生消化功能紊乱，因此要强调合理喂养。

一、母乳喂养

母乳是母亲给予宝宝天然的、最理想的食物，它不但能为宝宝提供均衡的营养，而且含有大量的免疫物质，能增加宝宝的抵抗力，这是人工喂养无法相比的，因此母乳是婴儿最理想的食物，特别是出生后 6 个月以内的婴儿，应尽量采用母乳喂养的方式。

《生命知识》第三版中明确指出："与用其他液体和食物喂养的儿童相比，用母乳喂养的儿童患病较少，营养也更丰富。如果全球所有儿童在出生后 6 个月内都用母乳喂养，那么每年将约有 150 万婴儿的生命能被挽救，还会有数以百万计的其他儿童的健康和发育状况能得到改善。"

（一）母乳喂养的优点

母乳营养价值高，其中不仅含有适合婴儿消化吸收的各种营养物质，且比例合适。母乳中含有免疫球蛋白（初乳中尤多）和乳铁蛋白，通过母乳婴儿能获得免疫因子，增强自身的抗感染能力，减少疾病的发生。母乳中含有医学上称为 DHA 和 AA 的两种脂肪酸，这两种脂肪酸能够有效地促进婴儿大脑发育，提高儿童智商。母乳中含有一种多粘糖，间接对大肠菌有抑制作用，因此母乳喂养的婴儿很少发生腹泻及呼吸道感染等儿科常见感染性疾病。母乳所含钙、磷比例较适当，更适合婴儿吸收和利用。此外，母亲由于哺乳刺激产生的催乳素具有促进子宫收缩及复原的作用，由于分泌乳汁消耗大量能量，促使孕期储存的大量脂肪被消耗，有利于母亲的体重尽快复原，可预防产后肥胖，也就是说有利于母亲的产后康复，母乳喂养还可降低乳腺癌和卵巢癌的发病几率，因此哺乳对母亲是很有益的。同时人乳中有一些物质可以抑制腮腺炎、流感、水痘的病毒，母亲在哺乳过程中能和宝宝进行情感交流，使婴儿情绪稳定，有助于婴儿智力发育，也有利于建交母子感情，方便、经济、卫生。

（二）人乳的成分

母亲的乳汁在婴儿出生 7 天以内的为初乳，7 天至 1 个月的为过渡乳，2 ~ 9 个月的乳汁为成熟乳，9 个月以后的为晚乳。初乳中含有 β 胡萝卜素、蛋白质及其他有形成分较多，故呈黄色黏稠状，初乳脂肪含量少，抗体多，可以满足新生儿的需要。初乳具有通便的作用，可以帮助胎儿顺利地排出胎便，同时也利于胆红素的消除，可以减轻婴儿黄疸。初乳中的生长因子还可促进新生儿的小肠发育。产后第 2 ~ 3 天乳汁分泌量就会增多。成熟乳的成分逐渐稳定，尤其是蛋白质维持在一个相当恒定的水平，成熟乳中的蛋白质含量虽较初乳为少，但因各种蛋白质成分比例适当、脂肪和碳水化合物以及维生素、微量元素丰富，并含有帮助消化的酶类和免疫物质而优于其他乳类。成熟乳中含有适合婴儿消化的各种元素，如钙磷比例合适易于吸收，母乳铁易于婴儿吸收等，都是各种动物乳所不能比拟的。成熟乳又分为前乳和后乳。前乳含有丰富的蛋白质、乳糖、维生素、无机盐和水，较少脂肪，是每次喂奶开始时产生的，外观较稀薄。后乳含有较多的脂肪，外观较前乳色白。有的乳母乳汁分泌多一次吃不完，正确的喂奶方式是，这次吃空左侧奶，下次吃空右侧奶，如需要挤一部分时，挤奶时也要科学挤，喂奶时这次挤掉前奶吃后段奶，下次挤掉后奶吃前段奶，交替吃。这样宝宝摄入的营养才会更全面。因

为两段奶的营养成分是不一样的，前奶蛋白质含量高，后奶脂肪含量高。不吃前奶，宝宝摄入的蛋白质不足，影响宝宝的生长发育，不吃后奶，宝宝摄入的脂肪不足，宝宝比较瘦。

晚乳是9个月之后的母乳，晚乳中各种成分含量均有下降，分泌量减少。尽管如此，只要母亲体内还有母乳,就建议坚持一直喂到2岁。但要注意,为保证孩子的营养,应及时添加辅食。

人奶、牛奶、羊奶成分及热量比较(100毫升)如表3-2所示。

表3-2 人奶、牛奶、羊奶成分及热量比较（100毫升）

成分	人奶	牛奶	羊奶
水 /mL	87.5	87.5	86.9
蛋白质 /g	1.2	3.5	3.8
乳糖 /g	7.5	4.8	5.0
脂肪 /g	3.5	3.5	4.1
钙 /mg	34.0	120.0	140.0
磷 /mg	15.0	90.0	106.0
铁 /mg	0.1	0.1	0.1
维生素 D/IU	较多	较少	较少
细菌	几乎无菌	易污染细菌	易污染细菌
能量 /cal	68.0	66.0	71.0

（三）促进母乳喂养

1. 建立信心

乳母自己要对用母乳哺喂孩子有充足的信心，这是能否成功实现母乳喂养最重要的一点。当然实现母乳喂养还需要家人和社会的支持。

2. 避免焦虑

乳母不要过分担心乳汁分泌不足，因为乳汁的产生直接受大脑皮层的控制，乳母紧张焦虑的不良心态会直接影响乳汁的分泌。

3. 保证乳母营养和充足睡眠

乳母劳累、睡眠不足、食欲不佳、营养搭配不当、生活不规律等因素都会影响乳汁的分泌。因此乳母要保证充足的睡眠及足够的营养和水分，膳食应满足热量的需要，生活应有规律，保持愉快的情绪。乳母的食物中应含有丰富的维生素和矿物质，做到粮、豆、菜、果、奶、鱼、蛋、肉平衡摄入。可多吃下奶的食物，如：鸡蛋、猪蹄、鲫鱼等。

4. 早接触、早吸允

婴儿出生后30分钟内即让新生儿同母亲进行皮肤接触，吸吮母亲乳头，可刺激乳汁分泌，交替喂两侧乳房，每侧至少喂5分钟，每次排空乳房，可使乳汁分泌量增加。哺乳最好选在母婴双方都精神饱满、愉快的时候，这样母亲的心理感受可以传递给婴儿，能提高喂养的质量。

5. 勤吸允、按需哺喂

母乳喂养的过程中不要严格限定哺乳的间隔时间，尤其在新生儿出生后的前几周，吃奶还未形成规律之前。新生儿需要频繁的喂奶，一方面是其生理状态决定的，另一方面是因为通过频繁的吸吮，可以强化对母亲泌乳和排乳的刺激，有利于婴儿获得充足的乳汁。出生2～7天的新生儿，应在1～2小时哺喂一次，间隔时间不要超过3小时。应注意总结婴儿吃奶的规律，婴儿每天吃奶的次数和每次吃奶量都不相同，理想的哺喂时间最好由婴儿进行自我调节。一般来说，满月时90%的婴儿可以建立起适合自己规律的、基本稳定的喂养习惯和时间。

6. 适当运动、乳房按摩

乳母可通过适当运动来促进奶量的增加，如在床上作展胸、转体动作；干些简单、轻松的家务。产后进行乳房按摩可增加乳房的血液循环，促进乳汁分泌量。在乳房起硬结的时候产妇可以尝试自己按摩，方法是从乳房的底部向上方疏捋、动作要轻柔，不要用力过大(图3-2)。

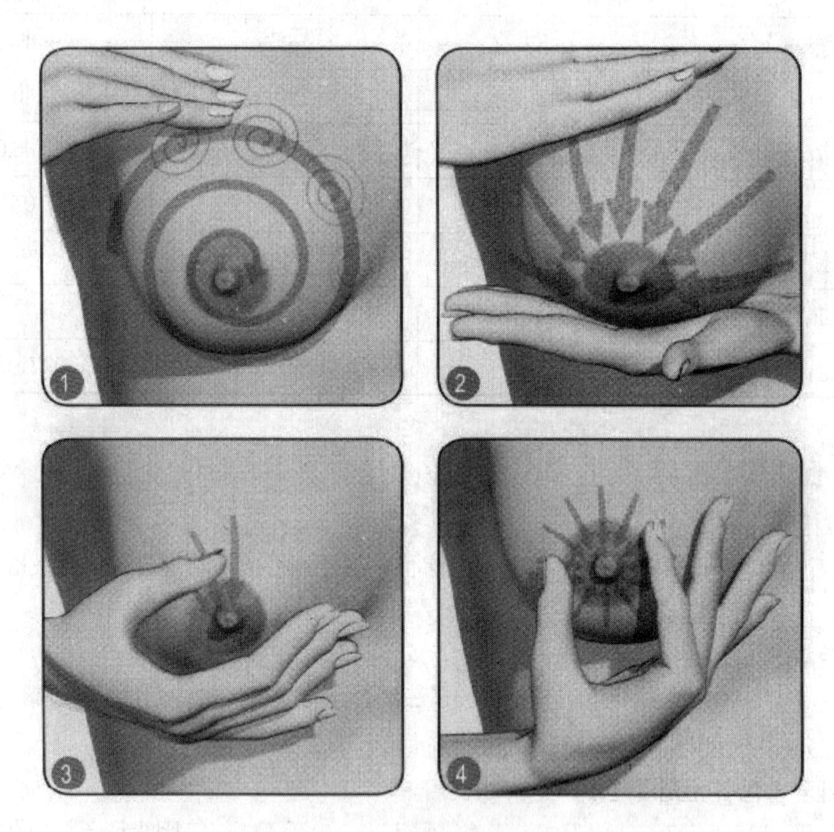

图3-2　乳房按摩方法

(四) 母乳喂养的要点

1. 姿势

母子均感到舒服的姿势是哺乳的最佳姿势，最好是母亲坐起抱着小儿哺乳。哺乳前应先将乳头擦洗干净，挤出头几滴乳汁再开始。哺乳时可以用手轻压乳房帮助乳汁流出（可根据乳汁流量进行调节）。哺乳后应将小儿伏在母亲肩上，用手轻轻拍背直至打嗝，这样做的目的是可以使咽下的空气排出以免发生溢奶现象。在哺乳过程中，必须注意婴儿嘴和乳房的衔接姿势是

否正确，正确衔接姿势可归纳为婴儿的嘴及下颌部紧贴母亲乳房；母与子胸贴胸，腹贴腹（图3-3）。

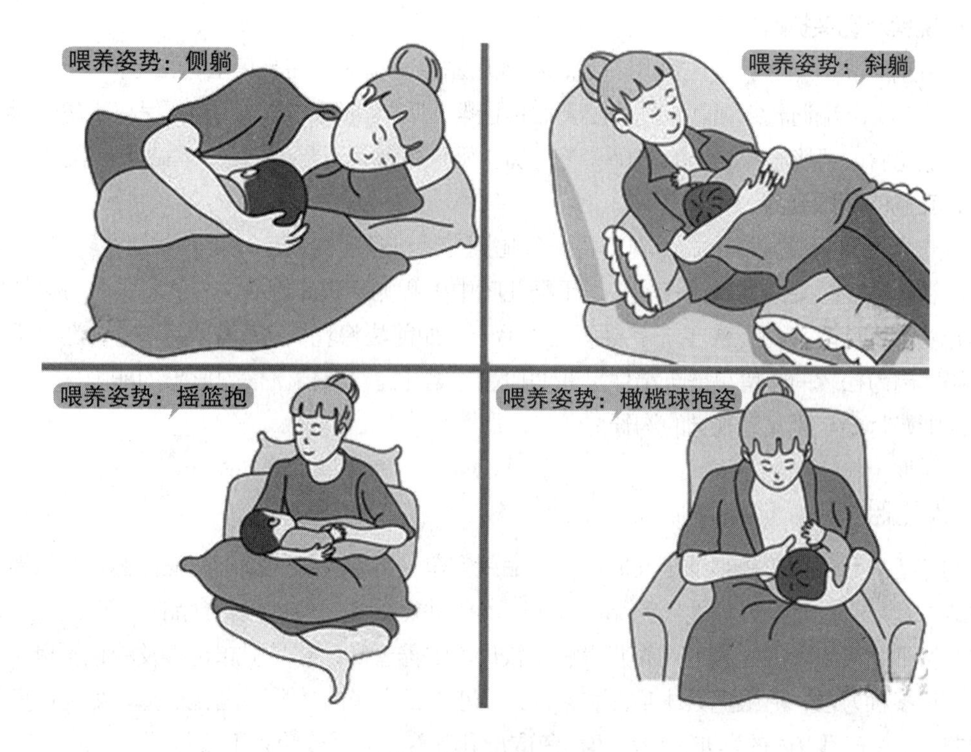

图 3-3　喂养姿势

2. 母婴同室

同处一室时母亲可以随时看见孩子，了解孩子的需求并及时满足，这样既可以减少许多因为母婴分离而产生的忧虑和担心，也有利于母乳喂养的实现。

3. 判断饱饿

判断婴儿能否吃饱有以下几种方法。哺乳时母亲是否有下乳感，哺乳前母亲乳房胀满，哺乳后乳房较柔软；哺乳时婴儿是否有连续的“咕噜咕噜”的咽奶声；哺乳后婴儿是否表情愉悦，感到满足，能安静入睡或自己放开乳头玩耍。正常情况下新生儿每日需哺乳 8 ~ 12 次，24 小时排尿 6 次以上，大便 2 ~ 4 次且金黄色、呈糊状就可以判断为母乳充足。孩子体重的增长，每周应大于 150 克，满月体重增加应大于 600 克。

判断母乳不够充足的指标：母亲感觉乳房空；婴儿吃奶时间长，用力吸吮却听不到连续吞咽声；常常会放弃乳头啼哭不止；哺乳后不久就哭闹不止，睡不踏实，来回转头寻找奶头；婴儿大小便次数减少，量少；婴儿体重增长缓慢或停滞。

4. 哺乳准备

乳母在哺乳前应先洗手，再用温湿干净的毛巾擦净乳头及乳晕，保持乳头清洁、干燥。如乳母乳头下陷或回缩，从妊娠 3 个月开始每日用手指按揉乳头，然后将乳头向外牵拉，使之达到正常的位置便于婴儿吸吮。

5. 物品准备

乳母擦洗乳房的毛巾、水盆要专用，以免交叉感染。哺乳期胸罩应选用质地柔软、透气、吸汗性强的纯棉制品，便于随时吸收溢出的乳汁，衣服应选择比较宽松的。如果乳汁过多，可使用吸奶器将剩余乳汁吸净，防止产妇患乳腺炎。

6. 乳房及奶头护理

哺乳前可将五指平开（左乳用右手，右乳用左手）指尖放在乳房上，由上向下（乳头部）梳摩3 ~ 5次以疏通乳络，刺激乳房泌乳后再让婴儿吸吮。两次哺乳期间要保持乳房干燥，婴儿每次吃完后，可挤出几滴奶涂在奶头上，防止奶头皲裂，不要用肥皂、酒精等擦洗。

7. 正确的哺喂姿势

乳母喂奶时可以采取坐式（乳母将一条腿搁在另一条腿的膝上，婴儿斜躺在乳母的怀里，用中指和食指轻轻夹住乳晕，将乳头送于婴儿嘴中）和侧卧式（母子均应侧睡，乳母以一臂枕住婴儿头部，让乳头与儿头在一个平面上，另一手如前法将乳头送于婴儿嘴中），乳母不应躺着喂奶，因为松软的乳房可能会堵住婴儿的口鼻，婴儿还没有自己摆脱危险的能力，容易发生窒息。喂奶时要与婴儿有视觉的沟通。

二、人工喂养

母亲因各种原因不能喂哺婴儿时，出生后就完全用其他食品代替母乳喂养称人工喂养。人工喂养的食品有动物奶或其他代乳品。人工喂养的缺点很多，各种代乳食品不含免疫物质，又很容易被细菌污染。因此人工喂养儿发病率较母乳喂养者高，且易引起过敏及消化不良。人工喂养有很多种方法，可根据具体条件和习惯结合小儿的月龄、体质、消化能力，尽可能做到合理喂养。3 ~ 6月以内的婴儿，应尽可能争取母乳喂养以后再改为人工喂养。

（一）配方奶粉

又称母乳化奶粉，它是为了满足婴儿的营养需要，在普通奶粉的基础上加以调配的奶制品。与普通奶粉相比，配方奶粉去除了部分酪蛋白和大部分饱和脂肪酸，增加了乳清蛋白、植物油、不饱和脂肪酸和乳糖，另外还增加了微量元素、某些氨基酸或其他成分，使之更接近母乳，甚至可以改进母乳中铁的含量过低等一些不足，在母乳缺乏或不足的情况下，配方奶粉是婴儿健康成长所必需的，它完全能满足婴儿营养发育的需求。因此，给婴儿添加配方奶粉成为世界各地普遍采用的做法。

（二）鲜牛乳

牛乳所含乳糖较人乳少，喂食时最好加5% ~ 8%的糖。含锌、铜较少，含铁量虽与人乳相仿，但其吸收率仅为人乳的1/5。牛乳中矿物质成分含量较高，易加重肾溶质负荷，不利于新生儿、早产儿、肾功能较差的婴儿。取回牛乳后应放冷处或冰箱内，但时间不宜过久。食前应煮沸消毒，乳具应消毒并保持清洁。为有利于消化吸收，生后2周以内的婴儿或消化功能差、体质差的小儿在食用牛乳时，应加水或米汤稀释后消毒（约煮沸3分钟）哺喂，以后逐渐过渡到全乳，一般1 ~ 2个月便可适应全乳。但要根据小儿具体情况适当调整。可在2次喂奶间加水1次。

（三）鲜羊乳

其成分与牛乳相仿，蛋白质与脂肪稍多，尤以白蛋白为高，故凝块细，脂肪球也小，易消化。由于其叶酸含量极低，维生素B12也少，故羊乳喂养者应添加叶酸和维生素B12，否则可引起

巨幼红细胞性贫血。食用前应注意消毒，防止感染布氏杆菌病。

（四）全脂奶粉

是将鲜牛奶浓缩、喷雾、干燥制成，其成分与鲜牛奶相似，因经热处理，较鲜牛乳易于消化并易于保存。奶液配制按重量1 ：8即乳粉1份（克）加水8克即可，用时加适量糖，必要时加维生素C。

（五）酸乳

鲜牛奶加乳酸杆菌，或稀盐酸、乳酸、柠檬酸制成，其乳凝块细小利于消化吸收，可刺激胃酸分泌。喂奶时加适量糖不必稀释。适用于消化功能差或未成熟儿。

（六）代乳品

大豆类代乳品的营养价值较谷类代乳品高，因大豆含优质蛋白质多，含铁也较高，但脂肪和糖较低，供能较少，钙也少。喂养时应补足所缺成分，可作3 ~ 4个月以上婴儿的代乳品。3个月以下婴儿因不易消化最好不用豆类代乳品。

人工喂养的技术十分重要，将代乳品配制好以后消毒保存或放冰箱内，食前煮沸数分钟。喂前温度适宜，奶瓶底抬高并需人照顾，以防呛入气管。奶瓶、奶头应保持清洁，至少每日煮沸消毒。

三、混合喂养

在确定母乳不足的情况下，需要以其他乳类、配方奶粉或其他代乳品来补充喂养婴儿。主要是母乳分泌不足或因其他原因不能完全母乳喂养时可选择这种方式。混合喂养虽然不如母乳喂养好，但要比完全人工喂养好得多，这种喂养方式可以在一定程度上保证母亲的乳房按时受到婴儿吸吮的刺激，从而维持乳汁的正常分泌，同时婴儿每天能吃到2 ~ 3次母乳，对婴儿的健康仍然有很多好处。混合喂养每次补充其他乳类的数量应根据母乳缺少的程度和孩子的食欲情况来定，原则是孩子吃饱为宜。混合喂养可在每次母乳喂养后补充母乳的不足部分，也可在一天中1次或数次完全用代乳品喂养。但应注意的是母亲不要因母乳不足从而放弃母乳喂养，至少坚持母乳喂养婴儿6个月后再完全使用代乳品。混合喂养的方法有两种。

（一）补授法混合喂养

补授法是在每次喂奶时，先让宝宝吃母乳，等宝宝吸吮完两侧乳房后，再添加配方奶。如果下次母乳量够了，就不必添加了。补授法混合喂养的优点是保证了对乳房足够的刺激，这样实施的最终结果可能会重新回归到纯母乳喂养。这也是建议4个月以下的宝宝采用补授法的部分原因。

（二）代授法混合喂养

如果宝宝已经4个月大了，尤其是乳母需要上班的情况下，可以选择代授法混合喂养。采用代授法添加配方奶时，通常选择一个固定的时间，最好是母乳分泌较少的那次，用一次配方奶替代一次母乳。

四、婴幼儿喂养的操作要领

（一）准备喂哺工具

① 250CC 大奶瓶；② 120CC 小奶瓶；③奶嘴；④奶瓶消毒锅；⑤奶瓶刷；⑥奶瓶加热器；⑦奶粉；⑧婴儿葡萄糖。

（二）奶瓶奶嘴消毒方法

注意奶瓶、奶嘴及盛奶器具等用品的清洁和消毒，配制奶液和哺喂后应用刷子清除残留的奶液，用流动的自来水冲净奶瓶，并用开水煮沸消毒。

（1）煮沸法　用清洁的锅盛水，水面盖过奶具；奶嘴在水中沸腾 3 分钟时取出，奶瓶在 10 分钟后取出。

（2）微波炉消毒法　奶瓶、奶嘴分开放置，用最高温加热 2 分钟，取出后放置在消毒碗柜中，盖上干净纱布备用。

（三）冲调婴幼儿配方奶粉的正确方法

（1）冲调前先洗手，准备好干净卫生的冲调器具。

（2）根据婴儿的年龄选择合适的奶粉及食用量，将定量的 40 ~ 60℃的温开水倒入奶瓶内，再加入适当比例的奶粉。一般在 30 毫升水中加入一平勺奶粉，调匀即可。冲调好以后应立即服用，不可将喝剩的奶留下次饮用，以防止奶变质，避免污染。切忌先加奶粉后加水，切忌水温过高。

（3）切忌自行增加奶粉的浓度及添加辅助品。因为这样会增加婴儿的肠道负担，导致消化功能紊乱，引起便秘或腹泻，严重的还会出现坏死性小肠结肠炎。此外，当婴儿患病服药时，家长不可将药物加到奶粉中给婴儿服用。

（四）正确喂哺婴儿的方法

人工喂养对喂哺环境、母亲身心健康和婴儿托抱的位置等要求与母乳喂养相同。喂哺前，应先将奶滴在手腕内侧，确定温度适合后再喂。每次喂哺时间为 5 ~ 10 分钟，应因人而异。喂哺时奶瓶要呈垂直位，防止婴儿吞咽空气。为避免引起呛咳应使奶液沿颊壁缓流而咽下。喂哺后，将婴儿竖起，轻拍背部，待其打嗝后再放下。注意观察婴儿精神、睡眠、大小便情况，逐步摸索适合婴儿的喂养方式。

（五）目前存在的主要误区

1. 所谓“初乳”喂养

一些家长把母乳的某些成分视为“珍品”，花很多钱买来市场上的“初乳”产品喂养婴儿，造成婴儿严重营养不良。任何违反自然规律的行为对儿童生长发育都是有害的，因为市场上的“初乳”产品为牛的初乳，不适合婴儿的喂养，营养成分与母乳不可相比。

2. 所谓“鲜奶”喂养

婴幼儿 2 岁以前消化功能发育不成熟，不能接受所谓“鲜乳”或营养素构成与母乳相差甚远的奶类喂养。

【拓展阅读】

关于初乳

一、初乳的定义

产后，母亲的体内激素水平发生变化，乳房开始分泌乳汁。但泌乳有一个逐渐的质与量的变化，一般把生后 4 ~ 5 天以内的乳汁称作初乳，生后 6 ~ 10 天的乳汁称作过渡乳，产后 11 天到 9 个月的乳汁称成熟乳，10 个月以后的乳汁叫晚乳。母乳的这种质与量的变化，正好是适应了新生儿的消化吸收以及身体需要。初乳除了含有由于吞噬作用所摄取的脂肪淋巴细胞(初乳小体，colostrumbody) 外，还含有乳腺细胞和来自导管的细胞断片以及核等。因初乳中磷酸钙、氯化钙等盐类的含量较多，所以有轻泻作用，初乳比成乳的热量也高。

二、初乳的特点

初乳中的蛋白质含量远远高出常乳。特别是乳清蛋白质含量高。初乳内含有比正常奶汁多 5 倍的蛋白质，尤其是其中含有比常乳更丰富的免疫球蛋白、乳铁蛋白、生长因子、巨噬细胞、中性粒细胞和淋巴细胞。这些物质都有防止感染和增强免疫的功能。

初乳中的维生素含量也显著高于常乳。维生素 B2 在初乳中有时较常乳中含量高出 3 ~ 4 倍，烟酸在初乳中含量也比常乳高。

初乳中乳糖含量低，灰分高，特别是钠和氯含量高。微量元素铜、铁、锌等矿物质的含量显著高于常乳，口感微咸。初乳中含铁量约为常乳的 3 ~ 5 倍，铜含量约为常乳的 6 倍。

另外，初乳中还含大量的生长因子，尤其是上皮生长因子，可以促进新生儿胃肠道上皮细胞生长，促进肝脏及其他组织的上皮细胞迅速发育，还参与调节胃液的酸碱度。

初乳由于其感观不佳，口感微咸，以及热稳定性差等特点，不适用于加工成日常饮用乳。目前市面上也出现了不少初乳产品，主要保留的活性物质是初乳中的免疫球蛋白。

初乳内各种成分的含量与常乳相差悬殊。干物质含量很高，含有丰富的球蛋白、清蛋白、酶、维生素、溶菌素等，但乳糖的量较少，酪蛋白的相对比例较少。其中蛋白质能直接被吸收，增强孩子的抗病能力。初乳中的维生素 A 和 C 比常乳中高 10 倍，维生素 D 比常乳中高 3 倍。初乳中含有较高的无机质，特别富含镁盐，能促进消化管蠕动，有利于消化活动。

在分娩后的一到两天内，初乳的成分接近于母体的血浆。以后初乳的成分几乎逐日都有明显变化，蛋白质和无机质的含量逐渐减少，乳糖含量逐日增加，酪蛋白比例逐日上升，经过 6 至 15 日的时间转变为常乳。

三、初乳和成熟乳的区别

世界卫生组织确认 :“母乳是婴儿最好的营养食品。”医学界始终未停止对母乳成分和含量的深入研究，为调整母婴膳食结构、优化母婴营养环境提供理论依据。

初乳与普通乳汁的主要区别在于其富含免疫因子、生长因子及生长发育所必需的营养物质，是大自然提供给新生命最珍贵的初始食物，其中具有抗病能力的免疫球蛋白含量比成熟乳高 20 ~ 40 倍。新生儿摄入后可提高免疫力、增强体质、抵御外界病原侵袭而健康成长。世界公认它可以影响初生生命甚至其一生的健康，因而世界卫生组织 (WHO) 大力提倡母乳喂养。

四、初乳对宝宝的好处

婴儿出生后，妈妈最初几天分泌的乳汁称为初乳。初乳量很少，较黏稠，颜色发黄。与

成熟乳（满月后的乳）相比，初乳的脂肪和糖的含量较低，适于生后10天内新生儿的消化和吸收。黄色的初乳还含有丰富的蛋白质和维生素A，有助于减轻婴儿感染的程度。换言之，可增强抗感染的能力。初乳中的生长因子能促进婴儿未成熟的肠道发育，为吸收成熟乳做好准备，并有助于预防变态反应和对某些食物的不耐受性，即减少过敏。初乳还有轻微的通便作用，能利于胎便排出，减少胆红素含量，减轻新生儿黄疸。初乳量少，就必然需要新生儿勤吸吮。这种刺激越频繁，母乳产生得越快。有人怕初乳脏，将之弃去不喂；有人怕孩子饿，先喂糖水或其他奶。这样做均不对。先喂糖水会减少新生儿对母乳的需求，减慢下奶；喂其他奶有可能种下过敏的祸根。

母亲初乳中含有抵抗疾病的免疫物质，可吸附在病源微生物或毒素上，防止其侵入呼吸道及肠道黏膜，避免患呼吸道及肠道疾病。其中的乳铁蛋白，可结合婴儿体内的铁，“夺取”细菌代谢所需的铁，进而抑制细菌生长，抵抗许多细菌性疾病。免疫球蛋白可很好地发挥抗感染、中和毒素的作用，增强孩子的抗病能力。母亲初乳中还含有其他多种活性成分，如生长因子、转铁蛋白、富含脯氨酸多肽(PRP)、溶酶菌等。生长因子能够促使细胞生长分化，加快组织修复；转铁蛋白能够与铁牢固而可逆地结合，控制机体内铁的水平，还能将铁运送到合成各种含铁蛋白质（如血红蛋白、肌红蛋白等）的地方；富含脯氨酸多肽能够参与免疫调节，它既能增强低下的免疫反应，又能抑制过于活跃的免疫反应；溶菌酶则可以促进细菌细胞壁及病毒糖蛋白外壳水解，具有抗菌、消炎、消肿、增强机体免疫反应等多种作用。

（资料来源：摇篮网 .http://www.yaolan.com)

【拓展阅读】

奶瓶的选择

一、奶瓶选购的六大步骤

选购一款好奶瓶，有6个步骤：确定容量、购买数量、外观、形状、功能、奶嘴。妈妈们是否都清楚呢？

（一）确定容量大小

奶瓶分为120毫升、160毫升、200毫升、240毫升四种容量，可根据宝宝一次的食量挑选。一般说来，未满1个月的宝宝的哺乳量1次100～120毫升。满1个月以上的宝宝的哺乳量1次应为120～200毫升，一天宜控制在800～1000毫升。也有些宝宝喝的较少。所以，0～1个月的宝宝至少需要120毫升容量的奶瓶一个。有些妈妈出于经济考虑，直接买240毫升的奶瓶使用。但有妈妈反映，如果一开始用大容量的奶瓶，喂奶的时候总是觉得宝宝吃得少，不知不觉就多喂了。而且，一般奶瓶4～6个月就需要淘汰更新。所以，最初选择120毫升的奶瓶比较合适。而60毫升的奶瓶体积小，特别容易清洗，很适合给初生婴儿少量多次喝水。

（二）确定购买数量

奶瓶的购买数量取决于两点，妈妈的喂养方式和使用奶瓶的方法。不同的喂养方式，对奶瓶有不同的要求。

1.母乳喂养

1～2个250毫升的大奶瓶和1～2个120毫升的小奶瓶。

妈妈全天在家，只需要准备1～2个250毫升的大奶瓶、1～2个120毫升的饮水、果汁

的小奶瓶就可。在妈妈有事外出时，可以将母乳挤在奶瓶中，保证宝宝饿了随时吃到母乳。

有些妈妈休完产假，必须返回职场奋斗。虽然不得不把宝宝交给别人带，但又想让宝宝尽量喝多点母乳，除了需要储存母乳的奶袋外，还需要 3 ~ 4 个 250 毫升的大奶瓶以及 1 ~ 2 个 150 毫升给宝宝饮水、果汁的小奶瓶。

2. 混合喂养

2 ~ 4 个 250 毫升的小奶瓶和 1 ~ 2 个 120 毫升的大奶瓶。

按照宝宝喝牛奶的顿数，计算购买奶瓶的数量。

3. 人工喂养

4 ~ 6 个 250 毫升的大奶瓶、1 ~ 2 个 120 毫升的小奶瓶。

根据人工喂养婴儿食奶量的计算方法计算，孩子在 0 ~ 6 个月期间，每天需要喂 6 次以上。未满 1 个月的宝宝一天哺乳 6 ~ 8 次，2 ~ 3 个月的宝宝则一天 6 次，往后可减少为 5 次。每个奶瓶从清洗、消毒到晾干，至少需要 3 ~ 4 小时。

妈妈在家时间充裕的话，至少要准备 4 ~ 6 个 240 毫升奶瓶以及 1 ~ 2 个小奶瓶。但每个奶瓶一用完，妈妈要马上清洗。想偷懒、或者父母时间都很紧张的话，准备 6 ~ 8 个 240 毫升奶瓶以及 2 ~ 3 个小奶瓶。那么每天可以把所有用完的奶瓶集中在一起清洗掉，可以省时省力。

到底要买多少奶瓶，一次无法决定。首先考虑不断变化的需要。最初 1 个月玻璃奶瓶为主，但到宝宝自己拿奶瓶时，玻璃奶瓶用的机会就大大减少。如果先前买了一堆玻璃奶瓶，那就浪费了。

其次考虑奶瓶的淘汰率。玻璃奶瓶使用寿命最长，PC 奶瓶基本上 6 个月就需要更换，PES 奶瓶可以用得比 PC 奶瓶时间长些，PP 奶瓶寿命最短。所以，基本上过了 6 个月，又得添置新奶瓶了。

最后，上面的数字里面已经包括了 1 ~ 2 个作为应急备用的奶瓶数。

（三）看外观

具体选购时，首先看奶瓶的透明度。好奶瓶的透明度很好，能清晰地看到奶的容量和状态。瓶身最好不要有太多的图案和色彩，尽管商家说明印刷油墨安全无害，但能减少的潜在危害要尽量减少。其次，好奶瓶硬度高。用手捏一捏就可感觉出。太软的材质（相比较而言，PP 较 PC、PES 要软）一遇高温就会变形。此外，还要察看奶嘴的基部。宝宝在吸吮的时候，嘴唇会抵住这里。为此，奶瓶这一部位的设计也将直接影响宝宝的接受度。

（四）看形状

圆形：适合 0 ~ 3 个月的宝宝用。这一时期，宝宝吃奶、喝水主要是靠妈妈喂，圆形奶瓶内颈平滑，里面的液体流动顺畅。母乳喂养的宝宝喝水时最好用小号，储存母乳可用大号的。用其他方式喂养的宝宝则应用大号喂奶，让宝宝一次吃饱。

弧形、环形：4 个月以上的宝宝有了强烈的抓握东西的欲望，弧形瓶像一只小哑铃，环形瓶是一个长圆的 O 字形，它们都便于宝宝的小手握住，以满足他们自己吃奶的愿望。

带柄小奶瓶：一岁左右的宝宝就可以自己抱着奶瓶喝奶了，但又往往抱不稳，这种类似练习杯的奶瓶就是专为他们准备的，两个可移动的把柄便于宝宝用小手握住，还可以根据姿势调整把柄，坐着、躺着都行。

（五）看功能

有特殊需要的宝宝，也有特别为他们准备的功能性奶瓶。比如，有为特别针对兔唇宝宝、

早产儿、病儿设计的奶瓶；方便外出使用的抛弃式奶瓶、扁平身奶瓶；利于宝宝吸食的瓶身呈45° 角弯曲的奶瓶等。

（六）好马配好鞍，好奶瓶配好奶嘴

1. 奶嘴材质

有了合适的奶瓶，还得配上合适的奶嘴。奶嘴有橡胶和硅胶制的。橡胶奶嘴富有弹性，质感近似妈妈的乳头；硅胶奶嘴没有橡胶的异味，容易被宝宝接纳，而且不易老化，抗热、抗腐蚀。

宝宝吸奶时间应在 10 ~ 15 分钟之间，太长或过短都不利于宝宝口腔的正常发育，细心的妈妈都会发现，奶瓶上奶嘴的小孔也有好多型号。

2. 奶嘴孔型

圆孔小号（S 号）：适合于尚不能控制奶量的新生儿用。

圆孔中号（M 号）：适合于 2 ~ 3 个月、用 S 号吸奶费时太长的宝宝。用此奶嘴吸奶和吸妈妈乳房所吸出的奶量及所做的吸吮运动的次数非常接近。

圆孔大号（L 号）：适合于用以上两种奶嘴喂奶时间太长，但量不足、体重轻的宝宝。

Y 字形孔：适合于可以自我控制吸奶量，边喝边玩的宝宝使用。

十字形孔：适合于吸饮果汁、米粉或其他粗颗粒饮品，也可以用来吃奶。

（七）提醒：美丽奶瓶，看清楚再买

奶瓶着色本该使用有机涂料，但其成本较高，着色效果也不如无机涂料。所以一些不法企业便使用具有一定毒性的无机涂料给奶瓶着色，造成铅、铬等重金属释出量严重超标。而铅是毒性大、累积性强的重金属之一，长期积累于人体的铅会严重危害人的神经系统、造血系统和消化系统，尤其对婴儿的智力和身体发育影响十分严重。

因此我们建议，年轻父母在购买奶瓶时不要图时尚美丽，要在正规的大商场购买有质量保证的产品，而且应尽量挑选没有图案或者图案不在奶瓶内壁、没有异味的奶瓶产品。

奶瓶、奶嘴都是哺育宝宝的重要装备，虽然各种商店都有卖的，但妈妈们在购买时除了要注意有目的的选择外，一定切记到大商场或专卖店去，不是哪里的奶瓶都安全、实用、卫生。

二、哪种材质奶瓶好？

目前婴儿用品市场上的奶瓶材质，主要分为塑料、玻璃、硅胶三大类。其中塑料又分为PC、PA、PP、PES、PPSU，硅胶分为普通全硅胶材质及纳米银抗菌硅胶材质。

PC，即碳纤维，是一种无毒塑料，俗称太空玻璃，它的特点是质轻、不易碎，适合外出及较大宝宝自己拿用。

但经受反复消毒后“耐力”就不如玻璃制的了。不过，这种在全球推广了几十年的材料近年来被发现在高温下会释出双酚 A 而备受争议。双酚 A 能加速性早熟，或造成孩童过动及注意力散漫等精神障碍。

塑料中，PES、PC 质轻强度高，不易破碎，高度透明，性能都不错，不考虑价格因素的话，是首选。尤其是新型材料 PES，比 PC 更易洗、耐用，几近于玻璃。

PP 聚丙烯、PES 聚醚砜树脂价格较 PC 的贵，其特点为质轻，经多次高温消毒对奶瓶损坏比 PC 小得多，缺点为价格略贵，透明度不如 PC。

PPSU 聚苯砜是高端的一种奶瓶材质，部分 PPSU 奶瓶颜色偏深，质地略软。总体来说PPSU 透明度不如前三者，但是不论从耐热温度、奶瓶易损及抗菌度来说，都是优于前者，

180℃以下冲泡加热或蒸汽消毒不会产生化学毒素。

玻璃奶瓶透明度高，易于清洁，多次高温消毒不变质，但易碎，喂养初生婴儿使用玻璃奶瓶为主，由爸爸妈妈握着喂养。随着宝宝的长大，可换塑料奶瓶多一些。

妈妈们可根据自己宝宝的特点，选择合适的材质。

（资料来源：http://zhishi.maigoo.com）

【拓展阅读】

如何选购配方奶

选择和母乳配方越近的奶粉，对宝宝的生长发育越有利。母乳中的核苷酸含量为72毫克每升，是宝宝抵抗力的重要来源。注意营养成分是否齐全，含量是否合理。营养成分表中一般要标明热量，蛋白质、脂肪、碳水化合物等基本营养成分，维生素类如维生素A、维生素D、维生素C、部分B族维生素，微量元素如钙、铁、锌、磷或者还要标明添加的其他营养物质。查看一下油的成分，如果含有棕榈油成分，容易引起宝宝钙质不吸收，上火，大便干硬甚至无法大便，应尽量选择植物油配方的奶粉。

（1）要看清楚奶粉包装上的产品说明及标识是否齐全。按国家标准规定，外包装上需标有厂名、厂址或出产地、生产日期、保质期、执行标准、商标、净含量、配料表、营养成分表、食用方法及适用对象等项目。

（2）还要注意奶粉生产日期和保质期限，以判断该产品是否在安全食用期内，同时还要注意营养成分表中标明的营养成分是否齐全，含量是否合理。

（3）最好选择生产规模较大、产品质量和服务质量较好的知名企业的产品。规模较大的生产企业技术力量雄厚，生产设备先进，产品配方设计较为科学、合理，产品质量也有所保证。

（4）妈妈还要观察奶粉的冲调性，质量好的奶粉冲调性好，冲后无结块，液体呈乳白色，奶香味浓；质量差的奶粉则不易被冲开，也无奶香味。淀粉含量较高的奶粉冲调后呈糨糊状。

（5）妈妈要根据宝宝的年龄段选择合适的配方奶粉。如0 ~ 6个月的宝宝可选用第一阶段的婴儿配方奶粉；6 ~ 12个月的宝宝可选用第二阶段的较大婴儿配方奶粉；12 ~ 36个月的宝宝可选用第三阶段的婴幼儿配方奶粉；目前市场上还有针对学龄前儿童的助长奶粉等产品。

（6）若宝宝对动物蛋白有过敏反应，那么妈妈应选择全植物蛋白的婴幼儿配方奶粉。

（资料来源：http://zhishi.maigoo.com）

（六）断奶

一般在生后5 ~ 6个月开始添加辅食，逐渐减少喂奶次数，争取1岁左右完全断奶。但不宜在夏季或小儿患病期间断奶，此时可延缓断奶时间，但最好不超过一岁半。断奶应逐渐进行，开始每日减少1次喂奶，以其他食品代替。同时注意如无消化不良，用同样方法喂养5 ~ 10天。以后逐渐减少喂奶次数和增加其他食品次数。应注意断奶不可操之过急，否则会引起消化紊乱。不要采取在奶头上抹黄连、辣椒水等方法“急刹车”的断奶方式，对婴儿身心健康不利。

（七）辅助食品的添加

随着婴儿年龄的增长，无论母乳喂养或人工喂养，都不能满足生长发育的需要。为弥补乳类缺乏各种营养物质及热量的不足，必需按时添加辅助食品，同时也为顺利断奶准备条件。同时，添加辅食，在婴幼儿早期就可扩大婴儿味觉感受的范围，防止以后挑食、偏食、拒食等不良进食行为的发生。吸吮、吞咽，是先天就会的生理功能。咀嚼需要适时生理刺激，4 ~ 6 个月及时添加泥糊状食物就是促进咀嚼功能发育的适宜刺激。添加辅食的品种、数量及时间，应根据小儿的月龄、消化功能、营养需要以及健康状况来决定。

1. 添加泥糊状食物的时间

生后 2 个月便可逐渐给鱼肝油滴剂、橘汁、番茄汁和葡萄汁等，这是补充维生素的 A、D、C 的需要；4 ~ 6 个月的宝宝应该开始添加奶以外的其他食物了，以前人们称之为“添加辅食”。这一阶段添加的食物应是泥糊状态的食物，才能符合婴儿的生理要求。

2. 宝宝需要添加食物的表现

婴儿 4 个月之后，体重达到 6.5 ~ 7 千克，坐姿正确时能抬起头，如果不能，还不适于用匙喂食。

婴儿看到大人吃食物时，向前靠，流口水，甚至张开嘴巴，表明婴儿对食物感兴趣。

婴儿在两次喂奶之间哭得更加频繁，这说明单纯的喂奶已经不能满足他的需要。

婴儿每天吃奶已形成规律，吃奶间隔约 4 小时。

3. 添加食物的原则

食物添加的原则应是循序渐进，即从一种到多种，从少量到多量，从稀到稠，从细到粗，少盐不甜，忌油腻。

（1）从一种到多种　最初给孩子添加的泥糊状食物可选用米粉或自制的稀米粥。从加喂第一种食物的第一天起，就应仔细观察孩子的神态、大便和皮肤。如果孩子精神、食欲正常，无腹泻、便秘和皮疹，可在 3 ~ 5 天后添加第二种食物，以此类推。否则应暂停食物的添加。

（2）从少量到多量　由于宝宝的营养需求量和消化吸收能力不断增加，食物添加宜从少到多。开始时每日加 1 次泥糊状食物；1 岁时每日可加 3 次幼儿固体食物；2 岁时除母乳外幼儿每日可进餐 5 次。不仅次数增加，每次的数量也逐渐增加。

（3）从稀到稠　以谷类为例，从稀粥到稠粥，从稠粥到软饭，就是由稀到稠的典型演变。

（4）从细到粗　指添加的泥糊状食物的颗粒从细小逐渐变大的过程。如从肉泥、肉末到肉丁、肉片。

（5）少盐不甜　小宝宝肾脏的稀释和浓缩功能较差，过多的盐摄入可增加肾负担，因此小于 8 个月的宝宝，食物中不宜加盐。此外，宝宝的食物中宜少加糖，过高的糖量有可能导致腹泻、引起肥胖。

（6）忌油腻　主要是指忌油炸食物。因为高温会破坏营养素，且油炸后形成的高脂食物不易消化，有较强的饱腹感，对孩子的进食将产生不良影响。

4. 食物添加的现代营养观

（1）食物多样化　可为孩子提供全面营养。因为没有一种食物具备所有的营养素。提供多种美味、增进食欲。提供丰富的味觉、嗅觉、视觉、触觉等感知刺激，利于孩子的早期发展。避免挑食、偏食等不良饮食习惯的形成。

（2）平衡　食物平衡的原则是指膳食供给与机体生理需要之间的平衡。3 岁以下婴幼儿的每日平衡膳食依次为奶和奶制品、谷类、蔬菜水果类、肉豆蛋禽鱼类、油糖类，且数量逐级递减。其中奶是婴幼儿主要的营养来源。按照此比例进食，孩子可获得合理营养。

（3）适量　适量营养是指摄入的营养素既满足机体需要，又不危及机体健康。婴幼儿处在一生中生长发育最快的阶段，对各种营养素的需求量最大，而此时的消化系统还未成熟，咀嚼、胃肠蠕动、酶的活性、消化、吸收等能力较差，一旦喂养不当可导致各种营养性疾病或消化系统疾病。如消化不良导致生长迟缓，过度喂养导致肥胖等。

（4）保持健康体重　婴幼儿每日饮食产生的热量的 50% 用于维持生命，即基础代谢，20% ~ 30% 用于生长发育，10% ~ 15% 用于运动。因此，除了适量的饮食，还必须加强运动，以保持健康体重。运动缺乏可引起体重超重、肥胖、甚至睡眠障碍、情绪不佳等问题。

5. 及时添加泥糊状食物的作用

（1）补充母乳营养素的不足　母乳只能满足 6 个月内宝宝生长发育的全部需要，6 月后必须添加其他食物来弥补母乳的不足，以满足孩子的营养需要。

（2）发挥潜能　学吃泥糊状食物的关键期是 4 ~ 6 个月，学习咀嚼的关键期为 7 ~ 9 个月，且食物添加过程也是锻炼胃肠功能逐渐成熟的关键期。如果错过了关键期，即使提供充分的营养，孩子也无法充分表达已被压抑的生长潜能。

（3）心理需要　学吃泥糊状食物是宝宝减少对母亲的依赖，进行精神断奶的开始。从食物添加至完全断离母乳，更是孩子心理逐渐成熟、迈向独立的重要转折期。学吃进程中不断经历的喜怒哀乐、满足感、被强迫进食、违拗反抗等多种心理过程，也是促进孩子心理成熟必须积累的体验。

（4）启智需要　儿童早期教育，就是通过刺激孩子的视觉、听觉、嗅觉、味觉、触觉等感觉，丰富他的经验，达到启迪智力的目的。

接触新的食物可刺激各种感知的发展，从而促进智力发育。看到大人吃东西时，孩子会盯着食物，张开小嘴，兴奋地等着大人来喂，甚至会有咀嚼动作。一旦新食物进入口中，舌头即开始体验食物的性状、软硬和颗粒大小；鼻子开始闻食物的香气；味蕾开始品尝食物的味道。随后，这些感觉将传递到中枢神经系统形成丰富的神经通路，以促进大脑的发育。握勺学吃饭的过程，是手眼协调、精细动作的练习过程，也有利于智力发展。

6. 食物添加方法

（1）食物添加适宜的次数和添加原则（表 3-3）　适宜的添加次数取决于食物的能量密度和每次喂食的量，如果每餐所吃食物的能量密度比较低、量也较少，每天需要的餐次会更多。添加原则和可添加食物如表 3-3、表 3-4 所示。

表 3-3　食物添加原则和次数

年龄	食物添加原则和次数
5 ~ 6 个月	以吞咽为主，每日加 1 餐
7 ~ 9 个月	咀嚼为主，每日加 2 餐
10 ~ 12 个月	吃较软的固体食物，每日加 3 餐

表 3-4 不同月龄可添加的食物

年 龄	可添加的食物
6～7个月	婴儿配方奶、米粉、粥、蛋黄泥、菜泥、水果泥
7～9个月	婴儿配方奶、米粉、稠粥、烂面条、蛋羹、菜泥、肝泥、鱼泥、肉末、豆腐、面包片、馒头片、水果片
10～12个月	乳类、软饭、碎菜、小块肉类、全蛋、豆制品、馒头、包子、饺子、馄饨、水果
1岁	婴儿配方奶、较软、块小的饭菜

（2）食物添加的顺序　首先是添加强化了铁的谷类食物，其次是蔬菜和水果，最后是鱼类、禽类和肉类。

（3）添加食物的结构或质地的选择　添加食物的质地应适合婴儿不同月龄咀嚼和吞咽的生理功能及消化能力。

4～6个月：从少量清淡、泥糊状的食物开始，用过滤、煮汤、弄碎等方法制备食物。

6～8个月：满6个月的婴儿可以吃颗粒逐渐变粗的食物，即捣碎、磨碎和切得很碎的食物；同时需要给予多种口味和口感的食物，以养成适应多种口味的饮食习惯。一次只引入一种新食物，并持续喂几天。这样，婴儿能学着适应新食物的味道、香味和质地，而且更容易观察是否有过敏反应。为鼓励宝宝进食肉类食物，应将食物煮熟煮烂，方便宝宝咀嚼和吞咽。给出牙的婴儿提供磨牙棒或馒头片等适于咀嚼的食物。

8～10个月：8个月可以尝试吃丁块状的食物，以锻炼咀嚼能力。如果婴儿没有机会学习如何咀嚼，日后他们可能只会吃质感细腻的食物，难以接受其他食物。确保提供给婴儿的食物柔软、易于吞咽，要弄成小块以免噎住。不要给婴儿坚果、爆米花等太硬的需要用力咀嚼的食物，这样可能会噎住婴儿。

10～12个月：婴儿的食物可以切成小块、捣碎或切成薄片。婴儿已经逐渐习惯了全家饭菜中的大部分食物。经过更多的指导和训练，婴儿已经准备好与其他的家庭成员一起进餐，在添加任何调味料前先盛出婴儿吃的部分。注意避免给孩子吃容易导致窒息的食物（有一定形状和硬度，容易阻塞气管的一类食物，如坚果、葡萄、生的胡萝卜等）。

（4）食物添加注意事项　可以吃家庭自制的，专为孩子准备的，新鲜且与孩子年龄适宜的食物。购买的食品应注意出厂日期、保质期、保存条件和生产批号，尤其应注意是否符合孩子的年龄段。采用少量多餐的方法，每日有规律地添加食物。

【拓展阅读】

适时添加辅食的重要性

一、食物的质量、营养密度

食物的营养密度也就是一定量食物的能量与营养素的含量，包括能量密度（千卡/100克）

和营养素的密度（毫克 /1000 千卡），基本与食物的质量是同义词。

比如米饭、花卷、饺子等固体性食物比米粥、面汤中粮食的含量高，因此提供的能量也就更多。

再比如，蛋、鱼、肉类等动物性来源的食物中含有比植物性食物更优质的蛋白质以及丰富的铁、锌和维生素 B，因此这些食物的营养素含量就高。提高食物的营养密度，也就是保证食物的质量，是预防婴幼儿营养不良的重要因素。

食物质量还包括常量和微量营养素的密度，即每 1000 千卡能量食物某种营养素的含量。由于两岁前婴儿生长发育的速度非常快，每单位体重所需的营养物质非常多。对于 6 ~ 24 个月婴儿，母乳在总的营养物质摄入中作了很大的贡献，特别是母乳中富含蛋白质和维生素。但是，母乳中所含某些矿物质相对较低，如锌、铁，即使考虑了这些物质的生物利用度较高后依然如此。比如 9 ~ 11 个月婴儿，需从辅食中摄取的各种营养素占总推荐量的比例分别为：铁 97%、锌 86%、磷 81%、镁 76%、钠 73% 和钙 72%。

辅食摄入量相对较少的 6 ~ 8 个月婴儿，所需辅食的营养素浓度更高。在大多数发展中国家，辅食不能提供足够的铁、锌、硒等营养素的需要，甚至在美国，尽管添加了铁强化食品，1 岁以下儿童铁、锌摄入依然不足。

因此宝宝的辅食中，谷物应适当选择粗粮，每日应有维生素 A 含量丰富的蔬菜和水果，提供脂肪含量丰富的膳食。每日都应有适量的肉、禽、鱼和蛋。避免饮用营养价值低的饮料，如茶水、咖啡、可乐，限制果汁的摄入量。

二、能量密度和进餐频度

母乳每日约分泌 800 毫升，母乳的能量密度为 67 千卡 /100 毫升，因此只能满足 3 ~ 4 个月宝宝能量的需要（400 千卡），只有母乳分泌量达到每日 1000 毫升才可维持宝宝的需要量至 6 个月，这说明母乳的量和质都不能随着宝宝的长大而满足他的需要。

三、婴儿应及时添加辅食

随着宝宝的成长，4 ~ 6 个月之后，母乳中的营养素已无法满足宝宝不断增长的需求，及时添加辅食可补充宝宝的营养所需，同时还能锻炼宝宝的咀嚼、吞咽和消化能力，促进宝宝的牙齿发育，另外也为今后的断奶做准备。因此适时添加辅食非常重要。

世界卫生组织建议，纯母乳喂养的宝宝可在 6 个月以后添加辅食。而对于混合或人工喂养的宝宝，专家们建议在宝宝 4 ~ 6 个月时添加辅食。因为，此时宝宝已将母体中带来的营养储备消耗殆尽，如不适时地补充营养添加辅食，有可能引起营养不良，妨碍宝宝的生长发育。而出生后 4 ~ 6 个月正是宝宝味蕾发育最为敏感的时期，宝宝易于接受各种口味，如果错过了可能会造成断奶后的喂养困难。

（资料来源：太平洋亲子网 .http://bbs.pcbaby.com.cn)

几种婴幼儿食品的制作方法

一、果汁、菜汁制作

① 青菜汁：将新鲜青菜洗干净，切碎，放入水中煮沸 4 ~ 5 分钟，然后用过滤网滤出菜水，装入奶瓶或杯中。

② 胡萝卜汁：将胡萝卜洗净、去皮、切碎，放入水中煮沸 5 分钟，然后用过滤网滤出汁，

装入瓶中。

③ 番茄汁：将番茄洗净放入沸水煮2分钟，去皮除子，然后用汤勺挤压番茄肉使肉汁流出，盛入瓶中。

④ 橙汁、橘汁：将橙或橘洗净对切，然后放在榨汁器中榨出汁，倒入瓶中。

⑤ 苹果汁、梨汁：将苹果或梨洗净、去皮除核，放入榨汁机内压榨，取汁倒入瓶中。

二、泥糊状食品的制作

① 蛋黄泥：将蛋用水煮熟，蛋白和蛋黄分开，用匙将蛋黄研散，加温开水少许调匀，或调入米糊中喂食。

② 鱼泥：鱼洗净，清蒸，蒸透后去骨得肉，用匙压烂即成鱼泥，可调入米糊或粥内喂食。

③ 各种水果泥：将水果洗净，切成两半，用匙轻轻刮下泥状物，即为水果泥，用小匙喂。

④ 菜泥：将新鲜深色蔬菜（青菜、油菜等）洗干净，细剁成泥，在碗中盖上盖子蒸熟；胡萝卜、土豆等块状蔬菜宜用文火煮烂或蒸熟后挤压成泥状；菜泥中加少许素油，以急火快炒即成。

三、各种营养粥的制作

① 蛋黄粥：取适量（2小勺）大米洗净、加水（200毫升）浸泡1～2小时，用微火煮40～50分钟，加入适量研磨的蛋黄，再煮10分钟即可。

② 蛋花粥：取少量米汤，将鸡蛋打碎，逐渐下入米汤中煮熟，然后将熟的蛋花放入稀饭内，加入少量葱花和适量盐。适合6个月左右的婴儿。

③ 蔬菜粥：将青菜切碎，或将胡萝卜、土豆煮熟、压碎，用油急火快炒后，放入粥中，再加少量盐调味。适合6个月左右的婴儿。

④ 猪肝粥：将猪肝煮熟，去除筋膜，用匙压碎，加油煸炒后入粥内，再加少量葱花和盐调味，适合6～7个月婴儿。

⑤ 肉末粥：将瘦肉剁碎成末，加适量水用小火煮烂，再加入粥内，并加少量盐调味，适合7～8个月的婴儿。

四、谷类食品的制作

① 烹煮谷类食物，应尽量减少淘的次数，不要用力搓洗和长时间浸泡，以减少维生素和无机盐的损失；烹煮时不要加碱，以免破坏维生素B1。

② 面食制作，以馒头、面条、烙饼为宜，尽量少油炸。

五、蔬菜食品的制作

① 急火快炒：油温不要太高，煸炒时应用旺火，迅速翻炒，减少维生素的损失。

② 淖水再炒：将水烧至沸腾后放入蔬菜，煮开1分钟后捞出，然后再用油煸炒。蔬菜淖水后再炒，既可保持蔬菜的嫩绿色，又可减少烹调时间，减少营养素的损失。

③ 淀粉勾芡。

六、蛋类食品的制作

① 有炒蛋、煎蛋、蒸蛋、鸡蛋饼和水煮蛋等。

② 以水煮蛋损失的营养成分量少，消化吸收率最高。

七、鱼类食品的制作

① 炒：将鱼切成片状，再加入其他配菜一起翻炒。

② 蒸：洗净，放入调味品少许，隔水清蒸，一般15分钟即可。

③ 焖：将鱼先入油煎一下，然后加水及少许调味品焖烧，使其酥烂。

八、肉类食品的制作

① 炒：肉浆、肉丁或肉片加入蛋清、淀粉上浆后，在温油锅中滑油，用小火焖煮 15 分钟左右后，再加入其他配菜翻炒。

② 焖：将肉切成小块，加水，上火长时间焖煮，使其酥烂。

③ 蒸：将肉绞成肉浆或剁成肉泥，上浆。先上笼蒸熟，然后切成丁、丝或小块，再加入其他配菜一起炒。也可将肉浆上浆后制成肉丸，上笼蒸熟。还可将肉浆和鸡蛋搅拌，蒸肉饼蛋。

（资料来源：湖南农村科技 .http://www.chinalqz.com/）

第四节　0 ~ 3 岁婴幼儿饮食习惯培养

婴幼儿良好饮食习惯的养成，对其一生的身心健康都是很重要的。在一岁前养成的饮食习惯，会影响到孩童期甚至持续影响到成人后的饮食习惯，婴幼儿养成良好的饮食习惯可以促进营养素的吸收，增强身心健康。从出生开始就帮助宝宝培养良好的饮食习惯会使其一生受益。

一、饮水

（一）水的重要性

（1）水是人体第一需要的营养素，具有极为重要的生理功能。

（2）水是细胞的主要成分，年龄越小，体内的脂肪组织越少，水分的比例越大。婴儿体内的水含量为 70% ~ 75%。健康婴儿每天水的消耗为体重的 10% ~ 15%。

（3）水能调节体温。如果缺水，产热和散热就会失去平衡。

（4）水可以促进体内新陈代谢。

（5）人体消化、吸收、排泄都离不开水。

各年龄体液总含量和正常儿童饮水需要量如表 3-5、表 3-6 所示。

表 3-5　各年龄体液总含量

单位：%

年龄	细胞内液	细胞外液		体液总量
		间质液	血浆	
新生儿	35	40	5	80
1 岁	40	25	5	70
2 ~ 14 岁	40	20	5	65
成人	40 ~ 45	10 ~ 15	5	55 ~ 60

表 3-6　正常儿童饮水需要量

年龄	平均体重 / 千克	24 小时水总入量 / 毫升	24 小时每千克体重水入量 / 毫升
1 岁	9.5	1150 ~ 1300	120 ~ 135
2 岁	11.8	1350 ~ 1500	115 ~ 125
4 岁	16.2	1600 ~ 1800	100 ~ 110
6 岁	20.0	1800 ~ 2000	90 ~ 100
10 岁	28.7	2000 ~ 2500	70 ~ 85
14 岁	45.0	2200 ~ 2700	50 ~ 60
18 岁	54.0	2200 ~ 2700	40 ~ 50

（二）婴幼儿饮水的讲究

（1）喝水是生存的需要，理想的“水源”应该是符合卫生要求、充足、廉价的白开水。

（2）给婴儿准备温度适宜的温白开水，温度为 35 ~ 40℃，天冷时喝温白开水；天热时可饮用凉白开水，但不要喝冰水。

（3）以白开水为主，可以辅助一些自制饮料，如绿豆汤、酸梅汤等。还可以把含水分较多的水果榨成汁，如西瓜、番茄等，可以补充维生素 C 和水分。但是“汤”和“汁”都不能代替白开水。

（4）制作菜水和果水的方法　取少量新鲜菠菜、油菜、胡萝卜、苹果等蔬菜和水果，将其洗净切碎，放入开水，苹果与水的比例为 1 ∶ 2，煮 5 ~ 6 分钟，将菜汁倒出加少量的糖。

（三）给婴儿喂水的方法。

（1）喂水要淡化喝水的目的，把握喂水的过程。

（2）奶瓶喂水与喂奶的步骤相同。

（3）游戏喂水法　4 个月以后的婴儿已经有长牙的先兆，牙床发痒是正常的生理需要，可以用奶瓶刺激婴儿的牙床进行左右里外摩擦，同时与婴儿作表情和言语的沟通。

（4）模仿喂水法　1 岁内的婴儿，可以采取大人喝一口，婴儿喝一口的方法来提高婴儿喝水的兴趣。

（5）奖励喂水法　1 岁半左右的婴儿，可以采取与家人做游戏的方法，把喝水当做一种奖励。

（6）观察喂水法　看一看，如果婴儿的舌苔厚、眼屎多可能与缺水有关；闻一闻，如果婴儿的小便有异味、大便过干、过臭可能与缺水有关；动一动，让婴儿多运动，适当消耗体力之后再喂水。

（7）随机喂水法　喂水要少而勤，不一定按“顿”喂。

（四）注意事项

尽量少喝或不喝饮料，饮料中含有大量的添加剂，进入人体内会伤肝、肾。不要只喝矿泉水，白开水才是最好的饮料。家长不要用各种甜果汁或其他饮料代替白开水给孩子解渴。饮料里含有大量的糖分和电解质，饮用后不像白开水能很快排空，而会长时间滞留，对胃部产生不良刺

激。因此孩子口渴时，饮用白开水是最好的选择，给新生儿喂糖水浓度最好以 5% ~ 10% 为宜，成人品尝时在似甜非甜之间。

喂水时应注意婴儿情绪，不要在哭笑时进行。

婴幼儿饮水少容易上火，如果吃得多、喝水少，易导致婴儿生病。

把握喝水时机。饭前不要饮水，饭前饮水稀释胃液，不利于消化食物，还会影响食欲。正确的做法是，饭前半小时让孩子喝少量水，这样可以增加其口腔内唾液的分泌，有助于消化。睡前不要饮水，这样可以防止遗尿或夜间起夜小便，使孩子拥有较好的睡眠。

不要给孩子喝冰凉的水。孩子活动以后往往口渴出汗。有的家长认为此时给孩子喝一杯冰水既解渴又降温，其实，此时大量喝冰水容易引起胃黏膜血管收缩，即影响消化还有可能引起肠痉挛。此外，家长还要提醒孩子喝水时不要暴饮，否则可造成急性胃扩张，对健康不利。

室温下存放超过 3 天的饮用水，尤其是保温瓶里的开水，易被细菌污染，不宜给孩子喝。这种水可产生具有毒性的亚硝酸盐，在体内与有机胺结合形成亚硝胺，是一种危险的致癌物质，并且喝多了可使血液里运送氧的红细胞数量减少，造成组织缺氧。

二、培养婴幼儿良好饮食习惯的具体要求

注意培养孩子对食物的兴趣和好感，引起孩子旺盛的食欲，这样有助于消化腺分泌消化液，使食物得到良好消化。在吃饭前或喂奶前，可以让小儿看着食物，并对他亲切说话，这样可以增强孩子的食欲。饮食要定时，每次进食应在一定时间内完成。吃饭时要安静，大人不要逗孩子大笑或哭闹，这样容易把食物吸进器官。要防止边吃边玩（听故事、看电视）。吃饭过慢不要迁就，要及时撤食。

固定地点进食，喂食最好在饭桌旁，也可与大人一起在桌上用餐。

饮食要规律，保证正餐吃好，不要随意给零食、糖果。正餐之间可以加 1 ~ 2 次点心。年龄较小的给 2 次，2 岁以上给 1 次。

适时训练婴幼儿自己使用杯、勺、碗、筷;自己用手拿饼干吃;不要让小儿用手抓饭、菜吃。1 岁左右可以训练幼儿自己拿杯子喝水，1 岁半开始训练幼儿自己用匙吃饭，2 岁可以训练独立进食，但成人应予以协助，3 岁左右可学会用筷子吃饭。

做好饭前准备，培养幼儿爱整洁的好习惯。如：收拾玩具、饭前洗手、围上围嘴，桌面也要干净，这样可避免幼儿感到突然而拒食。

进餐时保持愉快的心情，不要责打孩子。

鼓励孩子吃多种类的食物，不挑食（饭、菜、鱼、肉都吃，干稀都吃），不贪食，饭前不吃零食，尤其不要吃巧克力等甜食，保持正餐有旺盛的食欲。鼓励孩子多咀嚼。

家长可简单介绍餐桌上食物的相关知识，既可促进幼儿食欲又可增长知识。

幼儿定时吃饭并且游戏好、休息好、睡眠好可以保证其有旺盛的食欲。

幼儿模仿性强，家长要以身作则，吃饭时不要说笑，以旺盛的食欲影响幼儿吃好正餐。

总之，良好的饮食习惯是促进消化吸收的重要因素，也是保证合理营养的必要条件。

【案例及评析】

案例 1　挑食的宝宝（1）

米米和爸爸妈妈高高兴兴地坐在餐桌旁准备吃饭。妈妈今天做了清蒸鲈鱼、红烧肉、炒瓜片、西红柿鸡蛋汤，米米一见红烧肉，就高兴地喊道：“嘿！真棒！今天有我喜欢的红烧肉。”马上动手将盛红烧肉的盘子拉到了自己前面，拿起筷子一口接一口地吃起来。妈妈劝米米多吃一点瓜片，说青菜有营养，米米听也不听。爸爸将剔除刺的鱼肉放到米米的碗中，也被推到了一边。看到米米只吃肉不吃其他食物的挑食样，妈妈在一旁直摇头。

案例 2　挑食的宝宝（2）

豆豆家正在吃晚饭。餐桌上的气氛显得很沉闷，一家人好像吃得一点也不开心。餐桌上摆放的是一盘炒鸡蛋，一盘土豆丝，一碗青菜汤。豆豆妈妈介绍说：我们家的饭菜最简单，天天老三样。除此之外，豆豆一概不吃。天天都吃同样的饭菜，大家的胃口都不好，吃饭也没有情趣。

评析：

挑食、偏食的习惯表现在孩子身上，但是责任却在父母。任何一种习惯都不是一时养成的，它与家庭的饮食结构、家长处理孩子进食的态度以及家长自身的饮食行为有着密切的关系。

这样的吃饭场景，我们在许多家庭的餐桌上都能看见。的确，孩子吃饭挑食、偏食在今天的社会上非常普遍。比如，有的孩子只吃肉不吃菜，有的孩子不吃某些青菜，有的孩子只吃菜不吃饭，有的孩子不吃水果等。

解决方法：

（1）带孩子一起到市场购买食物，让孩子帮着挑选今天要吃的菜。

（2）让孩子和家长一起捡菜、洗菜，参与到做饭的过程中，诱发孩子对饭菜的兴趣。

（3）将食物切成各种形状，并给饭菜取一个好玩的名字。

（4）增加食物的种类、扩大食物圈。尽量变换饭菜花样。对孩子不熟悉的食物可采取先小量混合在熟悉的食物中一起做，让孩子慢慢习惯它的味道。

（5）鼓励孩子尝试新食品，但不要强迫。

（6）对于孩子不喜欢吃的某种食物，可以改变一下制作方法，或许孩子就能接受了。

（7）控制孩子的零食，尤其不要在饭前半小时给孩子吃零食。

（8）鼓励孩子自己独立吃饭，激发孩子吃饭的兴趣。

（9）不要强行要求孩子吃一定量的饭菜。

（10）父母要给孩子作出不挑食、不偏食的榜样。

（11）不要将食物作为奖励或惩罚的手段。

（资料来源：绿色圃中小学教育网 .http://www.lspjy.com）

案例 3　挑食的宝宝（3）

乐乐正坐在餐桌旁，一手扶着碗，一手拿着筷子，慢慢地数着饭粒，碗中的蔬菜和肉都被捡到一边。爸爸妈妈坐在一旁紧盯着乐乐。

爸爸说：乐乐，你今天必须将碗里的青菜和肉吃完，才能出去玩。

妈妈说：乐乐乖，把饭吃了妈妈奖励你冰激凌……

这顿饭已经吃了半个多小时了，饭菜早已经凉了。看到乐乐磨蹭着吃饭的样子，妈妈终于忍不住，抓过碗筷给乐乐喂饭。刚喂了两口，“哇哇哇”乐乐将吃进的饭菜全部吐了出来。

评析：

孩子挑食带来的直接问题是营养不平衡，人类是杂食动物，单一的饮食结构必然会带来营养不平衡，造成孩子营养不良或过剩的疾病。

（资料来源：中国教育文摘.http://www.eduzhai.net）

解决方法：

（1）用游戏来诱导幼儿喜欢美味佳肴　建议家长带幼儿去美食城等地参观，让幼儿看到那些五颜六色的、精工制作的香喷喷的菜，让他感受到有很多人去品尝、吃得津津有味的场面。

家长在游戏中有意让他当厨师、顾客，让他觉得菜的多样性，并且各有各的味道和营养，吃了对身体有好处，偏食会长不高，也长不漂亮，让幼儿认识到挑食、厌食是不好的习惯。

在幼儿吃饭前，可以介绍食谱，谈一谈这些菜的营养，对小朋友生长发育有什么作用，来激发幼儿的食欲。还可以有计划地教给幼儿一些饮食小常识，如：为什么专吃一种菜不好，零食吃多了会影响食欲，不吃荤菜有些什么坏处，等等。

（2）采取鼓励表扬法　当幼儿把给他盛的饭菜吃完了，没有挑出来，我们就表扬他，奖给他红花、糖等。这样不挑食的行为得到了及时的强化和巩固，正面强化的效果较好，经过一段时间的强化，幼儿就会改掉了挑食、厌食的习惯了。

在培养婴幼儿良好的饮食习惯时，家长要把握好度。吃饭时不要过多关注孩子，同时适当增加孩子的户外运动，食欲也会增加。挑选食物时既要给孩子一定的自主权，又不能完全任由孩子，家长要掌握好营养搭配的比例，做到均衡营养。可适当采取“饥饿疗法”，孩子不想吃，就先不让他吃，等他饿了再吃，家长不必担心，一次、两次没吃好饭不会对身体造成不良影响。如果孩子在进餐时间不吃饭，可以允许他不吃，但要让他知道不吃饭的后果，那就是不可能得到其他食物。家长一定要说到做到，将家中可吃的东西藏起来。这样几次后孩子就会学乖，知道不好好吃饭会饿肚子。家长做饭时要注意色香味与营养搭配，把米、面变着花样给孩子吃，荤素鱼肉也要搭配得当，这样就会增加孩子们的食欲。吃饭时成人要给孩子做榜样，有时孩子的偏食是大人偏食的延伸。

【理论探讨】

（1）小组讨论婴幼儿的能量组成及来源有哪些？

（2）乳汁少的阳阳妈妈：阳阳的妈妈剖宫产三天后开始分泌乳汁，但乳汁量很少，不能满足阳阳的需求，采取了混合喂养的方式，根据学过的知识谈谈促进母乳喂养的方法及母乳喂养的要点有哪些。

（3）不爱喝水的乐乐：乐乐8个月大，不喜欢喝水，结合所学知识谈谈解决的办法。

（4）挑食的壮壮：壮壮一岁半，严重挑食，不喜欢吃青菜和水果，只喜欢吃肉，体重已严重超标，根据以上情况谈谈如何培养婴幼儿良好的饮食习惯，你将如何帮助壮壮改掉挑食的坏毛病。

【实践探究】

（1）市场调研

① 实地考察奶瓶、奶嘴的种类：学生几人一组，到商店实地考察各种奶瓶、奶嘴，了解其种类并以表格的形式分类列出。

② 了解市场上配方奶粉的种类及成分，选出一至两种较好的配方奶粉品牌并说出此种奶粉的优点。

（2）婴幼儿辅食制作　利用假期时间试着做几种婴幼儿辅食，开学后与同学们一起分享制作经验。

【拓展阅读】

0 ~ 3岁宝贝的补钙套餐

一、鱼菜米糊

原料：米粉（或乳儿糕），鱼肉和青菜各15 ~ 25克，食盐少许。

制法：将米粉酌加清水浸软，搅为糊，入锅，旺火烧沸约8分钟；将青菜、鱼肉洗净后，分别剁泥共入锅中，续煮至鱼肉熟透，调味后即成。

补钙奥秘：鱼肉中富含钙，不仅能够促进宝贝长个子，为骨骼发育添砖加瓦，还可促进脑发育，满足身体对多种营养素的需求，不妨经常给4个月以上的宝贝做一些吃。

二、蛋花豆腐羹

原料：鸡蛋、南豆腐、骨汤150克、小葱末等。

制法：鸡蛋打散，豆腐捣碎，骨汤煮开；下入豆腐小火煮，适当进行调味，并撒入蛋花，最后点缀小葱末。

补钙奥秘：鸡蛋、豆腐不仅含有丰富的钙，吃起来也又软又嫩，特别适合给还不太会咀嚼的6个月左右的小宝贝吃。

三、虾皮碎菜包

原料：虾皮5克、小白菜50克、鸡蛋1个、自发面粉、些许调味品等。

制法：用温水把虾皮洗净泡软后，切得极碎，加入打散炒熟的鸡蛋；小白菜洗净略烫一下，也切得极碎，与鸡蛋调成馅料；自发面粉和好，略醒一醒，包成提褶小包子，上笼蒸熟即成。

补钙奥秘：虾皮含有丰富的钙、磷，小白菜经汆烫后可去除部分草酸和植酸，更有利于钙在肠道吸收。鸡蛋的好处自不必说，10个月以上的宝贝一定会非常喜欢这种鲜香的小包子。

四、香香骨汤面

原料：猪或牛胫骨或脊骨200克、龙须面5克、青菜50克、精盐少许、米醋数滴。

制法：将骨砸碎，放入冷水中用中火熬煮，煮沸后酌加米醋，继续煮30分钟；将骨弃之，取清汤，将龙须面下入骨汤中，将洗净、切碎的青菜加入汤中煮至面熟；加盐推匀即成。

补钙奥秘：骨汤富含钙，同时富含蛋白质、脂肪、碳水化合物、铁、磷和多种维生素，可为正在快速增长的1岁以上宝贝补充钙质和铁，预防软骨症和贫血。

（资料来源：摇篮网 .http://www.yaolan.com)

第四单元
0 ~ 3 岁婴幼儿日常生活照料

第一节　0 ~ 3 岁婴幼儿睡眠需求及习惯培养

一、良好的睡眠对婴幼儿发展的重要意义

（一）良好的睡眠有助于婴幼儿智力的发展

睡眠对婴幼儿的智力发育作用重大。睡眠是脑功能活动的一种重新组合状态，能保存能量，有助于巩固记忆和保证大脑发挥最佳功能。婴幼儿如果睡得很好，醒来时精神也会好，就能接收更多的信息。如果睡得不好，醒来时状态也就不好，就不易接受周围的事物。而且科学研究还发现，婴幼儿在熟睡之后，脑部血液流量明显增加，因此睡眠可以促进脑蛋白质的合成及婴幼儿智力的发育。

（二）良好的睡眠有助于婴幼儿身体的健康发展

睡眠可以有效促进婴幼儿的生长发育。睡眠的质量对孩子的身高有着重要影响，生长激素分泌量和儿童睡眠质量有直接关系。睡眠充足，生长素分泌量多，作用时效长。一般生长激素在 22 时到凌晨 1 时为分泌高峰，占总分泌量的 20% ~ 40%。在孩子入睡后，位于大脑底部的脑垂体能分泌较多的生长激素，能促进骨骼、肌肉、结缔组织及内脏增长。

（三）良好睡眠有益于婴幼儿情绪的健康发展

睡眠对情绪状态也有很大的影响，如果缺乏睡眠或睡眠质量不高，婴幼儿会出现精神萎靡或易怒、烦躁等情绪反应，还会伴随行为障碍、记忆力减退、活动能力降低等情况。所以良好的睡眠对婴幼儿是非常重要的。

（四）良好的睡眠有助于增强婴幼儿的免疫力

在睡眠中，人的基础代谢降低，所需能量降低，有助于消除疲劳、恢复体力，通过睡眠还能修复新陈代谢后的废物对脑细胞的损害，增强机体的免疫功能。

二、影响婴幼儿睡眠的因素

良好的睡眠质量会促进婴幼儿健康的发展，如果婴幼儿出现了睡眠问题，家长不要着急，这是孩子在发育过程中的必然。家长要认真观察和分析，找出影响婴幼儿睡眠的因素，有针对

性的采取纠正的策略。影响婴幼儿睡眠的因素很多，一般可以从以下几个方面去分析。

（一）睡眠环境不良

睡眠环境直接影响到婴幼儿的睡眠质量，因此要为婴幼儿创设一个适宜的睡眠环境。睡眠的地方太嘈杂，室内温度不适宜，衣服、包被过多或过少都会影响睡眠。

（二）喂养方式不当

有些父母总是担心宝宝吃不饱，睡觉前给宝宝喂较多食物，导致宝宝夜间肠道负担过重，出现消化不良的症状，夜间就睡不安稳。建议粥、面等固体食物应在临睡前两三个小时喂，睡前一小时再喝一点奶。随着宝宝年龄增大，可以夜间不再进食，让全身各个器官得到全面的放松，这样宝宝睡觉就会更安稳。

（三）生活习惯不科学

睡前玩得太兴奋，睡觉时间没有规律等不良生活习惯容易导致睡眠不稳。家长在宝宝哭闹的时候，不要立刻抱，更不要逗他，多数小孩夜间醒来几分钟后又会自然入睡。如果不能自然入睡，拍一拍，安抚一下也会继续睡去。

（四）心理需求缺失

心理需求是否得到满足，也会影响到孩子的睡眠。宝宝遭受较大的情绪波动或心理伤害，如惊吓、虐待、环境改变等，夜里便会睡不安稳。此外，家长忽视对宝宝的感情交流和抚慰，也可能造成孩子长期睡眠不佳。

三、0 ~ 3 岁婴幼儿睡眠的特点及良好睡眠习惯的培养

（一）0 ~ 3 岁婴幼儿睡眠的特点

1. 新生儿的睡眠时间大约在 20 小时

刚刚出生的小宝宝需要一天 24 小时睡觉和吃奶，这样才能正常发育和成长。对新生儿来说，睡眠是一个很平常的生理过程。因此白天和晚上对他来说并没有什么特别的含义。新生儿每天的睡眠时间需要 18 ~ 20 个小时，白天、晚上大部分时间都在睡觉，他通常会一口气睡上 2 ~ 4 小时，然后饥肠辘辘地醒来。刚开始的时候，他会不分昼夜地吃奶，不分昼夜地睡觉，逐渐地在晚上就会比在白天稍微睡得时间长一些。

2. 1 ~ 2 个月的婴儿睡眠的时间逐渐减少，每天睡 16 ~ 18 小时

新生儿满月之后，虽然依然弱小，但是大脑却逐渐发展起来了。因此，和新生儿相比睡眠的时间逐渐减少，每天的睡眠时间在 16 ~ 18 小时。经常是宝宝在白天吃完奶之后能保持一段时间的清醒。并且晚上一段睡眠的时间也相对长了一些。当然，睡眠的长短也存在个体差异。有的婴儿比较能睡，有的婴儿相对睡眠的时间少了一些。这和孩子的神经类型、生活习惯、父母的育儿方法等都有一定的关系。只要宝宝精力旺盛，生长发育良好，情绪健康，孩子的睡眠状况就是健康的。

3. 2 ~ 4 个月的婴儿睡眠逐渐规律化，觉醒的时间有所延长

这个阶段的婴儿开始逐渐形成与成人有些类似的睡眠周期了，入睡期和熟睡期的阶段较为

鲜明，总体的睡眠时间大约在 15 个小时。睡眠时间延长，一觉可以睡到 4 个小时左右，晚上睡眠的时间会更长一些。这个阶段的婴儿睡眠的问题不多，最好让宝宝自然入睡，养成孩子自然入睡的好习惯。即使出现了一些睡眠问题，父母也不要着急。

4. 4 ~ 6 个月的婴儿白天醒着的时间越来越长

从第 4 个月开始，宝宝白天睡的时间比以前缩短了，而晚上睡得比较香，有的宝宝甚至一觉睡到天亮。一般每天总共需睡 15 ~ 16 个小时。宝宝在睡眠时间上的差异较大，大部分的宝宝上午和下午各睡 2 个小时，然后晚上 8 点左右入睡，夜里只起夜 1 ~ 2 次。

每个宝宝都有自己的睡眠时间及睡眠方式，妈妈或爸爸要尊重宝宝的睡眠规律而不应强求，要保证宝宝醒着的时候愉快地好好玩，睡眠时安心地睡。在宝宝白天睡得比较香的时候，妈妈不要硬把宝宝叫醒喂奶，否则会影响宝宝睡眠，宝宝会烦躁哭闹，同时也影响宝宝的食欲。如果宝宝在白天醒着的时间比较长，就应该在醒着的时候多逗他玩，让他快乐，这样晚上宝宝才会睡得香，而且时间也比较长。

5. 6 ~ 9 个月的婴儿睡眠时间开始减少，睡眠的个体差异开始明显

从这个阶段起，婴儿睡眠时间开始明显减少。白天睡眠时间减少了，孩子似乎更会玩了，晚上睡觉的时间也推迟了，有些孩子可能晚上 9、10 点钟还没有睡意。而且婴儿睡眠的时间和状态都有了更明显的个体差异。有的婴儿白天睡得少，上午不再睡觉，晚上相对睡得长一些。有的婴儿白天睡得多，晚上很晚不睡或很早就起床了。睡眠状态也不同，有的孩子睡得很踏实，能安稳的沉沉入睡。有的孩子在睡觉时经常翻动，感觉不是很安稳。对有这样表现的孩子父母也不必太在意，只要孩子的精神状态好，生长发育正常，就不必太在意孩子的睡眠时间及睡眠状态。

6. 9 ~ 12 个月的婴儿睡眠习惯逐渐形成

当宝宝长到 8 至 12 个月大时，已经能基本上养成相对稳定、正常的睡眠规律了，对于父母的打扰大大减小了。由于这个时候的宝宝已经基本具备了独立睡眠的条件，有些父母为了从小培养其独立生活的能力，甚至开始试着与他分开睡。

9 至 12 个月大的宝宝平均每天睡眠 13 ~ 14 个小时。但是，不同的孩子需要的睡眠时间也各不相同，有的宝宝每天只睡 9 个小时，有的却可以睡十几个小时。白天睡觉的时间也有很大差异，有的宝宝每次只睡 20 分钟，有的宝宝却睡好几个小时。一般情况下，都没什么大问题，多数宝宝每天白天睡两次，上、下午各一次，也有的宝宝白天睡三次。多数婴儿会在午饭后睡一觉，但是这一觉如果睡得太长的话，会影响晚上的睡眠。因此，可以设法将宝宝下午睡觉的时间提前，或者缩短睡觉的时间，提前把他叫醒，抱着他玩一玩。另外，在早晨和傍晚时，都要设法使宝宝保持清醒，否则会影响晚上正常睡觉。

7. 13 ~ 18 个月幼儿睡眠的状况经常会变化

这个时期宝宝开始能够走路了，活动范围和活动量都增大了，身体需要充分休息。而且大脑神经系统的发育还不成熟，容易兴奋也容易疲劳，因此充分的睡眠对于宝宝身体和大脑的发育依然是重要的。这个年龄段的宝宝每天平均还会睡上 12 ~ 14 个小时，白天睡 1 ~ 2 次，每次睡 1 ~ 1.5 个小时，晚上至少要保证 10 个小时的睡眠时间。这一时期大多数孩子大多数时间基本上都能进行有规律的睡眠。但孩子的睡眠状况有时会发生变化，睡眠的个体差异也很明显。家长一定要正确认知，要以极大的耐心对待孩子可能出现的新状况，要以正确的观念对待

孩子睡眠的个体差异问题。

这一时期的幼儿睡眠状况经常发生变化，前一段已经养成的良好睡眠规律可能突然就打破了，有的孩子原本晚上能安安稳稳的一觉睡到天亮，可能突然就半夜醒来很精神的玩耍，甚至哭闹；原本晚上早早就睡觉的孩子可能突然很晚了还不肯入睡。睡眠的个体差异也很明显，有的孩子白天能睡两觉，有的孩子白天只睡一觉，有的孩子睡得时间长一些，有的孩子睡得时间短。有的孩子已经形成了很有规律的白天睡觉的习惯，有的孩子还不能，经常是玩累了、疲劳过度了才睡。

8. 19 ~ 24 个月幼儿睡眠受主观因素的影响变大

这一时期幼儿语言表达能力开始发展，活动范围进一步扩大，对周围世界认识和理解能力增强。生活对于孩子而言变得更为丰富多彩，孩子玩的内容和形式更为丰富和多样了。到了孩子应该睡觉的时间，孩子可能因为还没有玩够或有吸引他的新鲜刺激而拒绝睡觉。家长强迫孩子睡觉,就会造成孩子情绪体验的不适,甚至会导致孩子“闹觉”。让孩子顺利睡觉尤其是午觉，很是考验家长和看护人的智慧和耐心。

这一时期孩子已经有独立入睡的能力，家长要相信这一点，给孩子创造一个舒适的睡眠环境，给孩子自由的独自睡眠的时间和空间，让孩子养成困了自己上床入睡的习惯，这也是孩子自理能力发展的重要内容。但如果孩子还不能独自睡觉，家长也不要着急，一点点鼓励孩子独自入睡。孩子即使能够独自入睡，但一般也不愿意离开父母的房间，父母不要强求，如果一定让孩子自己独自在一个房间而影响到孩子的睡眠，就会得不偿失，父母可以把孩子的小床放到父母的房间，鼓励孩子独自入睡，更有利于孩子睡眠习惯的培养和安全感的满足。

9. 25 ~ 30 个月幼儿睡觉已成为自然而然的过程

这一时期父母很少再受到孩子睡眠问题的困扰，尤其是晚上如果没有特别因素的干扰，孩子都可以一觉睡到天亮。晚上醒来喝奶的孩子越来越少，孩子可能会半夜醒来排尿一两次，但也会很快就重新入睡。多数宝宝晚上八、九点钟入睡，早晨五、六点钟起来。白天一般睡一觉，午后会睡 2 个小时左右。

孩子的睡眠习惯会受父母的影响，父母如果晚睡、晚起，孩子很难形成早睡、早起的习惯。所以要让孩子养成一个健康的睡眠习惯，父母首先要规范自己的睡眠规律，养成早睡、早起的睡眠习惯。

10. 31 ~ 36 个月幼儿睡眠已经稳定为孩子的一种生活能力

3 岁的宝宝，睡眠问题已不多见了，困了会告诉妈妈他要睡觉，大多数宝宝都能自己去上床入睡。多数宝宝每天依然能睡 12 个小时，习惯睡午觉的宝宝晚上可能睡的会少一些，白天不睡觉的宝宝晚上可能一觉睡十几个小时。孩子到底应该睡多长时间是由宝宝自己决定的，只要宝宝发育健康，情绪愉快，家长就不用过于关注。一般规律代表的是普遍性和一般性，不是每一个个体都要在均值上，孩子间必然存在个体差异，家长一定要理解这一点。尊重孩子的自然发展需要，才能帮助孩子建立良好的睡眠习惯。

（二）0 ~ 3 岁婴幼儿良好睡眠习惯的培养

1. 新生儿应注意的睡眠问题

人的睡眠是由大脑皮质下神经的活动来调节的，睡眠的程度有深睡眠、浅睡眠之分，是一

个深浅交替的过程。新生儿平均2至3个小时就会有一个深浅睡眠的交替，在交替的过程中，新生儿可能会出现哭闹或者是睡眠不宁的现象，通常宝宝可以自己调节进入深睡眠，但有的宝宝睡眠调节能力比较差，会出现惊醒的现象，妈妈不必过于在意。新生儿睡觉不踏实，有"不安"的表现，不一定是问题，不必反应过度。孩子一动马上去拍、去抱，反而不利于良好睡眠习惯的养成。

新生儿几乎在任何环境下都能睡着，但也要注意给孩子一个适宜的睡眠环境。一是温度要适宜，新生儿自我调节体温的能力是比较弱的。如果室内温度在24℃左右，用单层床单包裹一下就可以了，不要让他太热了。二是注意夜晚室内的光线要调暗一些，让新生儿逐渐建立白天晚上的节奏。三是把孩子包裹一下，身体被包裹的感觉会让新生儿觉得踏实而安全，但切记不能束缚。

2.1 ~ 2个月婴儿应注意的睡眠问题

满月之后的宝宝不再像新生儿那样整日几乎都在睡觉，宝宝一般在白天吃完奶之后会清醒一段时间，夜间睡眠的时间相对延长了。这时的宝宝还没有建立白天、夜晚的睡觉节奏，父母想让孩子和自己同步，可以帮助孩子建立正确的睡眠节奏，如晚上的室内灯光要调暗，不要有声响，不要挑逗孩子，醒了之后让他吃完奶后尽快入睡，而白天可以适当延长醒着的时间，慢慢帮助孩子建立睡眠规律。

3.2 ~ 4个月婴儿睡眠规律的培养

这个阶段的婴儿开始逐渐懂得与成人互动，开始区分白天和夜晚。因此这一阶段可以着手培养孩子有规律的睡眠节奏。早晨孩子醒了之后要拉开窗帘，与宝宝对话，给他穿衣服，也可以播放音乐，让孩子知道白天到了，该起床了。要注意建立睡前模式，如给孩子洗澡、换睡服、放舒缓的轻音乐、讲故事，等等，让孩子知道这是需要睡觉了。要注意调整让孩子定点入睡，在规定的时间熄灯或调暗灯光，不要再挑逗孩子。经过反复的训练，孩子就会自然养成自己的睡眠习惯。

4.4 ~ 6个月婴儿睡眠习惯的培养

只要父母给予正确的睡眠习惯培养，到4个月时，宝宝就会自行调整自己的睡眠，成为昼醒夜眠。大一点的宝宝，要适当控制他们在白天睡觉时间的长短，对于白天呼呼大睡的宝宝，父母可以试着用玩具或游戏逗引他们玩耍，到了晚上，玩累了的宝宝就会睡长觉了。

父母要为宝宝创造一个宁静、舒适的睡眠环境，注意被褥不要盖得太多，透气性要好；室内温度要适宜，并要保证空气流通。固定宝宝每天的睡眠时间，宝宝上床后，最好把灯光调暗，播放一些柔和的轻音乐或催眠曲。父母可选择一些故事进行朗读，读完就让宝宝睡觉。

5.6 ~ 9个月婴儿睡眠习惯的培养

这个阶段婴儿的睡眠状况出现了明显的个体差异。大部分婴儿在这个阶段白天只睡两觉，上午一觉，下午一觉，一觉可以睡1 ~ 2个小时，或者更长。一般下午睡的时间会长一点。如果孩子睡觉时有妈妈在身边，睡的时间就会更长一点。

这一阶段可能出现的睡眠问题是晚上睡得太晚。睡得太晚的原因可能是孩子白天睡眠时间过长，也可能是下午睡的时间过晚，孩子晚上不困。再有就是前几个阶段孩子没有养成良好的睡眠规律，家长不必过于着急，慢慢调整。

还有的孩子睡眠时间少，家长很是担心睡眠时间少能否影响孩子健康的发育。家长要注意

观察，只要孩子精神好，体重发育正常就不必太在意，睡眠的时间个体差异也很大。

6. 9 ~ 12 个月婴儿睡眠习惯的培养

这个年龄段最重要的就是帮助孩子建立一套睡前程序。虽然之前可能已经建立了一些睡前程序，但到这时宝宝才会真正参与其中。包括给宝宝洗个澡、换好睡服、跟他玩一个安静的游戏、为他读一两篇睡前故事、或是唱一支摇篮曲等，要坚持每天在同一时间、以同样的顺序进行。宝宝们喜欢他们自己能够预料到的程序和安排，这一套睡前程序也是一种信号，告诉宝宝到了要放松、准备睡觉的时间了。

建立规律的作息时间，包括晚上睡觉和白天小睡的时间。制订一个上床睡觉时间，以及白天小睡时间的日程表，但这并不意味着宝宝必须每天在固定的时间上床睡觉，一分不差，只是说应该尽量遵从一个大致的可预知的时间计划。每天都在差不多相同的时间让宝宝小睡、吃饭、玩耍，以及准备睡觉，这样宝宝就会更容易入睡。

确保让宝宝有充分的机会自己入睡。在宝宝有困意的时候，把他放在床上，看看他自己能不能睡着。如果宝宝用哭声来反抗，在他身体健康的情况下，可以让他哭一会儿。连续几天这样做以后，他可能就学会自己入睡了，尽可能不要让他养成依赖于摇晃或喂奶才能入睡的习惯。

7. 13 ~ 18 个月婴幼儿良好睡眠习惯的培养

父母要以平和的心态对待孩子睡眠状态的变化和孩子睡眠的个体差异。如果宝宝睡眠习惯一直建立的不好，家长不要过急，这一时期建立也不算晚。如果宝宝突然出现了一些新的睡眠问题，家长也不要焦躁，要想想我们成人的睡眠状态也不是一成不变的。家长要尝试着分析问题可能的原因，有针对性地纠正，不要操之过急。比如宝宝突然晚上醒来，可能是白天睡多了，或者是白天玩的过于兴奋、受到某种刺激，也可能是晚上吃多了等。如果找不到具体的可能原因，也要以平稳的情绪和平和的心境对待，帮助孩子重新建立良好的睡眠习惯就可以了。

家长也一定要正确对待孩子的个别差异，对孩子睡眠的时间和习惯不要过于关注，如别人家的孩子睡多长时间，自己的孩子就需要睡多长时间，别人家的孩子睡眠的状态怎样自己的孩子就得怎样，把原本正常的问题扩大化。当然如果孩子出现了较为明显的睡眠问题或障碍也要及时就医。

8. 19 ~ 24 个月婴幼儿良好睡眠习惯的培养

这一时期尽管孩子睡眠受主观因素的影响开始变大，孩子可以依靠自己的努力保持清醒，困了也不睡，但这种意志力是很有限的。无论孩子玩意有多浓，多不想睡觉，都难以摆脱睡意的侵袭，很多时候玩着玩着，倒头就睡了，这就是孩子的特性。但我们也不要放任让孩子每次都是玩到睡着。因为孩子在有困意的时候就预示着大脑和身体已经疲劳了，需要睡觉来缓解大脑和身体的疲劳，在这个时候依然让大脑处于工作状态不利于孩子的健康发育，经常这样甚至会出现大脑“过劳”现象，影响孩子身心的健康发展。

因此到了孩子应该睡觉的时间，还是应该让孩子自然入睡，家长不能放任，但也不要强迫。如果孩子不愿意睡觉，家长可以采取一些机智可行的办法。如跟孩子讲清条件，再玩 5 分钟就上床睡觉，再讲一个故事就上床睡觉等。尽量让孩子玩一些安静的游戏，也可以让孩子听一些舒缓的音乐，一会他的困意就会更浓，自然入睡了。

9. 25 ~ 30 个月婴幼儿良好睡眠习惯的培养

良好的睡眠习惯应该是从宝宝出生之后就开始培养，睡觉是孩子的基本生理需要，这

个阶段孩子如果依然存在入睡困难的问题，往往是家长干预不当造成的。如宝宝还没有睡意时就强迫孩子睡觉，过于关注孩子的睡眠问题，总觉得睡得时间越多越好，没有养成有利于睡觉的生物模式，父母的睡眠习惯不良，等等。总之家长要认真审视自身的问题，有针对性的解决。

比如晚上宝宝如果就是不想上床睡觉，允许孩子再玩一会。孩子如果不想午睡，不要训斥，不要强迫。可以在生活中自然创设一个有利于孩子睡觉的环境，如不要和宝宝一起玩耍，不要激起他的兴致，如果宝宝一定要你陪他玩，可以和他一起看书，给他讲他熟悉的同一个故事，尽量用柔和的语气，可以播放舒缓的音乐，这个故事和音乐就能成为宝宝的催眠曲。也可以给宝宝创设一个小小的新颖的睡眠小窝，让宝宝钻进去，多数宝宝都会喜欢。总之一个基本原则是不要让孩子在睡觉时总是伴随着不良的情绪体验，孩子就一定会养成一个良好的睡眠习惯。

10. 31～36个月婴幼儿良好睡眠习惯的培养

宝宝快满3岁了，睡觉已成为孩子生活能力的一部分，困了就会告诉大人他要睡觉，不想睡时也会说清理由，多数宝宝自己可以自然入睡。父母要帮助宝宝建立稳定的上床睡觉和入睡前的“仪式”，如准备上床睡觉，要收拾玩具、刷牙洗漱、铺小床等，上床之后，讲故事或放音乐，跟爸爸、妈妈说“晚安”等，每天都坚持做，顺序都不要改变，要让孩子产生一种条件反射，每当和孩子一起进行这样的活动，就是要睡觉了，宝宝的生物钟建立起来，睡眠的规律也就建立起来了，到了睡觉的时间宝宝自然就会出现睡意。睡醒时也要建立一些固定的模式，比如爸爸、妈妈亲亲宝宝，对宝宝说一句问候的话语，夸夸宝宝睡得很好，爸爸、妈妈很开心，让宝宝体验睡觉是一件很惬意的事情，让宝宝伸伸胳膊抻抻腰，鼓励宝宝说一句问候爸爸、妈妈的话语，给宝宝一个舒适愉悦的心情。宝宝会更愿意上床睡觉，以便醒来能和爸爸、妈妈一起分享快乐，也能让宝宝醒来就保有一个愉快的情绪。

（三）0～3岁婴幼儿常见的睡眠问题及纠正策略

1. 睡觉前或睡醒哭闹

对爸爸妈妈来说，如果宝宝睡得安稳，入睡容易，是最轻松愉悦的事情。大部分宝宝能安然入睡，但也有个别的宝宝经常或一段时间睡觉前总是哭闹不停，让爸爸妈妈很是无奈。如果宝宝出现睡觉前哭闹的现象，爸爸妈妈首先要分析可能的原因，采取有针对性的措施。

（1）饥饿　饥饿是宝宝哭的最主要原因。这种哭声短而有力，比较有规律，中间有换气的间隔时间，渐渐急促。一般来说，做母亲的对这种哭声都比较敏感。当宝宝感到饥饿时，应适时喂奶，消除他的饥饿感，使宝宝不再啼哭。

（2）尿布湿了　不舒服是宝宝哭的普遍原因。宝宝明显感觉不舒服的原因经常是尿布湿了，宝宝的皮肤十分敏感，如果尿布湿了，他就会感到不舒服而大声啼哭。这时，父母应及时替他更换尿布，使宝宝感到舒服而停止哭闹。

（3）太冷或太热　太冷或太热也会使宝宝感到不适应，他会用哭声来表示。这时，父母就要用手摸摸宝宝的腹部，如果其腹部发凉，说明宝宝感到冷了，要赶紧添加衣服；如果宝宝面色发红，烦躁不安，则表明宝宝太热了，应采取相应的措施，如通通风、减少衣物等。

（4）入睡或觉醒调整不适　宝宝在睡觉前或快睡醒时哼哼唧唧地哭，宝宝的哭声不太大，有规律，比较缠绵，甚至有些不安。稍大点儿的婴儿常常会用手揉眼睛、鼻子，或者哭哭停停，这就是人们常说的“闹瞌睡”。可以让他做一些缓慢的或有节奏的运动，或讲一些抚慰的话帮助他放松或让他睡觉。如果是他睡醒了，父母不要见他一哭就抱，可以轻轻拍拍他，给他哼哼歌，让他感到安慰，慢慢地他就不哭了。

（5）病理性原因　宝宝痛苦地哭，多为消化不良、腹胀等原因。在进食过程中，宝宝往往会吞咽下许多空气，这是引起他腹胀的原因之一。这种哭往往来得突然，这时，父母要想办法让宝宝打出嗝来，他才会觉得好受一些。打嗝是常见的现象，可以用以下两种方法来帮助他：其一，可以将婴儿放在肩上，轻拍他的后背；其二，可以将婴儿整个放在膝盖上，捧起他的头，轻拍他的后背。宝宝舒服了就会停止啼哭。

【拓展阅读】

掌握好抚慰宝宝入睡的时机

思考如何抚慰宝宝并作出安排，但更重要的是要知道何时去抚慰宝宝。婴儿在清醒1或2小时后很快变得过度疲劳，有些甚至连舒适地清醒一个小时也做不到。白天，当宝宝清醒时要注意时间，并在接下来的1或2小时内，在他变得过度疲劳之前，开始抚慰他以让他小睡。尽力保持短暂的清醒时间。

小于6周的婴儿夜间睡得很晚，且白天夜里都睡不太久。白天尽力在宝宝过度疲劳之前抚慰他入睡。始终回应宝宝。避免过度疲劳状态。

80%大于6周的婴儿夜间变得安静，睡的时间变长，并且提前一个小时就变得昏昏沉沉。如果宝宝昏昏欲睡状态的时间提前，尽力提前一小时抚慰他入睡。不要让他哭闹。

20%大于6周的婴儿夜间仍然哭闹，睡觉时间没有变长，睡前开始昏沉的时间也没有提前。无论如何，即使宝宝表现出昏沉状态的时间没有提前，也要尝试提前1小时抚慰他入睡。花更多的时间来抚慰他：延长摇摆的时间，长时间地洗澡，以及不停地推着婴儿车走等。父亲应该尽最大努力帮助解决困难。不要让他哭闹。

（资料来源：[美]马克·维斯布朗.婴幼儿睡眠圣经.刘丹等译.南宁：广西科学技术出版社，2011.）

2.婴幼儿睡眠不安

睡眠质量的好坏，对宝宝的健康影响很大。宝宝睡得不踏实，似睡非睡，原因很多，可以分为两大类。

（1）外在因素

饥饿：多见于新生儿和三个月之内的宝宝。这时需要哺乳或喂奶来解决。稍大的宝宝如果睡前吃饱，可以排除这个因素。天气干燥的情况下，宝宝夜间可能会口渴，给他补充点水分可以让他安静。

缺钙：缺钙是导致宝宝睡觉不安稳的首要因素之一。缺钙、血钙降低，引起大脑植物性神经兴奋性增高，导致宝宝夜醒、夜惊、夜间烦躁不安，睡不安稳。解决方案就是给宝宝补钙

和维生素D，并多晒太阳。

太热：太热会使他不舒服，也容易生病。室温偏高，宝宝包裹的多，自身散热能力差，会感到热而醒来，这时只要减少穿盖即可解决。

腹胀：1岁以内的婴儿常会出现这种情况。如果睡前吃得过饱，或喝奶后没有打嗝排气，宝宝都会因腹胀而醒来。大点的婴儿多半是睡前几小时内吃了一些难以消化的东西。注意按摩、排气和调整饮食即可解决。

尿湿:尿裤太湿或勒得太紧，也会使宝宝不舒服。有的宝宝想尿尿时不愿轻易尿在尿裤上，也会翻来覆去不安稳。

白天太兴奋或环境的变化：稍大点的宝宝的睡眠不安也可能与白天过度兴奋或紧张、日常生活的变化有关。如出门、睡眠规律改变、换了新环境等。经常更换抚养人也会使孩子睡眠障碍的发生率明显升高。另外白天睡的太多也可能影响宝宝晚上的睡眠。

出牙或身体不适：宝宝出牙期间往往会有睡不安稳的现象，有时几夜反复折腾之后妈妈才发现，宝宝的牙床冒出了白白的小牙，可见出牙还是有些疼痛的。其他疾病当然也会引起睡眠不安，如生病或发烧前的夜晚往往是翻覆不宁的。

（2）内在因素

内在因素对睡眠也有影响。如大脑神经发育尚未成熟；孩子生理上尚未建立固定的作息时间表，生物规律还没有完全建立起来。调查表明，神经系统兴奋性较高的孩子，生理成熟度往往晚些，容易出现睡眠不安的情况。

人的睡眠分为深度睡眠和浅度睡眠，夜间3～4小时交替一次。婴幼儿深睡和浅睡的交替时间更短一些，2～3小时交换一次。大人和许多睡整夜觉的宝宝，在浅度睡眠到来时，可以较好地自我调整，重新进入深度睡眠。而也有许多小宝宝甚至许多大人，无法自我调整入睡，所以就从浅度睡眠中醒来。有些宝宝睡眠不安只是因为大脑皮层活跃，无法自我调整进入深睡状态，随着宝宝的成长，这些现象会自然解决。

3. 睡眠惊醒

有的婴幼儿在睡眠时容易惊醒，影响了孩子睡眠的质量，可能由以下因素引起。

（1）病理原因　宝宝睡觉易惊醒，先要排除病理上的原因。如果宝宝在易惊的同时出现枕秃或盗汗的情况，就要怀疑是否缺钙，应该去医院做相关的检查。

（2）缺乏安全感　小宝宝特别是新生儿，刚刚来到一个陌生的环境，对身边的一切都有或多或少的恐惧感。缺乏安全感也是宝宝惊醒的重要原因之一。对于这样的宝宝，可以让他睡在感觉安全的环境里，比如摇篮、婴儿床，也可以在小床周围布置上床围、幔帐、靠垫等物。还应该注意一下睡眠环境，比如让宝宝睡固定的床、使用固定的寝具、听固定的音乐等。

（3）白天受过惊吓　宝宝的神经系统比较脆弱，白天受了惊吓、过度刺激等，会导致晚上睡不安稳。轻度的话爸爸、妈妈只需要在宝宝惊醒时抱起来柔声安慰即可，通常1～2天会自愈。情况严重的话，可以去医院检查一下，吃一些小儿安神的中药。

（4）过分安静　一些家庭非常担心宝宝的睡眠被打扰，在宝宝睡觉的时候不敢发出任何声响。这样就造成宝宝在睡觉时非常敏感，一有响声就醒，往往越是小心，宝宝越是容易被很细微的声音惊醒。所以，从宝宝出生的时候开始，就不要刻意安排宝宝在一个绝对安静的环境里

睡觉。

（5）抱得太多　有的妈妈抱怨好不容易把孩子哄睡着了，一放到床上就哭。其根本原因可能就是抱得太多，使宝宝对成人的怀抱产生过度的依赖。久而久之，就越来越难放下来令他安睡。可以用几天时间狠狠心，给宝宝“断抱”。

【拓展阅读】

解决孩子睡眠问题的三大类方法

以在解决孩子睡眠问题时让不让孩子哭为标准，可以把所有的解决方法分为以下三类。

1. “不让孩子哭”的睡眠问题解决方法

从产科回家后，为了尽早避免孩子出现睡眠问题，就要尽早避免孩子过度疲倦，在孩子醒来一到两个小时之后就哄孩子睡觉。尽可能地抱着孩子。如果孩子需要，尽快回应，引导他睡觉，或者陪着他睡觉。

- 要注意孩子犯困的迹象，这样孩子就不太容易变得过度疲倦。

让孩子安静地睡着。

- 帮助孩子培养睡眠的习惯。
- 定时把孩子叫醒喂食。
- 在两次小睡之间，让孩子呼吸一下新鲜空气，带孩子出去散散步。
- 掌握好孩子清醒的时间。
- 逐渐地让孩子自己入睡。
- 房间的窗帘要拉上。
- 让孩子放松。
- 消除周围环境的刺激因素。

2. “哭哭也罢”的睡眠问题解决方法

- 爸爸把孩子放到床上，让孩子睡觉。
- 提前上床睡觉的时间。
- 注意孩子早晨的小睡。
- 给孩子制定睡眠规矩。
- 让孩子安静地继续睡。

3. “想哭就哭吧”的睡眠问题解决方法

- 孩子想哭就哭，不要管他。
- 对孩子某些情况下的哭泣置之不理。
- 看看孩子出了什么问题，安慰孩子。
- 把孩子放进带帐篷的婴儿床里。

总之，无论对孩子采取哪种方法，无论孩子上床睡觉时间的早晚，作息规律总比不规律要好。

（资料来源：[美]马克·维斯布朗．婴幼儿睡眠圣经．刘丹等译．南宁：广西科学技术出版社，2011.）

第二节　0 ~ 3 岁婴幼儿大小便注意事项及习惯养成

一、0 ~ 1 岁婴儿大小便的注意事项及习惯养成

（一）0 ~ 1 岁婴儿大小便护理要点

1. 可以随意让孩子大小便

在宝宝 6 个月以前，都无需“训练”孩子的大小便，即使在 6 个月以后，也无需刻意训练，家长更多的是让孩子随意大小便。当然在这个过程中，家长可以慢慢掌握孩子大小便的规律，在顺应自然规律的基础上逐步让孩子形成一定的大小便习惯。有一些家长在孩子 2 ~ 3 个月的时候就去把尿，有时也会成功，这不能说明孩子形成了排尿意识，只是说明家长把握好了孩子排尿的规律。一般而言，孩子吃过奶后会排尿，睡醒觉之后会排尿，男孩小鸡鸡立起就是要排尿，家长把握好时机可以成功接尿。如果多数情况下不成功，或孩子反对，就不要坚持给孩子把屎、把尿了。

2. 大小便具有变化性和个体差异性

孩子的大小便次数、规律会有明显的变化性和个体差异。如孩子的饮食变化等会直接影响到孩子大小便的次数、颜色、状态等，家长要勤观察，对变化做一定的理性分析，做到既能及早发现一些异常的变化，又不至于过虑。

孩子的大小便状况也有明显的个体差异，只要宝宝大小便时情绪正常，身体发育也正常，对于这些个体差异（如次数、状态等）家长不必太介意。

3. 由随意大小便逐步过渡到有一定的规律性

0 ~ 5 个月时，家长要及时给宝宝更换尿布，使宝宝的臀部保持清洁、干爽的状态。孩子的皮肤很柔嫩，要避免过敏。在给宝宝换尿布时，要跟宝宝做交流，告诉宝宝妈妈在做什么，提醒宝宝干爽的感觉很是舒服，并跟孩子做情绪上的交流和互动。6 ~ 12 个月时，宝宝膀胱容量会不断地增大，可以容纳一定的尿液，排尿的时间间隔会拉大，与此同时，随着控制能力和消化吸收能力的增强，排出大便的次数也会越来越少，排尿和排便会变得有一定的规律性。家长要努力把握孩子所形成的自然规律，准确地掌握孩子大小便的节奏，帮助孩子建立一定的条件反射，为下一阶段训练孩子尿便自理能力做好铺垫。

4. 不要急于进行大小便训练

宝宝从出生到五六个月有一个对排便功能的学习敏感期，在这个阶段，如果成人对宝宝的排便、排尿要求及时做出反应，可以帮助宝宝慢慢建立条件反射。以后只要将宝宝抱成排便、排尿的姿势，并配合“嘘嘘”、“嗯嗯”的诱导声，宝宝就会排便了。不过即使如此，训练成功的几率也不高，对此，妈妈们不必着急，更不能强迫宝宝，应该明白此阶段训练的目的不是成功，而是帮助宝宝形成条件反射。

帮助宝宝形成条件反射可以从大便开始。因为大便次数少，时间相对固定，排便前信号比较明显，容易捕捉时机且成功几率高，也易增强妈妈对宝宝排便训练的信心。此外，大便“失控”后的善后工作也较难，训练好大便可以减轻妈妈的工作量。

5. 注意观察孩子的大小便

对于2 ~ 3个月的宝宝，由于喂养方式不同，宝宝大小便也不尽相同。但总体来说进食、睡眠、

大小便等各方面都已逐步形成规律。这时的宝宝每天大便3～4次，小便20次左右是正常现象。如果宝宝大便次数一直较多，性状也不太好，便稀，有时呈黄绿色甚至有奶瓣，但宝宝精神好，体重增长好，说明是生理性腹泻。等到4～5个月时，加辅食后，大便即可转为正常。大便次数较多，每次量少，含较多深绿色的黏液，亦称饥饿便，这与宝宝吃奶量不足有关，适当增加奶量即可纠正。如果大便次数多于平日，出现水样便、黏液便、脓血便或小便尿量骤减，应及时到医院诊治。

（二）0～1岁婴儿大小便护理的常见问题

1. 纸尿裤的正确选择与使用

纸尿裤用起来方便，但选择不当也可能存在一定的负面影响。不少纸尿裤并非完全是纸质的，外层有塑料，内层有吸收剂、特种纤维等物质，有防漏和较强吸湿作用。但长期使用，对婴儿娇嫩的肌肤会造成一定的伤害。应谨慎使用纸尿裤，正确选择纸尿裤，避免可能给孩子造成的不利影响。

（1）正确选择纸尿裤

第一，纸尿裤要有超强的吸水力。纸尿裤含有高分子吸收剂，吸收率可达自身的100～1000倍，而且不会再被挤出来。宝宝的代谢非常活跃，尿很快就产生了，可膀胱却很小，只要一有点尿就要往外排，因此每天要排尿好多次，年龄越小排尿的次数越多。这就要求纸尿裤含有高分子吸收体，加入了高分子吸收剂后，纸尿裤具有超强的吸收能力，纸尿裤越变越薄，更加舒适。高吸水性纸尿裤可减少更换次数，不会打扰睡眠中的宝宝；还可减少尿液与皮肤接触时间，保持宝宝的小屁屁干爽清洁，减少尿布疹的发生概率。

第二，纸尿裤透气性要好。宝宝的排汗量几乎和成人一样，但是皮肤汗腺排汗孔很小，仅有成人的一半，因此，在环境温度增高时，不能很好控制皮肤的温度。为了避免产生热痱和尿布疹，必须适当地透出湿气和热气。宝宝使用的纸尿裤如果透气性不好，很容易导致婴儿患尿布疹。

第三，表层干爽柔软。要选择表层干爽不回渗的尿裤。尿布疹的成因，主要是尿便中的刺激性物质直接接触皮肤，因此尿裤表层的材质要挑选干爽护肤柔软而不回渗的。纸尿裤与婴儿皮肤接触的面积是很大的，且几乎24小时不离，所以要选择内衣般超薄、合体、柔软、材质触感好的纸尿裤，给宝宝提供舒适的触觉经验。

第四，纸尿裤大小一定要适当。纸尿裤尺寸分为初生型、小型、中型、大型、加大型5种，妈妈一定要注意是否适合宝宝的体型，要检查腿部橡皮筋松紧程度，若太紧，表示尺码过小。若未贴在腿部，表示尺码过大。尤其注意腿部和腰部不能勒得过紧，以防弄伤宝宝的皮肤，阻碍宝宝正常的活动。

（2）正确使用纸尿裤

第一，虽然纸尿裤使用方便，但不宜长时间穿戴。由于穿上纸尿裤会形成一个潮湿的环境，不利于皮肤的健康。所以取下纸尿裤后不要马上更换新的纸尿裤，给皮肤进行适当的透气，保持皮肤干爽，有利于减少尿布疹的产生。最好是纸尿裤和传统尿布交替使用，在白天使用几次尿布，晚上和外出时使用纸尿裤，既经济又安全。

第二，及时发现宝宝尿湿并更换。由于每个宝宝的月龄、排尿次数、数量不尽相同，所以

不能统一说多长时间需要给宝宝换一次。也不必每次小便后都更换纸尿裤，掌握在 2 ~ 3 次尿后更换就可以。

第三，每次更换纸尿裤前注意清洁。如果宝宝只是尿湿可以用湿纸巾擦拭后涂一点护臀霜即可。如果是大便，一定要用清水冲洗，最好是活水，温度在 38℃，记住要从前向后洗。防止污染。洗后要用柔软干净的布轻轻拭干，最后在换上新的纸尿裤，如果有尿布疹可以擦一层鞣酸软膏或凡士林以保护皮肤。

第四，夏天要尽可能减少使用。夏季高温炎热，本来就容易发生尿布疹，因此最好是不用或减少使用，尤其是白天不要给孩子穿纸尿裤。天热选用纸尿裤，更要考虑纸尿裤的吸水性和高度透气性。用上纸尿裤后，要细心观察宝宝有没有起红疹，尤其是在宝宝的大腿根部，一定要保持干爽。

2. 婴儿的腹泻

（1）婴儿腹泻的表现　婴儿腹泻，是由不同病因引起的临床综合征，主要发生在 2 岁以下的婴儿。新生儿每天的大便次数通常可多达 10 次，大一点以后可能会从一天几次到一周一两次不等。首先要了解宝宝正常的排便习惯，才能在第一时间判断是不是腹泻。通常除了观察大便的形状外，还要留意大便的味道，大便的次数比平时多，大便的质地比平时稀薄，甚至出现水样便，这些可能就是婴儿腹泻的症状，通常还会伴有不爱吃饭、肚子胀痛等肠胃不适症状。

（2）婴儿腹泻的注意事项　不经医生允许，不要随意禁食。腹泻时婴儿的消化道功能虽然降低了，但仍可消化吸收部分营养素，所以吃母乳的婴儿要继续哺喂，只要婴儿想吃，就可以喂。喝牛奶的婴儿每次奶量可以减少 1/3 左右，奶中稍加些水。如果减量后婴儿不够吃，可以添加含盐分的米汤，或哺喂胡萝卜水、新鲜蔬菜水，以补充无机盐和维生素。已经加粥等辅助食品的婴儿，可将这些食物数量稍微减少。

预防脱水。要保证喂水，早期发现脱水。当婴儿腹泻严重，伴有呕吐、发烧、口渴、口唇发干，尿少或无尿，眼窝下陷、前囟下陷，婴儿在短期内“消瘦”，皮肤“发蔫”，哭而无泪，这说明已经引起脱水了，应及时将病儿送到医院去治疗。

不要滥用抗生素。许多轻型腹泻不用抗生素等消炎药物治疗就可自愈，尤其秋季腹泻多因病毒感染所致，应用抗生素治疗不仅无效，反而有害；细菌性痢疾或其他细菌性腹泻，可以应用抗生素，但必须在医生指导之下治疗。

做好家庭护理。家长应仔细观察大便的性质、颜色、次数和大便量的多少，将大便异常部分留做标本以备化验，查找腹泻的原因；要注意腹部保暖，以减少肠蠕动，可以用毛巾裹腹部或热水袋敷腹部；注意让婴儿多休息，排便后用温水清洗臀部，防止红臀发生，应把尿布清洗干净，煮沸消毒，晒干再用。

二、1 ~ 2 岁婴幼儿大小便注意事项及习惯养成

（一）1 ~ 2 岁婴幼儿大小便护理要点

1. 家长要确立正确的观念

在控制尿便方面孩子的个体差异很大，有的宝宝一岁半就能告诉妈妈他要排尿了，有的宝

宝要到三岁左右才能控制尿便。甚至有的宝宝一岁以前就能把尿便排在便盆中了，但这并非是真正意义上的控制尿便，只是宝宝对尿便有了感觉，妈妈及时发现，顺应了宝宝排尿便的规律，给宝宝提供了及时的帮助，宝宝也愿意接受妈妈的帮助，把尿便排在了便盆中。有的宝宝很早就知道有尿的感觉，但不会表达，或者表达了大人没能会意，不会控制，通常是还没等拿来尿盆或脱下裤子，宝宝已经尿了。

学会控制尿便是孩子成长中非常重要的内容，不会一蹴而就，家长要尊重孩子的生长发育规律，顺应孩子的发展规律给孩子以有效的影响和引导，要相信随着孩子年龄的增加，宝宝逐渐就能有效的控制尿便，这是孩子成长中的必然。

2. 家长要发现尿便前的征兆

（1）宝宝突然停止了玩耍，很有可能是有尿便了，家长要及时帮助，并伴随着语言的提示，如“哦，宝宝要尿尿了吧，或宝宝要便便了吧，咱们快拿我们的小便盆”等一些固定性指令性的语言，便于帮助孩子建立条件反射和生物模式。宝宝如果成功的排在了便盆中，妈妈要给予孩子鼓励，语言上、肢体上的表达都可以。如果没有成功，也不要埋怨或训斥孩子，坦然接受，描述事实就可以了。

（2）宝宝面部表情发生了某种变化。或脸发红，或眼神发呆发直，或两眼瞪着不动，妈妈要想到孩子可能是要排尿便了，及时帮助宝宝把尿便排到便盆中，要采取如上所述的一些办法。

（3）宝宝大小便时可能有的一些固有的提示性表达，如发出某种呻吟，或突然站住不动了，还可能有抖手、抖肩等动作，妈妈要及时发现和领会，帮助宝宝顺利把尿便排在便盆中。

（4）宝宝把两腿叉开，或蹲下来，有用力的表情，很有可能是要排便，妈妈要把便盆拿来让宝宝坐上，如果宝宝拒绝，就不要强迫，帮助宝宝以他习惯和能接受的方式排便。

妈妈通过细心的体会和观察掌握了宝宝排便、排尿前的这些信号，帮助宝宝顺利把尿便排在了便盆中，并不是说孩子就已经能够控制尿便了。但当宝宝有了这些迹象，妈妈要及时发现并有效利用，这是训练宝宝控制尿便的契机，妈妈要利用好。帮助宝宝练习控制尿便，一定要尊重宝宝的意愿，如果宝宝抵抗，就要先停一段，再找合适的时机训练。

3. 采取合适的方法帮助宝宝控制排尿、排便

在这个阶段，父母的职责主要是帮助宝宝学会控制排尿、排便，而且这种帮助一定是不违背宝宝意愿，是尝试性的。如果宝宝不接受，就说明现在练习宝宝控制排尿、排便还为时过早，或者是方法不合适引起了宝宝的抵触和反感，父母就要改变策略或调整方法。

对于这个阶段的婴幼儿而言，重要的不是宝宝能否坐在便盆上排尿便，而是宝宝愿意接受父母的帮助。比如愿意脱掉裤子排尿、排便，愿意排到便盆中等，所以妈妈要留意宝宝排尿、排便的前兆，在宝宝有需求的时候给予帮助。如果宝宝没有需求，妈妈生硬地让孩子排尿、排便，就会引起孩子的反抗，反而不利于养成规律性的排尿、排便习惯。或者在有意愿时没能得到成人的帮助也不利于控制尿便能力的发展。

妈妈首先要及时发现孩子排尿、排便的前兆，在不违背孩子意愿的情况下适时提供帮助，为了让孩子有意愿接受成人的帮助，妈妈要做一些准备功课。如可以给孩子买一个小巧的漂亮的便盆，让孩子自己就能拿得动。孩子会把它当成玩具，在跟孩子一起玩耍的过程中让孩子去理解便盆的用途。可以鼓励孩子坐上去，告诉孩子以后排尿便就排在这里面，这是专门为宝宝准备的便盆。如果身边有大一点的孩子做示范孩子会学得更快。如大一点的孩子排尿时排在自

己的尿盆里，自己的宝宝也会愿意模仿着做。如果身边没有大一点的孩子，可以给孩子找来这方面的视频资料和孩子一起看，孩子就能自然而然地习得。

当宝宝成功把尿便排到便盆中的时候一定要给孩子及时的鼓励，这个阶段的孩子已经开始发展自我意识了，得到成人赞许的事孩子会反复去做。如果宝宝还不能控制排尿、排便，也是正常的。宝宝尿床或尿裤子了，妈妈如果总是批评，孩子会有很强的挫折体验，孩子会更加不知所措，反而不利于良好排尿、排便习惯的养成。

4. 善于寻找合适的训练契机

这个阶段的孩子如果能在一定程度上控制尿便，那是孩子在成长过程中取得的重要成就之一，家长应给予孩子充分的肯定。如果不能控制尿便，也是很正常的。宝宝要是愿意接受训练，从当前开始给宝宝提供帮助也是很有意义的。家长还要理解即使孩子现在愿意接受训练了，也并不意味着能够一如既往的坚持下来，顺利地过渡到能够控制尿便。很多孩子原本愿意接受成人的帮助，可能会突然一反常态，出现反抗、抵触、情绪不安等方面的表现，家长千万不能操之过急。

宝宝如果从一开始就反对父母提供帮助，对父母的帮助训练活动反感甚至抵触，父母就要及时调整，不要过于坚持。坚持的结果不但不能使孩子学会控制尿便，反而会延长宝宝控制尿便的时间，甚至会影响到宝宝个性的健康发展。所以是否开始训练宝宝控制尿便，一定要尊重孩子的意愿，要顺其自然。

有些时候原本已经能“控制”尿便的孩子又开始尿床、尿裤子，甚至便到裤子里。出现这样的现象家长往往很生气，认为孩子的表现不能理解。其实这是正常的。往往是在前一段时间孩子并没有真正学会控制尿便，只是在父母的帮助下把尿便便到了尿盆中。他对自己的行为感到新奇，愿意按照父母的指令去做。当新奇感退却，他就不愿意听从父母的指令了，在父母看来就是行为倒退了。出现这样的现象，家长不要抱怨也不要过于着急，要有足够的耐心给孩子持续的支持和帮助，要坚信在不久的将来宝宝自然就能控制尿便。

（二）1 ~ 2 岁婴幼儿大小便护理的常见问题

1. 正确引入便盆

一般而言，宝宝对大便的控制要比小便的控制更容易，而且对妈妈而言排便比排尿更容易正确觉知，能替孩子提前做准备，因此最好帮助宝宝先为排便而引入便盆。当发现孩子排便的一些征兆，如作出的一些动作、发出的声音、表情的变化等，妈妈就及时提醒建议孩子使用便盆。妈妈一定要注意让便盆的引入成为一项自然而然的事情，可以智慧地采用一些办法随意引用。如让宝宝自己去把便盆拿来，参与力所能及的事情是宝宝的最爱；可以同时准备一个更小的便盆让孩子喜欢的玩具和他一起坐到便盆上等。

孩子顺利用便盆排便之后，给孩子鼓励，让孩子体验到成功排便到便盆的成就感。但一定不要强迫孩子坐到便盆上，那样只能带来消极影响，如果孩子拒接使用便盆也没关系，你可以过几天让他忘记不愿使用便盆这件事情，再想其他策略，用自然、随意的办法尝试着引导。

2. 便秘

宝宝在这个阶段，膳食结构会发生很大的变化，个体差异也凸显，如果膳食结构不合理就会导致孩子便秘。孩子大便干燥，隔时间久，三四天才大便一次，而且排便不畅，就应该咨询

儿科医生，首先排除疾病导致的便秘。

对于婴幼儿而言预防便秘最好的办法就是调整饮食结构。首先要给孩子多喝白开水，喝水不足是导致便秘的重要原因。其次在宝宝的饮食中多加一些膳食纤维和粗粮，喝水不足，吃蔬菜和水果又少，会加重便秘。高纤维食物，如绿叶蔬菜、红薯、玉米等粗粮可缓解便秘。另外养成定时的排便习惯也很重要。如果宝宝的便秘依然没有缓解，也可以在医生的建议下采用中医按摩、针灸、中药调理等办法。

三、2～3岁婴幼儿大小便注意事项及习惯养成

（一）2～3岁婴幼儿大小便的护理要点

好多西方国家的父母对训练孩子尿便看得并不重要，基本上是顺其自然的态度。在宝宝基本上能够控制尿便的年龄才给予适当的指导，到孩子真正能够控制尿便的年龄才脱掉纸尿裤。在我们国家传统上对孩子尿便的训练都很早，有些父母在孩子几个月大的时候就尝试着给孩子把尿。现在由于纸尿裤的使用，妈妈不必再担心孩子尿湿裤子不舒服，也不用每天清洗尿布，训练宝宝尿便显得不那么重要和紧迫了。但由于传统意识和习惯的影响，我们国家的父母一般都会有意识的培养孩子良好的控制尿便的能力。在2～3岁的时候，大多数孩子已经基本上具有了一定的尿便管理能力。

1. 生理、心理成熟是孩子控制尿便的基础

（1）生理条件的成熟　生理成熟程度是宝宝学会控制尿便的生物基础条件。比如大脑的皮质已经比较发达，左右脑的发育基本平衡，肌肉与神经系统已经发展到能够控制大小便的程度；能够独自走路，会蹲下，会坐下，可以自行安静地玩耍一段时间；直肠括约肌发育比较完全，膀胱控制能力有所增加，排尿的时间间隔延长等。具备这些生理成熟条件才预示着宝宝可以学会控制尿便。

（2）心理条件的成熟　宝宝自主控制尿便，与语言能力与认知能力的发展关系密切。如对一些简单的词汇与语句有一定的理解和认知能力，能听懂一些简单的指令等。如果宝宝听不懂“嗯嗯（大便）”或“嘘嘘（小便）”的意思，那么妈妈与宝宝就无法进行有效的沟通。当宝宝自己能用语言或声音与父母进行有效的交流与沟通，孩子可以理解父母的指令，自主控制尿便能力的训练才能有效进行。孩子还需要建立起对周围环境的基本信任感，有一定的自我控制能力，与父母拥有良好的亲子关系，能够自愿配合父母学习自主控制尿便。具备了这些心理条件，才能保证宝宝学习控制尿便的过程顺利进行。

2. 全面训练孩子控制尿便的能力

宝宝是否能够控制尿便,包含了多重含义。父母要全面理解宝宝控制尿便能力发展的内容，尊重和顺应孩子的意愿和发展规律，循序渐进地进行引导和训练。宝宝控制尿便的能力大致遵循这样的发展节奏。

（1）能够示意或告诉妈妈有尿或有便了　大多数宝宝在1岁半左右，有尿或有便时能够主动示意或告诉妈妈。这种能力的发展除与宝宝是否能感受到尿意和便意并能主动控制有关系外，还与孩子语言的理解和表达能力的发展有很大的关系。语言理解和表达能力发展早的孩子，就可能会比较早的表达清楚自己的想法，告诉妈妈他要排尿或排便。有些孩子可能语言表达能力

发展的较晚，但理解能力发展正常，他尽管不能用口头语言明确告知，但可以用较为明确的方式示意。宝宝能否主动示意或告知是控制尿便能力发展的重要标志。

（2）控制夜尿　宝宝在夜晚对膀胱的控制能力差，通常来讲一个 2 岁半的孩子控制夜尿的时间不太可能超过 4 或 5 小时，而且多数会短于这个时间。为了让孩子能控制尿便，妈妈要注意睡觉前不要让孩子大量饮水，每天晚上睡觉之前提醒他去排尿。在孩子的床边放一个小便盆，晚上可以有规律的让孩子主动排尿 1 ~ 2 次。同时父母也要注意不能为了控制夜尿过多干扰孩子的睡眠，孩子夜尿多或不好控制，可以采取其他一些防护措施。

（3）主动使用便盆　在这个阶段，宝宝一般都能主动地使用便盆了。如果孩子不能或中途不愿意使用了，也不要过虑，可以忽视几天再按照前面的方法引导孩子使用。宝宝能主动使用便盆后，应注意不要让孩子长时间蹲便盆，尤其是不要让孩子养成蹲着便盆看电视、看书、听故事等不良习惯。长时间蹲便盆不利于宝宝排便规律的建立，还有导致痔疮的可能。蹲便盆时看电视或做其他的事情会减弱大脑释放的排便信号，会减弱粪便对肠道和肛门的刺激，减慢肠道的蠕动，减弱肠道对粪便的推动力，会进一步延长宝宝排便的时间，经常这样会造成孩子的便秘。所以让宝宝专注的使用便盆排便是良好排便习惯的重要内容。

（4）排尿便时能自己整理衣服　通常情况下宝宝要到 2 岁以后才能自己脱下裤子排尿便。刚开始训练时最好给孩子穿宽松的有松紧带的内裤和外裤，方便孩子拉上和拉下。如果孩子做得不好，父母要协助完成。孩子做得好父母要及时表扬和鼓励，当他能顺利地脱下后就可以练习复杂一些的衣物了。

宝宝在尿便时可以自己脱下裤子，这不仅仅是控制尿便能力发展的重要内容，也是孩子自理能力的重要体现。这既与宝宝自身发展和动手能力有关，也与妈妈是否放手让孩子自己做有关。如果妈妈一直不信任宝宝，保护过度，一直都是替代，宝宝的自理能力和动手能力差，能够自己脱裤子排尿便的时间就晚。尿便完毕后，如果宝宝还不能穿好裤子，妈妈要给予协助，能顺利穿好裤子的能力比能够脱掉裤子的能力发展的晚。

（5）愿意使用卫生间或能够使用坐便　孩子愿不愿意到卫生间去尿便，与父母的示范、要求和引导有关。如果父母觉得孩子去不去卫生间尿便不重要，或者执意让孩子使用卫生间，造成孩子恐惧或不悦的情绪体验，都会推迟孩子使用卫生间的时间。如果父母想让孩子尽早去卫生间尿便，就可以在适当的时机陪伴孩子一起去卫生间，或让孩子观摩父母、小朋友使用卫生间，让孩子模仿。

宝宝使用坐便的时间会更晚，一般家庭没有宝宝专用的坐便，不太容易训练。当然男孩子可以早一点要求小便时使用坐便，以便孩子入园后能适应园所的卫生间。

（6）注意便后卫生　大便完毕后，这个年龄阶段的宝宝还不能自己擦干净屁股，父母要帮助宝宝，女孩一定要注意要从前向后擦，以免造成污染。尿便完成后还要提醒宝宝把手洗干净，帮助宝宝形成尿便后洗手的卫生习惯。

总之，宝宝学会控制尿便是一个复杂而漫长的过程，家长要有足够的耐心和信心，不能操之过急，即使这个年龄阶段的宝宝还不能很好地控制尿便也是正常的。

（二）2 ~ 3 岁婴幼儿大小便常见的问题

1. 控制尿便能力发展得慢

有些孩子控制排尿、排便的能力要比其他孩子发展得慢，会给家长带来更多的照顾上的麻烦。更重要的是很多妈妈并不是介意照顾上的麻烦，而是担心孩子是不是有发育上的问题，和孩子的智力发展有没有关系。其实家长可以放心，孩子间的个体差异很大，有的孩子很早就能控制大小便，有的孩子却很晚才会，但并没有证据证明很早就能控制大小便的孩子比很晚才能控制大小便的孩子更聪明。如果孩子控制尿便的能力就是发展得慢，家长也不能过急，可能是家长在孩子之前的成长过程中影响不当，也可能与家族发育史有关，还可能找不到明确的原因。

2. 控制尿便能力发生退化

多数孩子都会有这样的表现，孩子已经习得了一定的控制尿便的能力，突然似乎又丧失了对排便、排尿的控制能力，退化到一个早期的阶段。这是很常见的，在这种能力发展的初期更是会出现反复。原因可能是生活常规和环境的改变，可能是饮食结构的改变，可能是某种情绪的困扰，可能是身体疾病的原因等。更常见的原因是宝宝玩得太投入了，或被一些事情吸引，忽略了排尿，等到尿急时已经来不及了。遇到这样的情况妈妈一定不要责备和训斥孩子，孩子情绪的紧张和不安反而会使情况更加严重，这是孩子成长中的必然。当然妈妈也要以平和的心态和语气向宝宝说明保持干爽和干净是很舒服的一件事，坚持正面教育和引导，宝宝很快就会恢复已经习得的能力。

第三节　0 ~ 3 岁婴幼儿衣饰的选取及穿着要领

一、婴幼儿衣饰选择的基本要求

（一）内衣的选择

1. 材质要具有安全性

要选用具有吸汗和排汗功能的全棉织品，以减少对宝宝皮肤的刺激。要注意内衣的保暖性，最好是双层有伸缩性的全棉织品。尽量选择颜色浅的内衣，一般来说，这样的衣物染色牢度较好。在选择白色纯棉内衣时应注意，真正天然的、不加荧光剂的白色，是柔和的白色，或略微有点黄。

2. 款式要适宜

宝宝头大而脖子较短，为穿脱方便，新生儿适宜选择传统无襟、无领、系带子的和尚服，大一点的婴幼儿也要考虑穿脱的舒服和方便。适宜选择肩开口、V 领或开衫，这样容易穿脱；晚上睡觉最好使用睡袋或穿连裆内衣，这样可以保护肚脐不会受凉。

3. 质量要有保障

应选择使用说明齐全、标注明确的商品，这种产品质量相对有保证。在选购有装饰物的内衣时，穿前必须要检查饰物的牢固程度，不宜穿着饰物过多的内衣。

（二）婴幼儿帽、袜、鞋的选择

1. 帽、袜的重要性与选择

婴儿特别是新生儿的头部占身体总长的 1/4，因此头部的比例非常大。婴儿头部的血管比较丰富，没有皮下脂肪的保护，因此散热量很多。如果带宝宝出去散步，戴一顶合适的帽子非

常重要。冬天婴儿出门时或家里温度低时都应该带上一顶温暖舒适的帽子，它可以起到保暖的作用，防止受凉感冒，对减少全身热量的散发也很重要。在天气较凉的春秋季节，可以给婴儿戴一顶合适的小单帽。夏天戴一顶透气性好的遮凉帽，可以挡住强烈的日光照射，使宝宝的眼睛和皮肤感到清凉舒适，外出活动时可以防止中暑，还能少生痱子。选购帽子要考虑季节变化的需要，帽子要因年龄而易，颜色应鲜艳。

要给宝宝穿合适的袜子。不穿袜子使宝宝脚失去了一层有效保护，尤其是穿露趾凉鞋时很容易造成脚伤。同时不穿袜子也会使宝宝柔嫩的脚部肌肤变得干燥粗糙。

在给宝宝挑选袜子时要注意不要挑袜口过紧、袜筒过长的袜子。袜子要稍大一些，松紧口要宽一些，松紧适度，撑开套在宝宝脚踝处不会勒肉。要剪掉里面所有的线头，防止线头缠住脚趾引起血液循环不畅。

2. 选择婴幼儿合适的鞋子

宝宝能够站立和会走路的时候，妈妈就需要给宝宝选择一双合适的鞋子，保护宝宝的小脚和足弓健康发育。宝宝脚部的力量还很弱，刚开始时走路也不稳，所以鞋子一定要轻便。材料要柔软、透气、舒适。

刚会走路时，可以给宝宝选择布料的，以后还可以选择天然皮革的，因为真皮的鞋子牢固，具有较好的透气性和除湿性；鞋底要软并且弹性好，要防震荡。要选择防滑、耐磨性好的优良材料如牛筋底。因为婴幼儿的足底是平的，足弓还没有发育好，韧带松弛，足底肌肉柔软，血管丰富，而且四个生理弯曲也没有固定。鞋底过硬不仅不利于足弓的正常发育，造成脚底肌肉的疲劳，还可能在孩子跑跳时对大脑造成震荡。

（三）婴幼儿床上用品的选择

1. 婴幼儿床单、被子等用品选购要点

宝宝用的被褥最好使用棉花做的，棉花透气性好，柔软而蓬松，容易吸汗。宝宝用的床单最好也选全棉制品，无毒性，透气性强。被褥和床单都不要有过长的线和带子，以免勒住孩子身体的某些部位。不要有装饰性的小物件，以免脱落孩子吞食。

2. 婴幼儿枕头的选购

枕头的选购也很重要。当婴儿长到 3 ~ 5 个月会抬头时，脊柱颈段出现凸向前面的颈曲；6 个月后开始学爬、学坐的婴儿，脊柱胸段出现向后的生理弯曲。为了维持睡眠时的生理弯曲，保持体位舒适，应在出生后 3 个月给婴儿用枕头。高度可酌情调节，但不应超过 4 厘米。

婴儿的枕头软硬度要合适。由于婴儿颅骨较软，囟门和颅骨缝还未完全闭合，过硬的枕头可能会使婴儿出现偏头、偏脸，影响外形美观。还会把枕部的一圈头发磨损掉而出现枕秃。过于松软的枕头，不足以支撑婴幼儿躺上去时头部的压力。

枕头要及时清洗晾晒，婴幼儿的生长发育快，新陈代谢也旺盛，头部出汗较多，睡觉时容易浸湿枕头，汗液和头皮屑混合，易使致病微生物贴附在枕头上。加上婴幼儿经常流口水，清理不及时，会有异味和滋生病菌。

3. 婴儿睡袋选购要点

（1）睡袋薄厚要适宜　选择睡袋的时候一定要考虑地域气候特点，选择薄厚合适的睡袋。如果生活在北方，冬天室内都有暖气，温度一般都在 18℃以上，所以应选择薄些的、适合春

秋用的睡袋。如果感觉冷了，在睡袋上面再盖一层毛毯就可以了。

（2）睡袋材质要安全实用　睡袋内层的面料基本都是采用100%纯棉。这种面料既柔软又结实，可以直接接触宝宝的肌肤；睡袋中层的填充物一般是化纤棉，轻便且保暖，可整体洗涤不变形，100%棉花、柞蚕丝和桑蚕丝都不是宝宝睡袋的首选；外层面料有些是纯棉的，有些是化纤面料的都可以。

（3）注意睡袋安全细节　要仔细查看睡袋的细节，确保安全。有的睡袋的一些衔接处是用扣子扣上的，扣子与扣子之间有很大的缝隙，宝宝睡觉时用力一蹬脚就会把小脚伸出去，这样的话，不但宝宝的小脚容易受凉，而且如果小脚不小心被勒住，长时间未被发现，还会发生严重后果。如果是拉链的睡袋拉链要有安全防护，这样的拉链不会划伤宝宝的皮肤。

（4）睡袋款式设计要方便　尽量选择有双向拉链设计的睡袋，因为这种睡袋可以直接从下方往上方拉开，换尿片、把尿都很方便，会走路的宝宝也可以自己穿着睡袋走路去厕所。

睡袋的领口最好是V领，这样的设计比较贴宝宝的脖子。睡袋底部最好可以全部打开，天气热的时候，睡袋里的温度不会太高，不会热到宝宝。冷的时候拉上，也很暖和。

二、婴幼儿衣饰穿脱方法及穿衣能力的培养

在最初的几个月，宝宝需要频繁地换衣服，年轻的妈妈往往还不能熟练地给柔软弱小的宝宝换衣服，这是很正常的。耐心的练习一段时间，妈妈就可以顺畅地给宝宝穿脱衣服了。在给婴儿换衣服之前要把宝宝平放在床上，这样可以腾出双手，操作起来也更容易；要把穿的衣服准备好，解开所有的开口；家长需要修剪指甲，以免划伤孩子娇嫩的皮肤；要洗净双手，冬天注意要用温水，以免凉手刺激孩子的皮肤，引起孩子的反感；换衣服时动作要细致，不要磨蹭，尽量用最短的时间给宝宝换衣服。在换衣服时宝宝经常会哭闹，这是正常的表现，宝宝都讨厌脱衣服，他们往往不适应空气的刺激，也不习惯过度摆弄他们的身体。因此在给宝宝换衣服的时候可以给一些吸引他们注意的小玩具，可以先给他们一些按摩，让宝宝适应妈妈的动作。

（一）给婴儿穿内衣的操作方法

将宝宝平放在床上，用双手把内衣从底部上卷拢至领口处，用力将领口撑开，将内衣领口套过宝宝的脸，注意在衣服和宝宝的脸之间留有一定的空隙。然后轻轻抬起宝宝的头，将领口穿过他的头部，一直到脖子下部，之后再轻轻放下他的头。用手指撑大袖口，抓住宝宝的小拳头，缓缓地穿过袖口，再把另一只袖子也穿好。最后把宝宝的头和上身轻轻托起，把衣服往下拽，盖过他的身体。

穿裤子时，用一只手从裤脚底向上拢至裤裆处，这样整条裤腿在一只手中，另一只手握住婴儿的一条腿，并顺势把婴儿的腿交到伸在婴儿裤腿中的手上，然后把裤腿向上提拉，并用同样的方法穿上另一条腿，并抬高婴儿的腿和臀部，把裤子拉至腰部。

（二）给婴儿脱内衣的操作方法

解开内衣上所有的扣子或带子，用手把衣服往腋下拢起，然后一只手抓住袖口，另一只手抓住宝宝的肘部，使其胳膊弯曲，再将他的手缓缓移出袖口。用同样的方法将另一只衣袖移出，此时，衣服就在宝宝的颈部和前胸了。将领口撑大，将整件内衣从宝宝的头部缓缓穿过，注意

在衣服和宝宝的脸之间保留一定的空隙。注意脱去衣服的同时，用一只手托住他的头部。

（三）给婴儿穿连衣裤的操作方法

解开连体衣裤的所有扣子或带子，把衣服平铺在一个平稳的表面上，然后将宝宝平放在衣服上面，使宝宝的脖子对应着衣服领口的位置。把宝宝的双腿依次穿过连体衣服的两条裤腿。然后扣紧带尿布区域底部的扣子，使宝宝不能够踢掉裤腿出来。将连体衣服的袖子放平，抓住宝宝的小拳头穿过袖子，将衣服的肩部拽到合适的位置，然后重复这一套动作将另一只袖子穿好，系好上衣的扣子或带子。

（四）给婴儿脱连衣裤的操作方法

先解开连衣裤所有的扣子或带子，一只手从上面伸进裤腿，握住婴儿的足踝，顺势稍稍屈曲宝宝的膝盖，另一只手脱下同侧裤腿，用同样的方法脱另一侧裤腿。然后把一只手放入衣袖内抓住宝宝的肘部，并顺势让肘部稍稍弯曲，另一只手抓住袖口拉住袖子，用同样的方法脱去另一只袖子。最后用手托住婴儿的头部，稍稍抬起他的身体，从身体下轻轻抽出连衣裤。

（五）幼儿练习自己穿脱衣服的注意事项

1. 培养幼儿自己穿脱衣服的意义

2岁后，宝宝的自我意识开始觉醒，会向大人要求自己穿、脱衣服。妈妈要抓住孩子自我意识发展的有利契机，给宝宝尝试和动手操作的机会，在孩子不能独立完成的时候，耐心地协助他。看似简单的一件小事，却蕴藏着多元的教育价值，家长不能忽视。

（1）能够训练孩子全身动作的协调、准确、灵活　对于两岁的孩子而言，要用自己的一只手帮助另一只手臂伸进衣袖，或者用两只手帮助两条腿伸进裤腿，都是有一定难度的。这种每日都要进行的练习，对孩子动作的发展大为有益。

（2）可以促进孩子大脑的发育　许多生理学家、心理学家、教育学家的研究都表明，对手的灵巧性的训练，可以促进脑的发育。孩子系鞋带、扣纽扣都需要手的肌肉协调、灵活地动作，这对促进脑的发育是有益的。

（3）能够发展孩子的方位知觉、注意力、观察力、记忆力　孩子要把衣服穿对，首先要记住前后和反正，不注意观察是分不清的，然后还要记住穿的方法和顺序等，这都有利于孩子认知能力的发展。

（4）有利于培养孩子的独立性　教孩子自己穿、脱衣服、鞋袜，是一种独立生活能力的训练，它能够为孩子掌握更多、更复杂的生活自理内容打下基础。孩子习惯于自己能做的事情自己做，可避免形成依赖性，这有利于培养孩子的独立性，增强孩子的自信心，培养孩子克服困难的精神。实际上孩子对自己穿、脱衣服和鞋袜是非常感兴趣的。一些孩子早在1岁多时就喜欢自己脱衣服、脱鞋、袜了。只要家长不去限制，加以引导和鼓励，两岁的孩子能够具备够穿、脱简单衣服的能力。

2. 培养幼儿自己穿脱衣服的有效策略

在宝宝还没有意愿自己动手穿脱衣服时，我们可以在帮助宝宝穿脱衣服的同时让他积极配合，比如用语言提示让孩子以相应的动作配合，孩子配合的好要及时肯定和鼓励。并且把穿衣服的步骤固定化，便于孩子习得。当孩子不用妈妈提示也能配合得很自如的时候，就试着鼓励他自己去做一些简单的动作比如鼓励孩子："让我们一起来试着自己脱脱看。"

孩子两岁以后，随着自我意识的萌生，就会有要自己穿衣服的愿望和要求，家长一定要抓住这个有利契机，错过这个机会孩子反而没有了自己做的积极性了。但由于他的能力有限，在自己想脱衣服却脱不下来时，家长在一旁要为他打气："还差一点噢，做得真不错！"在他有困难的时候，稍微帮他一点忙，让他产生"我能自己脱下来"的自信。

在刚开始练习自己穿脱衣服的时候，要注意练习难度要从低到高。一定要选择方便穿脱的衣服，对刚开始学习穿衣服的孩子来说，宽松的套头衫比较容易穿脱，可作为学习的开始。有松紧带的裙子、裤子也较为容易穿脱，可以让孩子尝试。宝宝的衣服样式不要太复杂，脱不下来，会使他感觉很沮丧。当他已经可以穿脱一些简单的衣服之后，再逐步过渡到穿一些复杂样式的衣服。要先练习脱衣服，再练习穿衣服。

孩子自己穿衣服，分辨前后是一个难题，为了方便孩子分辨，妈妈要做一些准备功课。比如在购买衣服的时候，可以买一些前后颜色和图案不一样的衣服，孩子分辨起来较为容易。要经常引导和提示孩子，在孩子每次穿衣服的时候妈妈要做前后辨识的提示，如小熊在胸前、裤子的口袋在后面、红色在前面，等等，引导孩子注意观察和记忆；也可以在衣服上做一些明显的标记，提示孩子去观察和辨识。在妈妈的帮助之下，孩子很快就能辨析清楚了。

第四节　0 ~ 3岁婴幼儿日常卫生保健

一、婴幼儿盥洗卫生

（一）洗澡

1. 新生儿洗澡卫生

（1）洗澡的准备

首先，要选择适宜给新生儿洗澡的时间，一般要在上午宝宝精神好的时间进行。注意不要在宝宝喂奶之前或喂完奶之后洗澡，宝宝如果饿了可能因为不舒服而在洗澡时哭闹，喂完奶时宝宝可能在洗澡时会吐奶。在宝宝睡觉或刚刚睡醒时也不适宜洗澡，以免宝宝因为困倦产生不适感，导致今后会不愿洗澡。

其次，提前准备好宝宝洗澡用的物品。洗澡盆；水温计；大浴巾；两条软软的小毛巾；婴儿香皂或沐浴露；棉球；润肤油；护臀膏；干净的尿布；干净的衣服等。并且要按取用顺序，提前准备好，放在手边，以免在洗澡的过程中过于慌乱。

再次，环境要舒服，温度要适宜。注意关闭门窗，千万不要在通风或有穿堂风的地方给宝宝洗澡。秋冬季节，宝宝洗澡时切勿频繁地开启房门，影响房间温度，容易导致宝宝感冒发烧。室温一般控制在25 ~ 28℃，湿度应保持在50%左右。

最后，调整好水温。洗澡水的温度要比宝宝的体温稍高，水温控制在38 ~ 40℃为宜。浴盆内先放冷水，后放热水。最开始的时候妈妈可以用水温计辅助测量。但在洗澡的过程中水温会发生变化，频繁使用水温计操作起来不容易，而且温度计也有损坏的可能。因此妈妈在使用

温度计测量的基础上应亲自去感知水温的适宜度，经过几次的验证妈妈就能比较准确地试出宝宝洗澡时的适宜水温。

（2）洗澡的步骤

第一步：把宝宝放在大浴巾上，先脱去衣服，留下内衣和尿布，再用浴巾裹住宝宝的身体。新生儿的体温调节功能还不完善，皮肤裸露时间太长，容易着凉生病。大浴巾能帮助宝宝保暖、防滑。一只手扶住宝宝的头部，另一只手用蘸湿的棉球轻轻擦拭宝宝的眼睛，由内向外。再用同样的方法，清洁宝宝的鼻子、嘴巴和整个脸部。

第二步：将左臂垫放在宝宝的背后，用左手的拇指和食指将宝宝的左右耳朵向内盖住耳孔，左手手掌支撑宝宝的头部，把他夹紧在妈妈左面的腋窝里，把他的头后部轻轻靠在浴盆上（在盆沿上垫放一块毛巾更好）。用小毛巾沾水，弄湿宝宝的头发，注意不要把香皂或洗发精直接涂在宝宝的头部，应先涂在自己的手上，然后再抹在宝宝的头发上。轻轻按摩揉洗，然后用水洗净整个头部，用毛巾擦干。洗头时注意不要按压宝宝头顶部柔软的部位。

第三步：拿掉包裹宝宝的大浴巾，把左手臂放在宝宝的颈部或肩部后面，用手掌握住他的左臂，这样能更平稳地支撑宝宝的身体；将右臂插入他的右腿下面，握着他的左腿，把宝宝轻轻放进浴盆，使他的肩部露出水面，下半身浸入水中，保持半躺半坐的姿势。待宝宝全身放松后，用腾空的右手给宝宝洗澡。先洗他的双手、肩膀，然后是前胸和腿。用托住宝宝背部的左手轻轻托起他的身子，用右手扶住他的前胸，然后用左手清洗他的背部。如果宝宝哭闹，不要急，要不断地用温和的语气和宝宝说话，保持微笑，让宝宝更放松。

第四步：将宝宝从浴盆中抱出，放在干净的大浴巾上，迅速用干毛巾吸干全身的水，用浴巾裹住宝宝的全身，这样可避免受凉。轻轻拍打，将他身体表面的水分全部吸干，特别是弯折和褶皱的部分。然后再给宝宝围上尿布，穿上衣服。

（3）洗澡的注意事项　开始洗澡的最初时间，经验少，不要放太多的水，等到有了一些经验，动作熟练了，再增加水量；不要把宝宝全身都打上浴液，因为打完浴液之后，宝宝的身体会很滑，不容易把控。把小婴儿放到水盆里，要一个部位一个部位的清洗，重点部位打点浴液就可以了，最好是两个人配合完成给宝宝的洗澡过程，浴盆周围要放上毛巾，以免孩子滑脱碰到盆边磕到；注意保护好宝宝的眼睛。洗脸时，只要用毛巾或小纱布蘸温开水清洗即可。要特别注意不要让宝宝耳内进水，万一不小心进了水，可以用干棉签轻轻擦拭，但不要捅得太深；洗完澡出水时，不要用毛巾擦，要把宝宝放到浴巾上，迅速包裹起来就行，以免孩子受凉。洗澡后不用急着给宝宝穿衣服，先用浴巾包裹住，迅速把头擦干，等到身体的水分都被吸干，再给宝宝穿衣服，这样就不容易感冒受凉。

2. 婴幼儿洗澡卫生

（1）婴幼儿洗澡注意事项　婴儿能够坐起来之后，通常洗澡会成为孩子喜欢做的一件事。洗完澡时要留一段时间让他自己拍水、玩玩具。手边准备一些小船、鸭子、海绵或者杯子给他玩，看看这些东西都能做些什么。婴儿看到容器怎样被装满、倒空或者把水从一个容器里倒到另一个容器里会感到很兴奋，他会很喜欢看着一些玩具漂在水上，而另一类玩具则慢慢地沉到澡盆底下。

婴儿再长大一些时，大多数小澡盆都不适用了，那么他就可以进浴盆了。如果孩子害怕进浴盆，就得慢慢来。可以把小澡盆放到浴盆里，在小澡盆边上放一块毛巾或者橡胶垫子，免得

孩子滑倒。把他放到浴盆里，同时在里面放一些玩具，把婴儿澡盆也像往常一样装上温水。然后让他爬到婴儿澡盆里。一旦他开始乐于这样做，就可以在大浴盆里装上几厘米深的水，像以前一样把毛巾或者橡胶垫连同玩具一起放到底部，并在婴儿澡盆里放满温水。这样他就可以不断地在婴儿澡盆里爬进爬出，很快就习惯于坐在只有几厘米深水的大浴盆里。然后就可以往浴盆里加水，婴儿澡盆还让它留在那儿，直到他对小澡盆再也不感兴趣。这样，这种转变就毫无恐惧了，还能大大地增强婴儿的自信。

随着婴儿渐渐长大，他的活动空间会越来越大，因此就需要更经常地洗澡，洗澡将会成为日常生活的一部分。妈妈的责任就是让洗澡成为一件快乐的、没有什么麻烦的事情，他也许会把洗澡看成是玩耍的时间。大多数孩子喜欢玩水，而洗澡时是他们玩水最方便的时候，所以要给他们准备好塑料杯子、量杯、船和小鸭子等，让他们多玩一会，充分放松，让洗澡成为一种游戏。也可以让孩子尝试自己洗澡，准备好他可以使用的特别的海绵，让孩子两只手拿着肥皂，教他怎样用肥皂擦身体和胳膊。当然在他能够充分地协调动作以前，他是无法洗好澡的，让他自己洗澡更多是为了增加洗澡的乐趣，妈妈要准备好重新为他洗一遍。

（2）教孩子自己学会洗澡　宝宝学会走路以后，就会显露出极强的自我意识，好像任何事他都想要尝试自己来，洗澡也不例外。这一时期也是培养孩子生活自理能力和责任感的有利时机，妈妈可以顺应孩子的要求尽量鼓励孩子自己洗澡。每次洗澡训练的时间以 20 ~ 30 分钟为宜，给孩子洗澡的室温要控制在 25℃左右，最好选在夏天或者是秋天开始让孩子学习洗澡。在教孩子洗澡时，大人一定要寸步不离的留在孩子身边，安全是需要考虑的第一要素，如要小心防止肥皂水刺痛孩子的眼睛，要把水的安全阀关上以防孩子把热水龙头拧开等。在洗澡的时候妈妈要跟孩子进行互动沟通，可以对孩子温柔地唱歌、讲话，鼓励孩子拍水玩耍，这样可以让孩子愉快地度过这段时光。具体而言，可以采用如下策略。

第一，要让孩子喜欢洗澡。要让宝宝爱上洗澡，应该让宝宝觉得洗澡是件再舒适不过的事情了，把宝宝放在水里前要注意水温，不能太热也不能太凉，当宝宝身体置于水中后，千万不要再次把他抱起，这样会使宝宝觉得寒冷不适而对洗澡产生抗拒。

要让孩子觉得洗澡很有趣，在给孩子洗澡时，可以让孩子唱歌，做游戏，玩水上玩具。当孩子成功地洗完一个部位后，要进行检查，然后加以表扬，如“宝宝洗的真干净”“宝宝洗的又白又香”。等孩子长大一些时，可以让孩子自己放沐浴液，或者是进行泡泡浴，让孩子边玩泡泡边洗澡，这也为他以后学习游戏做了准备。

第二，用简短的指令指导孩子洗澡。宝宝在为自己洗澡的过程中，妈妈可以在一旁为宝宝“加油”，不时提醒宝宝“洗过小手了，小脚要洗吗？”两岁的孩子已经熟悉了自己身体的部位，也可以接受成人的指令做出相应的反应了。大人应该用很清晰的声音告诉孩子，“头抬起来”“洗洗脖子”“站起来”“洗屁屁了”，边洗澡边认识自己的身体，来增加宝宝洗澡的乐趣。

第三，把洗澡变成规律化的事情。为宝宝定下一个适宜的洗澡时间，让宝宝有意识地接受洗澡的安排，父母定下洗澡时间后，最好可以坚持每天按照这个时间进行，让洗澡成为一个亲子共守的规矩，就像是一个固定的亲子时间一样，让宝宝知道这是值得期待的时刻，从而摆脱抗拒的心理。

【拓展阅读】

新生儿洗澡的注意事项

不要把宝宝全身都打上浴液或香皂，因为打浴液后，婴儿身体比较滑，不易把握，容易打滑，要在水里一个部位一个部位地洗，在某一部位打浴液后，马上冲洗干净。

宝宝喜欢吃手，用手揉眼睛，不要让浴液停留在宝宝小手上。给宝宝小手打婴儿香皂后，要立即用清水冲洗，以免宝宝用带有皂沫的小手揉眼睛或吸吮。

开始洗澡的最初时间，经验少，就不要放太多的水，能淹没小脚丫就可以了。等到有经验，熟练了，再增高水位。

把孩子放到水里，一定要把握住孩子的上臂和头部。出水时，不要用毛巾擦，把宝宝放到浴巾上，迅速包裹起来就可以了。

浴盆周围放上毛巾，以免孩子滑脱，碰到盆边磕伤。

最好用手撩水给宝宝洗，用毛巾洗，不好掌握手劲，容易擦破孩子皮肤。新生儿皮肤被擦破，感染的可能非常大。

如果使用浴液，把宝宝从浴盆中抱出后，一定要用清水冲洗干净。女婴外阴和男婴小阴茎也需要用清水冲洗。

洗澡完毕，不要马上把孩子抱到另一个房间，应先打开洗澡间的门，让室内温度相接近，再抱出去。

洗澡后不要急着给孩子穿衣服，先用浴巾裹着，迅速把头擦干，等全身彻底干了，再穿衣服，这样就不易受凉感冒了。

头部也不用每天使用浴皂，一周用一两次就可以了。

把浴盆放在地上，爸爸妈妈蹲着给孩子洗澡往往很累，不如放在高桌上，站着洗，会轻松些，也好掌握，但要注意，千万别把孩子掉下来。

给宝宝洗脸，不必担心会把水弄到孩子眼睛里，因为宝宝会自动闭上眼睛，不让水流进眼睛，这是新生儿对自身的保护。新手妈妈大多用湿毛巾擦一擦，轻了擦不净奶渍，重了可能损伤稚嫩的皮肤，不应再这样做了。

注意不要把水弄进孩子耳朵里，耳朵不像眼睛，没有自身保护能力。

新生儿皮肤很薄嫩，不需要擦护肤水、护肤油等，更不能擦爽身粉。

洗澡后，皮肤毛细血管扩张，内脏供血减少，最好先给宝宝喂点白开水，不要马上喂奶。母乳喂养的宝宝可能不喜欢用奶瓶子喝水，可用小勺或滴管给宝宝喂水，如果宝宝实在不喝，可以直接喂奶，但妈妈要在喂奶前多喝些水。

宝宝皮肤没有很多油脂，不要每天都使用浴液，以免宝宝皮肤过于干燥，罹患湿疹。洗澡后用具有保湿作用的护肤膏或油涂抹，最好使用天然橄榄油。

（资料来源：郑玉巧．郑玉巧育儿经．婴儿卷．北京：二十一世纪出版社，2013.）

（二）洗手和洗脸

1. 给婴儿洗手和洗脸

在给新生儿洗脸、洗手前，成人先要洗净自己的双手，再给新生儿洗脸。依次处理眼、耳、鼻的清洁，再洗脸部，最后洗手。随着月份的增加，宝宝的手开始喜欢到处乱抓，加之宝宝新陈代谢旺盛，容易出汗，有时还把手放到嘴里，因此这个月的宝宝需要经常洗脸、洗手。

首先，给宝宝洗脸、洗手时动作要轻柔。因为宝宝皮下血管丰富，而且皮肤细嫩，所以妈妈在给宝宝洗脸、洗手时，动作一定要轻柔，否则容易使宝宝的皮肤受到损伤甚至发炎。

其次，要准备专用洁具。为宝宝洗脸、洗手，一定要准备专用的小毛巾，专用的脸盆，在使用前一定要用开水烫一下。洗脸、洗手的水温度不要太热，只要和宝宝的体温相近就行了。

第三，要注意顺序和方法。给宝宝洗脸、洗手时，一般顺序是先洗脸，再洗手。妈妈可以用左臂把宝宝抱在怀里，或直接让宝宝平卧在床上，右手用洗脸毛巾蘸水轻轻擦洗，也可以两人协助，一个人抱住宝宝，另一个人给宝宝洗。洗脸时注意不要把水弄到宝宝的耳朵里，洗完后要用毛巾轻轻蘸去宝宝脸上的水，不能用力擦。由于宝宝喜欢握紧拳头，因此洗手时妈妈要先把宝宝的手轻轻扒开，手心手背都要洗到，洗干净后再用毛巾擦干。一般来讲，这个月的宝宝洗脸不用肥皂，洗手时可以适当用一些婴儿香皂。洗脸毛巾最好放到太阳下晒干，可以借太阳光来消毒。

2. 鼓励幼儿自己洗手和洗脸

宝宝在 2 岁半至 3 岁半之间，随着手部动作的灵活和协调，就可以学习自己洗手和洗脸了。幼儿能自己洗手和洗脸是孩子自理能力发展的重要内容。因此，家长要鼓励和帮助幼儿学会自己洗手和洗脸。这也是尊重孩子独立意识，培养孩子独立能力的重要举措。

家长要教给幼儿正确的洗手方法。第一步在水龙头下把手淋湿，包含手腕、手掌和手指，均要充分淋湿，擦上肥皂或洗手液。第二步手心、手臂、指缝相对搓揉。掌心相对，手指并拢相互摩擦；手心对手背，沿指缝相互搓擦，交换进行；掌心相对，双手交叉，沿指缝相互摩擦；一只手握住另一只手大拇指旋转搓擦，交换进行；弯曲手指关节，在另一手掌心旋转搓擦，交换进行；搓洗手腕，交换进行。第三步用清水将双手彻底冲洗干净，关闭水龙头。最后用干净的毛巾、纸巾把手擦干或用烘干机烘干。

交给幼儿正确洗脸的方法。先给孩子调好洗脸盆里的水温，要先放凉水，再放热水。让孩子把自己洗脸的毛巾放入水中，全湿之后把毛巾捞出来，在大人的帮助下把毛巾拧干。让宝宝拿着毛巾先清洁自己的眼睛周围，清洁的时候注意把眼睛闭上，顺序是由内向外，把眼睛周围擦干净。接着清洁额头、脸颊、鼻子及两侧，最后是嘴巴。清洗完一遍之后，把毛巾放到水盆里，在妈妈的帮助下漂洗几下，再重复擦一遍，脸就清洗得很干净了。

（三）刷牙

1. 漱口

教孩子先学会漱口。漱口能够漱掉口腔中部分食物残渣，是保持口腔卫生简便易行的方法。开始时妈妈可以针对宝宝好模仿的特点做漱口的示范动作，让宝宝模仿漱口动作。然后准备半杯水（水最好是熟水，不能用生水，因为宝宝一开始不懂得吐出来），妈妈喝一口水吐在洗手盆里，宝宝模仿。这样我一口、你一口引导宝宝，等宝宝熟悉后，妈妈再教宝宝把水含在口中，闭住嘴，鼓动腮帮，使漱口水与牙齿、牙龈及口腔表面充分接触，利用水力反复来回冲洗口腔内各个部分，从而使口腔内的食物残渣得以清除，然后吐出口中的水，用毛巾或手帕拭去嘴边的水

滴。最好要求宝宝做到每次饭后都漱口，清晨可以用淡盐水漱口。学会漱口将会为孩子学刷牙打下良好的基础。

2. 刷牙

保护牙齿应从婴幼儿做起，宝宝学刷牙分为三个阶段。

第一阶段：成人帮助“擦”牙。宝宝长出2颗牙的时候，就可以开始给他刷牙了。此阶段不需要用牙刷、牙膏，成人可以剪下一小段医用纱布缠在右手食指上，蘸湿凉开水，帮宝宝来回擦牙。刚开始擦牙时，有些调皮宝宝可能会故意咬妈妈的手指，因为宝宝后面的大牙还没长出来，一般也不会太疼，要坚持，习惯了宝宝就不会咬你了。在这段时期，宝宝嘴里的食物残渣还比较少，一天“擦”1次牙就可以了，1次1 ~ 2分钟，主要是晚上“擦”牙。记住，宝宝睡前喝完牛奶后一定要让他再喝一两口温开水，切忌不能让宝宝含着奶瓶入睡，这对预防“奶瓶龋”有很大的帮助。

第二阶段：成人协助刷牙。宝宝到了2岁左右，上下长好12 ~ 16颗牙时，就可以开始用牙刷刷牙了。牙刷要选用小头、软毛的儿童牙刷，每天早晚刷两次牙，每次2 ~ 3分钟，刷牙方法与成人一样，上下左右、里里外外都要刷到。牙膏应选用低氟的儿童牙膏，一定不能用成人牙膏，因为成人牙膏含氟较高，宝宝长期误吞可能引起氟中毒，产生“氟斑牙”、“氟骨症”等症状。牙膏可选择一些水果口味的，如橙味、草莓味、苹果味等，以增加宝宝对刷牙的兴趣，牙膏的用量要少，绿豆、黄豆大小就足够了。此阶段由于宝宝还不能完全掌握正确的刷牙方法，所以成人必须协助宝宝刷牙，开始由成人帮着刷，慢慢手把手协助宝宝刷，让宝宝养成每天早晚刷牙的好习惯。

第三阶段：儿童独立刷牙。等宝宝3、4岁时，就应该培养宝宝独立刷牙的能力了。同样选用小头、软毛的儿童牙刷和低氟的儿童牙膏，每天早晚各1次，每次3 ~ 5分钟，牙膏的用量也不要太多，并不是牙膏用得越多，牙齿就刷得越干净。此阶段要注意的是成人仍需监督宝宝刷牙，以确保刷牙方法的正确性和足够的刷牙时间，而不能让宝宝敷衍了事。成人还需定期帮宝宝刷刷牙，以起到彻底清洁牙齿和定期检查的作用。

（四）洗头发

为防止头皮上皮脂淤积，应该每天用软毛刷和少量婴儿洗发剂给新生儿洗头发。不必揉搓他的头发，只要将毛巾浸到温水里，然后取出用它擦婴儿的头发就可以把婴儿的头发洗干净。为防止鳞屑的生成，即使他的头发很少，也应该将婴儿的头发梳开。如果头皮上已有皮脂淤积，可以在他的头皮上抹一点婴儿油，第二天早晨再洗掉。这样可以软化淤积的皮脂，使其变得松动而且容易洗掉。注意不要盖住婴儿的脸，否则会使他呼吸困难，并且感到恐惧。

宝宝到3 ~ 4个月大时，要坚持每天用水给婴儿洗头，每星期用一两次婴儿洗发剂。在给孩子洗头时要先在脸盆中放入适量的温水，如果使用开水和凉水勾兑温水，要先向脸盆里倒好凉水，再往凉水里加注开水，边加边用手去测试水温，感到温暖但不烫手即可。可以像托球一样托着婴儿或者妈妈坐在浴盆边缘，把孩子放在腿上，面对着你，但是小心不要把洗发剂弄到婴儿的眼部。要注意一定要将孩子托住、夹紧，又不能伤着孩子。要充分避免孩子从怀中窜到地上。要严格控制水温，一定要严防孩子烫伤。清洗动作要轻柔，不能用手拍打婴儿头部。

二、生活用品的清洁卫生

（一）餐具用品的清洁

1. 餐具用品清洁的注意事项

清洗要及时。宝宝用过的哺喂用具搁置的时间越久，病菌就越多，所以要及时清洗。奶瓶、奶嘴、吸管等都应该用相应的清洗刷来刷洗。玻璃奶瓶建议使用尼龙奶瓶刷，塑料奶瓶应该使用海绵奶瓶刷进行彻底清洗。消毒也很重要，为了防止病从口入，宝宝的奶瓶、奶嘴、餐具等仅仅常规清洗是不够的，还要进行消毒。消毒有好多种，耐用又有效的方法就是煮沸消毒，采用蒸气来杀死病毒与细菌。

2. 餐具用品的清洁方式

清水清洗。宝宝的餐具用完之后，要及时清洗。常用的方式是清水清洗。奶瓶和奶嘴用完之后可以浸泡在清水中，先用大的毛刷刷洗奶瓶内部，内部清洗干净后再刷洗瓶口外沿，最后清洁瓶体外部。然后用小的毛刷清洗奶嘴，先清洗里面，再清洗外面。

沸水清洗、消毒。为保证清洗和消毒的效果，还可以经常采用煮沸消毒的方式。餐具煮沸消毒的温度需达到120℃，时间持续15分钟以上。餐具消毒时要全部浸入水中，消毒时间从煮沸时算起。但要注意忌用高温加热的方法给塑料、橡胶食具消毒。如橡胶奶嘴在常态下无毒，但在高温、暴晒及射线照射下会产生毒性。把奶瓶、奶嘴放在沸水里煮，这可能会造成高分子材料从乳胶成分中释放出来，给宝宝的身体带来危害。使用沸水消毒法一定要看看餐具的标识，了解餐具材料的耐温范围。

洗涤剂清洗、消毒。也可以用洗涤剂清洗、消毒。洗涤盆内放入洗涤剂，并按照洗涤剂的使用说明等量加入凉水，搅拌均匀。将奶瓶、奶嘴放到洗涤盆内浸泡5分钟左右。用流动水冲洗掉奶瓶、奶嘴中的洗涤液后，将奶瓶、奶嘴放在盆内，倒入开水浸泡10分钟取出自然晾干即可。使用洗涤剂，一定要保证餐具上没有残余洗涤剂，否则，这些残留物质会损害宝宝健康。餐具清洁干净后要让其自然晾干，不要用抹布擦拭，以免形成再污染。有条件者可用消毒柜消毒。

（二）玩具用品的清洁

1. 塑料、塑胶玩具

用水清洗。水是中性物质，70% ~ 80%的细菌都可以用水冲洗掉。塑胶玩具与奶瓶的材质相近，可以用婴儿专用的奶瓶清洗液来清洁它们。在干净的婴儿浴盆或家庭浴缸内注入清水，放入塑胶玩具，用干净的毛刷蘸取婴儿专用的奶瓶清洁液刷洗塑胶玩具，然后用大量的清水冲洗干净，放在网兜内悬挂晾干，也可以放入干净透气的塑料篮筐内自然风干，且要日晒和通风。

2. 绒毛玩具

清洗前，可以将玩具身上的缝线拆开一点，把填充物取出来，放到太阳下暴晒。玩具干了后再把填充物塞进去缝好。这样做虽然麻烦点，但可以防止填充物霉变。最好手洗毛绒玩具，充分漂清后在向阳通风处悬挂晾干，阳光中的紫外线也可以起到杀菌消毒的作用。

3. 木制玩具

在清洁木制玩具时，先用一块干净的纱布或手帕蘸取奶瓶清洁液擦拭木制玩具的表面，再用大量清水冲洗，最后用干净的纱布或手帕把木制玩具表面的水珠抹净，每件分开摆放在清洁

的平面上晾干，晾晒时还要翻动一下，让不同的侧面都能充分干燥。注意不要暴晒，以免木质玩具如积木等变形。

玩具要定期进行清洗、消毒，根据宝宝接触玩具时间的长短来定，最少1个月清洗一次。同时还要教育宝宝不要啃咬玩具，玩好后要收好玩具不要乱扔，要洗过手才能吃东西等，这样才能有效地保护宝宝。

（三）衣、被等日用品的清洁

婴幼儿服装要经常更换，用清水直接清洗就行，如需要可以用婴幼儿专用的洗衣液。毛巾、围嘴等和孩子直接接触的用品，要多备用几条，每天清洗消毒，用煮沸的方式消毒就行。清洗床上用品时，先拆开枕套、被套，换下床单，注意有无污物，如有污物要先局部清洗干净，然后将枕套、被套和床单用热水或温水浸泡后，再使用适量肥皂清洗，过水漂清。被褥、床垫在阳光下暴晒五六个小时就能把细菌杀死，驱除异味。

三、健康生活环境创设

（一）舒适生活环境的要素

1. 新鲜的空气

孩子大脑的供氧量需求很大，因此，一定要保证孩子生活环境的空气质量。孩子的居室要经常通风换气，保证空气中的含氧量。在气候允许的条件下，每天上下午可以定时开窗通风换气，每次不少于30分钟。保证屋内空气新鲜。开窗通风是室内空气消毒的最好方式之一。如果室外污染物较多，车流量也比较大，就需要调整每天的开窗时间。早上稍提前一些，晚上稍拖后一些，争取在车少的时间开窗换气。如果遇到风沙、雾霾等恶劣天气，最好在有纱窗的情况下，窗户开小一点，或关闭门窗。

让孩子多做一些户外活动，尤其是空气浴和日光浴等训练对于婴幼儿来说更需要，因为这是增强孩子抵抗力、获得维生素D的一个最好途径。

合理使用家用电器，屋内可以使用空气净化器、绿色植物帮助净化空气。在挑选植物的时候要注意，这些植物不能对宝宝产生直接的危害，如宝宝会对某些植物产生过敏反应，有的植物会吸收氧气或者不能净化空气反而污染空气，还要防止接触性皮炎和中毒现象的发生。适合摆放在室内的植物有白掌、虎尾兰、吊兰、绿萝、仙人掌、常青藤和芦荟等，这些植物都可以吸收空气中的有毒气体或净化空气，释放氧气。

2. 适宜的温度和湿度

如果气候干燥，人就会觉得喉咙发干、发痒，婴幼儿的呼吸系统还未发育完善，一点点的刺激都可能引起强烈的反应，所以，保持宝宝房间温度和湿度在合理范围是非常有必要的。

合适的室温应在20～24℃之间，湿度在50%左右最适宜。可以准备一支温度计、湿度计，随时查看室内环境。

3. 充足的阳光

阳光对宝宝的成长有非常重要的作用。最好让宝宝住在朝南的房间里，房间阳光充足，有利于宝宝的健康发育。经常打开窗户让宝宝晒晒太阳，阳光中的紫外线能杀菌，还能促进钙质吸收。

（二）生活环境创设的注意事项

1. 婴幼儿生活环境不必过于安静

婴幼儿的成长，需要一个安静而舒适的生活环境。嘈杂的环境和噪声，对婴幼儿的正常发育有极大危害，但宝宝的生活环境也不必过于安静，宝宝更适合待在一个充满声音的地方。家庭成员的谈话声、笑声，开关家具发出的嘎嘎声，热闹的炒菜声，以及电视机和音响的声音，都是宝宝感兴趣的声音。声音对宝宝感官的刺激，就是对他大脑的训练。除了自然声音外，还可以给宝宝播放优美的音乐，音乐能使人精神愉快。即使是新生儿，听到美妙的音乐时，他的大脑皮层相应位置也会产生生理变化，对大脑的发育也是一种适宜的刺激。

2. 无菌环境不利宝宝成长

很多家长都想要给宝宝创造一个无菌的干净环境，家中需要清洁、干净，但不是无菌。宝宝的奶瓶和用具要认真清洗，但不必每用一次都要消毒；给孩子洗手、洗脸用清水即可；建议每天给孩子洗澡，但是不必每次洗澡都要使用沐浴露。过度的消毒和“卫生”反而不利于宝宝建立正常的免疫能力。

在清洁家居环境时，用清水擦洗就可以了，不可过度使用消毒液。过度消毒会导致正常生活环境中细菌明显减少，对人体免疫刺激不足，更容易生病。正常细菌刺激减少，还会导致免疫失衡，出现更多免疫系统疾病。最好保持室内空气流通，流动的空气可降低室内致病菌浓度，从而减少疾病发生。

3. 最好选用高温消毒的方式

现在不含消毒剂的洗涤产品越来越少，消毒剂使用后，会有部分消毒剂残留于被洗涤物品上，比如玩具、碗筷、餐具等。经常使用会有慢性消毒剂食入的问题。消毒剂的慢性少量食入，可影响肠道菌群，继之影响肠道健康。

给宝宝的用品消毒，最好采用高温消毒法。宝宝的奶瓶、餐具等用完后立即冲洗、晾干，定期用开水煮沸消毒；宝宝的衣物，如果没有特殊的污渍，只是奶渍或者尿渍，在脏了以后马上清洗，基本用清水就能洗干净，不建议使用除菌洗衣液，洗后立即暴晒晾干；对宝宝的玩具，建议用清水擦洗的方法，毛绒玩具要常暴晒，并拍打去除毛绒中的灰尘等脏物。

第五节　0 ~ 3 岁婴幼儿日常锻炼活动的设计和实施

一、婴幼儿按摩锻炼活动

（一）婴幼儿按摩的意义

1. 促进婴幼儿身体的发育

按摩可以帮助婴幼儿进行全身运动，增加了能量消耗，也使婴儿胃肠蠕动加快，增强了消化能力，婴幼儿的食欲会增加，有利于婴幼儿体重的增加。按摩使婴幼儿运动量及体能消耗增大，使婴幼儿易于入睡，有利于提高婴幼儿睡眠质量，从而促进体格发育。

2. 促进婴幼儿智力发育

早期抚触就是在婴儿脑发育的关键期给脑细胞和神经系统以适宜的刺激，促进婴儿神经系统发育。按摩能给婴儿带来触觉上的刺激，在婴儿大脑形成反射，婴儿的眼睛、手脚跟着活动起来，这种脑细胞之间的联系和活动较多时就促进了其智力的发育。

3. 可以预防疾病

按摩可促进 p- 内腓肽、5- 羟色胺、肾上腺素、血清素等的分泌，增强应激力和免疫力；还可刺激消化功能，促进吸收和排泄，减少婴儿消化系统的疾病；可以增强呼吸肌的弹性和张力，减少婴儿呼吸系统的疾病。

4. 促进婴幼儿情商发育

按摩会使婴幼儿有安全感和依附感，按摩过程中母亲的语言、对视、愉悦的情绪和表情及流畅的背景音乐等都对婴幼儿神经系统构成良性刺激，婴幼儿会感受到妈妈的关怀和爱护，感到安全、自信，进而养成独立、不依赖的个性。

（二）婴幼儿按摩的准备

1. 营造舒适的环境

按摩时需要一个舒适的环境。在给宝宝按摩时，妈妈要选择一个安静、清洁的房间，最好放点轻音乐做背景。在按摩的过程中妈妈要跟宝宝进行语言和非语言的交流，让宝宝感受到舒适和快乐。室温不宜过低，按摩时室温最好控制在 25℃左右，否则宝宝会受凉。

2. 选择适当的时机

按摩时宝宝不宜过饱或者饥饿，过饱或过饥容易引发宝宝的不适，也可能造成哭闹。应尽量选择在宝宝舒适的时间和状态下按摩。抚触最好在婴幼儿沐浴后进行，时间不宜过长。如果是日常的保健按摩，10 ~ 20 分钟就足够了，时间过长，就会引起宝宝的反感。如果宝宝过于疲倦、状态不佳或心情不好，就不适合按摩。

3. 准备好相应的物品

提前为宝宝准备好毛巾、尿布、婴儿按摩油、替换的干净衣物等。尤其是按摩油或按摩介质的准备非常必要，使用介质后，按摩起来会顺滑得多，宝宝的感觉也会更舒服，更愿意配合。家里最常用的婴儿润肤油或者润肤露、爽身粉、清水等都可以拿来做按摩介质，不会引起宝宝过敏反应的物品就好。

4. 按摩者自身的准备

按摩者先放轻松。按摩时最好心平气和，动作越慢越好。按摩前，按摩者最好先深呼吸，肩膀、头转动一下，让自己放松之后，再开始为宝宝按摩；帮宝宝按摩前，要剪短指甲，以免刮伤宝宝；手上不要带饰品，手表、手链、戒指等最好先拿下来，否则按摩时容易刮伤宝宝，让孩子觉得不舒服。

（三）婴幼儿按摩的步骤

1. 按摩准备活动

这是进行按摩的初始。抚触者坐在地板上伸直双腿，让宝宝仰面躺在抚触者腿上，头朝抚触者双脚的方向。为了安全起见，可以在腿上先铺上毛巾。在胸前打开再合拢他的胳膊，这能使宝宝放松背部，能够更好地呼吸。然后上下移动宝宝的双腿，模拟走路的样子，这个动作能刺激宝宝大脑两侧。

2. 头、面部按摩

全部的按摩可以从脸部开始。让宝宝先看清楚抚触者，再进行身体其他部位的按摩，如此宝宝会比较有安全感。用你的手轻轻捧起宝宝的脸，同时以平静、轻柔的声音和他说话。说话时，眼睛看着宝宝，用两只手指从宝宝前额的中心向两侧抚摸。然后，顺着鼻梁向鼻尖滑行，再从鼻尖滑向鼻子的两侧，用双手从两侧向下抚摩宝宝的脸。这会使你和宝宝获得一种亲密无间的感觉。手向宝宝的脸两侧滑动，滑向后脑，用手腕托起头部的同时，双手指尖轻轻划小圈按摩头部，包括囟门。用拇指抚摩宝宝的耳朵，用拇指和食指轻轻按压耳朵，从最上面按到耳垂。

3. 胸部按摩

做胸部按摩时，可以先从宝宝的肩膀，沿宝宝身体的正面向下一直抚摩到脚趾，为宝宝做全身按摩。然后抚触者两手分别从宝宝胸部外下侧向对侧肩部轻轻按摩，由上而下反复轻抚宝宝的身体，这个动作能够促进宝宝呼吸循环。重复数次之后，把手移到宝宝的脖颈后面，手指聚拢，胸部按摩就结束了。在按摩时要时时观察宝宝的情绪表现，及时调整按摩的方式和时间。

4. 腹部按摩

抚触者先用整个手掌从宝宝的肋骨到骨盆位置轻轻按揉，接着用手指肚自右上腹滑向右下腹。再从左上腹滑向左下腹。腹部按摩沿顺时针方向进行，和肠的蠕动方向保持一致。在划圈的同时，要尽可能放平手掌，轻轻抚摩宝宝的腹部，同时注视着宝宝的脸。做腹部按摩时尤其要和宝宝交流，要观察宝宝是否有不舒服的反应，是否感到疼痛。按摩小腹部时动作要特别轻柔，因为膀胱就在这个部位，如果压力过大，会使宝宝感到不适。腹部按摩可以帮助宝宝排气，缓解便秘。

5. 胳膊和双手按摩

抚触者用一只手轻握宝宝一只手并将他的胳膊抬起，用另一只手按摩宝宝这只手的胳膊，从肩膀到手腕，移动宝宝的手臂，和他做游戏。慢慢松开手，抚摩宝宝的每个手指，轻轻地打开宝宝手掌和手指，并轻轻揉擦。然后换另一只手做同样的动作，这可以增加宝宝的灵活性。

6. 腿部和脚部按摩

抚触者轻轻沿宝宝左腿向下抚摩，然后手轻柔、平稳地滑回大腿部。从宝宝的腿部向下捏到脚，用手掌抚摸宝宝的小脚丫，小脚丫的按摩采取从脚后跟到脚趾自下而上的顺序。之后，再换另一侧做同样的动作。按摩腿脚能够增强宝宝的协调能力，使宝宝的肢体更灵活。

当然在给宝宝做抚触时，不一定非要按照顺序，每个动作一一做到。抚触应该是按照宝宝的喜好来安排，在按摩时要注意观察宝宝情绪的变化，可以打乱抚触的顺序，或自创几个宝宝喜欢的动作。

抚触的手法也可按照宝宝年龄需要而定，宝宝长牙的时候，可以让他仰面躺下，多帮他按摩小脸；到了要爬的时候，再让他趴下，帮他练习爬行；学习走路的时候，可以多按摩宝宝的腿部和脚丫。

【拓展阅读】

宝宝需要抚触

抚触或按摩源于英语 touch。人类和所有热血动物一样，对于人体互相之间的接触和抚摸

的需求，是一种特殊的需要，尤其是婴幼儿这种需求显得尤为强烈，医学上称之为“皮肤饥饿”。在自然分娩的过程中，胎儿都接受了母亲产道收缩所带来的这一特殊的按摩。当婴儿出生后，母亲给婴儿的抚触就会使婴儿感受到无比的幸福和安全。婴儿抚触不仅能促进宝宝的健康成长，更能增进家人与宝宝的亲情交流，同时也是一种简便且行之有效的医疗方法。

心理学研究表明，绝大多数心理健康的学生，在幼年时与父母接触很多，关系密切；极少数心理异常的学生，在幼年时都与父母接触甚少，关系疏远。0 ~ 3 岁是婴儿抚触的关键期，一般越早开始对婴儿进行抚触，效果越明显。皮肤是人体接受外界刺激的最大感觉器官，是神经系统的外在感受器。因此，早期抚触就是在婴儿脑发育的关键期给脑细胞和神经系统以适宜的刺激，促进婴儿神经系统发育，从而促进生长及智能发育。

宝宝也有很多小情绪，比如不安、孤单、需要人陪伴，妈妈主动的爱抚就是在告诉他“宝宝，别怕”，“宝宝，我最爱你”，“宝宝，我陪着你”。让宝宝感觉到被爱和被关怀，满足了情感上的需要，建立起自尊、自信。

抚触可增强宝宝抵抗力、保护娇嫩的皮肤、缓解预防便秘、稳定情绪和有助睡眠。研究证实，从新生儿时期开始进行抚触的宝宝，体重和胸围会在 6 月龄时与不进行抚触的宝宝有显著性差异。抚触的同时可以观察宝宝的身体状况。看看身体两边是否对称，移动宝宝时，他的反应如何，或者头部有无斜颈、双手是否一样在摆动，最好在抚触的同时和宝宝说话，观察宝宝的反应及听力。

抚触作为一种良性刺激，通过皮肤直接作用于宝宝的神经系统，让脑细胞接受视觉、听觉、动觉、平衡觉的综合刺激，大脑对这些刺激进行分析、判断，并做出相应的反应，从而促进了脑发育。

不断的抚触行为是一种爱的传递方式，既能让宝宝和自己放松，更能缩短自己和孩子的距离。为宝宝的健康成长营造一种温馨、愉快的氛围。有产后忧郁症的妈妈学习宝宝抚触，还可有效改善产后忧郁症状，并更了解其宝宝。

宝宝抚触前的准备如下。

营造良好的氛围：所处环境安静、清洁、整齐，室温维持在 25℃，可播放一些轻柔美妙的音乐。

抚触者手部准备：抚触前应洗净双手，修剪指甲、除去饰物，并涂抹少许护肤品，两手相互搓搓先温暖起来，这样才能让宝宝高兴地接受爱抚。

选在适当的时候进行抚触：最好在沐浴后、午睡及晚上就寝前，或两次进食中间，喂奶半小时后，宝宝清醒、不疲倦，不饥饿，不烦躁时进行抚触。若抚触时宝宝哭闹，先设法让他安静，然后再继续；若哭得很厉害应停止抚触。

采用正确的姿势：坐在地上，双腿伸长，背靠墙或家具，双膝微弯向外，脚尖互相接触，中间形成的摇篮用被褥垫高，将婴儿放在正中，若将婴儿头部靠在脚跟，双方目光可保持接触。

备好抚触用品：预备好干净柔软的被褥或毛巾被、强生婴儿护肤柔湿巾、尿片及替换的衣服等，放在容易拿到的位置；抚触间歇休息时，盖好被褥或毛巾；结束后，及时穿上衣服。

（资料来自：时尚育儿杂志社 . 0 ~ 3 岁婴幼儿生活精心呵护 . 长春：吉林科学技术出版社，2008.）

二、婴幼儿体操锻炼活动

（一）婴儿被动体操

婴儿被动体操完全在成人的帮助下完成，适于0～6个月的婴儿。婴儿被动体操是婴儿体格锻炼的重要方式，能促进婴儿基本动作的发展。通过婴儿被动体操可以增强婴儿骨骼与肌肉的发育，促进新陈代谢；还是一个很好的亲子游戏项目，可以促进亲子交流，愉悦宝宝的情绪，促进宝宝情绪的健康发育。

婴儿被动体操共分为八节，做体操之前要注意室温，最好是25℃左右，要保持室内空气新鲜。妈妈要在桌上铺好褥子和单子，孩子穿轻便衣服，便于活动。时间一般在上午第一次喂奶1小时后，每次15分钟左右。

1. 扩胸运动

预备姿势：成人两手握住宝宝的腕部，让宝宝握住成人大拇指，两臂放于身体两侧。

动作：(1) 将婴儿两臂向左右侧平举，拳心向上，手背贴床。

(2) 将婴儿两臂在胸前交叉，轻轻压胸部。

(3) 重复动作(1)。

(4) 还原成预备姿势。

注意事项：两臂平展时可帮助宝宝稍用力，两臂向胸前交叉动作应轻柔些。

2. 屈肘运动

预备姿势：成人两手握住宝宝的腕部，让宝宝握住成人大拇指，两臂放于身体两侧。

动作：(1) 弯曲婴儿左肘，使左手触肩还原。

(2) 弯曲婴儿右肘，使右手触肩还原。

(3) 重复动作(1)。

(4) 还原成预备姿势。

注意事项：婴儿屈肘时，大人稍用力；肘部伸直时大人勿太用力。

3. 肩关节运动

预备姿势：成人两手握住宝宝的腕部，让宝宝握住成人大拇指，两臂放于身体两侧。

动作：(1) 将左臂弯曲贴近身体。

(2) 以肩关节为中心，由内向外做回环动作，然后还原。

(3) 将右臂弯曲贴近身体。

(4) 以肩关节为中心，由内向外做回环动作，然后还原。

注意事项：动作必须轻柔，切不可用力拉宝宝两臂勉强做动作，以免损伤关节及韧带。

4. 上肢运动

预备姿势：成人两手握住宝宝的腕部，让宝宝握住成人大拇指，两臂放于身体两侧。

动作：(1) 两臂向外平展，掌心向上。

(2) 两臂向胸前交叉。

(3) 两臂上举过头，掌心向上。

(4) 动作还原，重复刚才的步骤。

注意事项：两臂上举时两臂与肩同宽，动作轻柔。

5. 踝关节运动

预备姿势：婴儿仰卧，两腿伸直，操作者用两手握婴儿脚腕（踝部），但不要握得太紧。

动作：（1）把婴儿左侧的大腿与小腿屈缩成直角。

（2）再把婴儿左腿屈缩至腰部。

（3）再把婴儿左腿向身体侧转动。

（4）还原，两腿轮换做。

注意事项：婴儿回旋的时候，应以婴儿的股关节为轴心转动。操作者的动作要柔和，不要用力太大。

6. 下肢伸屈运动

预备姿势：婴儿仰卧，两腿伸直，成人用两手握婴儿脚腕（踝部），但不要握得太紧。

动作：（1）把婴儿两腿同时屈至腹部。

（2）还原，重复刚才的动作。

注意事项：婴儿的腿屈至腹部时，成人要稍用力；伸直时不要太用力。

7. 举腿运动

预备姿势：两下肢伸直平放，成人两掌心向下，握住宝宝两膝关节。

动作：（1）将两下肢伸直上举成90°。

（2）还原，重复刚才的动作。

注意事项：两下肢伸直上举时臀部不离开台面，动作轻缓。

8. 整理运动

预备姿势：婴儿仰卧，成人先用双手轻轻地按摩婴儿全身，并用亲切的话语对宝宝说话或放音乐，使婴儿情绪愉快，肌肉放松。扶婴儿前臂轻轻抖动，再扶小腿抖动，让婴儿在床上自由活动1～2分钟，使肌肉及精神放松。

（二）婴幼儿主动体操

婴幼儿主动体操是在成人协助下，婴幼儿自己用力完成每次动作，适于7个月以上至1岁左右的婴幼儿。是婴幼儿体格锻炼的重要方式，能促进婴幼儿基本动作的发展。通过婴幼儿主动体操可以增强婴幼儿骨骼与肌肉的发育，促进新陈代谢；安定情绪，改善睡眠；增进亲子感情，促进智力发育；增强免疫力，预防疾病。

在进行主动体操锻炼时，要选择在铺有毛毯的床上、桌子上或有地垫的地板上进行，婴幼儿最好裸体或着宽松轻便的单衣，适宜的室内温度是室温25℃左右，一般在餐后1小时，大小便之后进行。每日1～2次，每次15分钟左右。

进行主动体操锻炼要随时注意婴幼儿的表情反应，与婴幼儿进行交流，要尊重孩子的意愿，最好在轻松、活泼的儿童音乐配合下进行。

1. 起坐运动

预备姿势：将婴幼儿双臂拉向胸前，双手距离与肩同宽。

动作：（1）轻轻拉引婴幼儿使其背部离开床面。

（2）让婴幼儿自已用劲坐起来。

（3）重复两个八拍。

注意事项：拉婴幼儿起坐时，如果婴幼儿不配合就不能过于用力。

2. 起立运动

预备姿势：婴幼儿俯卧，成人双手托住婴幼儿双臂或手腕。

动作：(1) 拉引婴幼儿先跪坐着。

(2) 拉引婴幼儿站起，再让婴幼儿由跪坐至俯卧。

(3) 重复两个八拍。

注意事项：婴幼儿站起要逐步让他们自己用力。

3. 提腿运动

预备姿势：婴幼儿俯卧，成人双手握住其双腿。

动作：(1) 将婴幼儿两腿向上抬起成推车状，再轻轻回复原位。

(2) 随月龄增大，可让婴幼儿双手支持起头部。

(3) 重复两个八拍。

注意事项：动作轻柔缓和。

4. 弯腰运动

预备姿势：婴幼儿背朝成人直立。成人左手扶住其两膝，右手扶住其腹部。在婴幼儿前方放一个玩具。

动作：(1) 让婴幼儿弯腰前倾。

(2) 拣起玩具，恢复原样成直立状态。

(3) 重复两个八拍。

注意事项：让婴幼儿自己完成，如果不能，成人可把手移至胸前帮助婴幼儿完成。

5. 托腰运动

预备姿势：婴幼儿仰卧，成人右手托住其腰部，左手按住其踝部。

动作：(1) 托起婴幼儿腰部，使其腹部挺起成桥形，鼓励孩子自己用力。

(2) 放下小儿腰部，回复原样成仰卧。

(3) 重复两个八拍。

注意事项：动作要缓和，在挺腹时可稍用力。

6. 游泳运动

预备姿势：让婴幼儿俯卧，成人双手托住小儿胸腹部。

动作：(1) 悬空向前后摆动，活动婴幼儿四肢，做游泳动作。

(2) 重复两个八拍。

注意事项：俯卧时宝宝的两臂自然放在胸前，使宝宝处于撑胸抬头姿势。

7. 跳跃运动

预备姿势：婴幼儿与成人面对面，成人用双手扶住其腋下。

动作：(1) 扶起宝宝使足离开床或地面。

(2) 做跳跃运动。

(3) 重复两个八拍。

注意事项：动作要轻快自然，让宝宝的脚尖着地。

8. 扶走运动

预备姿势：婴幼儿站立，成人站在他背后，双手扶婴幼儿腋下。

动作：（1）扶婴幼儿使其左右腿轮流向前跨出。

（2）学开步行走。

（3）重复两个八拍。

注意事项：场地要清洁平坦，让婴儿站稳后再鼓励他开步学走。

三、婴幼儿“三浴”锻炼活动

“三浴”锻炼是指有目的、有计划地利用阳光、空气、水等自然因素进行的锻炼，能有效地增强机体对经常变化的外界环境的适应能力，增强幼儿体质、预防疾病，促进幼儿生长发育和身心健康发展。

（一）“三浴”锻炼活动的作用

（1）婴幼儿皮肤薄嫩，适应外界能力差，需要加强锻炼。皮肤内血管丰富，有大量的神经末梢可以感知外界的各种刺激，应多带婴幼儿进行户外活动，利用空气、阳光和水进行“三浴”锻炼，增强其皮肤的抵抗力，使之适应自然环境的变化，适应生长快、新陈代谢旺盛的身体发展的需求，减少疾病的发生。

（2）皮肤是人体感觉痛、温、触、压等刺激的感受器，除具备感觉功能外还有防御、排泄、调节体温和吸收功能，经常进行“三浴”锻炼可以增强婴幼儿对环境变化的适应能力，从新鲜空气中吸入较多的氧气。抑制一些细菌的生长，防止感冒。促进钙、磷吸收，预防和治疗佝偻病，增强免疫能力。

（3）“三浴”锻炼可使婴幼儿在与空气、阳光的接触中提高神经和心血管系统反应的灵敏度。空气直接的接触以后，可以加强呼吸道的黏膜、血管收缩舒张，加上一定量的运动和游戏，可以增加婴幼儿肺活量，促进血液循环，增进食欲，锻炼神经肌肉的协调性，预防呼吸道感染，改善体温调节的功能，从而促进婴幼儿的健康发展。

（二）空气浴

1. 什么是空气浴

主要是利用气温与体表温度之间的差异作为刺激来锻炼身体，使机体对气温变化具有更高适应能力。空气浴一般先在室内进行，室温不应低于20℃。锻炼时逐渐减少衣服，最后只穿短裤。待室外气温适宜时转到室外，时间可由三、五分钟直至两小时之间。空气浴时可结合活动性游戏进行。空气浴的作用比较缓和，不同健康程度的儿童都可接受，只是患急性传染病的儿童应禁止。

空气的温度，称为气温，不断变化的气温对人产生不同的刺激作用。根据气温高低，分为以下5种情况：冷空气（6～14℃）、凉空气（15～20℃）、中温空气（21～25℃）、暖空气（26～30℃）和热空气（30℃以上）。空气浴应在冷空气和凉空气条件下进行。婴幼儿的空气浴可以从中温空气浴过渡到暖空气浴和凉空气浴。空气浴对人体有良好的刺激作用。它可以刺激皮肤，反射性地引起皮肤血管收缩，促进血液循环，调节体温，增强对气象因素变化的适应性，增强抵抗力，有预防感冒和呼吸道疾病的作用。

2. 空气浴锻炼的要求

（1）空气浴应从温暖季节的热空气浴开始，逐步向寒冷季节的冷空气浴过渡。每次进行空气浴前先做些活动，使身体发热，但不要出汗，然后再脱衣进行空气浴。如果温暖季节没有进行室外的空气浴锻炼，在温度过低的寒冷季节不要贸然进行，因为宝宝对温差的适应有一个过程。冬季空气浴可在室内进行，预先做好通风换气使室内空气新鲜，利用开窗来调节室温。

（2）先室内，后室外。进行空气浴时要先在室内进行，开始锻炼时室温要在 20 ~ 24℃之间，以后每隔 3 ~ 4 天下降 1℃。1 岁以内的宝宝，室温可降至 14 ~ 16℃，但体弱宝宝不应低于 15℃。宝宝逐渐适应之后，就可以带宝宝过渡到室外进行。

（3）空气浴持续的时间由开始时的几分钟逐渐延长到 10 ~ 15 分钟直至 20 ~ 30 分钟，如结合游戏、体操或其他体育活动还可适当延长。

（4）进行空气浴锻炼一定要保证空气的质量，锻炼应选在空气新鲜、自然绿化、无阳光直射的地方进行。一般可在公园、树荫、绿地、菜园、露台、山野、山坡、海滨等环境清洁、空气新鲜、无明显污染处进行。在室内做空气浴之前，做好通风换气工作是一个必然环节。应在维持室温 18 ~ 22℃前提下，最大限度地保持室内空气清新。

3. 空气浴锻炼的注意事项

（1）在户外进行空气浴要根据气象条件和个体耐寒程度灵活掌握，以不出现寒战为度。如遇雾霾、大风、大雾或寒流，可暂停或在室内进行。一般情况下要有规律地坚持，不要无故中断。

（2）每次锻炼穿衣服要适当，不要穿得太厚，不必戴口罩和帽子，但也不应穿得太少，特别是开始进行空气浴，体内无防寒能力，衣着太单薄容易着凉害病。当户外活动经常化后，衣服可以穿得少一些，也可以尽可能多的裸露皮肤。

（3）空气浴对任何年龄的孩子都适宜，婴幼儿在家长看护下被动进行，较大孩子可在家长指导下主动去户外进行空气浴，要与各种活动如游戏、体操、跑步等相结合。每次进行时间的长短，要因人因地因时灵活掌握。要密切观察宝宝反应，如出现皮肤发紫、面色苍白、发冷等情况，应立即停止。

（4）身体虚弱、发烧、有急性呼吸道疾病及其他严重疾病的宝宝则不宜锻炼。

（三）日光浴

1. 什么是日光浴

日光浴是利用阳光中的紫外线、红外线，促进宝宝生长发育，是在空气浴适应后继续进行的体格锻炼方法。日光浴可以促进身体细胞组织的新陈代谢，刺激神经系统的活动，增进肌肉和骨骼的发育，促进血液循环和呼吸消化等机能的提高。日光中的紫外线有杀菌作用，合理地利用日光可以预防很多疾病。

2. 日光浴锻炼的要求

（1）日光浴时要根据不同的气温尽量暴露宝宝的皮肤，先晒背部和四肢，再晒胸部和腹部，但不要让日光直接照晒眼睛和头部，可用白色遮阳帽和纱巾遮盖头部和眼部。夏季可在树荫下进行，冬季可直接在阳光下活动。

（2）春季以上午 10 ~ 11 时为宜，夏季可安排在上午 8 ~ 9 时，夏末秋初可安排在上午 9 ~ 10 时。当户外气温低于 18℃或高于 30℃时就不要让孩子裸露照晒了，可以让孩子多在户

外游玩以沐浴日光。

（3）3 ~ 6 个月的宝宝可在日光的阴凉处接受辐射日光，开始几分钟就可以，逐渐延长，6 ~ 12 个月时可延长至 20 分钟左右。1 岁以上的宝宝可直接在阳光下进行日光浴，可延长到 30 分钟。

（4）日光浴场最好选择清洁、平坦、干燥、绿化较好、空气流畅但又避开强风的向阳地带。可以进行专门的日光浴，也可以让宝宝在阳光下或阴凉处自由活动，以增加宝宝兴趣。

3. 日光浴注意事项

（1）不宜在空腹或饭后 1 小时内进行锻炼，日光浴后要及时补充水分，但不宜立即进餐，婴幼儿在进行日光浴时可让他们喝少量糖水，以预防低血糖。

（2）注意观察宝宝反应，如发现满头大汗、面色发红应立即停止，尤其在夏季。注意保护宝宝眼睛，头部上方应有遮阴的东西，如戴上凉帽或暗色护目镜。

（3）避免过冷过热，炎夏和大风时不宜进行。注意日光浴后皮肤是否有灼伤、脱皮、皮疹、精神萎靡等。

（4）患有活动性肺结核、心脏病、消化系统功能紊乱、体温调节功能差、身体特别虚弱或神经易兴奋的宝宝不宜进行这种锻炼

（四）水浴

1. 什么是水浴

水浴主要是利用水的温度、机械作用来锻炼身体。水比相同温度的空气对体温调节的影响更大，因为水的传热能力比空气高 28 至 30 倍。水浴锻炼的效果取决于温度作用和按摩作用的综合，并决定于机体的局部反应性和全身反应性。在冷水的作用下机体会立刻出现血管收缩，以后是反射性的全身血管扩张，因此水浴锻炼可增强小儿体温调节能力，使机体能够抵制外来的冷、热侵袭，从而不易感染呼吸道疾病。

2. 水浴锻炼的方式

（1）温水浴　出生后即可做半身温水浴，脐带脱落后即可进行全身温水浴。室温要控制在 20 ~ 21℃，水温以 37 ~ 37.5℃为宜。冬春季节可每天一次，夏秋季节可每天两次，每次约 10 分钟左右。每次浴毕应立即擦干，并用温暖的毛巾或包被包裹小儿。

（2）凉水洗手、洗脸　对两岁左右的宝宝可用凉水洗手、脸、颈部。开始水温可稍高些，以后渐将水温降到 15 ~ 16℃。可以常年坚持，是一种简便易行的锻炼方法，能预防感冒等疾病的发生。

（3）擦浴　这是最温和的水浴锻炼，操作方法比较简便，适用于 6 ~ 7 个月以上的婴儿和体弱宝宝。室温应控制在 20℃以上，夏季可在室外进行。开始时水温稍高些，为 35℃左右，每隔 2 ~ 3 天降低水温 1℃。较小的宝宝，水温可逐渐降至 20℃左右，较大的宝宝水温可降至 17 ~ 18℃，以后维持此水温。妈妈蘸水轮流擦宝宝左右上肢、下肢、胸、腹及背部等部位。擦四肢时应由手向肩部，由足部向腹股沟处进行，整个过程 5 ~ 6 分钟。擦浴动作要轻柔而快，完毕后用干毛巾擦干，再穿衣服。

（4）温水淋浴或冲浴　这是一种较强烈的锻炼项目。开始时水温为 35℃，以后下降至 26 ~ 28℃，动作必须迅速，淋浴后立即用干毛巾擦干，不可冲头部。一般适宜在早餐前或午

睡后进行。淋浴除温度外还有水流的压力也起到一定的按摩作用，淋浴或冲浴一般从两三岁开始。

（5）冷水冲（淋）浴　适用于两岁以上的宝宝。可利用淋浴设备进行，也可以用普通的喷壶。水温从34～35℃开始，逐渐降低，较小的宝宝可降至26～28℃，较大的宝宝水温降至22～24℃。先冲淋背部，后冲淋两肋、胸部和腹部，注意不能用冲击量很大的水流冲淋头部。接受冲淋的时间以20～30秒为宜，一般在早饭前或午睡后进行较好。冲淋完毕后用干毛巾将全身擦干，如在寒冷季节，可进一步摩擦皮肤，使之微微发红和身体发热为好。

（6）游泳　要在宝宝适应了日光和风的作用后才能开始游泳。一般气温在26℃左右，水温不低于20℃时开始游泳。每次1～2分钟。以后逐渐增加。游泳锻炼时应注意不可空腹或刚进食时即进行；出汗后应先擦干然后再下水；先弄湿胸部和头部，然后全身浸入水中，在水中不宜停留过久；感觉寒冷时应立即出水，擦干全身，并保暖；在水中不宜停留不动，可用手摩擦全身。

3. 水浴锻炼的注意事项

（1）水浴锻炼可以从温水逐渐过渡到冷水，切勿操之过急，以免受凉生病。是否进行冷水浴锻炼，要考虑当地气候的特点和生活习惯，比如南方地区更多有冷水浴的习惯。

（2）采用哪种水浴锻炼的方式，要根据婴幼儿的年龄特点和体质情况来确定。对于健康宝宝来说，低于20℃的水温能引起冷的感觉，20～30℃为凉，32～40℃是温，40℃以上是热，妈妈要酌情选择合适的水浴锻炼方式。

（3）进行水浴锻炼时要注意观察，如果宝宝有打寒战、面色苍白、有哭闹的现象，应马上调节水温，或暂停锻炼，用毛巾擦干宝宝的身体。

【案例及评析】

案例1　家庭育儿案例——宝宝安睡

琦琦2岁了，但睡眠状况一直不是很好。妈妈回忆说满月的时候，有一段时间孩子经常哭闹，白天不睡大觉，晚上经常醒，要抱着才能入睡。妈妈没有办法的时候就带孩子去医院，咨询医生，调整了一段时间之后情况有了缓解，但也是容易出现反复。几个月大的时候，表现为对环境和变化非常敏感，不能换环境，如带她去姥姥家时不能在姥姥家睡觉，或在姥姥家睡得不好，回家之后也要很长一段时间才能重新调整好。孩子现在已经2岁多了，白天出去玩的时候，不能时间过长，否则孩子回来晚上就睡不好觉，经常醒、哭闹并伴有睡眠不安。最近一段时间孩子晚上睡眠过晚，经常10点多了，还不肯上床睡觉，感觉孩子也困，不舒服，但就是不肯上床，妈妈常常被孩子弄得筋疲力尽。

评析：

怎样分析琦琦的睡眠表现?

生活中有很多家长为宝宝的睡眠问题苦恼，到医院咨询和检查。实际上，一部分问题与家长的行为有关。当家长不停地抱怨这些孩子为什么总是会出现问题时，首先要反思一下自己的哪些行为会影响到孩子，怎样调适自己的行为帮助宝宝健康成长。

家长首先要认识到宝宝的睡眠会受很多因素的影响，比如睡眠的规律养成；睡眠环境的变

化；宝宝的健康状况；家长的睡眠习惯等。

在几个月大的时候，孩子对睡眠环境的变化非常敏感。比如说像更换睡眠的地方，或者换抚养人，睡觉就不好了，这是非常常见的情况。父母不要着急，帮助宝宝一点一点调整就可以了。主要是回归到原来的睡眠节律和睡眠规律，到每天上床睡觉的时间就上床睡觉，睡觉以后如果孩子有夜醒的话，要轻轻安抚孩子，跟原来的护理模式一样，不要发生太大的变化。

另外，孩子在大的环境变化下，比如离开原来住的地方，或者这两个地方的气候不同，等等方面差异比较大的时候，孩子会同时存在生理上的不舒服，比如消化功能不良，或者是其他一些不适，所以身体的不适也是影响孩子睡眠的很重要的方面。家长要注意一下，必要的时候可以咨询医生。当然每个孩子回归的周期是不一样的，有的要三到五天，有的孩子要两周甚至一个月的时间，一定要目的比较明确的，让孩子向这个方面去发展，逐渐就可以恢复了。

宝宝的神经发育还不成熟，不能过度接受刺激，白天玩的时间不宜过长，运动量也不能过大，否则宝宝的神经系统过于兴奋，而兴奋过程和抑制过程本身就不平衡，兴奋过度就会导致抑制困难，所以才出现一些睡眠问题，这也是正常的表现。父母要注意每天可以带孩子进行几次的户外运动，但 1 次不宜时间过长。尤其是不要每次都等孩子玩的睡在外面才带他回来，经常这样可能会导致孩子过劳，影响孩子神经系统的发育。

宝宝太迟睡觉对生长发育不利，晚 10 点后是生长激素分泌较多的时间段。宝宝常很晚睡觉的原因可能是白天睡的太多，或者睡前激烈运动太过兴奋。父母可以帮助宝宝建立固定的睡前模式，如在 8 点左右就开始进行睡眠的准备工作。睡前可以给宝宝洗澡，按摩。播放一些流水声的音乐或摇篮曲。陪她看看图书，讲讲故事，让她慢慢地安静。

睡觉的环境也很重要，在和宝宝一起上床之后就要调暗卧室的灯光，关上电视，大人也不要来回走动和有过多的交谈，就是要营造一个有益于睡眠的良好环境。

孩子睡眠规律的养成和恢复，也跟孩子本身的气质类型有关系。有些孩子的气质类型就属于难养型的孩子，他的睡眠规律形成是非常混淆的，或者是一旦有变化再恢复成原来的情况也是非常困难，这就要有足够的耐心和爱心来帮助孩子。只要持之以恒，用并不过激的行为去安抚、帮助孩子，孩子逐渐会形成良好的睡眠习惯和规律。

而对容易养育型的孩子来说，就比较容易了，一般情况下，三到五天的变化，孩子就能适应过来。不管什么类型的孩子，妈妈都需要有耐心地去帮孩子。

案例 2　亲子园教育案例——区域活动：我给“宝宝”穿衣服

（一）活动设计理念

孩子出生一岁后，就会表现出一种独立的意向，独立意识萌发。在孩子 2 岁以后事事喜欢自己做，会经常要求“自己来”，并拒绝家长的帮助，这时候成人开始感觉到宝宝不那么听话了。心理学上称之为幼儿成长发展过程中的转折期，也称“反抗期”。之所以反抗，很重要的原因是成人限制了宝宝独立能力的表现，适当的教育则可以使幼儿转折时期减少反抗表现，发展独立能力。

家长首先要把学习的机会交给宝宝，支持宝宝“自己来”。凡是宝宝能自己做的事，必须支持他自己做，并随着年龄的增长不断扩大“自己来”的范围。如 1 岁的宝宝吃饭时要自己来，便可满足其要求，不要怕他把饭洒到桌上；2 岁左右的宝宝要自己洗手洗脸，自己爬楼梯、穿

脱衣服等，均应支持，允许他自己做。这样既可锻炼宝宝动作的灵活性、准确性，又可增强宝宝自理的能力。

小小班的幼儿有强烈的要自己穿脱衣服的要求，但穿脱衣服的技能还不熟练，常常费了很大的力气也穿不好，孩子常常又急又气，根据这一状况，老师设计了区域活动：我给“宝宝”穿衣服，这样的活动满足了幼儿的心理需求，能很好地锻炼孩子穿衣服的能力，能使孩子体验到成功感和满足感。

（二）活动目标

（1）让幼儿学会给玩具娃娃穿脱衣服，学习解、扣纽扣，感受成功的乐趣。

（2）提高幼儿的生活自理能力。

（三）活动准备

布娃娃若干个；娃娃穿的小衣服若干件（有不同种类的小衣服，还有可以简单制作衣服的小布块若干）。

（四）活动过程

（1）设计情景游戏，让幼儿扮演妈妈，要带宝宝出去玩，可天气很冷，现需要给宝宝穿好衣服，引导孩子投入到游戏情境中。

（2）让孩子选择给布娃娃穿的衣服，让孩子说说为什么给宝宝选择这件衣服，大家一起讨论合不合适，让孩子懂得如何根据需要选择适合的衣服。（鼓励孩子自己设计和制作衣服）

（3）让孩子说说自己穿的衣服有什么特点，问问谁能自己穿好衣服，选择自己会穿带纽扣衣服的幼儿示范穿衣服的动作，小朋友认真观察，研讨一下穿衣服的步骤和关键要领。

（4）给自己的布娃娃穿衣服，在穿的过程中复习穿衣服的要领，先穿一只袖子，把衣服从身体后面拉过来，再穿第二只袖子，然后扣上扣子。

（5）鼓励小组之间合作，相互帮助，共同完成任务。

（6）给娃娃穿好衣服之后带娃娃去游戏，可以去别的区域做客，可以去户外游戏，孩子自己选择。

（7）游戏结束之后，带宝宝返回娃娃家，练习给宝宝脱衣服，能力强的小朋友可以练习整理衣服，活动结束。

（五）活动延伸

孩子在娃娃家可以进行继续服装表演活动，可以和美工活动结合给娃娃制作漂亮的衣服。

（六）活动方案分析

游戏是幼儿的天性，孩子们是非常喜欢游戏的，托班的孩子更是如此，2岁多的孩子就是通过游戏来感知、体验、认识自我，了解不知道的一些知识和经验的。本次活动设计方案突出了几个方面的特点。

（1）创设情景性的游戏激发幼儿的兴趣。教师创设一定的情景，通过布娃娃、衣服及教师自身的语言、表情、动作来引发诱导幼儿进入游戏的情景中，让孩子感受、体验游戏的过程，以此来促进幼儿的发展。如：请孩子当妈妈，带布娃娃出去玩，这样的角色让幼儿有一种亲切、熟悉的感觉，孩子们就会想起妈妈平时是怎样给自己穿脱衣服的，这时他们会根据自己的经验，来给布娃娃穿脱衣服。

（2）给孩子充分的自由选择的机会，如宝宝衣服类型、式样的选择，这样的机会可以很好

地再现孩子熟悉的生活经验，孩子喜欢，愿意积极参与。

（3）结合区域活动和户外游戏活动进行，避免生硬的说教和机械的反复练习掌握技能，能寓教于乐，孩子在游戏的过程中获得了发展。

【理论探讨】

（1）婴幼儿睡眠特点及问题：小组讨论0～3岁婴幼儿睡眠的特点，并结合具体的实例列举婴幼儿可能出现的睡眠问题。

（2）自理能力的培养：结合学过的内容，探讨婴幼儿自理能力的具体表现，并就自己的理解谈谈某一种自理能力培养的具体策略。

（3）细心的妞妞妈妈：妞妞出生时体质就弱，妈妈对妞妞的照顾非常精心，妞妞用过的所用物品妈妈都要进行消毒处理；睡觉的时候家人的活动特别小心，说话时都悄悄的；家里的温度控制在25℃以上；也不敢随意带妞妞外出。可是妞妞的体质还是很弱，经常感冒。用你学过的知识评价一下妞妞妈妈的做法，并思考怎样给孩子创设一个适宜的生活环境。

【实践探究】

（1）观摩、学习给婴幼儿洗澡：组织学生到妇婴医院、婴幼儿游泳中心等机构观摩婴幼儿洗澡，学生分组练习给仿真娃娃洗澡。

① 观摩给婴幼儿洗澡。

② 学生讨论给婴幼儿洗澡的具体步骤和注意事项。

③ 学生练习给仿真娃娃洗澡，分组进行。

（2）观摩、设计婴幼儿体操运动：组织学生观摩婴幼儿体操运动的视频，学生分组设计婴幼儿体操，并到早教机构在指导老师的指导之下实践。

① 观摩婴幼儿体操的视频。

② 到早教机构在指导老师的指导之下，辅助婴幼儿做体操运动。

③ 设计一个“婴幼儿体操运动”的亲子活动方案，并说明设计的基本思路。

第五单元

0 ~ 3岁婴幼儿疾病及其预防与护理

疾病的预防与护理是婴幼儿保健的重点。本单元严格遵循科学抚育婴幼儿健康成长这一宗旨，坚持“以养为主、保教结合”的早期教养目标，针对0 ~ 3岁婴幼儿疾病、意外伤害的防护与处理，为学生提供专业的教养知识与技能，不仅使学生学会科学育儿，也能够指导家长科学育儿。

本单元以0 ~ 3岁婴幼儿常见疾病、传染病、意外伤害的防护，以及意外伤害发生时的急救处理等为主要内容，并在此基础上，通过集体指导、专家讲座与咨询的指导形式，为家长提供直观的早期教养技能指导，使家长掌握关于婴幼儿疾病、意外伤害防护的专业教养策略，提高对婴幼儿的教养水平，确保婴幼儿健康成长。

第一节　0 ~ 3岁婴幼儿常见疾病及其预防与护理

0 ~ 3岁婴幼儿的身体正处于快速发育阶段，各器官生理机能和成人有所不同，有些器官发育不完善，免疫力低，由于婴幼儿特殊的生理发育特点，导致婴幼儿易受病菌侵害，感染各种疾病，影响婴幼儿正常生长发育。

婴幼儿语言发育不成熟，不能够清楚、准确地表达身体不适，作为家长，有必要了解婴幼儿在不同生长阶段的患病规律，掌握一些必要的疾病预防和护理知识，做到早发现，早治疗，尽量减少婴幼儿患病率，达到科学护理婴幼儿，使婴幼儿健康成长。

一、新生儿期（0 ~ 28天）常见疾病预防及其护理

未满28天的婴儿称之为新生儿。新生儿按妊娠期的长短，分为足月儿、早产儿和过期儿。足月儿一般称正常新生儿。新生儿从宫内转为宫外生活，环境发生了巨大变化，需要经历一段时间的重要调整和复杂变化，才能适应宫外环境，维持其生存和健康发展。新生儿疾病的预防和科学护理是保证婴幼儿能够健康成长的重要环节，了解了新生儿最基本的生理发展特点及新生儿外观的特点，根据其生理机能的特殊性，实施干预措施，进行科学防护。

（一）新生儿的生理特点

这里主要介绍新生儿和早产儿的生理特点和外观特点。

1. 新生儿和早产儿的生理特点（表 5-1）

表 5-1　新生儿和早产儿的生理特点

各系统	新生儿	早产儿
呼吸系统	新生儿呼吸方式为腹式呼吸，呼吸较浅，频率较快，40 ~ 50 次 / 分钟	缺乏 PS（肺表面活性物质），易患新生儿肺透明膜病
循环系统	新生儿心率波动范围较大，通常为每分钟 90 ~ 160 次，平均每分钟 120 ~ 140 次，血压平均为 70/50mmHg（9.3/6.7kPa）	心率更快，血压更低
血液系统	新生儿出生时血液中红细胞数和血红蛋白量较高，以后逐渐下降，血红蛋白中胎儿血红蛋白应占 70%。由于胎儿血红蛋白对氧有较强的亲和力，所以新生儿缺氧时往往发绀不明显。白细胞总数较高，出生后第 3 天开始下降	血容量相对多，平均每千克 95 毫升
泌尿系统	一般生后 24 小时排尿，若生后超过 48 小时不排尿，需要寻找原因。肾小球过滤率低，浓缩功能差，易出现水肿或脱水症状。排磷功能较差，易导致低钙血症。肾对酸、碱平衡调节能力不足，易发生代谢性酸中毒	肾功能不完善
免疫系统	免疫力低，易患呼吸道、消化道感染	免疫力更低，易患各种疾病
脐带	易感染，脐带 7 ~ 10 天脱落	更易感染，脐带脱落时间延长
神经系统	脑相对较大，大脑皮层兴奋性低。出生时已经具有暂时性的原始反射，正常情况下出生数月这些反应自然消失	更不完善，反射也较弱
消化系统	新生儿消化道面积相对较大，管壁薄，通透性高；胃呈水平位，幽门括约肌发育较好，幽门相对较紧张，易发生溢乳。生后 10 ~ 12 小时开始排出胎粪，2 ~ 3 天过渡到正常粪便	易溢乳及呛奶，排粪时间延长

2. 正常新生儿和早产儿外观特点

正常新生儿哭声响亮，肌张力良好，皮肤红润，皮下脂肪丰满，毛发毳毛少，头发分条清楚，耳壳软，发育良好，耳舟成形。早产儿哭声低弱，肌张力低下，皮肤红嫩，皮下脂肪少，毛发毳毛多，头发细而乱，耳壳软，缺乏软骨，耳舟不清楚。

从以上新生儿和早产儿生理特点和外观特点，我们了解到新生儿各系统发育及生理调节功能不完善，和成人有较大区别，婴幼儿抵抗力低下，易生病。而早产儿胎龄越小，体重越低，患病率及死亡率越高。故对新生儿的疾病应采取相应的干预措施，确保婴幼儿健康成长。

（二）新生儿不治自愈的"疾病"

新生儿不治自愈的"疾病"即新生儿一种特殊的生理状态。新生儿出生时，为了适应外界生存环境，身体上会出现异常现象，有些属于正常的生理性反应，不是疾病，能够不治自愈，不必担心。

婴儿在新生儿期，特别是出生后一周内的发病率和死亡率极高，婴儿死亡中约2/3是新生儿，其中不足1周的新生儿占新生儿死亡数的70%左右。细心的家长要学会观察孩子是正常还是异常？需要怎样护理？什么情况下及时就医？有些父母因为不懂新生儿患病规律，见到新生儿有些异常，就不知所措，担心新生儿出现异常情况，即使是新生儿正常的生理现象，父母的内心也会极度焦躁和恐惧。

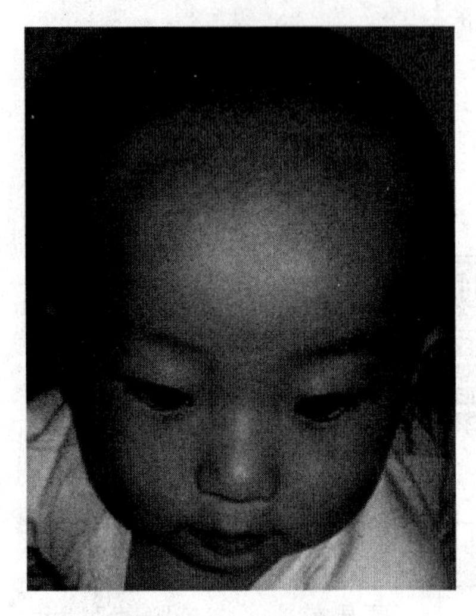

图5-1　囟门鼓起

1. 头部、五官

（1）新生儿囟门闭合时间　婴儿的头顶部有一个柔软的、有时能看到跳动的地方，医学上称之为囟门。囟门在出生时主要有两个：一个称静囟，在头顶前部，由两侧顶骨前上角与额骨相接而组成，出生时斜径为2.5厘米，一般在1～1.5岁闭合；另一个称后囟，由顶骨和枕骨交接而组成，在头顶后部，一般出生时就很小或已闭合，最晚在2～4个月时闭合。宝宝一般有两个颅囟,即前囟和后囟。一般说判断生长发育的是指前囟，当宝宝哭闹、咳嗽、用力或者排便时，头颅内压力增加囟门鼓起（图5-1），这是正常现象。

（2）新生儿头骨部分重叠　由于生产时经过产道及骨盆腔的挤压，宝宝的头骨有时会存在部分重叠，表现为头骨不对称，这是正常现象，一般几天内会消失。

（3）新生儿头颅血肿与胎头水肿　新生儿头颅血肿常见于分娩时使用胎头负压吸引器、产钳以及困难剖宫产等手术助娩的新生儿，由新生儿颅骨骨膜下血管破裂出血，血液积留在骨膜下所致。一般难产时容易发生新生儿头颅血肿。表现为一侧头骨部出现一肿物,有弹性或坚硬，边缘清楚，不超过骨缝线；也可双侧发生，还偶见于后枕骨和前额骨部。它常在出生后数小时甚至数天之内出现并逐渐增大，但当出血达到一定程度时，血肿自身产生一定的压力，从而起到了压迫止血的作用。它不会给宝宝带来任何不良的后遗症。除非同时存在颅骨骨折及脑实质的损伤。要仔细鉴别一下，是头颅血肿，还是胎头水肿，后者即通常所说的"先锋头"。它往往是由于胎头比妈妈的产道稍大，产程时间长，胎儿头部受产道挤压过久所致，是胎头最先露出的部位的皮下组织水肿，与骨缝无关，界限不清，柔软无弹性，出生时即存在，2～3天后即可消失。

（4）新生儿眼睛斜视　斜视也就是两眼眼球移动不能协调，一般而言，新生儿早期眼球尚未固定，看起来有点斗鸡眼，而且眼部的肌肉调节不良，常有短暂性的斜视，属于一种生理现象，也称为假性斜视。尤其好发于脸型宽阔、鼻梁扁平的宝宝，爸妈可以在家里自行观察。

若受到光照时，宝宝两眼的瞳孔反光点位置是一致的，即为假性斜视，并不需要治疗处理。

否则，便需要经过医师诊断后手术矫治。

（5）新生儿眼屎　有时候，一些新生宝贝眼部会有少许眼屎，这主要是由于他们在分娩的时候，经由母体产道时，受到感染引起的。每天用一片干净的棉纱，在冷开水或者母乳中蘸湿清洁宝贝眼部两次，这些眼屎在几天后就会消失，避免引起更严重的病症。

（6）新生儿打喷嚏　新生儿偶尔打喷嚏并不是感冒的现象，因为新生儿鼻腔血液的运行较旺盛，鼻腔小且短，若有外界的微小物质如棉絮、绒毛或尘埃等便会刺激鼻黏膜引起打喷嚏，这也可以说是宝宝代替用手自行清理鼻腔的一种方式。突然遇到冷空气也会打喷嚏，除非宝宝已经流鼻水了，否则家长可以不用担心，也不用让宝宝动辄服用感冒药。

（7）新生儿下巴抖动　由于新生儿神经系统尚未发育完全，所以抑制功能较差，常有下巴不自主抖动的情况，家长可以不要担心。但若是寒冷季节，则需要注意宝宝的下巴抖动是否为保暖不足的原因。另外，若有伴随其他的症状，则可能是病征之一。

2. 口腔

（1）新生儿“马牙”　在上颚中线两旁及齿龈切缘上常有黄白色小点，少的话可能1～2颗，多的话可能有数十颗，称上皮珠，俗称“马牙”，由于当胚胎发育6周时，口腔黏膜上皮细胞开始增厚形成牙板，为牙齿发育最原始的组织。不能擦拭和挑破“马牙”，易感染，数周后自然消失。

（2）新生儿脂肪垫　仔细观察新生儿口腔，其两侧有两块坚厚的“肉团”，医学上称为脂肪垫。有的孩子很明显，老百姓俗称“螳螂嘴”。有人认为“螳螂嘴”妨碍婴儿吃奶，要将它挑掉。其实这样做是不科学的，脂肪垫属于新生儿正常的生理现象，不仅不会影响宝宝的吸奶，反而有助于宝宝的吸吮。

3. 消化系统

（1）新生儿溢奶　新生儿吃完奶后，常常会吐出一些奶。宝宝并不是生病了，只是在吸奶时连带吸入了空气，在吃完奶后把空气吐出来，使得奶也跟着吐出。喂奶时不要让宝宝吸奶吸得太快，在吃奶后让宝宝有机会排出胃内的空气。当宝宝吃完奶后，不要马上将他放回小床，而应该抱起他，让他把头靠在妈妈的肩膀或膝盖上停留一会儿，轻轻地由下向上抚摸宝宝的背部，使空气排出，这时，爸妈可以听到明显的打嗝声。当婴儿吃得过量，可能将部分或全部的奶都吐出来，这是无碍的。如果发生呕吐现象，应立即停止喂奶，每天给他喂几次少量的温开水；若呕吐不止，就该去看医生。

（2）新生儿胎粪　正常新生儿生后10～12小时内开始排胎粪，每天3～5次，2～3天排完。胎粪呈墨绿色糊状。胎粪通常没有臭味，较黏稠，颜色接近墨绿色，主要由胎儿在子宫内吞入的羊水和胎儿脱落的上皮细胞、皮脂以及胆汁、肠道分泌物等组成。若出生后24小时仍不排胎粪，应检查是否有肛门闭锁或其他消化道畸形等问题。

4. 呼吸系统

（1）新生儿呼吸暂停　仔细的母亲有时会发现，刚出生不久的新生儿呼吸不但不规律，有时甚至会出现呼吸暂停的现象，并为此惊慌和不安。其实，呼吸不规则和呼吸暂停是新生儿，尤其是早产儿常见的现象，这与他们大脑神经系统发育尚不成熟有关。呼吸暂停时间一般不超过10秒钟，且无其他任何不适症状，可以认为是一种正常的生理现象，不必忧心忡忡。

（2）新生儿呼吸不规律　新生儿的呼吸运动很表浅而没有规律，呼吸频率较快。在出生后的前两周，呼吸频率1分钟大约在40次以上，有的新生儿也可能多达80次，这些都属正常现象。这是由于新生儿肋间肌较为柔软，鼻咽部及气管狭小，肺泡顺应性差，由于呼吸运动主要是靠横隔肌肉的升降，所以新生儿以腹式呼吸为主，胸式呼吸较弱。又因为新生儿每次呼气与吸气量均小，不足以满足身体的需求，所以呼吸频率较快，属于正常的生理现象。若是早产儿或肺部发育较差的宝宝因缺氧而脸色发青时，可以刺激宝宝哭泣，促使肺泡张开，增加换气量。

5. 体温

（1）新生儿生理性体重下降　新生儿脱离了浸泡在羊水中的湿环境后，皮肤上的水分逐渐挥发，加上呼吸时的水分损失和胎粪、小便的排出，而且早期吃进去的奶又较少，出生后第1周内会有体重的下降，这种体重下降不会超过新生儿出生体重的5% ~ 10%，随着孩子吃奶量增多，机体对外界逐步适应，体重最迟10天会逐渐增加，如果有呕吐或者超出这个范围值很大，建议到医院就医。

（2）新生儿体温波动　新生儿的体温调节中枢尚未发育得像成人一样完善，因此调节功能不好，体温的波动也较大。感受到凉意时，新生儿不会像成人一样颤抖，他只能依赖一种称为棕色脂肪的物质来产生热能，且新生儿的体表面积较大（按照体重比例计算），皮下脂肪又薄，所以衣物穿少了可能体温过低，穿多了还可能引起暂时性的轻微发烧。因此，要保持新生儿体温正常，应让新生儿处于通风及温度适中的环境内。

若有轻微的发烧，可以让宝宝多喝点水、注意衣物宽松舒适，过1个小时再测量宝宝的体温。一般以测量肛温最为准确。

6. 皮肤

（1）新生"红孩"　新生儿刚出生后1 ~ 2天时，皮肤呈青紫色，在头部、躯干及四肢常出现大小不等的多形红斑，受光和空气的刺激变为红色，称新生儿红斑，1 ~ 2天后自然消退。

（2）新生儿生理性黄疸　新生儿出生后胆红素产生过多，肝系统发育不完善，红细胞大量被破坏，出生后2 ~ 3天出现黄疸，称生理性黄疸（图5-2），生后一周左右开始消退。

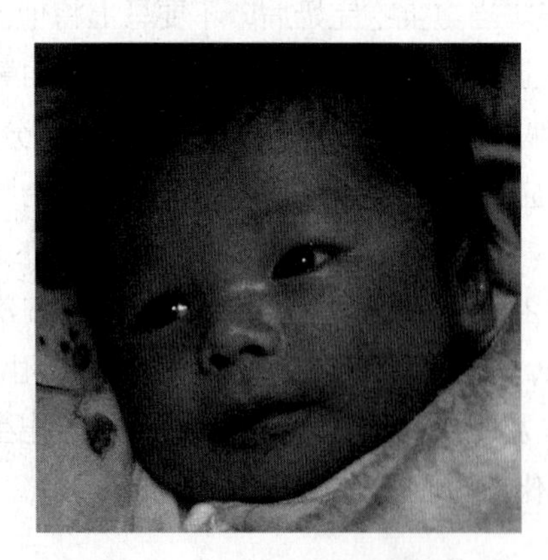

图5-2　新生儿生理性黄疸

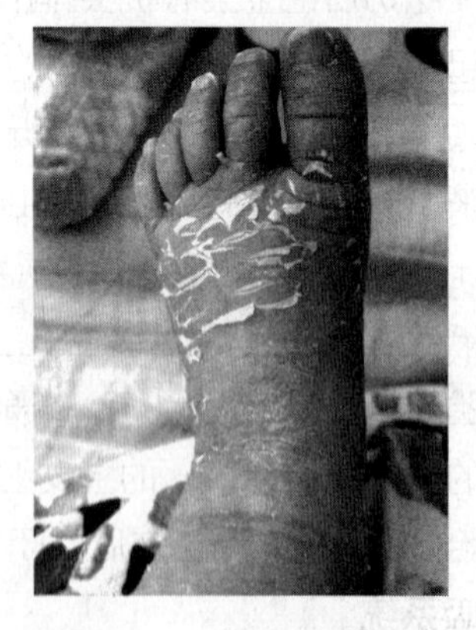

图5-3　新生儿脱皮

（3）新生儿脱皮　几乎所有的新生宝宝都会有脱皮的现象（图5-3），不论是轻微的皮屑，或是像蛇一样的脱皮，只要宝宝饮食、睡眠都没问题就是正常现象。脱皮是因为新生儿皮肤最上层的角质层发育不完全，容易脱落。此外，新生儿连接表皮和真皮的基底膜并不发达，使表

皮和真皮的连接不够紧密，造成表皮脱落的机会增多。这种脱皮的现象全身部位都有可能会出现，但以四肢、耳后较为明显，只要于洗澡时使其自然脱落即可，无须特别的采取保护措施或强行将脱皮撕下。

如若脱皮合并红肿或水泡等其他症状，则可能为病征，需要就诊。

（4）新生儿胎脂　新生儿出生时由皮脂腺的分泌物和脱落的表皮形成一层灰白色的胎脂，覆盖全身，可保护皮肤受损害和防止散热，逐渐被吸收，不用擦去。

（5）新生儿鼻粟粒疹　新生儿尖、鼻翼两侧出现黄白色小点，因皮脂腺堆积，称粟粒疹，能自然吸收。

（6）肤色变化频繁　新生儿的血管伸缩功能和末梢循环尚未健全，因此肤色的变化非常频繁。天冷时手脚会稍稍有点发紫，而哭泣时则会满脸通红，有时甚至会因为睡眠的姿势关系，身体两侧或上下半身也会出现不同的肤色，这些都是属于正常的现象。若新生儿出生后 2 ~ 3 天皮肤变黄，但过 7 ~ 10 天后就逐渐消退，则为生理性黄疸，父母不用太过担心。

若为出生后 24 小时内出现皮肤发黄，且迅速加重，则可能是病理性黄疸，需要送医就诊。

7. 其他

（1）新生儿“假月经”　部分女婴出生后 5 ~ 7 天阴道会流出少许血性分泌物，可持续 1 周，俗称“假月经”，由于胎儿时期在母体内受到雌激素的影响，而出生后宝宝体内的雌激素便大幅下降，使子宫及阴道上皮组织脱落，是一种正常的生理现象。一般不必处理。

（2）新生儿乳房增大　母亲怀孕时体内雌激素与催乳素等含量逐渐增多，到分娩前达最高峰，这些激素的功能在于促进母体的乳腺发育和乳汁分泌，而胎儿在母体内通过胎盘也受到这些激素的影响，因此不论男宝宝或女宝宝的胸部都会稍微突起，有些甚至会分泌少许乳汁，俗称“新生儿乳”。男女新生儿出生后 4 ~ 7 天均可出现乳腺增大，如蚕豆或核桃大小，这些都属于正常现象，不需任何的治疗。在胎儿离开母体后，来自母体激素的刺激消失，2 ~ 3 周消退。

（3）新生儿肢体蜷曲　出生前由于子宫内的空间限制，胎儿的动作大都是头向胸，双手紧抱于胸前，腿蜷曲、手掌紧握的姿势。出生后头、颈、躯干及四肢会逐渐伸展开来，所以宝宝出生后常有小腿轻度弯曲、双足内翻、两臂轻度外转、双手握拳，或四肢屈曲等状态。

注意：除非宝宝的大脑或神经发育有问题，否则只要等神经系统的控制逐渐由粗动作进展到细致动作后，这些状态都会自然矫正。

（4）新生儿惊跳　新生儿常在入睡之后发生局部的肌肉抽动的现象，尤其手指或脚趾会轻轻地颤动，或是受到轻微的刺激如强光、声音或震动等，会表现出双手向上张开，很快又收回，有时还会伴随啼哭的“惊跳”反应。这是由于新生儿神经系统发育不成熟所致。此时，只要妈妈用手轻轻按住宝宝身体的任何一个部位，就可以使他安静下来。

如果宝宝出现了两眼凝视、震颤，或不断眨眼，口部反复地做咀嚼、吸吮动作、呼吸不均匀、皮肤青紫，面部肌肉抽动等症状时，应及时就诊。

以上状况是新生儿正常的生理现象，随着新生儿生长发育，这些症状会不断消失或吸收。因此遇到新生儿出现上述特殊情况，我们不用惊慌，要仔细辨别、判断。如果属于正常的生理现象，采用适当的方法，精心护理。如病情不断加重，应马上到医院进行治疗。

【拓展阅读】

父母需警惕新生儿的异常现象

初为人父母，兴奋之余更有紧张。宝宝有点不对劲，家长就会惊慌失措。到底宝宝出现什么情况才算严重？儿科医生访谈指出，6种不正常表现要警惕。

1. 嘴唇、舌头发紫

如果嘴唇或舌头、口腔黏膜发紫，说明宝宝缺氧，应立刻急救。

2. 呼吸急促，哼哼、呻吟

宝宝持续呼吸急促、用力时，要看他是否伴有胸肌用力过度、鼻翼翕动，以防是急性呼吸窘迫综合征所致。如果这种情况持续数小时，还要考虑看急诊。

3. 不足两个月大，肛温超过38℃

新生儿发烧需要格外重视，应请医生检查。孩子稍大些，免疫功能健全些，就不至于太严重了。

4. 皮肤越来越黄

孩子出生后皮肤越来越黄，也许是黄疸加重。并非所有黄疸都很严重，但不能逐渐消失，反而加重的要看医生，建议有黄疸的宝宝可哺乳频繁一些。

5. 尿布用得少

如果宝宝尿布总不湿，就应考虑脱水的可能。一般出生第2天的宝宝每天至少2块尿布，第3天用3块……第6天是6块。其他严重脱水的表现还有嘴干、眼窝凹陷和昏睡。

6. 呕吐

使劲咳嗽、哭泣后，呕吐很正常。但如果吐的是黄绿色胆汁，可能是肠道梗阻；呕吐物像粉状咖啡渣，可能是肠道出血；头部受伤后呕吐可能是脑震荡症状，应就医。

（资料来源：摇篮网 .http://www.yaolan.com）

（三）新生儿常见疾病的发现

婴幼儿年龄较小，不能用语言准确表达病痛，常常用哭声代替其语言，新生儿对于婴幼儿身体的不适，需要精心观察其精神状态、面色、呼吸、肤色、鼻腔、口轻大小便、吃奶状况、体温等，尽早发现异常状况，进行及时治疗。

1. 哭声

伴有尖叫的哭声，眼睛发呆，常提示新生儿有脑神经疾病；哭声微弱，似无力的呻吟，常是疾病的表现；饥饿时，奶头一含到嘴里就啼哭，常是长口疮了；排便时啼哭，常因肛门裂；躺时安静，触动肢体时大哭，注意有无骨折或脱臼。

2. 呼吸

新生儿若呼吸有鼻翼翕动，阵阵憋气，呼吸暂停在15秒以上，就是病态了。

3. 吃奶

新生儿吮吸无力，吞咽困难，不愿意吃奶，吃奶发呛，吃完呕吐（非溢奶），就不正常了。

4. 皮肤

给新生儿换尿布、洗澡时，要注意皮肤的颜色、温度、弹性是否正常。新生儿出生24小

时内出现黄疸很深，持续时间长，就是疾病引起的病理性黄疸，需及时治疗；在背部、臀部，一片皮肤红肿，并很快变黑，为新生儿皮下坏疽，应该马上治疗；若皮肤冷硬，为新生儿硬肿症，要就近就医，注意保暖。

5. 大小便

大便灰白色，同时白眼珠和皮肤呈黄色，有可能为胆道梗阻或胆汁黏稠或肝炎；大便带有鲜红的血丝，可能是大便干燥，或者是肛门周围皮肤破裂；大便为小豆汤样，可能为出血性小肠炎、这种情况多发生于早产儿；便淡黄色、呈糊状、外观油润、内含较多的奶瓣和脂肪小滴、漂在水面上、大便量和排便次数都比较多，可能是脂肪消化不良；大便黄褐色稀水样、带有奶瓣、有刺鼻的臭鸡蛋味，为蛋白质消化不良；大便为蛋花汤状、泡沫多、酸味重、量多，为碳水化合物消化不良；大便次数多、量少、绿色或黄绿色、含有胆汁、带有透明丝状黏液、孩子有饥饿表现，为奶量不足，饥饿所致或者是腹泻；大便黏液性，鼻涕状并带血，多为痢疾。

小便次数较多，每次尿量少，小便时哭闹疼痛，可能尿道有炎症。小便金黄色或橘黄色，可能受维生素 B2、黄连素、痢特灵等药物的影响；有的新生儿由于盐结晶把尿布染红，不算病态；小便棕黄色或浓茶色，摇晃时黄色沾在便盆上，泡沫也发黄，多见于黄疸型肝炎；小便乳白混浊，如加热后变清则为正常现象，加热后变得更混浊则不正常。

6. 体温

发热是疾病的最常见症状，新生儿口腔发烫，经试体温，体温高于或低于正常值就患病了。

（四）新生儿疾病筛查

随着现代医学的发展，诊疗技术的提高，新生儿死亡率逐渐降低，而死亡原因中占最大比例的就是先天缺陷。临床上新生儿中 4% ~ 6% 有先天缺陷。新生儿筛检是维护宝宝健康的第一道防线，由于这些疾病的早期症状不明显，经常在超过有效治疗期限后才检查出来，而错过了治疗的黄金时间。不过，这些疾病的发生率低，要经过初检、复查后才能确定诊断结果。早在 1962 年，美国就开始进行新生儿疾病筛查。随着医学技术的发展，通过这种手段可检查的疾病越来越多。我国新生儿疾病筛查现已列入《中华人民共和国母婴保健法》，通过对新生儿疾病筛查与诊治，提高了我国出生人口素质。

1. 什么是新生儿疾病筛查

新生儿疾病筛查是指对每个出生的宝宝，通过先进的实验室检测发现某些危害严重的先天性遗传代谢性疾病，是一种简易、快速和廉价的血斑试验。避免宝宝因脑、肝、肾等损害导致智力、体力发育障碍甚至死亡。这类疾病往往不易根治，但有些是可以通过药物、食物或其他方法进行替代、干预或治疗的。

2. 新生儿疾病筛查的种类

一般而论，新生儿疾病筛查可以检查 30 多种遗传病，具体病种因筛查地区不同而异。但根据我国的《母婴保健法》明确指出：“医疗保健机构应当开展新生儿先天性甲状腺功能低下和苯丙酮尿症等疾病的筛查，并提出治疗意见。”在有些地区还开展先天性肾上腺皮质增生症的筛查工作。虽然这些遗传病多数是少见的，但可严重危害健康，轻者影响发育或引起智能低下，重者导致死亡。凡实验室检测异常或可疑病例，要及时复测，复测仍阳性的，则召回婴儿进行确诊检查。确诊后的患儿要及时给予长期、正确的药物治疗或饮食控制，以保证新生儿疾病筛查的社会效果。

3. 新生儿疾病筛查采血最佳时间

采血应当在婴儿出生 72 小时并充分哺乳后进行，否则，在未哺乳、无蛋白负荷的情况下容易出现 PKU 筛查的假阴性。此外，在婴儿出生 72 小时后采血，可避开生理性 TSH 上升时期，减少了 CH 筛查的假阳性机会，并可防止 TSH 上升延迟的患儿产生减阴性。因各种原因提前出院、转院的婴儿，不能在 72 小时之后采血的，原则应当由接产单位对上述婴儿进行跟踪采血，提高筛查的覆盖率，但时间最迟不宜超过出生后 20 天。

4. 新生儿疾病筛查采血部位

多选择婴儿足跟内侧或外侧。其方法是：按摩或热敷婴儿足跟，使其充血，酒精消毒后用一次性采血针穿刺，深约 3 毫米，弃去第一滴血后将挤出的血液滴在特定的滤纸上，使其充分渗透至滤纸背面。要求每个婴儿采集 3 个血斑，每个血斑的直径应≥ 10 毫米。

【拓展阅读】

新生儿疾病筛查

据报道，CH 患儿如能在出生 3 个月内得到确诊和治疗，80% 以上的患儿智力发育正常或接近正常。PKU 患儿如能在生后 3 个月内开始治疗，其智力发育大多在正常水平上，3 个月～1 岁开始治疗，其智商（IQ）多在 60 以上（IQ90 以上为正常），如患儿于 1 岁后开始治疗，其 IQ 往往在 60 以下。有人报告，PKU 患儿在 1 个月内接受治疗，可不出现智力损害，半岁开始治疗，智力可接近正常，1 岁以后开始治疗，IQ 常在 50 以下。北京医科大学第一医院有一 PKU 患儿，在出生 15 天开始接受治疗，三年后 IQ 为 94；另一 PKU 患儿于 6 月龄开始治疗，至 8 岁半时（小学三年级学生），IQ 仅为 73。如果 PKU 患儿未经治疗，95% 的智力呈重度或极重度损害，而这种脑损害又是不可逆的。由此可见，新生儿疾病筛查对出生人口素质提高具有重要意义。

（资料来源：百科网 .http://baike.so.com ）

（五）新生儿常见疾病及其护理案例

新生儿从母体中获得了比较多的免疫球蛋白，抗病能力比较强，对于常见的细菌和病毒的侵袭都可以抵抗，因此不容易得病。但新生儿的皮肤非常娇嫩，对一些化脓性细菌和引起破伤风的细菌缺乏免疫力。新生儿易患脐炎、新生儿病理性黄疸、肺炎、尿布疹、鹅口疮等常见疾病，因此要注意预防与护理。

1. 病理性黄疸

【症状】

临床上有 60% 的足月产宝宝在出生后一周内会出现黄疸，80% 的早产儿会在出生后 24 小时内出现黄疸。观察时必须把新生儿放在自然光线下，症状为皮肤、白眼球、四肢及手掌、脚掌已发黄，尿呈深黄色且能染黄尿布，大便色淡甚至发白，宝宝食欲缺乏、不安躁动，体温可能也会有所上升，甚至宝宝会伴有贫血、嗜睡、吸奶无力、呕吐、大小便颜色异常、不吃奶甚至出现呻吟、尖声哭叫，说明黄疸已经超出生理性黄疸范围，应该立即去医院诊治。

黄疸又分为生理性和病理性黄疸。生理性黄疸（即暂时性黄疸）7 ~ 10 天消退。若生后 24 小时即出现黄疸，2 ~ 3 周仍不退，甚至继续加深加重或消退后重复出现或生后一周至数周内才开始出现黄疸，均为病理性黄疸。病理性黄疸严重时均可引起核黄疸（即胆红素脑），其愈后差，可造成神经系统损害，严重的可引起死亡。

【病因】

（1）某些原因（先天性代谢酶和红细胞遗传性缺陷）以及理化、生物及免疫因素所致的体内红细胞破坏过多，发生贫血、溶血，使血内胆红素原料过剩，均可造成肝前性黄疸。如自身免疫性溶血性贫血、遗传性球形红细胞增多症、不稳定血红蛋白病等。

（2）由于结石和肝、胆、胰肿瘤以及其他炎症，致使胆道梗阻，胆汁不能排入小肠，就可造成肝后性黄疸。常见疾病包括:化脓性胆管炎、胆总管结石、胰头癌、胰腺炎、胆管或胆囊癌。

（3）先天性非溶血性黄疸：吉尔伯特（Gilbert）病及 Dubin-Johnson 二氏综合征引起的黄疸和新生霉素引起的黄疸，都是肝细胞内胆红素结合障碍、胆红素代谢功能缺陷所造成的。

【预防】

（1）妊娠期间，如果孕妈湿热，也会导致宝宝容易出现黄疸。所以妈妈怀孕的时候要注意饮食有节，不要吃过量的生冷食品，不过饥过饱，并忌酒和辛热的食物，以防损伤脾胃。

（2）宝宝出生后就密切观察其巩膜黄疸情况，发现黄疸应尽早治疗，并观察黄疸色泽变化以了解黄疸的进退。

（3）注意观察胎黄婴儿的全身症候，有无精神萎靡、嗜睡、吮乳困难、惊惕不安、两目斜视、四肢强直或抽搐等症，以便对重症患儿及早发现及时处理。

（4）注意保护婴儿皮肤、脐部及臀部清洁，防止破损感染。

【护理】

（1）婴儿出生后就密切观察其巩膜黄疸情况，发现黄疸应尽早治疗，并观察黄疸色泽变化以了解黄疸的进退。

（2）注意观察胎黄婴儿的全身症候，有无精神萎靡、嗜睡、吮乳困难、惊惕不安、两目斜视、四肢强直或抽搐等症，以便对重症患儿及早发现及时处理。

（3）密切观察心率、心音、贫血程度及肝脏大小变化，早期预防和治疗心力衰竭。

（4）注意保护婴儿皮肤、脐部及臀部清洁，防止破损感染。

（5）需进行换血疗法时，应及时做好病室空气消毒，备齐血及各种药品、物品，严格操作规程。

2. 脐炎

【症状】

宝宝肚脐发炎（图 5-4）。

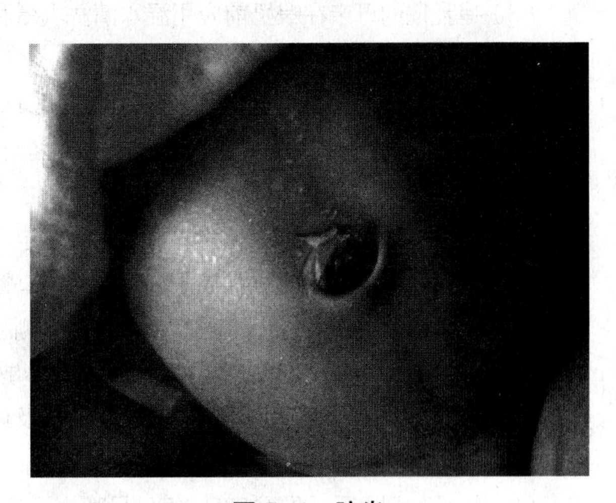

图 5-4　脐炎

【病因】

脐炎是新生儿常遇到的问题。宝宝出生之后，脐带也就完成了它的历史使命。医生将脐带结扎后 5 ~ 7 天内脐带残端干枯脱落，脱落后的部位即为肚脐。问题就发生在脐带还没脱落的这段时间内。如果在这段时间内护理不当，感染细菌而发炎，这就是脐炎。

【预防】

预防脐炎发生的方法很简单：保持宝宝脐部清洁、干燥。

【护理】

脐带未脱落时，给宝宝洗澡要分上、下两部分洗，不要让脐带及包扎脐带的纱布沾上水。如果脐带上的纱布湿了，要及时更换。一旦发现宝宝的脐部有渗出液，一定要带宝宝看医生，爸爸妈妈要按无菌操作的程序给宝宝清洗脐带。

3. 鹅口疮

【症状】

新生儿中的常见病，表现为口腔颊部、唇内、舌、上腭和咽部黏膜上黏附着乳白色斑点，严重时融合成片，擦去后则露出粗糙的潮红的黏膜。鹅口疮多见于营养不良或腹泻的新生儿。

【病因】

鹅口疮是由白色念珠菌感染所引起，白色念珠菌就是许多微生物中的一种，通常多发生在口腔不清洁、营养不良的婴儿中，在体弱的成年人中亦可发生。白色念珠菌在健康儿童的口腔里也常可发现，但并不致病。

以下情况均可引起感染。

（1）母亲阴道有真菌感染，婴儿出生时通过产道，接触母体的分泌物而感染。

（2）奶瓶、奶嘴消毒不彻底，母乳喂养时，妈妈的奶头不清洁。

（3）接触感染念珠菌的食物、衣物和玩具。另外，婴幼儿在6～7个月时开始长牙，牙床有轻度胀痛感，婴幼儿便爱咬手指，咬玩具，这样就易把细菌、真菌带入口腔，引起感染。

（4）在幼儿园过集体生活，有时因交叉感染可患鹅口疮。

（5）长期服用抗生素，或不适当应用激素治疗，造成体内菌群失调，真菌乘虚而入。

【预防】

（1）产妇有阴道真菌病时应积极治疗，切断传染途径。

（2）进食的餐具清洗干净后再蒸10～15分钟。

（3）哺乳期的母亲在喂奶前应用温水清洗乳晕和乳头;而且应经常洗澡、换内衣、剪指甲，每次抱孩子时要先洗手。

（4）被褥要定期拆洗、晾晒；宝宝的洗漱用具尽量和家长的分开，并定期消毒。

（5）应注意隔离和哺乳的消毒，以预防传播。

【护理】

（1）新生儿刚刚出生时，口腔内常常会有一定的分泌物出现，这是一种正常现象，一般不用擦去，可以定时给宝宝喂一些温开水来冲洗掉口腔中的分泌物。要是宝宝的口腔中仍有脏物或分泌物时，妈妈也不必过于着急，应让小宝宝侧卧，用 一块小毛巾或围嘴围在宝宝的颌下，妈妈洗净手后，用棉签蘸上少许淡盐水或温开水，按照先口腔内两颊部、齿龈外面，后齿龈内面及舌头的顺序进行清洗。由于宝宝的口腔黏膜极其柔嫩、唾液少、易损伤且导致感染，因此在清洗时一定注意动作要轻。

（2）一段时间之后，要逐渐养成每日早晚用干净纱布或手帕蘸温开水清洁宝宝牙龈的习惯，

即使孩子的乳牙没有生出也要坚持。这样做可以保持宝宝口腔内的清洁，为乳牙的萌出提供一个良好的生长环境。

【拓展阅读】

正常新生儿的各项标准

（1）体重　正常新生儿出生时体重超过 2500 克，一般在 3000 ~ 4000 克之间。

（2）身长　正常足月新生儿出生时身长超过 47 厘米。

（3）头围　新生儿诞生时平均头围在 33 ~ 35 厘米之间。

（4）胸围　胸围比头围小 1 ~ 2 厘米，平均为 32.4 厘米。如果头围比胸围小太多，叫小头畸形；如果头围比胸围大太多则可能是脑积水。

（5）皮肤　一般在出生 2 ~ 3 天后皮肤开始发黄，出生后 4 ~ 5 天是高峰期，皮肤颜色最黄，有时连眼白都发黄，一周后逐渐退掉，这叫做生理性黄疸。但有些宝宝刚出生皮肤就发黄，也是正常现象。

（6）呼吸　随着一声啼哭宝宝宣告着自己降生，从这一刻起，肺就开始工作了。但是他的呼吸方式与成人不同。他以腹式呼吸为主，呼吸较浅，而频率较快，每分钟呼吸 40 ~ 50 次。

（7）心跳　摸新生儿的脉搏会发现，宝宝的心跳快，心率波动较大，睡着时为 90 ~ 100 次 / 分，活动时为 120 ~ 140 次 / 分，哭闹时甚至高达 160 ~ 180 次 / 分。

（8）体温　新生儿正常体温为 36 ~ 37.5℃，因为体温调节功能还不完善，要特别注意给他保暖。

（9）四肢　看手指和脚趾末端，可能微微发紫，这是新生儿四肢血流不多的原因。

（10）大小便　刚出生 1 ~ 2 天先排出黑绿色胎便，此后转为金黄色；大多数新生儿出生后 6 小时排尿，但尿量及排尿次数都比较少，大约一周后尿量明显增多。若超过 24 小时没有大便或小便，就要立刻就医。

（11）视力　宝宝刚出生时视力很低，但有光感，当强光射到眼睛时，瞳孔会缩小。

（12）听力　出生一周左右，听力就会逐渐增强，同时自己还会做出生理反应。

（资料来源：康路网 . http://baby.kanglu.com）

二、婴幼儿期（2 个月 ~ 3 岁）常见疾病及其预防与护理

（一）婴幼儿生理特点

0 ~ 3 岁的婴幼儿免疫球蛋白水平约为成人的 1/12，新生儿对一些化脓性细菌和引起破伤风的细菌缺乏免疫力，1 ~ 6 个月的婴幼儿从母体中获得的免疫球蛋白可抵御部分细菌的感染，6 个月后从母体中获得的免疫球蛋白逐渐减少，自身产生免疫球蛋白的能力比较低，抗病能力较差，容易生病。

免疫球蛋白是人体内一种广谱天然活性抗体。是一类可抵抗病原感染的蛋白类肽物质，医学上称为抗体，分为 IgG、IgA、IgD、IgE 和 IgM 五大类，在人体内 IgG 为主要抗体，占 40%。免疫球蛋白 IgG 能抵御外界各种致病菌和病毒的侵害，抑制致病菌繁殖，有助于人体自身免疫

系统的形成，促进婴幼儿健康成长。

（二）婴幼儿常见疾病发现

婴幼儿发病时，通常有一些症状出现，如果及时发现这些症状，对于婴幼儿的病情能早期得到诊治有着重要作用，对婴幼儿疾病的发现，主要从以下几个方面加以判断。

1. 食欲

健康的婴幼儿能按时饮食，食量较稳定。若发现食欲改变，食量减少或拒食，往往是患病的前兆表现。特别是急性病，病状还未出现之前，常先有食欲的改变。如急性肝炎，早期多无任何症状，只是不想吃东西、恶心、呕吐。幼儿发热时，可使消化机能发生变化，引起食欲下降。若拒食或食后即哭，同时伴有口水增多，要注意有无口腔疾病，如鹅口疮或口腔溃疡。

2. 睡眠

婴幼儿患病前通常夜间睡眠质量不好，表现啼哭或烦躁不安，如幼儿出现发热、腹痛、口痛、肛周瘙痒等疾病，有时不能用语言表达出来，只能表现得哭闹不安。有时哭声尖锐，呈阵发性，哭闹时伴有面色发青、手足蹬动、头部后仰、腰部挺伸等，排除正常的生理性的状况，如饥饿、过冷、过热、大小便等情况，即为发病症状。睡眠中踢被，或睡眠后颜面发红，呼吸急促，则常是发热的表现。睡眠中容易惊醒啼哭，睡醒后大汗淋漓，平时易发脾气，加上囟门闭合延迟，则常是佝偻病的表现。

3. 面色

正常的婴幼儿面色红润，有光泽，皮肤光滑。如果发现婴幼儿的面色发生异常，面色苍白、通红、发青、发黄等，就说明幼儿有可能患上了一些疾病。如贫血或失血的幼儿可见面色苍白并有口唇、牙床苍白。感冒发热的幼儿面色发红，而且伴有哭闹或精神不佳。腹痛、腹胀、腹泻等症状的幼儿表现为面色发青，特别是鼻梁两侧更严重。先天性心脏病的幼儿面色青紫是缺氧所致。

4. 情绪

健康的婴幼儿精神头十足，患病的婴幼儿常有情绪改变。若忽然变得不爱玩，好哭闹，一般情况下是疾病的早期反应，如结核性脑膜炎，在出现神经系统症状之前，可先有情绪、精神改变，或性情暴躁不安，或胆小怕事等，然后才出现发烧、呕吐、嗜睡等症状。如突然变得烦躁不安，面色发红，多为发热症状。目光呆滞、两手握拳，常是惊厥预兆。两腿屈曲、翻滚则是腹痛的表现。

5. 呼吸

正常的婴幼儿呼吸平稳，有节律性，安静时呼吸频率婴幼儿不超过40次/分，幼儿不超过30次/分，婴幼儿呼吸系统处于发育阶段，患病时易引起呼吸异常。若呼吸变粗、频率增加或时快时慢，面部发红，可能是发热；张口呼吸或常做深呼吸动作是鼻子不通气的表现；呼吸急促，每分钟超过50次，鼻翼扇动，口唇周围青紫，呼吸时肋间肌下陷，或胸骨上凹陷，很可能是患了肺炎、呼吸窘迫症、先天性横膈膜疝气等病。如婴幼儿时常口唇发绀、面色灰青，要提防心肌炎或先天性心脏病。

6. 舌头

在正常情况下，人的舌头表面都有一层白苔，薄而清透，舌为淡红色。如舌苔白而厚，一

般是浊湿内滞或消化不良。同时呼出的气带有酸腐味应及时看医生。

7. 手足

在正常情况下，婴幼儿手心、脚心温和柔润，不凉不热，但如果发现幼儿手心脚心干热，是幼儿将要患病的一种表现，应注意观察幼儿的精神状态和饮食了。

8. 口鼻

鼻是肺脏在体表的门口，口腔是消化道的上端，口鼻干燥发烧，口唇鼻孔干红，或鼻中有黏涕、黄涕，都是肺和胃燥热的现象。肺热胃热如果不及时解除，幼儿很可能会很快出现高热。

9. 大便

婴幼儿粪便会出现红、黄、绿、黑、白等多种颜色，仔细观察是辨病的信号。如不是吃红色食物，红色便可能是消化道出血，主要发生于直肠或肛门的某些疾病，红色便常见的是肠套叠引起的。肠套叠是一种急性病，应及时治疗。绿色便出现在新生儿出生 3 天内是正常的，但 3 天之后仍出现绿色便，则多为消化不良引起的。白色便为肝炎或胆道疾病所特有，且幼儿皮肤发黄。黑色便，呈柏油样，是少见的溃疡病、胃癌、肝硬化出血的信号。

10. 排尿

尿色以及尿量和速度的改变都是婴幼儿生病的征兆。正常的尿液应该是淡黄色透明无杂质。红色和白色可能是尿路感染，浑浊的茶色或褐色则可能是饮水太少或者肝炎。

（三）婴幼儿常见疾病的护理

患重病时通常要住院治疗,病人的护理主要由医生、护士、家长来承担。但对于不重的患儿，我们要学会最基本护理患病婴幼儿的护理知识。护理得当，病情恢复快。“三分病七分养”，充分说明护理的重要性。采用科学方法养育婴幼儿，使婴幼儿少疾病。

1. 服药

在给孩子选药时，注意药品的通用药名，因为不同的药物有不同的商品名，但成分是相同的，以免重复使用;使用复方制剂时，注意含量和成分，如果自己不明白需向医生和药师询问；给孩子用药时，注意孩子的用药剂量、用药间隔，用合适的带明确刻度的量器给孩子喂药；药品的贮存需要避光，合适的温度，湿度不要超过 25%，远离儿童；一旦发生过量或误服时立即联系就近医院，寻求解决方案。要确保药效，必须谨慎选择药物，并根据儿童实际年龄、体重和需要调整剂量。不要孩子一发热就服退热药，因为发热是婴儿患病的常见症状，是多种疾病所共有的一种临床表现；轻微的腹泻也不一定是坏事，腹泻是婴幼儿的常见病，多由胃肠功能不健全、肠道功能紊乱、消化不良、细菌感染及内分泌障碍等原因所引起，腹泻对人体也具有一定的保护作用，可通过腹泻排出肠道内的细菌和毒素；疼痛时不乱服止痛药，疼痛是多种疾病的早期信号，诱发疼痛的原因很多，如炎症性疾病、痉挛性疾病、血管性疾病及恶性肿瘤等，必须等待疼痛原因明确后，再正确应用止痛药，否则疼痛症状虽可暂时缓解，但很容易掩盖病情，延误治疗，使病情加剧恶化等。

婴幼儿各器官尚未发育成熟，对药物的解毒功能和耐受能力均不如成人。因此，喝药时要遵照医生的嘱咐，明确服药的时间、次数、药量等，千万不可搞错，否则会影响疗效，还会发生中毒。

（1）药物用量的计算

① 按体重计算的公式。不同的药物对应于每千克体重的用量不同，应仔细阅读说明书或遵从遗嘱。

1 ~ 6 个月体重（千克）= 出生体重（千克）+ 月龄 × 0.7

7 ~ 12 个月体重（千克）= 出生体重（千克）+ 6 × 0.7（千克）+（月龄 - 6）× 0.3

1 ~ 10 岁体重（千克）= 年龄（岁）× 2 + 8

② 按成人剂量折算婴幼儿用药量。各年龄组的用药量不是绝对的，应该根据婴幼儿的体质情况进行调整。

③ 按体表面积计算。婴幼儿用药量 = 成人剂量 × 婴幼儿体表面积 / 成人体表面积

成人体表面积按体重 70 千克计算为 1.7 平方米，婴幼儿体表面积（平方米）= 体重（千克）× 0.035 + 0.1

（2）用药方法

粉状药。如果把粉状药直接倒入幼儿口中，有时会呛到气管里，应把药放到勺子里，放少许水搅拌均匀，直接给幼儿喂下去，然后再给喝点牛奶和少许果汁，以冲淡口腔中的苦味。

液体制剂。服药前要摇晃均匀，量好用量，不可以用瓶子直接给婴幼儿喝，而应用勺子或滴管喂。不可以将药掺进牛奶或果汁中，因为婴幼儿可能从此对牛奶和果汁产生厌恶感，病好后对这些饮品产生恐惧。使用小勺时，把婴幼儿放在腿上，将盛药的勺子伸入宝宝口中，用勺底轻轻压住舌面，等药喝下去再把勺子拿出来。严禁捏着鼻子灌药。对于大一些的幼儿，可以准备一点糖水或一点糖果。

片剂、胶囊。幼儿服用片剂和胶囊比较困难，通常将药片研成粉末状，把胶囊里的药倒出来，加水调成液体状再喂，有些药是需要缓释治疗的，有的医生不建议这样做，故婴幼儿尽量选择粉末状和液体药物。

2. 测量体温

婴幼儿期的正常体温可在一定范围内波动。正常人一日之间最高体温与最低体温相差幅度，依年龄而增加，一个月时约 0.25℃，6 个月时月 0.5℃，三岁以后约 1℃。在运动、哭吵、进食、刚喝完热水、穿衣过多、室温过高、炎热的夏季，都可能出现体温不同程度的增高。所以测量体温应该在婴幼儿安静和进食后 1 ~ 2 小时后进行，如遇到其他情况也需要半小时左右再测量。

体温表有口表和肛表两种。测量婴幼儿体温，除较大幼儿用口表外，年幼的幼儿一般宜在肛门或腋下测试。在测量体温前，应用拇指和食指捏住体温表的上端，将体温表的水银柱甩到 35℃以下，甩表时避免体温表弄坏。读看体温表度数时拿着体温表的上端水平方向转动看，即可看到温度表上的度数。体温表用毕，将表横浸入 70% 的酒精或 60 度白酒中消毒 30 分钟，取出后用冷开水冲洗，擦干后放在表套中备用。测量前应检查体温表是否有破损。

（1）腋下测量法　在测体温前，先用干毛巾将腋窝擦干净，再将体温表水银端放于腋窝深处而不外露，家长用手扶住体温表，让幼儿屈臂过胸，夹紧或家长抱紧，测温 7 ~ 10 分钟后取出，洗澡后需隔 30 分钟才能测量，并注意体温表和腋窝皮肤之间不能夹有衣物，以保证其准确性。正常腋窝下体温一般平均为 36 ~ 37℃。

（2）肛门内测量法　选用肛门表，先用液态石蜡或油脂或肥皂水滑润体温表含水银的一端，再慢慢将表的水银端轻轻插入肛门 3 ~ 4.5 厘米，婴儿 1.5 厘米即可，家长用手捏住体温表的

上端，防止滑脱或折断，3 ~ 5 分钟后取出，读出度数。肛门表的度数为 36.8 ~ 37.8℃。

（3）口腔内测量法。将温度表水银一端斜放在幼儿舌下，嘱幼儿闭口，不要用牙咬，用鼻子呼吸，3 分钟后取出，擦净后看度数。一般成人口表体温在 36 ~ 37℃之间，幼儿可高 0.5℃。万一幼儿咬破体温表时，不要惊慌，立即口服蛋清或牛奶，以延缓汞的吸收，一般均能排出体外，不致引起中毒，但需看口腔中是否有温度表的破碎残渣，及时清理。

3. 发热的护理

宝宝发热，临床上常用的降温方法主要有两种：物理降温、药物降温。不管采用何种方法帮助宝宝降温，要根据宝宝的年龄、体质和发热程度来决定。新生儿期宝宝发热一般不宜采用药物降温；婴幼儿一般感染所致的发热最好先采用适当的物理降温措施。但对麻疹等出疹性疾病的患儿不宜采用冷敷和酒精擦浴降温，以免刺激皮肤，影响皮疹透发。如果使用药物降温，要注意剂量不要太大，以免使宝宝出汗过多而引起虚脱或电解质紊乱。降温要选择合适的降温方法。儿科常用的退热药物种类很多，不管使用哪种退热剂，都要在医生的指导下进行。

（1）物理降温

① 头部湿冷敷：将湿毛巾敷于发热宝宝的前额，2 ~ 3 分钟换 1 次。

② 冰枕：把冰块捣碎，与水一起装入冰袋（或热水袋）内，排出空气后，拧紧袋口，放在发热宝宝的枕颈部。

③ 温水浴：让发热宝宝在 30℃左右的温水中沐浴 20 ~ 30 分钟。

④ 擦浴：用 30% ~ 50% 的酒精或冷水浸湿纱布，洗擦发热宝宝的上肢、下肢、额部、颈部、腋下及腹股沟等处。

（2）药物降温　请在医生指导下用药。

① 给发热宝宝用药不可操之过急，如果服用一次后，热度不退，再次服药需间隔 4 ~ 6 小时。

② 给宝宝服用的退热药用量不可太大。

③ 不宜在短时间内让宝宝服用多种退热药，降温幅度不宜太大、太快，否则宝宝会出现体温不升、虚脱等情况。

④ 退热药只是在宝宝发热时才有退热作用，宝宝不发热时，服用退热药并无预防发热的作用。

⑤ 在给宝宝服用退热药后，如果宝宝出汗较多，要及时给他补充水分，以免发生虚脱。

（四）患病儿的饮食调理

面对生病的孩子，缺乏经验的年轻父母往往心焦气躁顾此失彼。有的只注意孩子的药物治疗与适当休息而忽略了患病期间的营养调配；有的虽然意识到孩子的饮食调理的重要性却又不得要领。

其实宝宝生病后，消化功能难免会受到影响，食欲必然有所下降。这时候作为父母千万不可操之过急，而应根据孩子的病情和身体状况合理安排、调整饮食计划。科学合理的营养调配不仅有助于促进患儿疾病的康复，还可促使其体重的恢复以及有效预防营养不良。盲目进补则有害健康。下面列举了几种婴幼儿常见疾病及其饮食调理。

1. 发烧

发烧时幼儿新陈代谢加快，体内的盐分和水分大量流失。因而此时的首要问题不是补充营

养而是补充水分。及时补充流失掉的水分既可以帮助退烧又利于体内代谢物和毒素的排泄，并可缩短病愈的时间。此期间饮食应遵循清淡、易消化、少量多餐的原则。

患病急性期孩子食欲差、热度高，此时应以流质食物为主，如米汤、牛奶、果汁、绿豆汤等；恢复期或退烧期可调配半流质食物，如：营养米粉、肉末菜粥、面片汤、鸡蛋羹等；退烧后可吃些稀饭、面条、新鲜蔬菜等易消化的菜肴；少吃难以消化的荤腥食物，这些东西如果长时间滞留于胃肠中，就会发酵、腐败，甚至会引起中毒。

2. 咳嗽

充足的水分可帮助稀释痰液，使痰易于咳出；咳嗽时胃肠功能比较薄弱，饮食应清淡；不要吃油腻以及过咸、过甜的食物，以免加重胃肠负担；应忌食冷、酸、辣食物；含油脂较多的食物如花生、瓜子、巧克力等食品容易滋生痰液，应少吃。

3. 腹泻

护理腹泻的患儿应遵循少量多餐的原则，预防脱水、暂停禁忌食物。条件允许的话，可以在腹泻停止后的半个月内，每天给孩子加一餐，以弥补腹泻期间损失的营养；患儿体内胃肠消化功能紊乱，适当减少食量和喂食次数，以减轻胃肠压力；宜食清淡、易消化的食物；应忌食生冷、油腻的食物；少食富含易促进肠道蠕动纤维素的水果，会加重腹泻。

4. 湿疹

宜吃清淡、易消化、富含维生素和矿物质的食物，如绿叶菜汁、胡萝卜水、新鲜果汁、西红柿汁、菜泥、果泥等；避免吃鱼、虾、蟹等海产品以及刺激性的食物。

（五）婴幼儿常见病及其防护案例

1. 呼吸系统

（1）上呼吸道感染　上呼吸道感染简称“上感”，主要指鼻、咽部等上呼吸道黏膜的急性炎症，包括鼻咽炎、鼻炎、咽炎、喉炎、扁桃体炎、鼻窦炎等，是婴幼儿的常见病、多发病。

【病因】

婴儿6个月以后从母体获得的抗体明显减少，而自身产生的又不足，因此患“上感”的机会开始增加。一年四季均可发病，但以冬季和晚秋、早春季节多见。引起“上感”的病原体很多，其中90%以上的“上感”由病毒引起，已知病毒达150种以上；另一部分由细菌引起，而支原体、衣原体等引起的“上感”也常引起小流行。急性“上感”本身预后多良好，但若治疗不及时，病儿体质弱，也可引起许多并发症，特别是婴幼儿期更为多见。如当感染蔓延到邻近器官可引起中耳炎、咽后壁脓肿、支气管炎、肺炎；感染通过血循环播散引起败血症、脓胸、脑膜炎；感染的毒素及变态反应，可发生风湿热、心肌炎、肾炎。因此，尽管“上感”不是一个严重的疾病，但却是百病之源，应积极治疗，并做好“上感”病儿的精心护理。

【症状】

患上上呼吸道感染，会出现发热、喉咙肿、流鼻涕、咳嗽等症状，还可能伴有呕吐、腹泻等消化系统疾病。

【护理及预防】

加强身体锻炼，增加户外活动，增强机体抗病能力；讲究卫生，合理护理，根据天气变化适当增减衣服；居室要定期通风换气，室温勿过高或过低，并保持一定湿度；在寒冬季节，尽

可能不带婴儿去公共场所，以防交叉感染；家中有“上感”病人，应尽量与婴儿隔离，如无条件还与之接触者，患者应戴口罩，家中通风，保持室内空气清新；应用疫苗预防，从鼻腔内喷入或滴入的减毒病毒疫苗，可以预防或减轻“上感”病症；室内定期用醋熏蒸，在疾病流行期可用 0.5% 病毒唑滴鼻或用贯众、板蓝根、双花、菊花等煎服或代茶饮；保证宝宝良好的睡眠，不要过度疲劳。

婴幼儿“上感”有 90% 是由病毒引起的，因此遇到婴幼儿感冒有发烧咳嗽时，不要一上来就服抗生素，应该以清热解毒、止咳化痰的中药为主。如果合并了细菌感染，比如细菌性肺炎，可以在医生指导下服用抗生素。退热药一般每隔 4 小时才能喂一次，而且低烧或中度发烧可以不服退烧药，高热时（39℃以上）再服。如果服药后发烧不退，又没到 4 个小时，可以采取物理降温的方法退烧，比如用冷毛巾冷敷颈部两侧、大腿根部、双腋窝部，或洗温热水澡（注意千万别着凉）、头枕凉水袋等。多喝水或果汁，多吃水果，饮食宜给流食或软食。因胃蛋白酶分泌都减少、消化能力减弱，应减少食量，以免引起积食。室内要保持一定的温度，注意保持室内空气新鲜、湿润。注意清洗眼鼻分泌物，随时观察病情变化。

（2）支气管炎　支气管炎是指气管、支气管黏膜及其周围组织的慢性非特异性炎症。临床上以长期咳嗽、咳痰或伴有喘息及反复发作为特征。支气管炎是儿童常见呼吸道疾病，患病率高，一年四季均可发生，冬春季节达高峰。

【病因】

病源是病毒、肺炎支原体或细菌，或为其合并感染。年龄多见于 1 岁以下的小儿，尤以 6 个月以下婴儿多见。一年四季均可发病，但以冬春季较多见。凡可引起上呼吸道感染的病毒都可成为支气管炎的病原体，在病毒感染的基础上，致病性细菌可引起继发感染。营养不良、佝偻病、变态反应以及慢性鼻炎、咽炎等皆可为本病的诱因。婴幼儿气管管径小、气管的软骨及平滑肌发育仍不健全、整个胸廓的弹性及胸肌都比较脆弱，造成呼吸阻力加大，病毒感染易发支气管炎。

【症状】

当患支气管炎时，小儿常常有不同程度的发热、咳嗽、食欲减退或伴呕吐、腹泻等，较小儿童还可能有喘憋、喘息等毛细支气管炎表现。尽管有少数患儿可能发展成为支气管肺炎，但大多数患儿病情较轻。急性支气管炎有感冒前期症状，如咳嗽、喷嚏，1 ~ 2 天后咳嗽加重，出现发作性呼吸困难、喘憋、面色苍白、口唇发绀、三凹征，肺部体征早期喘鸣音为主，继之出现湿音。症状严重时可伴充血性心力衰竭、呼吸衰竭、缺氧性脑病以及水和电解质紊乱。一般体温不超过 38.5℃，病程 1 ~ 2 周。

【预防及护理】

饮食宜清淡，忌辛辣荤腥；避免感冒，能有效地预防慢性支气管炎的发生或急性发作；坚持适当体能训练，活动量适度，提高机体抗病能力；训练婴幼儿腹式呼吸，腹式呼吸能保持呼吸道通畅，增加肺活量，减少慢性支气管炎的发作，预防肺气肿、肺源性心脏病的发生。

注意休息、室内温度、湿度的调整；通风和采光良好；婴幼儿须经常调换卧位、拍背，每 1 ~ 2 小时一次，使患儿保持半卧位，使呼吸道分泌物易于排出；因咳嗽频繁妨碍休息时，可遵医嘱给镇咳药，但应避免给药过量以致抑制分泌物的咳出；小儿支气管发炎时有不同程度的发热，水分蒸发较大，应注意给患儿多喂水。可用糖水或糖盐水补充，也可用米汤、蛋汤补给。饮食以半流质为主，以增加体内水分，满足机体需要；小儿患支气管炎时营养物质消耗较大，加之发热及细菌毒素影响胃肠功能，消化吸收不良，因而患儿体内营养缺乏是不容忽视的。给予清淡、营养充分、均衡易消化吸收的半流质或流质饮食，如稀饭、煮透的面条、鸡蛋羹、新鲜蔬菜、水果汁等。

（3）肺炎　肺炎是指肺部受肺炎双球菌、葡萄球菌及其他细菌或病毒感染引起的疾病。肺炎是婴幼儿时期的常见疾病，重症肺炎是婴幼儿时期主要死亡原因之一，婴幼儿以急性支气管肺炎多见。

【病因】

婴幼儿的鼻咽、气管及支气管狭窄，黏液分泌少，纤毛运动差，肺组织分化不全，弹力纤维不发达，代谢能力差，肺泡少而间质发育旺盛，故含气少血多，加上免疫功能尚未充分发育，因此易患气管肺炎。

【症状】

发热和持续咳嗽是肺炎最大的症状。严重时，高热还可能造成呼吸困难，这是与感冒的区别。另外，呼吸会加快，达到 1 分钟 50 次以上，每次呼吸时，鼻翼扇动，脸、嘴唇、指尖、脚尖等部位往往会由青转白。

咳嗽严重时，年龄越小越容易出现呕吐、多痰。即使病因相同，患儿的状态也会各自不同，因此，要根据发病原因和婴幼儿的状态来接受适当的治疗。

【预防】

婴幼儿应尽可能避免接触呼吸道感染的病人；父母感冒时应尽可能少接触年幼子女，接触时应戴口罩；做好儿童的计划免疫，特别是麻疹活疫苗和百白破混合制剂的注射，以减少继发肺炎的发生；积极提倡母奶喂养，合理添加辅食；积极预防佝偻病、营养不良等；提倡户外活动，多晒太阳；培养良好的饮食及卫生习惯，小儿衣着不过厚或过薄，婴儿不要包裹过紧，平时居室内要每日定期开窗换气；加强早产儿及体弱儿（包括先天性心脏病患儿）的保护和护理；已患肺炎的婴幼儿抵抗力弱，易染他病，应积极预防可能引起严重预后的并发症，如脓胸、脓气胸等。在病房中应将不同病因的患儿尽量隔离，特别是发现腺病毒肺炎患儿，应争取单间隔离；肺炎合并呼吸衰竭的患儿要及时就医。

【护理】

保持室内空气新鲜和一定湿度；适当增加营养和水分，少食多餐，多饮开水；注意充分休息，避免因过度劳累引起呼吸困难；经常抱起患儿，轻拍背部或翻身，用温开水浸软清除鼻痂。

【拓展阅读】

小儿肺炎食疗

一、鱼腥草炖猪肚

【用料】鱼腥草 120 克，猪肚 1 个。

【制法服法】猪肚按食法翻洗干净，将洗净的鱼腥草放于猪肚中，扎好，以文火炖汤。食猪肚饮汤。

【功效主治】猪肚即猪胃，味甘，微温。为补脾胃的佳品。与鱼腥草清热解毒同用，起到健胃清肺、止咳祛痰的作用。用于肺炎后期，机体初愈，胃纳不振，余毒未清者。

【注意事项】邪盛未清时不宜早用。

二、鱼腥草宁肺汁

【用料】鲜鱼腥草 250 克，蜂蜜适量。

【制法服法】将鱼腥草洗净，略捣，用干净纱布绞取汁液，与蜂蜜调匀，置杯中，隔水炖 10 ~ 20 分钟。每次服 1 ~ 2 匙，日服 3 ~ 4 次。

【功效主治】蕺菜即鱼腥草，味辛，性微寒。能清热解毒，对肺与大肠热毒所致的疾病疗效较好。其有效成分对多种球菌、杆菌及病毒均有抑制作用，并能明显促进白细胞对金黄色葡萄球菌的吞噬能力。蜂蜜解毒并可调味。用于肺热咳嗽，对小儿肺炎高热，痰多，有很好的治疗和辅助治疗作用。

【注意事项】肺胃虚寒者慎用，大便溏泻者忌用。

三、三仁粥

【用料】桃仁 10 克，薏苡仁 30 克，冬瓜仁 30 克，粳米 60 克。

【制法服法】将三仁捣烂，加水研磨，去渣留汁，与米同煮粥。每日晨起服食。

【功效主治】桃仁性味辛、苦，性平，有止咳平喘的作用，药理证明有镇咳和抗炎的作用，并有抗过敏作用。薏米味甘淡，性微寒，除健脾胃、利水湿外，还能清肺热，其所含的薏苡素有解热、镇静、镇痛等作用。冬瓜仁味甘性寒，能润肺化痰，利水除湿，用于痰热咳嗽。三物同米煮粥，有止咳除痰、破瘀消痈的功效。用于肺炎，咳吐脓痰，咳声如在瓮中。

【注意事项】忌食鱼、虾、蟹等发物，肺寒咳嗽不宜选用。

四、公英桔梗汤

【用料】蒲公英 30 克，桔梗 10 克，白糖适量。

【制法服法】将蒲公英洗净切碎，同桔梗加水煎，取汁去渣，汁约半碗，加入白糖稍炖后即成。每日 1 剂，连服 3 ~ 5 天。

【功效主治】蒲公英清热解毒。桔梗味苦、辛，性平，用于宣肺祛痰镇咳。桔梗的另一作用是作为引药使用，起到“舟楫”作用，而“载药上浮”。药理实验表明，桔梗所含的桔梗皂甙主要为中枢抑制剂，有镇静、镇痛及解热作用；此外，还有较强的抗炎作用。两物合用，可以互相加强功效，起到祛痰止咳、消炎疗痈的作用。用于小儿肺炎，咳嗽痰多，气壅不顺。

【注意事项】阴虚火旺，久咳，麻疹未透，咯血者忌用。

五、公英芦根粥

【用料】蒲公英 30 克，芦根 40 克，杏仁 10 克，粳米 60 克。

【制法服法】将三药先加水煎取药汁，去渣。加入粳米煮成稀粥，调味。每日 1 剂，可作小儿饭食，连用 7 日。

【功效主治】蒲公英味苦、甘，性寒。为清热解毒的常用药物，现代药理试验证明其对金黄色葡萄球菌、溶血性链球菌有较强的抑制作用，对肺炎双球菌、脑膜炎双球菌、白喉杆菌、绿脓杆菌等也有一定的抑制作用。另外，还有利尿、利胆、健胃和轻泻作用。芦根味甘，性寒，主要有清热生津的作用，历来用于治疗肺热咳嗽、肺痈等疾病。杏仁为宣肺止咳的常用药。三

药与米同用，可益胃气，扶正以驱邪。本粥有清热解毒、宣肺止咳的功效。用于各类细菌性肺炎，病毒性肺炎，患儿发热、咳嗽，纳食不佳者。

【注意事项】病久体虚，小便清长者不宜选用。

（资料来源：摇篮网 .http://www.yaolan.com）

（4）扁桃体炎　扁桃体炎是儿童时期常见病，多发病。分为急性扁桃体炎和慢性扁桃体炎。扁桃体一年急性发作达 4 次以上，可诊断为慢性扁桃体炎。

【症状】

急性扁桃体炎症状是发热、咳嗽、咽痛、严重时高热不退，患者吞咽困难，检查可见扁桃体充血、肿大、化脓。扁桃体一年急性发作达 4 次以上，可诊断为慢性扁桃体炎，检查可见扁桃体肥大、充血，或可见分泌物，颌下淋巴结肿大。

【病因】

急性扁桃体炎是由于病原体侵入扁桃体而引起的。慢性扁桃体炎多是由于扁桃体窝的病原体所引起的。婴幼儿免疫系统尚不健全，因此，易受病原体的反复侵袭而反复发作。扁桃体反复发炎，易引起周围器官局部并发症。如：咽炎、喉炎、气管炎、肺炎；中耳炎；鼻炎、鼻窦炎、淋巴结炎等。扁桃体的病原体，最易使免疫系统功能紊乱而引起全身并发症。如风湿热（风湿性关节炎、风湿性心脏病）、皮肤病（牛皮癣、渗出性多形性红斑）、心肌炎、肾病、肾炎、哮喘、糖尿病、血液病等难治性疾病。

【防护】

加强锻炼，增强体质，以提高机体免疫力。根据气候变化及时增减衣服，防止着凉。搞好室内外卫生，保持室内空气流通，减少空气中尘埃和化学物质的污染。在儿科诊治后，最重要的是及时服药，经常喝水，好好休息。为了不刺激咽喉，可以给婴幼儿喂软和细的食物。若发热，肌肉疼痛厉害，需接受抗生素的治疗。

2. 消化系统

（1）腹泻　婴幼儿腹泻是我国婴幼儿最常见的消化道综合征，主要是由轮状病毒引起的腹泻最为常见。该病具有明显的季节性，起病急骤，胃肠道症状较重，甚至每日大便次数达数十次，多为水样或蛋花样，较大幼儿大便呈喷射状，无特殊腥味及黏液脓血。大便化验正常或有少许的白细胞。多发于 3 岁以下尤其是 1 岁半以内的婴幼儿，病程一般在 5 ~ 7 天。由于频繁腹泻与呕吐，食欲又低下，患儿容易出现不同程度的脱水现象，严重者可出现电解质紊乱，更甚者还可合并脑炎、肠出血、肠套叠或主肌炎而危及生命。由于小儿胃肠功能较弱，胃液及消化液相对较少，胃肠道的抵抗力差，很容易感染此病毒，发病后症状较重，家长应对此病有足够的重视。

【症状】

轻型腹泻：表现为大便次数增多，有 10 余次，大便稀薄带水，黄色或黄绿色，味酸，可混有少量黏液，每次量不多。孩子的体温正常或有低热。患儿的精神尚好，也看不出脱水。

重度腹泻：孩子的大便次数在 10 ~ 40 次，便中水分增多，偶有黏液，有腥臭味。孩子的食欲不好，常常还会伴有呕吐。有不规则的发热，孩子的体重因腹泻而下降，有明显的消瘦，如不及时治疗，会出现严重脱水和酸中毒。

脱水的表现是，孩子皮肤苍白或发灰，弹性差，前囟和眼窝下陷，黏膜干燥。到了中度脱水，孩子就会出现精神萎靡、烦躁，皮肤捏起后不能立即展平，小便明显减少。孩子的四肢发凉，腹部下凹。到了重度脱水，孩子会出现表情淡漠。其皮肤颜色苍灰，弹性极差。孩子不闭眼睛，眼睛的结膜干涩，角膜失去光泽。脱水后，孩子的口唇发绀，黏膜干燥，血压低，四肢冷，尿极少或无尿。

酸中毒的表现是精神萎靡，呼吸深长，呈叹息状，可出现昏迷。

腹泻还可以引起低钾、低钙、低镁等电解质紊乱，从而出现相应表现。

【病因】

腹泻可分为感染性和非感染性两大类。非感染性的，主要是喂养不当、孩子消化不良引起的，调节饮食可收到好效果。感染性的主要是由于致病微生物所致，不包括痢疾、霍乱等特定的也以腹泻为主要表现的疾病，通常所指的婴幼儿腹泻，最常见的是由致病性大肠杆菌和肠道病毒引起的。当然，也可因真菌、寄生虫或肠道外感染如中耳炎、咽炎、肺炎、泌尿道炎症等所致，但后列因素引起的腹泻往往并不严重。

由致病菌和病毒引起的腹泻叫肠炎。细菌引起的有痢疾和致病性大肠杆菌肠炎，病毒引起的为病毒性肠炎，其病原主要为肠道病毒。还有一种近几年来发现的轮状病毒，因其形态似车轮，因此而得名。致病性大肠杆菌炎多发生在夏季，所以也称夏季腹泻。病毒性肠炎多见于秋季，故也称秋季腹泻。这类腹泻也称感染性肠炎或感染性腹泻。

【防护】

预防小儿腹泻最好母乳喂养；注意饮食卫生，防止病从口入；合理喂养、定时定量，科学添加辅食；食欲缺乏或发热早期，应减少小儿的奶量及其他食物，并以糖盐水代替，减轻胃肠道的负担，避免过食或喂富有脂肪的食物；加强小儿体格锻炼，增强小儿体质。及早治疗小儿的营养不良、佝偻病等一些易致慢性腹泻的疾病，同时要加强护理；不要长期应用广谱抗生素，以避免肠道内正常菌群的失调；也可到各防疫站接种疫苗；加强户外活动，增强体质，提高机体抵抗力，避免感染各种疾病。

秋季腹泻病程中的患儿应休息，避免去托儿所和其他公共场所，以免传染；腹泻患儿要做好隔离，防止交叉感染，保持清洁，避免继发感染。

（2）腹痛

【症状】

腹痛是婴幼儿常见的疾病。腹痛的婴幼儿常见面色苍白，哭闹不安，脚或大腿向腹部收缩，没有精神，哭一会儿之后又激烈地哭一阵，可能是真正的腹痛，病重时孩子滚来滚去非常痛苦，有时会有发烧、腹泻、恶心等现象，应立刻请医生诊察。

【病因】

腹痛的原因比较复杂，常见的内科疾病有：肠蛔虫病、急性胃炎、肠系膜淋巴结炎、大叶性肺炎、胸膜炎、过敏性紫癜、腹型癫痫等；常见外科疾病有：急性阑尾炎、肠套叠等。

① 肠虫病。肠虫病是婴幼儿腹痛的常见原因，当某因素刺激虫体时，可使蛔虫串上串下的蠕动，刺激肠道引起痉挛疼痛。此时如果热敷就会加重病情，引发危险。按揉腹部会刺激虫体穿肠破壁，引起弥漫性腹膜炎。

② 急性阑尾炎。急性阑尾炎是婴幼儿中较多见到的一种疾病。阑尾炎在早期并无典型症状，

可能肚脐周围有轻微疼痛，诱使呕吐、腹泻，按压时疼痛并不明显。婴幼儿免疫功能较差，患阑尾炎时很容易发生穿孔，如果盲目按揉或局部热敷，就可能促使炎症化脓处破溃穿孔，形成弥漫性腹膜炎。

③ 肠套叠。肠套叠多见于6个月左右的婴幼儿，由于被套入的肠子血液供应受阻而引起疼痛，时间过长可能发生坏死。如果盲目按揉，可能造成套入部位加深，加重病情。如阵发性哭闹不安。呕吐或暗红色果酱样大便应立即去急诊。

【防护】

胀痛、绞痛、疼痛轻重程度与病情并不一致。对于因胃肠道急乱引起的胃肠绞痛，特别是因受寒、饭食过多引起的胃部胀痛，用热水袋进行热敷能够有效缓解胃肠痉挛，减轻疼痛。如疼痛剧烈，婴幼儿哭闹不止，过一会儿又完好如初，可能是得了肠道痉挛，痉挛解除，疼痛即可缓解。过分呕吐有脱水的危险，婴儿觉得恶心时可以不喂牛奶而改喝白开水。除了患腹泻之外，不可温暖腹部。因为如果患了盲肠炎或腹膜炎时，温暖腹部反而会使病情恶化。小儿出现腹痛后，一定要请医生检查，弄清起因，在未弄清原因前暂不要吃东西，因为进食会增加肠道蠕动，加重腹痛，有的疾病如肠梗阻更应严格禁食。不要乱用止痛药，以免掩盖病情。

（3）便秘　排便困难，隔时较久，排出的粪便坚硬干燥便是便秘。由于便秘，肠毒素不能及时排出会影响婴幼儿的健康。

【症状】

婴幼儿若两到三天不解大便，而其他情况良好，有可能是一般的便秘。但如果出现腹胀、腹痛、呕吐等情况，就不能认为是一般便秘，应及时送医院检查。

【病因】

便秘原因很多，概括起来可以分为两大类，一类属功能性便秘，这一类便秘经过调理可以痊愈；另一类为先天性肠道畸形导致的便秘，需要及时到医院就诊。绝大多数的婴幼儿便秘都是功能性的。

长期饮食不足，就会导致腹肌和肠肌张力减低，甚至萎缩，收缩力减弱，形成恶性循环，加重便秘。如果食物含有多量的蛋白质而缺少碳水化合物（糖和淀粉），则大便干燥而且排便次数少；某些精细食物缺乏渣滓，进食后容易引起便秘。有些小儿生活没有规律，没有按时解大便的习惯，使排便的条件反射难以养成，导致肠管肌肉松弛无力而引起便秘。此外，患有某些疾病，如营养不良、佝偻病、肛门裂、肛门狭窄、先天性巨结肠、脊柱裂或肿瘤压迫马尾等，可使肠管功能失调，腹肌软弱或麻痹，也可出现便秘症状。小儿受突然的精神刺激，或环境和生活习惯的突然改变也可引起短时间的便秘。

【防护】

婴幼儿便秘的治疗应首先查明病因，积极治疗原发病（如呆小病等）。对单纯性便秘小儿，要改善饮食内容，增加饮水，多吃含纤维素的谷物、蔬菜，同时训练按时排便的习惯。药物治疗只在必要时临时应用。

母乳喂养的宝宝如果便秘，可以添加菜汁、果汁、番茄汁，4个月后加泥状食物，如菜泥、果泥。人工喂养的宝宝较易便秘，一旦发生，可将奶量酌减，增加辅食，要适时地添加润肠辅食，如蔬菜汁、新鲜水果汁、西红柿汁等。每天要保证宝宝有一定的饮水量，不能因为牛奶中含水分，就不给宝宝喝白开水。训练排便习惯。轻轻做顺时针的按摩腹部帮助胃肠蠕动。

3. 营养性疾病

据营养专家对记者介绍：婴幼儿的常见病，包括维生素 D 缺乏性佝偻病、缺钙、营养性缺铁性贫血等，其发生的原因都与营养失衡或摄入不足有关。专家表示："营养问题虽然不是新问题，但对于孩子来说非常重要，因此需要时时提醒家长注意。"营养性疾病是指幼儿营养摄入不足、过多、比例失调所造成的疾病。婴幼儿营养性疾病有佝偻病、缺铁性贫血和单纯性肥胖症。肥胖症在 0 ~ 3 岁婴幼儿很少见，在这里只介绍前两种营养性疾病。

（1）佝偻病

佝偻病是由于维生素 D 不足，营养缺乏症，引起体内钙、磷代谢紊乱和骨骼发育异常，严重影响婴幼儿健康。

【症状】患儿常有多汗、易惊、夜啼等症状，并致枕部脱发而枕秃。颅骨软化，用手压枕部或顶骨后方有乒乓球感。囟门较大且关闭晚，顶骨与额骨可隆起成方颅、臀形颅。胸部可见串珠肋、鸡胸或漏斗胸。重症患儿可有脊柱后弯或侧弯。四肢各骨骺膨大，腕、踝部最明显，成"手镯"及"脚镯"。可有 O 型腿、X 型腿。如图 5-5 所示。

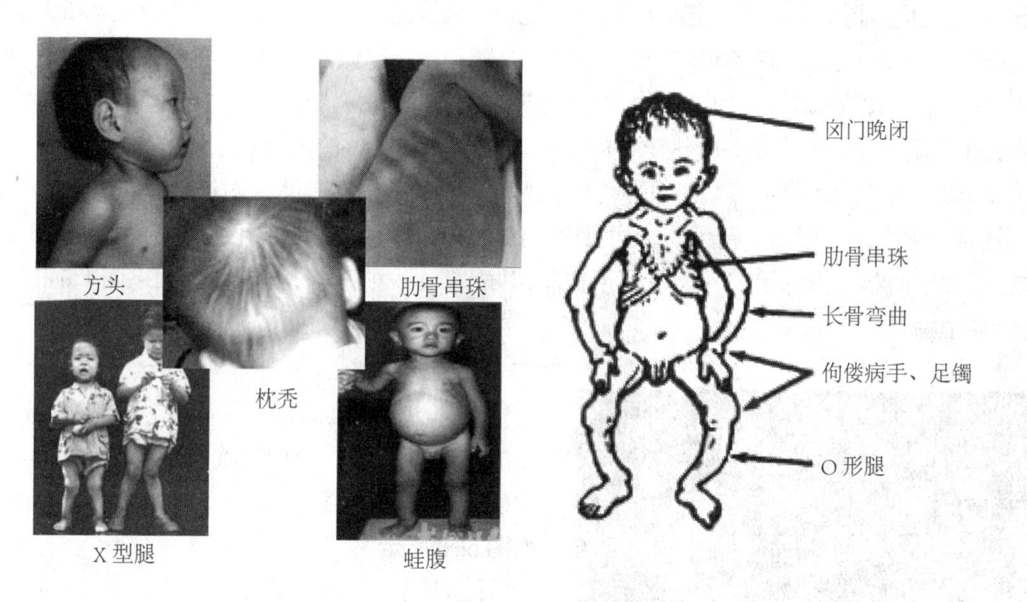

图 5-5　佝偻病体征

【病因】

钙磷和维生素 D 摄取、贮备不足；生长速度过快，钙磷的需要不成正比；甲状旁腺素分泌不足及肝肾功能不完善；各种疾病的发病率均较高，易影响胃肠、肝胆或肾脏对维生素 D 和（或）钙磷的吸收、利用和代谢，均可导致佝偻病的发生。

【防护】

晒太阳。人体所需维生素 D 约 80% 靠自身合成，有人测定，阳光直晒后，每平方厘米皮肤在 3 小时内能合成维生素 D18 单位。提倡母乳喂养，母乳喂养的婴儿自出生后 1 周开始每天补充维生素 D400 单位，早产儿每天补充 800 单位，及时添加辅食，断奶后要培养良好的饮食习惯，不挑食、偏食，保证小儿各种营养素的需要。补充维生素 D，对早产儿、双胎儿、人工喂养儿，应用维生素 D 预防仍是重要方法。

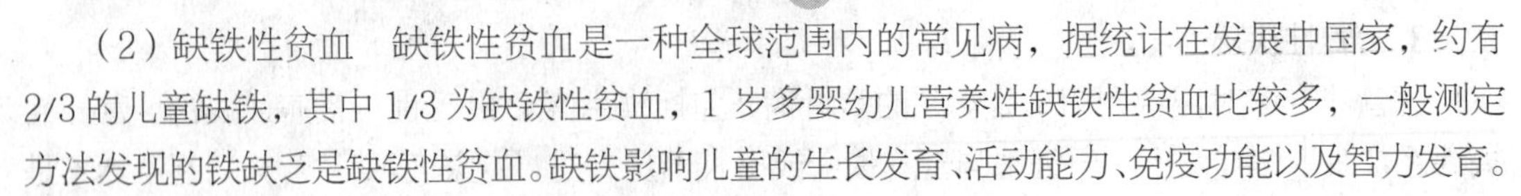

（2）缺铁性贫血　缺铁性贫血是一种全球范围内的常见病，据统计在发展中国家，约有2/3的儿童缺铁，其中1/3为缺铁性贫血，1岁多婴幼儿营养性缺铁性贫血比较多，一般测定方法发现的铁缺乏是缺铁性贫血。缺铁影响儿童的生长发育、活动能力、免疫功能以及智力发育。

【症状】

轻度贫血症状不容易被发现，年龄较小的孩子表现为脸色苍白、食欲不佳，稍大些的孩子表现为无精打采或烦躁不安、头发枯黄。如果轻度贫血没有及时调理，等到病情加重时，婴幼儿就会出现呼吸道和消化道反复感染，经常生病。

【病因】

主要是由于先天性储铁不足、铁摄入不足、生长发育过快或是丢失过多、吸收过少等原因造成缺铁性贫血。检查血红蛋白含量是多少，如果只是轻度的贫血，建议食补，如果血红蛋白含量较低，达到中、重度贫血时，最好遵从医嘱。

【防护】

俗话说："药补不如食补"，轻度缺铁性贫血可以食补。孕妇多食富含铁的食物，如动物肝脏、鸡蛋黄、黄豆及其制品、芝麻酱、瘦肉等，以摄入足够的铁，加上多吃富含维生素C的蔬菜和水果，以促进铁的吸收，为婴儿储备足够的铁。4～6月龄婴儿添加铁强化米粉或配方奶粉以及适量含铁丰富的食物，如动物肝和血。幼儿合理安排膳食，每日摄入适量鱼、瘦肉、肝、猪血等富含铁和优质蛋白质的食物，含铁丰富的杂粮、富含维生素C的蔬菜和水果，如饭前吃一个西红柿或饮一杯橙汁（维生素C）。而饭前饭后喝茶，则会大大抑制人体对铁的吸收。

世界卫生组织的标准：新生儿，如果血红蛋白低于14.5克，就属于贫血；6个月～6岁的孩子，如果血红蛋白低于11克，就属于贫血；6岁～14岁的孩子，血红蛋白如果低于12克，就属于贫血。

4. 皮肤病

（1）湿疹　婴幼儿湿疹又称"奶癣"，是婴儿的常见、多发的一种过敏性皮肤病。婴幼儿发病年龄是1个月到1岁，2～3个月最严重。如图5-6所示。

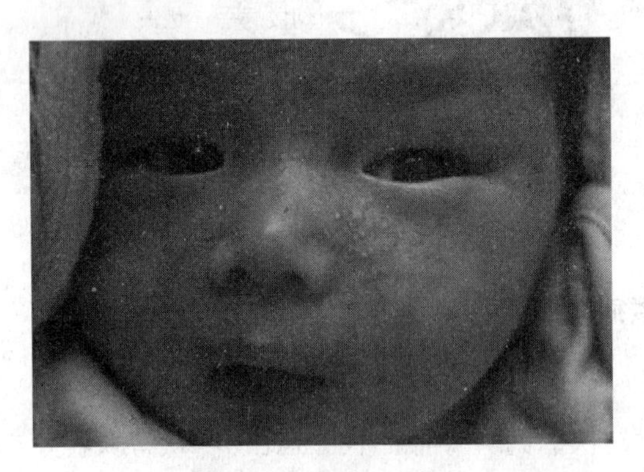

图5-6　婴儿湿疹

【症状】

婴幼儿湿疹多发于头面部、额部眉毛、耳郭周围，严重的可蔓延到全身，尤以皮肤皱褶处多，如肘窝、腋下等处。开始是红色的小丘疹，有渗液，严重者有水疱、糜烂、结痂、皮损开裂，伴有瘙痒，夜间加剧，反复不愈。根据临床表现，可分为干燥型、溢脂型、渗出型。

① 干燥型湿疹。干燥型的皮疹常见于瘦弱的婴儿，表现为红色丘疹，可有皮肤红肿，丘疹上有糠皮样脱屑和干性节痂现象，很痒，擦之皮肤樱红脱屑，多发生于先天不足、后天失养或早产，人工喂养等婴儿。

② 脂溢型湿疹。该种湿疹表现为皮肤潮红，小斑丘疹上渗出淡黄色脂性液体覆盖在皮疹上，以后结成较厚的黄色痂皮，不易除去，以头顶及眉际、鼻旁、耳后多见，但痒感不太明显。

③ 渗出型湿疹。多发生于肥胖有渗出性体质的婴儿。红色皮疹间有水疱和红斑，可有皮肤组织肿胀现象，很痒，抓挠后有黄色浆液渗出或出血，皮疹可向躯干、四肢以及全身蔓延，并容易继发皮肤感染。严重者连成片，头部除两眼外，几乎健康的皮肤均可出现，肤色鲜红灼热，有腥气。

【病因】

诱发婴儿湿疹的原因很多，主要有：对母乳里蛋白质或对牛羊奶、牛羊肉、鱼、虾、蛋等食物过敏；过量喂养而致消化不良；吃糖过多，造成肠内异常发酵；肠寄生虫；强光照射；肥皂、化妆品、皮毛细纤、花粉、油漆的刺激；湿疹也有遗传倾向。

【防护】一般不严重的湿疹，可不做特别的治疗，只要注意保持皮肤清洁，新生儿、婴儿不要用香皂、浴液等洗脸、洗澡，应用清水。适当添加辅食，皮肤湿疹常常会不治自愈。少食容易过敏的食物。治疗时要在医生指导下使用消炎、止痒、脱过敏药物，切勿自己使用任何激素类药膏，因为这类药物外用过多会被皮肤吸收，带来副作用。

（2）尿布疹　尿布疹多发于婴儿，多见于夏季湿热季节，是婴儿中最常见的皮肤问题，是在裹尿布部位的一种皮肤炎性病变，也称为婴儿红臀。多发生于炎热的夏季。

【症状】

表现为臀部与尿布接触区域的皮肤发红、发肿，甚至出现溃烂、溃疡及感染，稍有轻微的外力或摩擦便会引起损伤。继续发展则出现渗出液，表皮脱落，浅表的溃疡，不及时治疗则发展为较深的溃疡，甚至褥疮。婴幼儿常爱哭闹，表现不安、烦躁、睡不踏实等症状。

【病因】

尿液长时间浸泡、尿布密不透风、潮湿，皮肤受到刺激。

【防护】

防止细菌、真菌滋生感染，及时更换尿布，经常用温水清洗，保持洁净和干爽。选用棉质舒适、透气好的尿布，及时晾晒，用前高温消毒；在炎热的夏季或室温较高时可将臀部完全裸露；选择母乳喂养，母乳喂养可增强全面抗感染的抵抗力；对羽毛、兽毛、花粉过敏者少接触；避免用去脂力强的碱性浴液，浴液用后冲洗干净。

（3）痱子

【症状】

皮肤损伤常发生于颈、胸、背，腹、肘窝、腘窝、女性乳房下及小儿头面部、臀部。消退后有轻度脱屑。起初皮肤发红，而后出现红色丘疹或丘疱疹。有些丘疹呈脓状，瘙痒，有时阵痛。如图5-7所示。

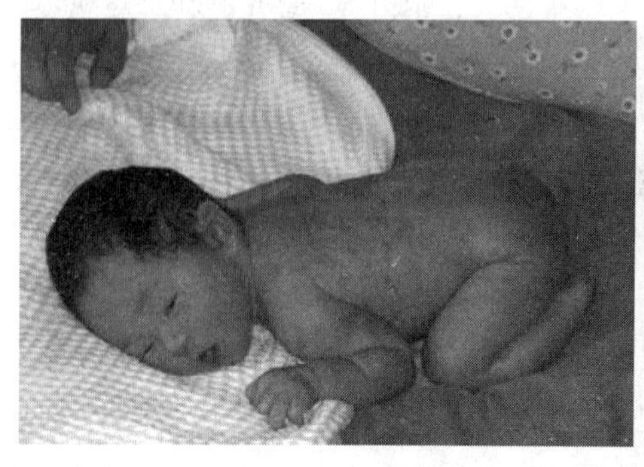

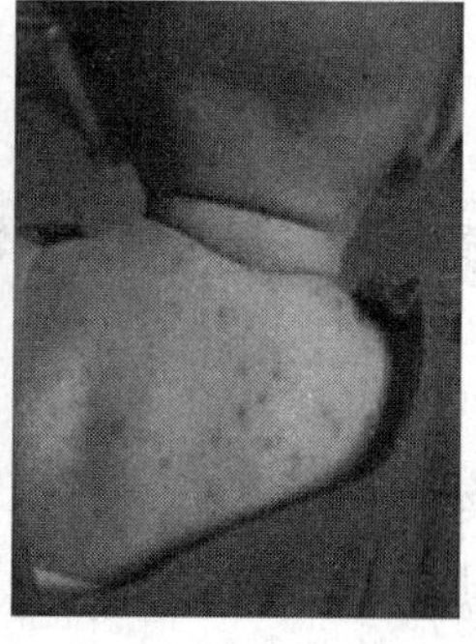

图5-7　小儿痱子

【病因】

痱子又称“热痱”、“红色粟粒疹”，痱子的形成是由于夏季气温高、湿度大，身体出汗过多，不易蒸发，汗液浸渍表皮角质层，致汗腺导管口闭塞，汗腺导管内汗液储留后，因内压增高而发生破裂，汗液渗入周围组织引起刺激，于汗孔处发生疱疹和丘疹，发生痱子。

【防护】

注意室内凉爽通风。多给孩子喂水，勤翻身。保持皮肤清洁、干燥，不要用碱性肥皂。穿布料衣服，衣服应宽大。扑痱子粉。痱子粉以滑石粉、氧化锌为主或加适当清凉止痒剂。

【拓展阅读】

五谷杂粮巧治婴幼儿疾病

大家都知道吃五谷杂粮对身体有益，是一种健康食品，其实杂粮的作用还不只这些，它还能治疗婴幼儿疾病呢！

一、腹泻

宝贝腹泻一般多有肠道感染，夏季多为细菌感染，秋末冬初多为轮状病毒感染，大多是由于小儿肠胃消化功能不足加之喂养不当所引起，所以调理脾胃功能必不可少。

【五谷杂粮调理法】

1. 山药粥

取山药100克洗净切薄片，小米100克洗净后加水适量，旺火煮开，然后文火慢煮至成稀粥状，分次喂服宝贝即可。

2. 蛋黄油

将若干个鸡蛋煮熟，去蛋白取蛋黄，把蛋黄置于小锅内加热翻炒，蛋黄逐渐变焦，变黑，最后渗出蛋黄油，去渣后服用。2岁以下的宝贝每次服5毫升，其他年龄宝贝根据症状酌情加减。

二、口舌生疮

宝贝感冒发烧后往往都会引起咽部红肿，有些还会发生口舌生疮、溃烂，影响宝贝进食和身体尽快恢复。但宝贝不会表达痛苦，只表现为流口水不断。中医认为这是由于小儿心脾积热而口舌生疮。除了服用清热解毒的中成药外，采用一些食疗方法疗效也很好，值得试用一下。

【五谷杂粮调理法】

1. 苦瓜冰糖汁

新鲜苦瓜洗净去籽、捣茸，用干净纱布包裹，取汁50毫升，加上适量冰糖频频喂服，不拘时间。

2. 绿豆饮

生绿豆60克，白菜心2～3个，将生绿豆洗净放小锅内煮至将熟时加入白菜心，再煮20分钟，然后取汁顿服，每天1～2次，在发病早期食用效果更好。

三、贫血

婴幼儿贫血是比较常见的疾病，多是因为铁和叶酸摄入不足，吸收不好，或丢失过多而引起。除了服用补血剂外，合理饮食非常重要，妈咪要让宝贝养成良好的饮食习惯，不挑食，不偏食，少吃零食，多吃蔬菜、水果，特别是要让宝贝多吃富含铁元素的食物，如菠菜、豆制品、

黑木耳、动物的肝脏、牛肉、红枣等。如果是预防营养型巨幼细胞性贫血，还应让宝贝多吃富含叶酸的食物，如豆类、深色绿色蔬菜、全麦面包等。颜色很深的荞麦蜂蜜对贫血的纠正大有好处。

【五谷杂粮调理法】

1. 三色肝末

猪肝25克、葱头、胡萝卜、西红柿、菠菜各10克，精盐少许，肉汤适量。将猪肝、葱头、胡萝卜、菠菜洗净切碎，西红柿洗净用开水烫去外皮切碎备用；将切碎的猪肝、葱头、胡萝卜放入锅内加入肉汤煮熟，最后加入西红柿、菠菜、精盐煮片刻即可。这道菜适合7个月以上的宝贝补血食用。

2. 枣泥肝羹

红枣、鸡肝、西红柿各取适量，把红枣用清水泡一个小时使之发胀，剥去外皮及内核再将红枣肉剁碎；西红柿用开水烫过、去皮，取1/4剁成泥；鸡肝用搅拌机打碎、去掉筋皮，和以上两种已加工好的原料混合、调味，加适量的水拌匀后，上锅蒸10分钟即可。这几种原料搭配在一起补铁效果更佳。

四、便秘

人工喂养的宝贝很容易发生便秘，有的宝贝还会因排便困难撑裂肛门引起便血，宝贝哭闹，妈咪着急，一家人都不得安宁。这主要因牛乳中酪蛋白含量过多造成大便干燥坚硬，难以排出。

【五谷杂粮调理法】

1. 金蔬菜粥

白米或小米100克，红薯或南瓜100克，菠菜或荠菜适量，高汤或水适量。做时先将米洗净，浸泡20分钟；红薯洗净去皮切成小丁；菠菜或荠菜洗净，沥干水分切碎备用；再把米和红薯放入冷水或冷高汤中煮成稀饭，煮好后放入蔬菜，煮开后即可关火，放温服用。提醒一点，注意绿色蔬菜要在粥八、九成熟时候再加，以减少营养素破坏。

2. 果仁橘皮粥

甜杏仁、松子仁和芝麻各5克，鲜川橘皮10克，粳米50克，砂糖适量。将橘皮切丝，杏仁、松仁和芝麻捣碎与橘皮共煎，然后去渣取汁再加入粳米煮粥，放糖后将少量炒熟的果仁末撒在粥上即成，适用于胸腹胀满而大便秘结的宝贝。

五、各种杂粮的疾病调理作用

1. 大米

又名粳米，具有补中益气、健脾和胃、除烦渴的功效。春秋季节气候干燥，早晚给宝贝喝点大米粥，可以让宝贝远离口干舌燥的困扰。

2. 小米

又名粟米，有健脾和胃的作用，适用于脾胃虚热、反胃呕吐、腹泻及病后体虚的宝贝食用。小米熬粥时上面浮起一层细腻的黏稠物，俗称“米油”。中医认为，米油的营养极为丰富，滋补力最强，有“米油可代参汤”的说法。腹泻反复不愈的宝贝更适合长期煮食小米粥，对恢复肠道消化功能很有帮助。

3. 小麦

小麦有健脾益肾、养心安神的功效，麦麸含高膳食纤维，对宝贝便秘有防治作用。

4. 玉米

具有健脾利湿、开胃益智、宁心活血的作用。美国科学家还发现，吃玉米能刺激脑细胞，增强人的记忆力，多吃玉米不仅可提高宝贝的胃肠功能，还有助于智力发育。

5. 苡米

又名薏米，有健脾补肺、清热利湿的作用，其所含的蛋白质远比米、面高，而且容易消化吸收，可以帮助宝贝减轻胃肠负担，增强宝贝的体质。

6. 高粱

高粱有健脾益胃的作用。小儿消化不良时取高粱适量入锅炒香，去壳磨粉，每次取2～3克调服，即可增加消化能力。但高粱性温，含有有收敛止泻作用的鞣酸，宝贝便秘时不宜食用。

7. 黄豆

黄豆有健脾益气的作用，脾胃虚弱者宜常食。用黄豆制成的各种豆制品如豆腐、豆浆等，也具有药性。可以宽中益气、清热散血，尤其适宜宝贝痰热咳喘、伤风外感、咽喉肿痛时食用。

8. 大麦

大麦性味甘、咸、凉，有和胃、宽肠、利水的作用，可辅助治疗宝贝食滞泄泻、小便淋痛、水肿、烫伤。

9. 苦瓜

盛夏酷暑时宝贝比大人更容易中暑，多给他们吃些苦瓜。除了素炒外还可凉拌或做汤，有助于宝贝消除暑热或预防中暑、胃肠炎、咽喉炎、皮肤疖肿等。

10. 黑木耳

黑木耳柔软肥厚，食而不腻，味美可口，如能经常食用可将肠道中的毒素带出，还可降低血黏度。现在很多宝贝身体超重，饮食中多吃一些黑木耳大有益处，可从小就开始预防心血管疾病。

11. 胡萝卜

宝贝生长发育比大人需要更多的胡萝卜素，这样有助于体内合成更多的维生素A。维生素A可以帮助宝贝提高抗感染力，尤其有助于预防各种呼吸道感染。

（资料来源：中国美食网 http//www.meishichina.com）

第二节　0～3岁婴幼儿常见传染病及其防护

危害婴幼儿健康的传染病有麻疹、小儿麻痹症、结核病、白喉、百日咳、破伤风乙型肝炎、流行性乙型脑炎等疾病。传染病可以预防，有些传染病会给婴幼儿留下后遗症以致终身残疾。急性传染病是婴幼儿死亡的一个重要原因，我国卫生部在1986年、1992年先后颁发的1岁以内婴幼儿计划免疫程序是“五苗防七病”，增强婴幼儿的免疫能力。因此，只要按照预防为主的原则，采取综合措施，做到防治结合，就可以控制传染病的流行。

一、流行性感冒

流行性感冒是一种急性呼吸道传染病，传染性强，发病率高，容易引起暴发流行。6个月至3岁婴幼儿是易感人群，也是高危人群，一年四季都可患病。不及时治疗，易患中耳炎、喉炎、肺炎、脑炎和病毒性心肌炎等并发症。接种流感疫苗是其他方法不可替代的最有效预防流

感及其并发症的手段。

【症状】

起病急，有高热、畏寒、头痛、四肢酸痛和全身乏力等症状，不久出现咽痛、干咳、流涕、眼结膜充血、流泪以及局部淋巴结肿大等，有时也会导致呕吐和腹泻等消化道疾病。

【病因】

90%是病毒引起，用抗生素治疗无效；10%是细菌导致的，用抗生素治疗有效。故不要随意服抗生药。有时受凉、疲劳、精神不舒畅、营养失衡也会引发感冒。主要经飞沫直接传染，而飞沫污染手、用具、玩具、衣服等也可致间接传播。

【防护】

流感季节，尽量少去公共场所，避免感冒病毒由飞沫传染。不要接触流感病人的毛巾、漱洗用具、饮食等器具，以免病毒通过手和口而感染。

成人患病应隔离或戴口罩接触婴幼儿。一般是建议于每年流行期前接种流感疫苗。遵医嘱服用可以减轻症状的药物，如止咳药、退烧药、鼻塞流鼻涕药等。保持体力要多休息，减少不必要的消耗，以保持体能来全力对抗病害。大量饮水，以使身体的水分循环充足，维持各器官新陈代谢的稳定。病重时要看医生，对症治疗。

二、水痘

由水痘一带状疱疹病毒引起的急性传染病。冬春两季多发。其传染力强，接触或飞沫均可传染。如图5-8所示

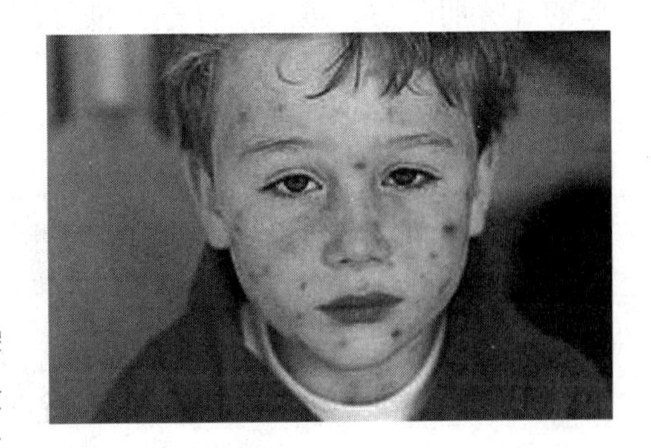

图5-8　水痘

【病因】

由水痘带状疱疹病毒初次感染引起的急性传染病，传染率很高。病人为惟一传染源，传染期一般从皮疹出现前1 ~ 2天到疱疹完全结痂为止。免疫缺失患者可能在整个病程中皆具有传染性。传播途径主要是呼吸道飞沫或直接接触传染。也可接触污染的用物间接传染。

【症状】

病毒潜伏期为2 ~ 3周，骤然起病，体温达38 ~ 39℃。主要表现为烦躁、食欲缺乏，发热同时或后一天左右出现皮疹。起病急，轻、中度发热且出现皮疹，皮疹先发于头皮、躯干受压部分，呈向心性分布。在为期1 ~ 6日的出疹期内皮疹相继分批出现。初起时为成簇的、小而红的斑疹、丘疹，很快会变为充满液体的疱疹，周围有红色浸润，成批出现，先在宝宝胸部、腹部以及背部、头皮出现，以后才扩散到四肢等其他部位，第5 ~ 9天，疱疹破裂后留下小缺口，疱壁干燥结痂，数日后痂皮脱落，水疱期痛痒明显，若因搔抓继发感染时可留下轻度凹痕。

【防护】

加强病人的隔离，隔离期一般为发病至疱疹全部结痂为止。控制传染源，切断传播途径。发病期勤换衣服，保持皮肤清洁。注意休息，补充充足的水分，可用绿豆煎汤代茶饮，具有良好的清热解毒作用。饮食宜用清淡、易消化食品，忌食辛辣食物。

三、百日咳

百日咳是由百日咳杆菌所致的急性呼吸道传染病。临床上以阵发性痉挛性咳嗽、鸡鸣样吸气吼声为特征。病程可长达2～3月，故名百日咳。多流行于冬春季。百日咳杆菌离开人体后生存力不强，婴幼儿多见。近年来百日咳的发病率下降，但3个月以内的婴幼儿发生百日咳所占比例显著增高（新生儿也可感染）。

【病因】

患者是本病唯一的传染源。自潜伏期末至病后6周均有传染性，主要通过飞沫传播。人群普遍易感，但幼儿发病率最高。6个月以下婴幼儿发病较多。病后可获持久免疫力，第二次发病者罕见。

【症状】

病初类似感冒，数日后咳嗽加重，尤其夜间咳重。经1～2周发展为阵咳期。

阵咳期表现为一阵一阵的咳嗽。咳声短促，连咳十数声而无吸气间隙，脸憋红，鼻涕、眼泪流出，最后有一深长的吸气，并发出鸡鸣样吼声，常将食物吐出。

新生儿患百日咳，因咳嗽无力，气管、支气管管腔狭窄，很容易被痰液堵塞，因此得百日咳以后病情常不表现出典型的一阵阵咳嗽，只是一阵阵憋气、面色青紫。经2～6周的阵咳期以后，进入恢复期。恢复期2～3周。劳累、受寒、激动、烟吸入等均可诱发咳嗽。

【防护】

（1）隔离传染源。隔离期自起病开始，为期7周；或痉咳开始，为期4周。特别注意成人患者需避免接触小儿。若有家人出现咳嗽、呼吸不顺畅等症状时，照顾幼儿时务必戴上口罩，家庭需经常通风换气，注意清洁卫生。

（2）规范计划疫苗接种。对出生3～6个月的婴儿进行基础免疫，皮下注射三次。在流行期，1个月的患儿即可接受疫苗接种。强调全程免疫，以后再按规定加强。

（3）发病后，病儿要注意休息，保证睡眠，对夜间咳频影响睡眠的孩子，可酌情给予镇静药。在集体早教中心发现病儿，应将居室消毒通风；在家中最好让孩子单独居住一个房间或一个角落；防止不良刺激，如风、烟、劳累、精神紧张等。

（4）注意饮食调节，要保证每天热量、液体量、维生素等营养素的供给。特别是咳嗽呕吐影响进食的病儿，食物要求干、软、易消化。做到少量多餐，随时补充。患儿咳嗽后方可喂奶，忌食生冷、辛辣、肥甘等食品。

（5）及时排痰，防止呼吸暂停。严重的痰涎阻塞要用吸痰器将分泌物吸出。

（6）如果脸色发青，要立即请求抢救。

四、流行性腮腺炎

【病因】由腮腺炎病毒引起的急性呼吸道传染病。主要通过唾液飞沫吸入传播，虽常发生在学龄前及学龄儿童，但婴幼儿也时可见到，在集体儿童机构易暴发性流行。一年四季均可发病，而冬春季多发。如图5-9所示。

【症状】

病毒入侵后2周左右出现腮腺肿大，一般先见于一侧，1～2天后波及对侧，也可两侧同

时肿大或仅单侧肿大，2 ~ 3 天达高峰，面部疼痛，感觉过敏，腮腺高度肿大持续 4 ~ 5 天，渐渐消退，在 1 ~ 2 周内完全恢复正常。常与淋巴结发炎相混。

【防护】

（1）卧床休息、及时隔离。发热要给予降温处理。

（2）进食疼痛，吃流质或半流质的食物。注意保持口腔清洁。

（3）用冷毛巾挤干水，轻轻地贴肿胀的部位或放置冰袋，可减轻疼痛和肿胀。

（4）对腮腺炎患儿应隔离到腮腺肿大完全消退为止。

图 5-9　流行性腮腺炎的预防

第三节　0 ~ 3 岁婴幼儿意外伤害的急救及其防护

意外伤害给家庭、社会带来沉重负担，给个人带来巨大痛苦。据案例分析，意外伤害已成为婴幼儿第一大健康杀手，1 ~ 3 岁儿童发生意外伤害的人数最多。意外伤害主要包括：跌伤、窒息、溺水、烧（烫）伤、割（扎）伤、动物咬伤、中毒、交通意外等。意外伤害是可以预防的，如果父母和看护人能悉心照顾婴幼儿，并确保其周围环境安全，那么很多严重的意外伤害事故是完全可以避免的。在意外伤害发生时能正确处理，可大大地减轻伤害造成的严重后果。

一、0 ~ 3 岁婴幼儿意外伤害的因素分析

婴幼儿心理和生理都不成熟，危险意识差，缺乏自我保护能力，活泼好动，身体平衡能力差等因素，易导致意外事故的发生。大多数意外伤害发生在家中，占统计数的 73%，外出伤害的发生占统计数的 27%。在造成婴幼儿各种不同的意外伤害的结果中，占第 1 位的为跌伤（44%），第 2 位为割（扎）伤（21%），第 3 位为烧（烫）伤（11%）。在所有婴幼儿意外伤害中，跌伤发生率最高，男童的发生率是女童的 3 倍。家长时刻都要看护好孩子，尽量减少意外伤害的发生。

（一）0 ~ 3 岁婴幼儿年龄特点存在着潜在危险

（1）刚出生的婴儿行动不能自控，俯卧抬头 45℃，1 ~ 2 秒，手臂只会无意识的挥动。如床上有东西，枕头过软，头部容易埋在其中，易造成窒息。

（2）3 ~ 6 个月婴儿，能控制头部，会翻身，容易从床上跌落，因此，婴儿应有独立的带光滑护栏的婴儿床，护栏空隙不超过 11 厘米。

（3）一秒钟也停不下来的 7 个月。会注视很小的物体，婴儿会抓握东西，能够寻找掉落物，此时不要把很小的玩具、物品放置在婴儿手能触及的地方，婴儿会将小东西放入口中造成梗塞。会坐和爬行，常见的意外主要包括：跌伤、窒息、烫伤等。家长不在时，孩子会从床上跌落，洗澡时会快速爬到放置过热的水中，易烫伤，给孩子洗澡时不能让孩子和洗澡盆直接对着水温不稳定的洗浴喷头，防治水温过凉或过热，使孩子感冒或烫伤。

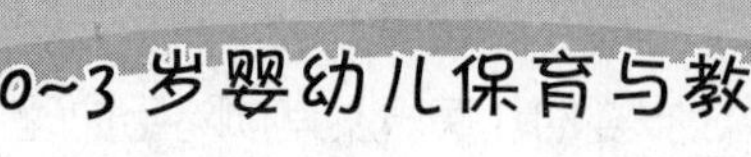

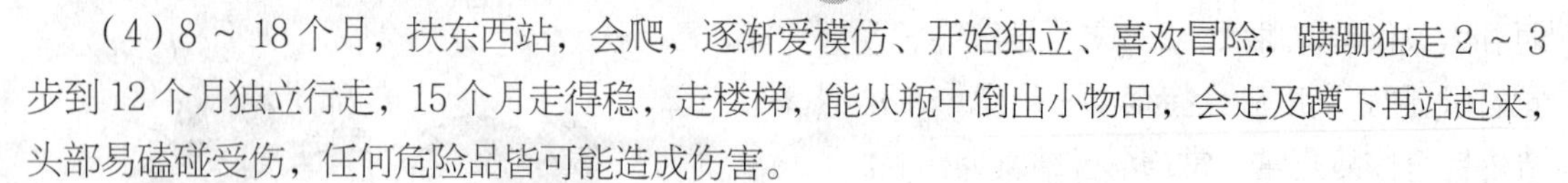

（4）8 ~ 18个月，扶东西站，会爬，逐渐爱模仿、开始独立、喜欢冒险，蹒跚独走2 ~ 3步到12个月独立行走，15个月走得稳，走楼梯，能从瓶中倒出小物品，会走及蹲下再站起来，头部易磕碰受伤，任何危险品皆可能造成伤害。

（5）19个月 ~ 3岁，生性活泼好动，常以跑带走，能跑跳及单脚站立，好奇心强，喜欢探索。外面的世界对孩子来说都很陌生，对任何事物都很新奇，喜欢探寻的孩子会离开大人的视线做出各种危险的事情。如，路边的羊肉串炉烫伤、炸油条锅油烫伤、被行走的车辆撞伤、乱动不稳固物品被砸伤。在河边跑易发生溺水、借助物体爬高易跌落、误服药物中毒等。

在这段成长期，潜伏着的危机很多。常见的意外有：跌伤、割（扎）伤、烧（烫）伤、窒息、中毒、动物咬伤等，家长要多加防范。

（二）环境因素存在着安全隐患

不安全的环境因素导致婴幼儿意外伤害的发生，保证婴幼儿健康成长，营造安全的环境是关键。

1. 营造良好的人际环境

近年来媒体和报刊屡见的缝衣针扎入婴幼儿脑中、挖眼珠、用被子捂死等事件的发生，多数由于相互妒忌、各种矛盾所致。因此作为家长一定要处理好妯娌之间、邻里之间、夫妻之间的关系，保护好孩子，不让婴幼儿独处，对不怀好意的人多加防范，为幼儿创造良好的人际环境，让孩子在一个和谐、安全的人际环境中健康成长。

2. 营造安全家居环境

门要上锁，窗户安装护栏，护栏空隙不超过11厘米；家用电器要放到孩子接触不到的地方，电源开关、插座设置在1.5米以上的位置；保管好各种洗涤用品、洁厕精、洗碗精等，保管好药物，教育孩子不要玩和误服药物，尤其是灭蝇药和鼠药要放在孩子接触不到的地方；家具棱角要安装塑料防护套；各种刀具锁到柜子里；要选择防滑地板；能够砸伤孩子的物品要放稳；立柜拉门旁边粘贴厚软胶垫或上锁扣；水桶要盖严盖子；洗衣机旁不要放凳子等物品以防孩子进入洗衣机玩耍。

3. 交通安全

从小教育孩子遵守交通规则，走人行横道线，遇车辆不乱跑，红灯停绿灯行。过马路时尽量抱着孩子；告诉孩子在外玩耍时要远离机动车辆，司机有时注意不到个子过小的孩子；乘车时不要将头和手探出窗外；乘坐私家车要坐在后排系好安全带，最好在车里安装儿童安全座椅。

4. 公共场所安全

教育孩子不要离开看护人的视线范围，更不要和陌生人走；不随便吃别人给的食物；不能边走边吃易吞咽的坚果类食物以防食物卡喉；不要乱跑乱跳以防磕碰；不要和动物接触；远离易造成烫伤的路边小摊点；抱着孩子走电梯时要扶住电梯扶手；不要触碰易割伤的物品；在娱乐场所不能带孩子玩不安全的过于刺激的游戏等。

二、0 ~ 3岁婴幼儿意外伤害的急救及其防护

孩子对外界认识不足，自我保护意识差，家长缺乏防范意识，重视程度不够会造成意外伤害。如何避免这些伤害的发生？发生之后该怎样紧急处理？家长们应该掌握婴幼儿意外伤害防

护的基本知识和具有紧急处理意外伤害的能力，为赢得医生救助创造条件和机会。

婴幼儿发生意外，原则上先自救，再呼救，及时挽救生命，延长患病儿生命，为医生抢救赢得时间，避免医生来不及抢救而死亡。意外伤害最能够危及生命的主要是触电、雷击、外伤大流血、气管异物、中毒、车祸、溺水等事故。这类事故在医生抢救之前必须争分夺秒地进行正确而有效的施救。

（一）特殊情况的紧急处理及防护

1. 心脏呼吸骤停的紧急处理

心脏跳动和正常呼吸是生命的标志。在常温下，呼吸、心跳如果完全停止 4 分钟以上，生命就会受到严重威胁；超过 10 分钟，心肺很难复苏。因此，遇到心脏呼吸骤停，在与急救中心联系的同时，立即进行现场施救，及时挽回婴幼儿生命。首先，通过压额抬下颌法打开呼吸道并维持呼吸道畅通；其次，检查呼吸，若没有呼吸，采取有效的人工呼吸；第三保持正常的血液循环，立即开始心脏按压术。在两乳中央位置向肚脐方向一指部位，连续用力向下按压 30 下，速度为每分钟 100 下，深度为前后胸壁直径的 1/2 ~ 1/3。按压心脏 30 下后，再口对口和鼻吹两口气，再按压 30 下。依 30:2 的原则进行心肺复苏术（图 5-10）。

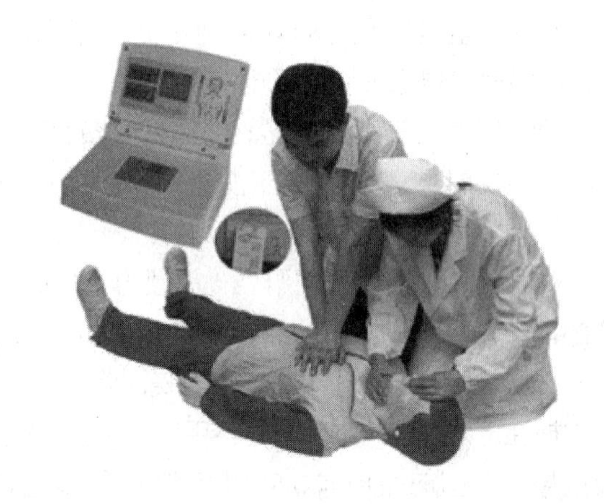

图 5-10　心肺复苏

2. 严重内外伤大流血的紧急处理

由外伤引起的严重出血，包括外出血和内出血。外出血指血液从伤口外流不止。常见于四肢的损伤。内出血指出血保留在体腔或组织内。常见于脑内、胸腔或腹腔的损伤，内出血容易被忽视。如外伤出血少，伤口小，及时清理伤口，消毒，用消毒纱布包扎即可。如发生出血多，血呈鲜红色的动脉出血，需先止血再送往医院。急救方法：将婴幼儿放平，采取指压止血、止血绷带或弹力绷带加压包扎止血。不是骨折，可以将下肢垫高一点，让血液流回心脏。体腔或组织内出血，更容易危及孩子的生命，如出现昏迷休克、神志不清、呕吐等症状，应立即到医院进行全面检查。

3. 开放性骨折的应急处理

开放性骨折顷刻间虽不能危及生命，但抢救不及时或处理不当，也会死亡或造成终身残疾。

婴幼儿发生摔伤严重，导致开放性骨折时，应尽量减少活动，使用平板将关节固定好，保护好创伤面，局部清洗干净，覆盖消毒纱布，避免感染，争取时间赶往医院救治。

4. 断牙、断指（肢）、断脚趾的紧急处理

全身状况允许的情况下，任何伤情、任何部位、任何平面的离断，均有再植成活并获得良好功能的机会。发生意外应尽快地将病人和断牙、断指（肢）、断脚趾安全地送到有条件、能迅速进行再植手术的专科医院。断端的伤口，用清洁敷料或布料加压包扎，能达到良好的止血效果。断指用湿纱布包裹，置于塑料袋中密封，再放于有冰容器中，短程 (6 ~ 8 小时内) 无须

冷藏，可直接转送，切勿浸泡于任何液体或直接放置于冰块中。再植时限与当时的季节、气温有关系，常温下再植时限为 8 ~ 10 小时内，经过冷藏，再植时限还可延长。

（二）0 ~ 3 岁一般情况下意外伤害紧急处理及防护

1. 吞食异物

婴幼儿还没有危险意识，好奇时总会把手边能拿到的东西都往嘴里送，如吃进弹珠、橡皮、硬币、钉子、橡皮泥等。因咀嚼功能发育不成熟，吞咽功能发育不完善，气管保护性反射不健全，此时宝宝极有可能因误吞了小东西而阻塞食道或者气管，当异物卡喉或误入气管，会出现气急或憋气、剧烈咳嗽、呕吐、嘴唇发紫等短时间就会窒息死亡。如异物进入支气管内或软条状异物正好搭在气管和支气管分支处，刺激气管黏膜，会出现咳嗽、喘息、呼吸困难、高烧发热，产生炎症，发生气管炎、肺炎、肺脓肿等炎症感染。

【急救处理】

（1）拍背法。将宝宝俯姿（前倾约 45°），脸朝下且略微头低脚高，施予宝宝 5 次有效的背部拍击，之后翻成正面施予 5 次胸外按压，反复进行直到阻塞物被排出。

（2）推腹法。幼儿可站姿或坐姿，救助者站其身后，将双臂搂抱患儿，一手握拳，大拇指向内放在患儿的脐与剑突之间，用另一手掌压住拳头，有节奏地使劲向上向内推压，促使横膈膜抬起，压迫肺底让肺内产生一股强大的气流从气管内冲出，迫使异物排出。上述两种方法无效，立即去医院救治。

若吞下的异物为尖锐物，宝宝的嘴巴还可能出血、受伤。若将食物吞到胃里，可以给宝宝吃粗纤维的蔬菜，如黄豆芽、芹菜、韭菜、紫菜、海藻等。使异物能被包裹，胃肠道黏膜不受损伤，异物顺畅排出体外。

【预防方法】

（1）尽量不让婴幼儿吃容易卡喉的食物，食物不要过大，难以吞咽，2 岁以下不要吃果冻、豆类、坚果类等食物，若食就将其研成碎末。

（2）婴幼儿吃东西时，不要跑跳，受惊吓；哭闹、躺着时不要喂东西。

（3）教育婴幼儿不要把玩具、纽扣、溜溜球、硬币等物品吃下去。

（4）检查婴儿活动的范围内是否安全，如是否有钱币、图钉、小纽扣等；给宝宝的玩具要安全，检查玩具上的小部件是否容易掉落。

2. 触电

位于低处的插座对于宝宝来说，可谓是充满了致命的吸引力，足以造成三、四级灼伤、休克甚至丧命。

室外落地的高压线会形成周围 10 米的电场，离线头越近，电压就越大。电闪雷鸣时，树下、建筑物下、电视电脑旁都可遭雷击。

一旦发现有休克、身体发紫或是意识不清、呼吸、心跳停止的现象，可先做初步处理，再送医急救。

【急救处理】

（1）立刻切断电源。并将宝宝移至通风处。

（2）保证救助者不能二次遭电击。应以不通电的物体，如竹竿、牌尺等随身可取的绝缘物，

使宝宝远离电源。

（3）要赶快检查宝宝是否有灼伤或休克现象，灼伤时必须立刻以冷水冲洗降低灼伤部位的体温；若宝宝已没有意识，立刻叫救护车或在自行送医急救的同时，进行人工施救。

【预防方法】

（1）教育婴幼儿远离所有电器、电线，并注意电线是否因年久失修而有破损的现象。家中插座的位置也要安装在宝宝触摸不到的高度，或是采取一些安全保护措施。有些电动玩具的绝缘效果不佳，也要避免给宝宝玩耍。

（2）雷雨天不要在大树、建筑物下和电线杆旁避雨；打雷时关掉电视机和电脑。

（3）教育孩子远离落地的高压线。

3. 溺水

溺水是由于人体淹没在水中，呼吸道被水堵塞或反射性气道痉挛引起的窒息性疾病。整个过程发展十分迅速，抢救的最佳时间是在溺水后五分钟之内。溺水在户外和室内均可发生。由于宝宝的骨骼与运动神经的协调能力尚未成熟，在室内只要容器中的水高度达五厘米左右，就可能对宝宝构成威胁，包括浴盆、浴缸、马桶等。在室外玩耍不慎落入水中、落入没有盖或没有盖严的下水井、乘船不注意安全都可造成溺水。

【急救处理】

宝宝溺水，会出现呛到、呼吸困难、嘴唇发紫、口鼻周围有泡沫等情形，此时可采取以下措施。

（1）用手将溺水宝宝口中的呕吐物、污物取出，解开衣服，保持呼吸顺畅。

（2）宝宝不小心溺水，可按压宝宝的胸部，或让宝宝保持头低脚高的位置将水排出。如图5-11所示。

（3）检查溺水小儿是否清醒，可呼唤或拍打其足底，看有无反应，并用耳朵仔细听其是否有自主呼吸存在。对于已经没有呼吸的小儿，须立即进行人工呼吸。

图5-11　溺水的急救图

【预防方法】

（1）给婴幼儿洗澡时，不要去接电话或处理其他
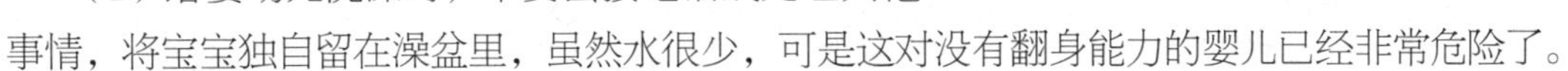
事情，将宝宝独自留在澡盆里，虽然水很少，可是这对没有翻身能力的婴儿已经非常危险了。

（2）不要让宝宝独自在池边、水边或没有安装护栏的新住宅水景边玩耍。

（3）教育宝宝走路时绕行下水井，避免下水盖侧翻。

（4）乘船时注意安全，必须由看护人看管。

（5）任何可装水的容器应加装盖子，或把容器倒放，厕所马桶盖也应盖上。

4. 烧、烫伤

洗澡时水温过高、热源等对成人来说造成的烫伤不严重，但对皮肤娇嫩的婴幼儿就会造成很严重的伤害。烫伤分为以下三度。

（1）1度烫伤　属于表皮烫伤，皮肤会有发红且疼痛的现象。若立即冲水冷却至少20分钟，2 ~ 3天可获得改善。

（2）2度烫伤　表皮已烫伤至溃烂并产生水泡，烫伤可能会深及表皮下方的真皮层，2 ~ 3

周可痊愈。

（3）3度烫伤　烫伤直达皮下组织，皮肤会有发硬、发白或发黑的现象，虽然疼痛感并不明显，但却是非常严重的烫伤，必须立即送院治疗。

【急救处理】

幼儿烫伤后，采用“冲、脱、泡、盖、送”。

冲：冲冷水可让皮肤立即降温以降低伤害，冲的时间要越早越好，此外，要避免用冰块直接放在伤口上，以免造成组织受伤。

脱：充分泡湿后小心除去衣物，可用剪刀剪开衣物。

泡：继续浸泡在冷水中以减轻疼痛，如果是宝宝，不要浸泡太久，以免体温下降过度而造成休克，当宝宝意识不清时，要立即送医，不要再泡了。

盖：用干净或无菌纱布、布条或棉质衣物类（不含毛料）覆盖在伤处，并加以固定。

送：送到有烧伤病房或烧伤中心的医疗院所治疗。

【预防方法】

（1）不要把浴盆放在水温不稳定的喷头下面，先放冷水再放热水，建议最高水温不能过高，以接近人体体温为佳。

（2）不要把装热水的容器放在宝宝可以碰触到的地方。

（3）不要让宝宝接触有高温蒸气的东西，如电饭煲、面包机等。

（4）危险电器远离宝宝，包括饮水机、微波炉、豆浆机等。

5.误饮、误食

因成人对药物、厨房、浴室里的各种清洁用品、腐蚀性化学药品等没有保管好，让宝宝接触到误饮误食。可能出现的症状有恶心、呕吐、腹痛、呼吸急促、昏迷、休克等。当宝宝脸色惨白且浑身无力，对他说话也毫无反应，甚至出现了痉挛时，应立即送往医院，并采取迅速排出、减少吸收、及时排毒、毒症治疗的措施。

【急救处理】

（1）一旦发现宝宝有误饮、误食的情况，首先弄准吃了什么，计量多少时间，然后带着误食物的容器就医。

（2）误服副作用小的一般性没有生命危险的药物，应让婴幼儿多喝水稀释药物或用手抠喉咙催吐，使药物排出体外。

（3）药物剂量大有毒性，应用压板压舌根或抠喉咙催吐，然后喝大量茶水、肥皂水反复洗胃。症状解除后喝牛奶或鸡蛋清养胃解毒。

（4）误服腐蚀性药物，要尽快喝米汤、面汤等含淀粉的液体；判断误服药物的酸碱性，利用酸碱综合的办法可以减轻伤残。

【预防方法】

（1）可吃的食物与药物要分开摆放，且药物应放在高处，让宝宝无法碰触。若为罐装药物，应选择宝宝不易开启的开关设计。药物的外包装上也应有药名，万一宝宝不小心吃下，至少能知道他吞下什么药。

（2）尽量不要在宝宝面前吃药，以免他误以为药物可任意食用。

（3）任何有毒物品，例如盐酸、清洁剂、漂白水等均应放在宝宝无法碰触之处。

（4）有毒的液体不要装在平时装食品的容器内。

（5）给宝宝服药时严遵医嘱，不要擅自增加药量。

（6）过期的药品及时扔掉。

6. 动物咬伤

被猫狗咬伤，应先挤压伤口排污血，再用大量清水冲洗伤口，并在48小时内到疾控部门注射狂犬疫苗。不要在伤口涂上软膏或者包扎起来。

【急救处理】

（1）婴幼儿被动物咬伤时，应对伤口立即挤血，伤口小，先用水将伤口清洗干净，并且消毒。对伤口较大防止出血过多要止血。

（2）被狗咬，要注射狂犬疫苗。在被咬的当天注射第一针，然后分别在第3天、第7天、第14天、第30天各注射一针，共5针。

【预防方法】

避免和宠物独处。饲养宠物不能忽略尘螨及过敏。

【拓展阅读】

意外伤害的防护

镜头1 客厅的茶几与地板

原来客厅里的玻璃茶几非常漂亮，铺设的石质地板也十分清爽，但对于经常在客厅里活动的宝贝来说却存在着安全隐患。茶几的棱角对于蹒跚学步的宝贝来说，稍不注意就会碰伤头部，玻璃材质的茶几面板更会因易碎而变得更加危险。一旦破碎，玻璃碎片很容易扎伤宝贝。另外，整洁光亮的石质地板也比较坚硬，宝贝不管是在上面学爬还是学走步，如果不小心摔倒，都容易伤了胳膊和腿脚，甚至磕伤头部、或伤及脸部嘴唇和牙齿。

解决办法：

漂亮的茶几不妨拆卸收起来，暂时撤离客厅，这样既可以给宝贝在客厅留有更大的活动空间，还可以消除由于茶几的不安全因素造成对宝贝潜在的伤害。光洁清爽的地板，可以在宝贝时常活动的范围铺上塑泡的厚软地板块。这些地板块拼拆方便，可根据需要随意拼合。这样，也有效避免了宝贝在行动中被摔伤的危险。

镜头2 客厅的门把手及门边

一般情况下，门把手大多采用金属材质，带些棱角的形状。所以，宝贝在活动的时候容易误碰了小脑袋，在开关门时，硬木的门边又容易夹伤宝贝的手指，这些都是一些不起眼的安全隐患，家长要时时注意。

解决办法：

妈咪可以用废旧的布头和棉花做成卡通形状的把手套，套在门把手上，一方面可以降低宝贝头部被碰伤的危险，另一方面也可以起到装饰家居的作用。在门边装上安全门夹，固定门的开关程度，可防止宝贝来回开关门，误伤了手脚。

镜头3 客厅里柜子的把手

客厅里柜子的把手，对于宝贝来说也存在着不安全的因素。首先，把手都是凸在外面，又

是硬金属质地的，如果宝贝行走不小心，头部或面部就很容易撞到上面造成碰伤。其次，对于竖着安装的条形柜门把手来说，一般上头都有一个伸出来的角，宝贝在附近玩耍时容易划伤了眼睛。

解决办法：

圆形柜门把手在上面套上松软的布套，既能防止碰伤宝贝，又能增添家里的温馨气氛。对于条形把手，可以先把把手拆卸下来，暂时存放。在原有把手的小洞里穿上绳子或改用塑料吸盘当拉手。这样，用起来也还算方便，又能避免宝贝碰伤。

镜头 4 电源插座

客厅里落地台灯和电视的电源插座一般距离地面都不是很高，可被宝贝轻而易举地触摸到。从表面上看，电源插座都在比较偏的角落里，宝贝不会轻易去动它们。但实际上很多宝贝就喜欢往边角里钻，对小孔、小洞较感兴趣。所以，需要严加防范，一旦不小心用他（她）们的小手去抠暴露在外的小孔，就容易发生触电的危险。

解决办法：

在电源插座上插上安全电源插座护盖，这样，当没有插头插入时，插座上的小孔就处于关闭状态，或者是在电源插座不用时插入安全隔离插销，这样宝贝的小手指就无法伸进去了。如果这两样都没有，在电源插座不用时，最好用一些较重的东西贴着插座作遮挡，这样宝贝无法搬动，同样可以起到防护作用。

镜头 5 抽屉面外置的小橱柜

宝贝好奇心强，好动，小手总是不停地抠抠这儿，摸摸那儿。抽屉面外置的橱柜，指的是抽屉除了可以从正面用拉手打开，抽屉的左右两个侧面都留有窄条与橱柜两侧面相接。从侧面向打开抽屉的方向推也可以把抽屉打开。所以这里也存在夹伤宝贝小手的潜在危险。

解决办法：

在橱柜抽屉的一侧与橱柜侧面相连的转角处都装上安全锁，这样可以把抽屉的侧面与橱柜的侧面固定在一起，宝贝就不能轻易打开了，避免了宝贝被拉开的抽屉夹伤和磕碰的危险。对于抽屉内置的橱柜，要是宝贝较大一些行动力较强，给抽屉装上安全锁也是十分必要的。

镜头 6 推拉门

客厅的推拉门，对于好动的宝贝来说可是个不错的“玩具”，但对于没有什么轻重之分和判断力的他（她）们来说，一不小心就会把小手夹伤了。客厅的推拉门往往是连接宝贝活动空间的通道，透明玻璃材质的推拉门会让宝贝觉得门是开着的，来回跑动时撞伤脑袋。

解决办法：

给推拉门装上安全护手及门夹，固定住推拉门，不让门来回滑动。这样，可以防止宝贝来回拉动门，避免被夹伤。如果推拉门是透明玻璃材质的家庭，可以在玻璃上贴上一些卡通图片，这样宝贝就不会在玻璃门关着的时候去“硬碰硬”了。

镜头 7 低矮橱柜的柜角

客厅里柜子的角既尖又硬，一般又比较低矮，宝贝在玩耍的时候很容易碰伤脑袋。

解决办法：

在各种柜子的角上安上软软的安全柜角，就算宝贝不小心碰到上面，也不会有很疼痛的感

觉，可以让宝贝放心大胆地玩耍了。

镜头8客厅墙角的花盆

客厅墙角的花盆虽然给客厅增添了许多生机，但对于家里有一个刚学步的宝贝的家庭来说，最好还是先把它们放在其他宝贝够不着的地方，因为宝贝在玩耍的时候会去摘花草的叶子，一方面破坏了花草，另一方面万一不小心误食，引起食物中毒，将会严重影响宝贝的健康，同时，也有把花盆弄翻、被砸伤的危险。

解决办法：

把花盆放在宝贝够不着的地方，可以在原来放花盆的地方放一把高脚椅（椅子应该选择没有棱角和实木材质的，这样可以防止宝贝被碰伤，也可以减少污染），在椅子上可以放一些宝贝喜欢的玩具。

（资料来源：宝宝树 .http://m.babytree.com/）

【案例及评析】

案例1　外孙发烧了

姥姥带着外孙子来到专家面前。姥姥问："医生，请问我外孙子总爱感冒发热，每次感冒发热不退时，我怕烧出肺炎不好治，我就给孩子服了半片安乃近，孩子高烧马上退去。可是这次孩子发热，我女儿不让我给孩子服安乃近了，结果孩子高烧不退，这可怎么办？"

医生首先肯定了这位姥姥在孩子高烧不退的情况下，给孩子服退烧药是正确的。但医生明确指出：在婴幼儿发热不退时，千万不能服用成人的药物，如果需要服药，也要服用适合婴幼儿的药物。药物的计量要严格按照医嘱进行服用。孩子发热，有很多原因，要及时到医院查明原因，再对症治疗。医生详细讲解了在什么情况下可以服药、什么情况下可以通过物理降温治疗，孩子不同反应应该服用什么药物，及服用的计量要求等。

家长和医生的对话交流，不仅仅使家长对不同情况下孩子发热掌握了正确服药的知识和方法，而且使家长的教养观念也发生了改变。

评析：

祖辈往往凭自己多年的养育经验教养孩子，他们的做法使孩子病情相对得到了缓解和治疗，但有些做法是错误的。在养育的过程中，他们也会有许多疑问产生，经过专家的正确指导，他们认识到自己的做法是错误的。

案例2　宝宝疾病筛查带来的忧虑

年轻的妈妈抱着刚刚出生一个月的孩子走到专家面前。

"医生，我家孩子在刚出生时，做了疾病筛查，今天接到通知，让到医院进行复查，以确定是否患有苯丙酮尿症。家里人特别担心，天昏地暗地度过了艰难的几天。请问医生，孩子是否患上了严重的疾病？这究竟是什么原因？是医院当时取血的问题，检查技术的问题？还是血样标本弄错的问题？复查结果说明孩子没有问题，是否孩子以后就不会出现这种问题？"

医生详细询问了孩子近期情况后，微笑着告诉这位年轻的妈妈，你的孩子不会有多大健康问题，并向家长讲解了关于疾病筛查的相关知识。

评析：

目前我们对新生儿筛查的宣传和教育还没有全面普及。筛查，实际上是在相应人群中对一种或几种疾病的初步挑选的方法。由于筛查所面临的对象基数庞大，而且还要求快速获得结果。因此，采用的技术方法应当是相应简便的。当然，简便的方法所获得的数据其精确度就不会很高。为了避免因不高的精确度造成真正病人的漏诊，初步筛查后，医院会将稍有可疑的病例都作为复查的对象。这样，很多复查的对象实际并不是病人，这也是医学上称之为假阳性的结果。经过筛查和复诊，真正的病人就能找到。所以，没有通过筛查的对象并不能称为病人，只有通过复查才能最终确定。弄明白了这一点，希望家长能够理解，并能正确对待筛查的结果。

新生儿筛查是通过相应群体的初筛、复查，将那些能够及早替代治疗、早期干预的疾病尽早发现，适当治疗或纠正，从而提高下一代的身体状况和生活质量。这项工作工程庞大而复杂，但其中最关键的环节是能得到父母们的支持和理解。

案例3　心肺复苏的指导与演练

教师帮助专家播放视频，视频是医生正在给奄奄一息的孩子做心肺复苏术。家长通过观看视频，了解孩子生命垂危时要进行的急救处理。观看完之后，专家抱着布娃娃当场演示，让三位家长围坐在专家对面，教师给每位家长一个布娃娃，按照专家的要求进行心肺复苏的模拟演练。专家细心指导，家长们耐心演练。

评析：

很多家长在孩子遇到危险需要急救时，都会束手无策，只想到打急救电话，求助医生救治，如果耽误了孩子最佳治疗时间，再好的医生，再先进的医疗器械，也难以挽回孩子的生命。通过专家实操指导演练，家长们了解了在孩子发生生命危险时，家长要及时进行急救处理，而且也掌握了急救处理的方法，活动过程调动了家长参与的积极性，达到了遇事不惊慌、冷静处理突发状况的效果。

【理论探讨】

（1）婴幼儿常见疾病及防护：小组讨论0～3岁婴幼儿常见疾病有哪些？如何防护？

（2）生病的阳阳：阳阳在出生15小时后出现皮肤、白眼球、四肢及手掌、脚掌已发黄，尿呈深黄色且能染黄尿布，大便色淡甚至发白，宝宝食欲缺乏、不安躁动，体温可能也会有所上升，伴有嗜睡、吸奶无力、呕吐、大小便颜色异常、不吃奶甚至出现呻吟、尖声哭叫，请根据学过的知识判断宝宝所生疾病，发病原因，并给出护理建议。

（3）乐乐落水了：爸爸带着3岁的乐乐到南湖边游玩，由于爸爸的疏忽，乐乐不慎掉进湖里，乐乐的爸爸立即跳进湖里把乐乐救了上来，此时乐乐已经奄奄一息，爸爸由于受到惊吓，不知所措。面对这种情况，你将如何处理？采取怎样的急救措施？

【实践探究】

撰写调查报告：将全班同学分成 4 组，每个小组到早教中心、亲子园、社区及妇婴医院的儿保科进行问卷调查，了解 0 ~ 3 婴幼儿容易患哪些常见疾病、传染病和发生意外伤害，掌握其防护知识和急救方法。

第六单元
0～3岁婴幼儿心理发展

第一节 0～3岁婴幼儿心理发展概述

一、什么是心理发展

心理发展是心理学研究的一个重要理论问题，它一般有广义和狭义之分。广义的心理发展是通过对种系或动物演化过程的研究，考察动物心理如何演化到人类心理，以及人的心理又如何从原始、低级的心理状态演化到现代、高级的心理状态。狭义的心理发展是从个体研究的角度出发，探究从人类个体的胚胎期开始一直到衰老死亡的全过程中，个体心理是如何从低级水平向复杂高级水平变化发展的，着重在于揭示各个年龄阶段的心理特征，并探讨个体心理从一个年龄阶段发展到另一个年龄阶段的规律。

对于心理发展的理解，应该把握这样几个方面。首先，心理发展是有序的和模式化的。它表现为多方面、多成分相互联系和在协调与不协调的矛盾冲突中，在不同时间、条件下的变化。例如生理与心理、遗传与环境、各种感觉之间、感性与理性之间、认识与情感之间、内在模式与外在动因之间的相互影响。其次，心理发展是动态的发展。所谓动态的变化是指发展并非按一种固定的模式进行，心理生理各方面、各成分之间的相互影响，起作用的主要方面、次要方面，均可因人和因年龄而异，婴幼儿心理发展是在生理成熟和获得新经验中进行的，发展是动力性的。再次，心理发展是一种持续过程。这种持续性表现为相对持久的、时间上的延续性，从而显示上升趋势和新质变异。例如，婴幼儿与成人关系的建立从广泛的人的联系到特定的人的联系，再到广泛的人的联系，经历着一个曲折的持续过程，可分别称之为哺育关系、依恋关系和交往关系。

婴幼儿心理发展是一个多成分、多层面的系统工程，各子系统的各层面的发展是不同步的，是互有促进、参差不齐的。心理的各子系统对其他子系统或对整个系统的影响作用的重要程度也不相同，例如，1岁前，情绪的发展可能起着主要的作用；1～2岁期间，先是运动能力，继而是语言能力的发展起重要作用；3岁后的一段时期，大脑思维的发展最为重要；而4岁以后社会交往将提到发展的重要日程。在每一时期，当那些起重要作用的新质成分明显出现并稳定下来时，婴幼儿就获得了发展上的成熟。

二、0～3岁婴幼儿心理发展的内容

婴幼儿的心理发展过程包括认知、情感、社会性等心理素质的发展，以及与心理发展密切

相关的语言、动作等其他重要素质的发展，各种素质的发展相互制约、相互促进，共同构成婴幼儿心理的整体发展过程。

（一）认知发展

认知心理是人在认识客观世界的活动中所表现出来的各种心理现象，主要指人的感觉、知觉、记忆、想象和思维等。婴儿出生时只有低级、原始的感觉活动，随着感官的不断成熟和环境的影响，婴幼儿很快就出现了对作用于感官事物整体的知觉，并能在头脑中产生对经历过的事物的简单的记忆。1 岁半到 2 岁的孩子开始表现出最初的与动作紧密结合的想象和思维活动。

（二）情绪发展

情绪情感是人们对待现实的主观态度和内在体验。婴幼儿的情感发展经历了从自然情绪反应到复杂的社会性情感体验的过程。刚出生的婴儿只有对食物、水、空气、适当的环境温度、舒适的身体状态等维系生存的条件的自然需求，当这些需求得到满足时，婴儿会表现出愉快的情绪，反之则表现出不愉快的情绪。后来婴幼儿出现了期望与人交往、渴望被人关注和爱抚、喜欢受人肯定和赞赏等社会性情感。

（三）社会性发展

社会性是人们在与人交往中逐渐形成和发展起来的重要心理属性，是人所特有的属性之一。婴儿刚出生时，还没有在头脑中产生与周围人的社会心理关系，还是一个“自然人”。婴儿在与母亲的交往中形成依恋关系是婴儿社会性发展的开端，随着交往范围的扩大，婴幼儿逐步由“自然人”发展成为有着初步的人际关系网络的“社会人”，其社会性也随之得到不断发展。

三、0 ~ 3 岁婴幼儿心理发展的规律与特点

婴幼儿心理发展是多种心理因素的发展变化过程，在遗传、成熟、环境、生活实践等多种因素的影响和制约下，婴幼儿的心理发展表现出以下一些共同的趋势和特点。

（一）0 ~ 3 岁婴幼儿心理发展的规律

1. 由简单向复杂发展

这一发展趋势主要表现为婴幼儿心理从低级向高级发展、从未分化向逐步分化发展。刚出生的新生儿只有一些简单的无条件反射活动，他们只能对周围环境中的声音、光线、温度等单一刺激作出机械的反应，后来随着条件反射系统的建立和不断的复杂化，在环境的作用下，婴幼儿的感觉、知觉、记忆、想象和思维等心理活动才逐步出现和发展起来。无论是认知心理还是情绪情感，婴幼儿的每一种心理活动刚刚出现时都是笼统、单一的，后来才逐渐开始分化、丰富起来。

2. 由被动向主动发展

这一发展趋势主要表现为婴幼儿心理从无意性向有意性发展，从主要受生理制约向逐步自主控制发展。新生儿是通过无条件反射对外界刺激作出直接的、被动的反应，心理和行为没有目的性，也无法自主控制。后来，逐步出现了一些有目的的活动，但是婴幼儿还不能意识到自己的活动目的。额叶是大脑皮层中控制有意行为的主要机能区，由于婴幼儿的额叶发育速度相

对其他区域的发育要迟缓一些，所以婴幼儿的心理活动的有意性和目的性水平都还比较低下，加之婴幼儿整体生长发育水平的局限性，婴幼儿的心理活动在很大程度上受生理的制约，多数的心理和行为都是在生理需要的推动下产生的。随着生理的成熟，在生活实践的锻炼推动下，婴幼儿自主控制自身心理和行为的能力逐渐增强。

3. 由凌乱向成体系发展

这一发展趋势主要表现为婴幼儿心理从各心理成分零散混乱、缺乏有机联系、不稳定逐步向有组织的、稳定的、整体的心理系统发展。婴幼儿早期还不能在头脑中将对事物的感知觉信息进行复杂的整合，也不能将各种认知信息进行长久的保存，对周围事物的兴趣、情感等也不稳定。如出生三四个月的婴儿由于不能将视觉信息与动觉信息充分整合，所以就不能做到手眼协调，随着年龄增长，当各种信息能充分整合后，婴儿就能比较准确地完成手眼协调动作了。在情绪发展方面，婴幼儿各种情绪来得快去得也快，哭笑无常，一个失去玩具伤心哭泣的婴幼儿会因为得到一颗糖果马上破涕为笑，到两三岁后，婴幼儿逐渐形成一些比较稳定的情感。

（二）0 ~ 3岁婴幼儿心理发展的特点

1. 连续性与阶段性

从纵向上看，婴幼儿的心理发展是一个持续的过程，前后发展之间具有密切的联系，婴幼儿心理每一阶段的发展都是为后续的发展做准备。反之，如果婴幼儿心理发展过程的某一阶段存在问题或缺陷，必然对后续的相关心理的发展产生不利的影响。例如，从婴幼儿语言的形成和发展过程看，如果前语言的积累不够，那么婴幼儿的语言发展就会受到不利影响。

婴幼儿心理发展还具有阶段性的特点，如婴幼儿在不会说话阶段和会说话阶段之间，以及婴幼儿在不能独立行走阶段和能够独立行走阶段之间，具有显著的阶段性特点。再如，婴幼儿在直觉行动思维阶段后期就会出现直观形象思维的特点，能在头脑中运用形象解决问题，然后慢慢发展就由量的积累质变到直观形象思维。

2. 共性与个别差异性

受遗传、环境和生活实践的影响，不同的婴幼儿在心理发展的时间和内容上表现出共通的特点。如婴幼儿在动作发展的顺序和时间上，多数婴幼儿基本按照“三翻、六坐、八开爬”的顺序进行；婴幼儿语言能力的发展一般都有1 ~ 1.5岁的单词句阶段、1.5 ~ 2岁的双词句阶段和2 ~ 3岁的完整简单句阶段；婴幼儿最初级的思维——直觉行动思维则通常是在1.5 ~ 2岁时发生。我们把在一定社会和教育条件下，儿童在每个年龄阶段中形成并表现出来的一般的、典型的、本质的心理特征称为年龄特征，婴幼儿心理研究任务之一就是阐明各阶段婴幼儿心理发展的年龄特征。

婴幼儿的遗传素质、社会生活条件、教育条件等存在差异、既往的生活经历也有差异，所有这些原因造成了每个婴幼儿在心理发展的速度、心理活动的内容、心理发展的水平等方面都有着不同于他人的个别特点。

3. 整体性与不均衡性

从横向上看，在婴幼儿心理发展过程中，各种心理因素之间并不是互相孤立的，一种心理因素的发展必然与其他心理因素的发展之间有着直接或间接的联系，是相互促进也相互制约的整体发展过程。如认知心理发展与情感意志发展之间，认知心理发展与气质、性格等个性心理

发展之间都有着非常密切的联系。

婴幼儿期是人一生中心理发展最迅速的时期，但是在整个婴幼儿期中，心理发展不是等速的，在不同的年龄段和心理发展的不同方面均表现出不均衡的特点。从年龄上看，年龄越小的婴幼儿其心理发展速度越快，其中新生儿的心理发展速度最快；从心理结构上看，婴幼儿的感知觉最早出现并迅速达到比较高的水平，而思维则要到2岁左右才出现且发展水平不高。

四、0～3岁婴幼儿心理发展的影响因素

影响婴幼儿心理发展的因素很多，概括起来，可以分为内部因素和外部因素。内部因素主要指婴幼儿生理和心理本身的特点，外部因素则是指婴幼儿心理发展必不可少的外在条件，具体包括自然环境和社会环境因素。概括起来，主要有生物因素、心理因素和环境因素。

（一）生物因素

1.遗传因素

遗传是一种生物现象。遗传的生物特征主要指那些与生俱来的解剖生理特点，如机体的构造、形态、感官和神经系统的特征等。其中对心理发展具有最重要意义的是神经系统的结构和机能的特征。这些遗传的生物特征也叫遗传素质。遗传素质是婴幼儿心理发展的最初的自然物质前提。遗传对婴幼儿心理发展的作用表现在以下几个方面。

首先，遗传素质是人类心理发展的物质前提。人类在进化过程中，机体得到高度的发展，特别是脑和神经系统高级部位的机构和机能达到高度发达的水平，获得了不同于其他一切生物的特征。遗传因素是使婴幼儿在成长过程中有可能形成人类心理的前提条件，也是婴幼儿有可能达到一定社会所要求的那种心理水平的最初的、最基本的条件。由于遗传缺陷造成婴幼儿脑发育不全，其智力障碍往往难以克服。猩猩在良好的人类生活条件和精心训练下，其智力发展的极限也只能达到幼儿的水平。这些事实都从反面证明了正常的遗传素质是婴幼儿心理形成和发展的物质前提。

其次，遗传素质具有个体差异。一些同卵双生子的研究说明，同卵双生子有近乎相同的智力。同卵双生子是由一个受精卵分裂为两个发育而成的，具有相同的遗传素质。英国心理学家西里儿·伯特的研究材料表明：在一起长大的无血缘关系的婴幼儿智力相关很小，而有血缘关系的婴幼儿之间的智力相关随家族谱系的亲近程度而逐渐增高，同卵双生子的智商有很高的相关。美国教育心理学家詹森对8个国家100多种有关不同亲属关系者的智商相关的研究材料作了总结，也得出类似的结论：婴幼儿与亲生父母的智商相关高于养父母；异卵双生子与一般兄妹间的智商相关相似；同卵双生子的智商相关最高。遗传关系越近，智力发展越相似。我国心理学家林崇德的研究也证明了这一点。

2.生理成熟

生理成熟是指身体生长发育的程度或水平，也称生理发展。婴幼儿身体生长发育的规律明显地表现在发展的方向顺序和发展速度上。如：婴幼儿头部发育最早，其次是躯干，再次是上肢，最后是下肢。婴幼儿体内各大系统成熟的顺序是：神经系统最早成熟，骨骼肌肉系统次之，最后是生殖系统。成熟对婴幼儿心理发展的具体作用是使心理活动的出现或发展处于准备状态，生理成熟为婴幼儿心理发展提供自然物质前提。

（二）心理因素

影响婴幼儿心理发展的主观因素，笼统地说，包含婴幼儿的全部心理活动。具体地说，包括婴幼儿的需要、兴趣爱好、能力、性格、自我意识以及心理状态等。婴幼儿心理活动的各种心理成分或因素之间既是不可分割的，又是经常对立统一的。比如，有的幼儿有完成任务的动机，却缺乏坚持到底的意志力。婴幼儿心理的内部因素之间的矛盾，是推动婴幼儿心理发展的根本原因。婴幼儿心理的内部矛盾可以概括为两个方面，即新的需要和旧的心理水平或状态。需要是由外界环境和教育引起的，随着婴幼儿的成长和生活条件的变化，外界对婴幼儿的要求也不断变化，客观要求如果被婴幼儿接受，它就变成婴幼儿的主观需要。需要是新的心理反应，旧的心理水平或状态是过去的心理反应，这两种心理反应之间总是不一致的，不一致即差异，差异就是矛盾，两者构成心理内部不断发生的矛盾。它们总是处于相互否定、相互斗争中，有了新的需要就不满足于已有的水平。

婴幼儿心理内部矛盾的两个方面又是互相依存的。一方面，婴幼儿的需要依存于婴幼儿原有的心理水平或状态。因为需要总是在一定的心理发展水平或状态的基础上产生的。另一方面，一定的心理水平的形成，又依存于相应的需要。没有需要，婴幼儿就不会去学习任何知识技能，心理水平不能提高。教育的任务是根据已有的心理水平和心理状态，提出恰当的要求，帮助婴幼儿产生新的矛盾运动，促进其心理发展。

（三）环境因素

环境影响婴幼儿心理的发展和变化。环境分为自然环境和社会环境。自然环境提供婴幼儿生存所需的物质条件，如阳光、空气、水和养料等。

对婴幼儿心理影响大的是社会环境。社会环境指婴幼儿的社会生活条件，包括社会生产力发展水平、社会制度、婴幼儿所处的社会经济地位、家庭状况、周围的社会气氛等。社会环境的作用表现在以下几个方面。

社会环境使遗传所提供的心理发展的可能性变为现实。社会环境，首先指人类生活的环境，它不同于动物生活的环境，人的后代如果不生活在社会环境里，那么遗传素质提供的心理发展的可能性就不会变成现实。野兽哺育长大的孩子，虽然具有人类遗传素质，却不具备婴幼儿的心理。典型的例子如印度狼孩卡玛拉和阿玛拉，法国的阿威龙野男孩，以及近年来发现的印度10岁男狼孩巴斯卡尔等，他们都不会直立行走，不能学会说话，没有人类的动作和情感。直立行走和说话本来是人类的特征，但是对每一个具体婴幼儿来说，遗传只提供了直立行走和说话的可能性，没有人类的社会环境，这种可能性不能变为现实性。许多正常婴幼儿似乎是自然而然地学会走路和说话的，其实都是社会生活环境影响的结果，不过有时不被人察觉而已。具备正常遗传因素的婴幼儿其心理发展受环境的重大的影响，甚至是决定性的影响。

社会生活条件和教育是制约婴幼儿心理发展水平和方向的最重要的客观因素。婴幼儿心理发展与动物心理发展有本质不同，动物发展靠本能，靠成熟，靠个体的直接经验，而婴幼儿发展主要靠学习，靠文化传递，靠群体经验，靠社会生活条件和教育的影响，这是因为，婴幼儿是一个自然实体，更是一个社会实体。

第二节　0 ~ 3 岁婴幼儿认知的发展

一、感知觉的发生发展

（一）视觉的发生发展

1. 视觉的产生

婴儿的视觉器官在胎儿时期已基本上发育成熟。新生儿已具备了一定的视觉能力，获得基本视觉的过程。例如，在出生三天的新生儿中，就可普遍地观察到他们的视线集中于某物体，如母亲的面孔上。但是，婴儿的视觉系统仍处于成熟的过程中，视觉神经的髓鞘化尚在继续之中，脑中枢的区域划分尚在进一步完善中，视觉功能亦待进一步完善。

2. 视敏度的发展

视敏度是指眼睛区分对象形状和大小、微小细节的能力。研究视敏度主要用以下三种方法：偏好法、视眼球震颤法（根据婴幼儿扫描物体时不自觉的眼球运动来鉴别其视敏度）和视觉诱发电位测量法。1962 年范茨等人采用前两种方法研究表明：新生儿视敏度为 6/60 至 6/120 之间，即能在 6 米处看见正常成人在 60 米至 120 米处看见的东西。玛格等人采用第三种方法研究表明，婴儿 4 周时视敏度为 6/180，其发展迅速，到 5 ~ 6 个月时，即可达到 6/6 的水平，相当于对数视力表的 5.0，是正常成人的水平。总之，视敏度在婴儿出生的头几个月发展非常迅速。

3. 颜色视觉的发展

颜色视觉是对光谱上不同波长光线的辨别能力，也就是区别颜色细微差别的能力，简称色觉。婴儿的颜色视觉发生得很早，冯晓梅采用去习惯化法的实验结果表明，80% 的出生 8 分钟到 13 天的新生儿能分辨红色和灰色，说明出生两周的新生儿就具有颜色辨别能力。大量研究证实，2 ~ 4 个月婴儿的颜色知觉已发展得很好，例如泰勒的工作证实 2 个月的婴儿能从白色中区分红、橙、蓝、绿，但不能区分黄绿色。4 个月婴儿已经能在可见光谱上辨认各种颜色，说明这时婴幼儿颜色视觉已接近成人。

（二）听觉的发生发展

1. 听觉的产生

在胚胎两个月时耳朵就开始发展了，到胚胎 5 个月时，耳朵已发展完全，在胚胎 13 星期时，在母亲腹部附近响起铃声就会引起痉挛性胎动，这说明在胎儿期已经产生听觉了。对刚出生的婴儿头部近处发出咔嗒声有转头反应，一项对 42 名出生 24 小时内的新生儿用条件反射法测试显示，98% 的被试有听觉反应，其中 81% 被试反应较快。

2. 听敏度的发展

听敏度指对声音刺激的精细分辨能力。研究者发现，1 个月婴儿已能鉴别 200 赫兹与 500 赫兹纯音之间的差异。5 ~ 8 个月婴儿在 1000 ~ 3000 赫兹范围内能觉察出声频的 2% 的变化（成人是 1%），在 400 ~ 8000 赫兹内的差别阈限与成人水平相同。

3. 语言及音乐感知

婴儿对人说话的声音的反应敏感，有人发现新生儿对一个妇女的声音要比对铃声做出更多更有力地反应。同时，婴儿很早就能辨别不同人的声音。托马斯等人研究报告，当母亲从一个

婴儿看不见的地方呼唤其名字时，10 ~ 12天的新生儿会转向母亲，而其他妇女呼唤他时则毫无反应，婴儿对母亲的声音比较敏感和偏爱。巴特菲尔德采用“吸吮技术”研究发现，即使是出生24小时内的新生儿，为了能听到声音，吸吮时间也会明显增加，而且能够辨别音乐与噪声。研究表明婴儿偏好轻柔、旋律优美、节奏鲜明的音乐曲调。

4. 视听协调能力的发展

婴儿的听觉和视觉出生后迅速发展，而且婴儿早期即表现出视听协同活动。例如，婴儿在听到声音时会将头转向声源，这意味着婴儿调整头部位置使双眼平行地对着声源，当声音刺激和视觉刺激出现在不同方位时，婴儿则倾向于注视声音刺激来源的方向，而且，只要声、像刺激来源方向一致，婴儿注视的时间就更长。这一点证明婴儿已经达到能够区分视、听刺激是否协调一致的水平。例如，4 ~ 7个月婴儿对说话声音与面部口唇运动相一致的人面孔注视时间比声像运动不一致的注视时间更长。

（三）味觉的发生发展

味觉在胚胎3个月时开始发育，15周时已初步成熟且能发挥作用，从4个月开始能受到足够的味觉刺激，出生时味觉已发育的相当完好。新生儿已具有味觉偏爱，明显“偏爱”甜食，且其对酸、甜、苦和白水的面部表情已有明显不同。例如，“甜”刺激能诱发出“满意”的表情，并经常由于吮吸动作导致伴有浅浅的似微笑的面容；“酸”刺激诱发嘴唇撅起，并伴有纵鼻和眨眼；“苦”味刺激则诱发厌恶和拒绝的表情，并经常有吐出和像要呕吐的动作。

（四）嗅觉的发生发展

嗅器官早在胎儿30天即在头部发生，称作鼻基板。7周时嗅上皮即已固定在鼻腔上部，6个月胎儿鼻孔拓通，嗅觉结构在胎儿7 ~ 8个月形成，所以新生儿已能对各种气味做出相应的反应，例如，喜爱好闻的气味，并伴有全身运动。

（五）触觉的发生发展

胎儿在第49天时就已经具有初步的触觉反应，2个月时能对细而尖的刺激产生反应活动。新生儿已能凭口腔触觉辨别软硬不同的乳头，4个月时则能同时辨别不同形状和软硬程度的乳头。手的本能性触觉反应在婴儿刚出生时便可表现出来，但至于幼小婴儿是否能够物，目前仍存在激烈的争论。但4个月以后的婴儿则是有成熟的够物行为，视触协调能力已发展起来。

（六）空间知觉的发生发展

1. 形状知觉的发生发展

这方面的研究一直处于争论和发展变化中。但目前至少可以肯定的是婴儿在3个月时具有了分辨简单形状的能力，在8、9个月以前就获得了形状恒常性，而且事实上可能比这还要早。

2. 大小知觉的发生发展

多来年，这方面的研究一直处于“两难困境”之中。目前可以肯定的结论是：4个月以前的婴儿就已具有了大小知觉的恒常性，6个月以前的婴儿已能辨别大小。

3. 方位知觉的发生发展

婴儿对外界事物的方位知觉是以自身为中心进行定位的。刚刚出生的新生儿就具有基本的听觉定向能力，并成为婴儿早期空间定向的主导形式。3岁婴幼儿仅能辨别上下方位；4岁幼儿

开始辨别前后方位；5 岁幼儿开始能以自身为中心，辨别左右方位；6 岁幼儿达到能完全正确地辨别上、下、前、后四方位，但还不能客观辨别左右。

4. 距离知觉的发生发展

新生儿已能对逼近物有某种初步反应，并具备原始的深度知觉，2 ~ 3 个月时已有了对来物的保护性闭眼反应。近来"视崖"装置已被用来研究婴幼儿的深度恐惧感，并引发了关于恐惧感产生和发展机制的激烈争论（图 6-1）。

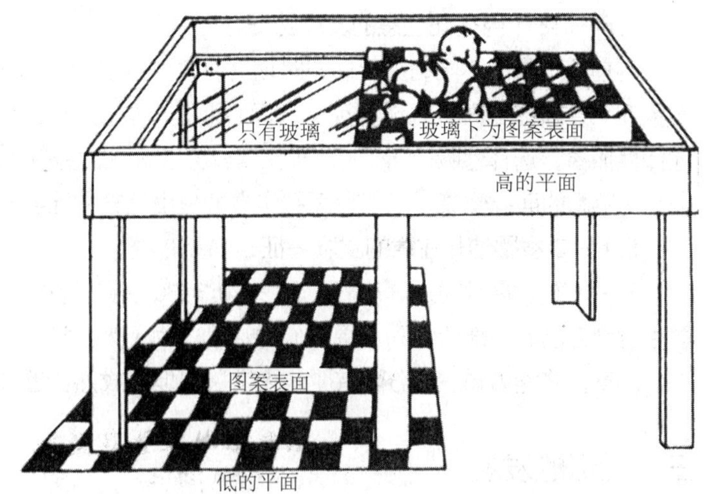

图 6-1 "视崖"实验示意图

二、注意的发展

（一）注意发展的前提条件

新生儿大部分时间处于睡眠状态，他们的觉醒时间非常短暂。持续时间一般不超 10 分钟，即使在喂奶条件下，一般也不能超过 30 分钟。新生儿这种极短暂的觉醒时间是神经系统和脑发育尚不成熟而避免受过多刺激影响的保护性反应。 随着婴幼儿的成长和神经系统的发育，这种觉醒状态持续时间迅速增加，到了 3 个月即使在不喂奶时，其觉醒时间也可延续到 1 小时到 1.5 小时之久。4 个月以后，就可以出现昼夜之间有规律的睡眠觉醒转换。半岁婴儿在夜间能连续睡眠 6 ~ 8 小时，白天有规律的睡两次，2 ~ 3 小时 / 次，其余时间则醒着玩耍。这时婴儿的注意也迅速发展起来，且主要表现为注意选择性的发展。

（二）注意发展的年龄特征

1. 0 ~ 1 个月新生儿注意的发展特征

对简单明了的图形更加偏爱；对图形比对杂乱的刺激点或线更偏爱；对人脸的注意多于对其他事物的注意。

2. 1 ~ 3 个月婴儿注意的发展特征

偏好复杂刺激物；偏好曲线多于直线；偏好不规则图形多于规则图形；偏好轮廓密度大的图形；偏好集中的刺激物多于非集中的刺激物；偏好对称的刺激物多于不对称刺激物；从注意局部轮廓向有组织地注意较全面的轮廓发展；从只注意形体外周向注意形体内部因素发展。

3. 3 ~ 6 个月婴儿注意的发展特征

平均注意时间缩短，探索活动更加积极主动；偏爱复杂和有意义的视觉对象；看得见的和可操作的物体更能引起他们的特别持久的注意和兴趣。由于前 3 个月记忆和学习的结果，这时婴儿对世界已有了一定的知识和经验，注意开始受到经验的影响和制约。

4. 6 ~ 12 个月婴儿注意的发展特征

与前几个阶段不同，关于这一时期婴儿注意发展的具体研究很少。这一时期婴儿的注意不再像 6 个月以前那样只表现在视觉方面，而是以更复杂的形式表现出来。例如，选择性够物、选择性抓握、选择性吸吮等。这一时期婴幼儿选择性注意越来越受知识与经验的支配。例如，婴儿对熟悉的面孔微笑、对陌生面孔焦虑就是由经验和社会性认识控制的注意现象。

5. 1 ~ 3 岁婴幼儿注意的发展特征

1 ~ 3 岁注意时间逐渐增长，最多 20 ~ 30 分钟。注意的事物逐渐增多，范围广。例如，能注意到自己的内部状态和周围人们的活动。由于大脑神经系统抑制能力和第二信号系统的发展，注意转移能力和注意分配有了较大发展，但不成熟。近 3 岁时有意注意开始出现。

三、记忆的发展

（一）记忆的发生

人类个体记忆发生的时间，目前研究还很难给出一个确切的答案，不过可以肯定的是婴儿的记忆很早就发生了。有研究者认为婴儿的记忆发生可以提早到胎儿期。研究者让刚刚出生 33 小时的新生儿听他们妈妈的声音和陌生女人的声音的录音，结果发现，当新生儿听到自己母亲的声音时，吮吸的速度就会加快，这表明新生儿记住了他在母体内经常听到的声音。当新生儿听妈妈在怀孕最后几周中经常听的音乐时，发现了相似的情形：婴儿的心率发生了变化，在他哭的时候，听到这段音乐就会平静下来。因此可以肯定，婴儿在母体内经常、反复听到的声音，出生后就能对之进行再认。

（二）记忆的发展

1. 新生儿记忆的发展

新生儿主要是短时记忆，表现为最初的习惯化和最初的条件反射。在自然状态下，母亲第一次将婴儿抱起来喂奶时的姿势经过大约两周后，当母亲再次将婴儿抱起准备喂奶时，只要用习惯的姿势抱他，不用等到乳头放到他的口中，他的嘴便提前开始做吸吮动作。婴儿这种条件反射的形成，说明他已具备最初的再认能力。

2. 1 ~ 3 个月婴儿记忆的发展

1 ~ 3 个月是长时记忆开始发生的阶段。帕波塞克最早采用经典条件反射研究了婴儿记忆的发展。帕波塞克用牛奶为强化物训练新生儿建立对不同声音的条件反射，让婴儿听见铃声、蜂鸣器声时分别转向不同的一侧。这样每天训练 10 次，到一个月后，婴儿即能在 10 次刺激中有 5 次以上反应正确，初步建立了对这两种声音的不同条件反射，表明一个月内的婴儿已有了长时记忆。

3. 3 ~ 6 个月婴儿记忆的发展

3 个月婴幼儿的记忆能保持 4 周之久。科利尔及其同事从 1976 到 1987 年所做的令人瞩目的“踢脚—车动”系列实验，揭示了早期婴儿包括记忆在内的一些发展规律。她的实验是这样进行的：使婴儿仰卧在小床上，床的上方悬挂着美丽的能发出响声的小玩具。给婴儿的一条腿上系住一条带子，带子的另一端与悬挂玩具的装置相连。每次婴儿的腿活动时，玩具由于带

子的晃动而发出叮咚响声并转动起来，于是婴儿不断地踢腿，以便使玩具发出响声和转动，玩具的变化引起婴儿的注意和兴趣。这个实验显示了典型的操作条件反射，是婴儿学习的一种方式。3 ~ 6 个月婴儿长时记忆能力有了很大发展，对知识、技能可保持数天、数周（图 6-2）。

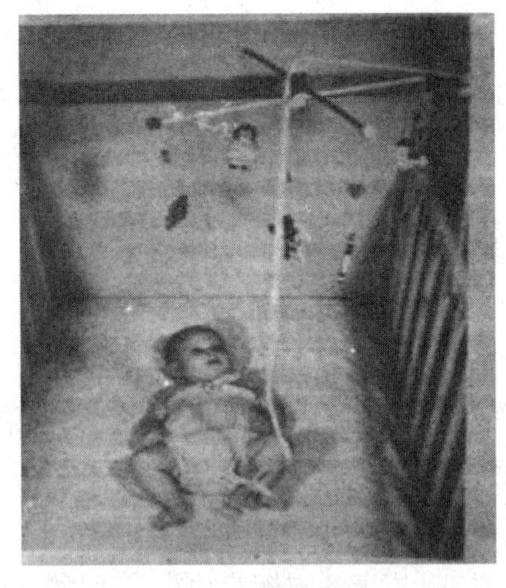

图 6-2　婴儿"踢腿实验"示意图

4. 6 ~ 12 个月婴儿记忆的发展

再现的潜伏期明显地延长，长时记忆能力进一步增强，表现为长时记忆时间增长，认生现象说明其记忆能力的扩展，搜寻物体能力增强，并出现大量模仿动作。

5. 1 岁以后婴幼儿记忆的发展

1 岁以后主要表现为回忆的发展。婴幼儿语言的产生和发展为他们带来了很多重要的变化，如符号表征能力的产生、再现和模仿能力的产生等。其中符号表征的出现使婴幼儿语词逻辑记忆能力的产生成为可能。而延迟模仿的产生则标志着婴幼儿表象记忆及回忆能力的初步成熟。2 ~ 3 岁婴幼儿再现能力有了很大发展，其表现为能帮成人找到东西，喜欢做藏东西的游戏。总之，婴幼儿期是记忆发展的第一个高峰时期和关键期，婴幼儿的机械记忆能力比较发达且有相当大的潜能。

四、思维的发展

（一）思维的发生时间与标志

皮亚杰认为，儿童的思维发生在感知、记忆等过程发生之后，与言语真正发生的时间相同，即 2 岁左右。2 岁以前，是思维发生的准备时期。近年来，关于婴幼儿条件反射的经典实验和其他人的研究证实，2 ~ 3 个月的婴儿就已具备了比较明显的问题解决能力。例如，缪尔和菲尔德研究证实，2 个月或者更小的婴儿已有视听协调能力；已能模仿成人的面部表情；已能进行跨感觉通道的信息迁移；已能调节胳膊运动朝向可视物体；甚至更小一些的婴儿都能学习如何通过自己的活动来控制事物的运动。可见，之所以对思维发生的时间会形成不同的认识，除了研究方法的深入之外，更重要的是对于思维发生标志的不同见解。强调从思维的定义出发界定思维发展的标志的学者，往往把对客观事物的反应是否出现间接性和概括性作为思维发生的指标；对皮亚杰观点提出挑战的学者则更强调将问题解决作为判断思维发生的指标。

（二）思维的主要形式

1. 直觉行动思维

直觉行动思维是 0 ~ 3 岁婴幼儿主要的思维方式。0 ~ 3 岁婴幼儿最先出现的思维方式，就是直觉行动思维，也称直观行动思维。婴幼儿最早的思维是依靠动作进行的。婴幼儿手眼协调动作产生以后，手部动作日益灵活，出现了双手的配合活动。从 6 ~ 8 个月开始，婴儿在同物体反复接触中，兴趣中心逐渐从自身的动作转移到动作的对象上，于是乱扔东西、胡乱撕书等"破坏"行为增多，婴幼儿借此来认识自己的动作能带来什么影响。

直觉行动思维是在婴幼儿感知觉和有意动作、特别是一些概括化的动作的基础上产生的。

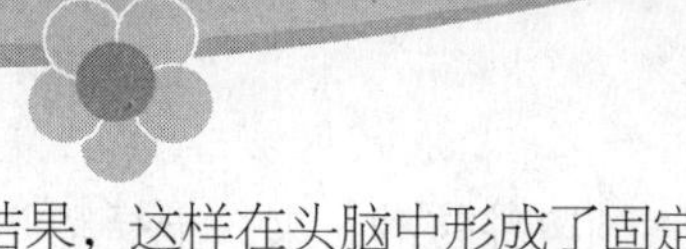

婴幼儿摆弄一种东西的同一动作会产生同一结果，这样在头脑中形成了固定的联系，以后遇到类似的情境，就会自然而然地使用这种动作，而这种动作已经可以说是具有概括化的有意动作。例如，婴幼儿经过多次尝试，通过拉桌布取得放在桌布中央的玩具，下次看到在床单上的皮球，就会通过拉床单去拿皮球。也就是说，这种概括性的动作就成为婴幼儿解决同类问题的手段，即直觉行动思维的手段。

2. 具体形象思维

具体形象思维是依赖事物的直观形象或表象进行的思维，具体形象思维在 2 岁半之后便开始萌芽。直觉行动思维是通过外部展开的智慧动作进行的，是“尝试错误”式的。当用这种思维方式解决问题的经验积累多了以后，幼儿便不再依靠一次又一次的实际尝试，多余的动作开始减少，甚至一些动作不用尝试即可在脑中调用表象进行加工，思维过程逐渐由外显转变为内隐。2 岁末 3 岁初的幼儿已初步实现了这种转化。

3. 语言符号思维

语言不仅是人们交流思想的手段，而且也是正常人进行思维的工具。我们知道，0 ~ 1 岁是婴儿言语发展的准备期，1 ~ 3 岁是幼儿言语真正形成的时期。在这个阶段，婴幼儿先听懂成人的言语指令，然后学会说。3 岁的幼儿已经掌握了大约 1000 个以上的词汇，能够说出完整句，能理解日常句义。言语的获得，使婴幼儿的思维获得迅速发展，以语言为中介，对客观事物的间接的和概括的反映成为可能。尽管动作在 0 ~ 3 岁婴幼儿思维发展中产生了重要的作用，然而从发展的角度来看，动作和语言对思维活动的作用随着儿童年龄的增长逐渐发生着变化。变化的规律是：动作在其中的作用由大变小，言语的作用则是由小变大。

（三）0 ~ 3 岁婴幼儿思维发展的特征

1. 从无条件反射到条件反射的进化

反射是个体天生的对特定刺激形式作出的自动反应，是新生儿最明显的有组织的行为方式。随着儿童机体（特别是脑）的发展和生活条件的不断变化，新生儿先天的无条件反射就逐渐条件化、信号化，从而形成了信号性的条件反射。一般认为，条件反射在出生后 1 ~ 2 周产生。新生儿的条件反射是由脑实现的暂时神经联系，它为机体提供周围环境中与生活有关的信号、信息，揭露有关刺激物的“意义”，使新生儿能按照这些信号、信息来认识、适应世界。例如，母亲每次给新生儿喂奶前，总是将其横抱在臂弯，久而久之，新生儿理解了横着抱的信号意义，往往预示着食物（母乳）的即将到来，从而建立了对于姿势的条件反射。这是新生儿心理产生的标志，其中也包含着思维产生的可能性。从新生儿心理的产生到思维的萌芽，是在新生儿机体与生活环境不断相互作用中，在感性认识产生和发展的基础上，在分析综合能力不断提高、言语开始出现以及生活经验逐渐丰富的条件下实现的。

2. 客体永久性观念的建立

客体永久性观念指的是当知觉对象从视野中消失时，婴儿仍能知道它的存在，研究发现，8、9 个月以前的婴儿是没有这种观念的。也就是说，如果婴儿正要伸手去抓眼前的某个物体，而成人用一块布把它盖上，或者将它转移到某种遮挡物下面，使婴儿看不到它，这时婴儿往往会把手缩回来，呆呆地看着物体消失的地方，或者大哭起来，而不去找寻（图 6-3）。

一般认为，在婴儿 8 ~ 12 个月时，即将满 1 岁的时候，由于动作的发展和言语的萌发，

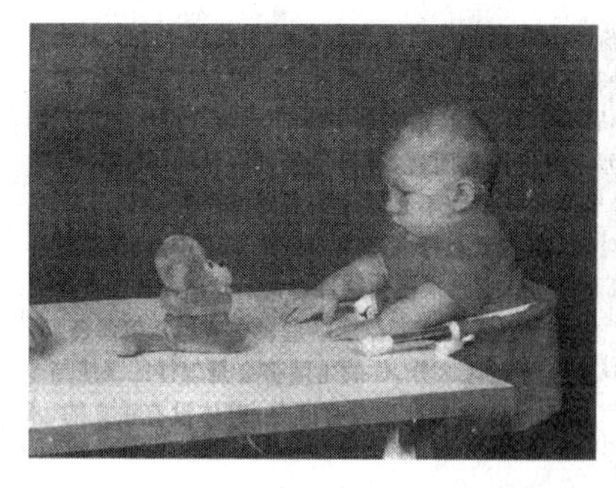

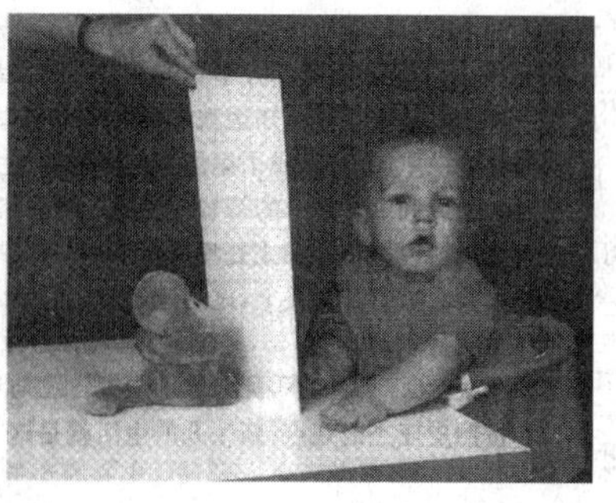

图 6-3 “客体永久性”实验示意图

客体永久性观念逐渐建立。在这以前，和孩子“藏猫猫”的时候，你一躲开，他看不见了，也就不找了，以为世界上不存在“你”这个人了。可是在一周岁左右时，你再和孩子做“藏猫猫”游戏时，你叫他一声，然后再躲起来，孩子就会用眼睛到处找。实质上，这种客体永久性观念的建立，或者说支撑孩子去“寻找”的，就是表象的最初形态。

3. 表象的萌芽

表象是感性认识的高级形式。它是个体过去已经感知过，但现时并不直接感知的那些事物的感性印象，是个体过去对事物的反映在头脑中留下的痕迹，在以后的活动中的恢复、再现和不断完善。有了表象，不但能使个体回忆过去，而且也能使个体预见未来(如寻找消失了的东西)，从而加强了主体的能动性。例如，12个月的婴幼儿看见妈妈走到门口，换鞋、穿大衣、拎包……虽然此时妈妈还没有和孩子说再见，但婴幼儿就会主动摆摆手，发出“妈妈要出门了，再见”的信息。这一点或许是婴幼儿已经建立了对该行为模式的启动效应。可见，婴幼儿调动了已有的表象和经验，理解了事物之间的因果关系，预见了事件未来的结果。

4. 表意性动作的出现

所谓表意性动作，就是用动作表达意愿。11 ~ 12个月的婴幼儿都会用手指向成人(甚至是抓着成人的手)，指出他想要的东西，或者指向他想去的地方。这类司空见惯的动作包含着婴幼儿对一系列关系的认识和分析，自己的目的是拿取物体或出门玩耍，而依靠自己的力量达不到目的;成人有能力而且会帮助自己。于是，用动作表明自己的目的，发出向成人求助的信号。此时，手的动作已不仅仅是获得事物触觉信息的手段，也不仅仅是直接运用物体的工具，而是成为一种具有象征功能的类似语言的符号，并使得心理反应具有初步的间接性。

5. 思维的直觉行动性

直觉行动性是1 ~ 3岁婴幼儿思维发展的最主要特征。2 ~ 3岁的婴幼儿在思维的时候，是与其对物体的感知、与其自身的行动分不开的，思维是在感知行动中进行的，离开了直接的刺激或具体的行动便不能思维。这时，幼儿的主动性很低，只能考虑自己动作所接触的事物，只能在动作中思考，而不能在动作之外思考，更不能考虑、计划自己的动作，并预见动作的后果。例如，幼儿身旁如果有个布娃娃，他就拿起来做喂布娃娃的“游戏”，布娃娃被拿走了，游戏也就停止了。当幼儿骑在竹竿上面的时候，就想到骑马的活动，等把竹竿丢掉了，骑马的事就忘掉了。这就表明，幼儿还不能离开物体和行动来主动地思考和计划什么。

6. 最初词的概括作用

婴幼儿期直觉行动思维的产生是与他们以词为中介的概括能力的形成相联系的。例如，幼

儿可以把不同的猫称为“老猫”，不同的兔称为“大白兔”。但是，这种概括一般只限于事物的外表属性，而不是本质属性。关于幼儿期词的概括能力产生和发展过程的实验研究指出：最初，幼儿的每一个词只标志某一特定的个别物体，只是知觉某一事物时的一种词的标志。例如，“车”这个词，只标志幼儿所见的那个车（玩具），而不包括其他任何车。1 岁多的孩子只知道“妈妈”一词是指自己的妈妈，当听到别的孩子也叫他们自己的妈妈是“妈妈”时，就感到困惑和愤怒，也是这个道理。以后，词开始标志一组类似的物体，这就产生了最初的词的概括。例如，“车”这个词开始时标志白车和黑车，但是这不是词和表象的结合，只是物体外部特征的概括，因而还不能形成概念。

大约在 3 岁，幼儿开始能用词对一类物体的比较稳定的主要特征进行概括。例如，可以舍弃车的颜色、大小等差别而把“车”这个词作为各种车的标志，甚至在物体（如车）不在面前的时候，也能从概括的意义上来使用这个词。

7. 思维的自我中心性

对这个阶段的婴幼儿来说，自我和外在世界还没有明确地分化开来，即婴幼儿所体验到和所感知到的印象还没有涉及一个所谓自我这样一种个人意识，也没有涉及一些被认为自我之外的客体。唯一共同的和不变的参照系只能是身体本身，于是就产生了一种朝向身体本身的自我中心化。

虽然婴幼儿到将近 2 岁时已开始意识到自身是活动的来源，于是活动不再以自己的身体为中心了，但代之而起的是更高水平的自我中心化。根据瑞士心理学家皮亚杰大量的临床实验及现代心理学的研究，儿童建立在实物动作水平上的自我中心化思维表现在如下 3 个方面。第一，是儿童的象征性游戏。儿童按照自己的想象来改造现实以满足自己的需要，此时儿童把现实同化于自我。例如，儿童拿起竹竿当马来骑，儿童凭其想象既可把自己看作是一个骑士在赛马，也可想象是骑兵在追坏蛋。第二，是儿童的语言。两个儿童相互交谈时有一个有趣的现象，一方并不关心如何让别人听自己讲话，听者也并不企图弄懂别人所讲的东西，他们彼此间的对话从形式上看好像是在交流，实际上却是自己对自己讲话；虽然每个儿童都认为他正在听别人讲话，并且懂得他所讲的话，实际上未必理解。第三，是儿童的“现实主义”。皮亚杰认为，自我中心思维直接导致儿童的现实主义（指儿童从自己的感觉出发，以自己的感觉为根据审视万物）。自我中心研究的“三山实验”如图 6-4 所示。

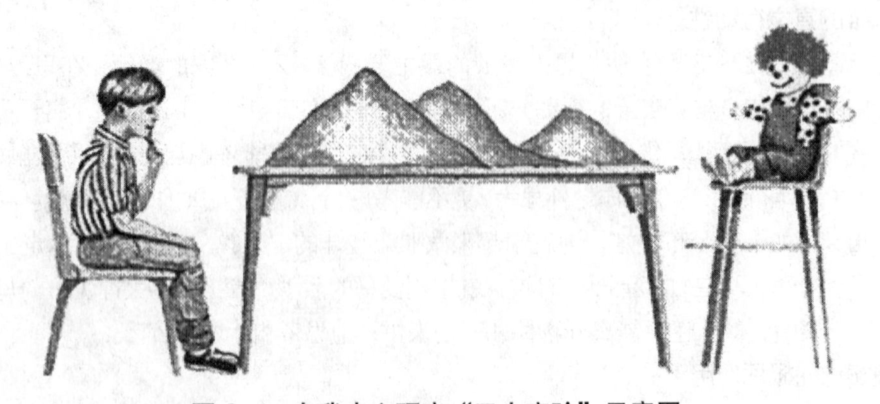

图 6-4　自我中心研究“三山实验”示意图

五、婴幼儿想象发展

（一）想象的发生

想象是对头脑中已有的形象进行加工，重新组合成为新形象的过程。想象是以记忆表象为基本材料，对已有表象加以改造的过程。1 岁半至 2 岁婴幼儿出现了想象的萌芽，主要是通过动作和语言表现出来的。

儿童最初的想象，可以说是记忆材料的简单迁移。表现为下列特点。

（1）记忆表象在新情景下的复活　2 岁幼儿的想象，几乎完全重复曾经感知过的情景，只不过是在新的情景下借助身边物品表现出来而已。

（2）简单的相似联想　最初的想象是依靠事物外表的相似性而把事物的形象联系在一起的。

（3）没有情节的组合　最初的想象只是一种简单的代替，以一物代替另一物。简单来说就是婴幼儿把当前的事物虚拟地看做另一种事物。例如，一个两岁多的幼儿拿着一块圆圆的积木，喊身边其他的同伴一起来唱生日快乐歌。他是把积木看做生日蛋糕了。又比如还有一个幼儿，拿过一块中空的圆形积木，然后在其中间插上一个钉子状的积木，高举过头并喊着“天太热了，我洗个澡吧”——他这是把积木当成了淋浴头。前者是因为班上小朋友刚刚过完生日，后者则是因为有了前天晚上妈妈帮自己洗澡的经验。两岁以后的幼儿常常在游戏中假扮成各种角色的人物，例如，穿上妈妈的高跟鞋说“我来做妈妈”。他们也会把一种东西假装成另一种当下环境不存在的事物，用以补充他们游戏中需要的材料，比如拿喝酸奶的吸管当做温度计假装给“小病人”测量体温。婴幼儿的想象丰富了他们的游戏，同时游戏又激发并培养了他们的想象力。婴幼儿时期的想象还很简单。他们的想象力只是开始出现。但是，想象使他们能够做出超越当下现实的反应，因而使得自己的心理活动更加的丰富活跃。

（二）想象发展的趋势

想象在婴幼儿时期及幼儿前期开始发展。想象发展的一般趋势是从简单的自由联想向创造性想象发展。具体表现在以下 3 个方面。

1. 从无意想象发展到有意想象

1.5 ~ 2 岁时，由于经验缺乏，言语发展较差，婴幼儿只能在游戏中运用日常生活的经验，开始出现想象的萌芽，已能把生活中的行为举止迁移到自己的活动中去。例如，当婴幼儿拿到布娃娃的时候，就给布娃娃“穿”衣服、“喂”东西。这时，在婴幼儿的头脑里重现妈妈或阿姨给自己穿衣或喂食的情景。但是，由于这时期婴幼儿的经验贫乏和语言发展仍较差，他们的动作只是一种过去经验情景的生动重现。这时期的想象活动只是把他在生活中所见到的，感知过的形象再造出来，想象的内容很贫乏，有意性很差，而且创造性成分很少，往往受客观环境的直接影响，看到什么就玩什么，如学开汽车时，手扶着椅背嘴里叫着“滴滴”就已经满足了，其他的就不去想了，属于再造想象，是一种低级的想象活动。这一阶段称之为表象迁移阶段，这是幼儿想象的萌芽阶段。

2. 从再造想象发展到创造想象

幼儿的想象产生之后，就迅速发展起来。大约在 2 周岁，其想象就进入了一个新的阶段，可将其称之为表象替代阶段，其具体表现如下：①把没有的东西想象成有。比如，幼儿为了表

达自己对教师的喜爱，攥着手递给教师说“请你吃糖”，其实手里是没有东西的，这时候她的眼睛会告诉你“快告诉我好不好吃”。在这一过程中，“糖”是不存在的，但她借助自己的想象完成了这一过程。②将同样的东西在不同的场合赋予不同的功能，特别是将没有生命的东西赋予生命。例如，班里的小朋友刚刚过完生日，正在玩积塑，他们就会拿起其中一个圆形的积塑当做蛋糕，说“明明生日快乐！”转天早晨他们会拿着相同的一块积塑当做淋浴头，说“丽丽，我给你洗澡好不好？”

在这一阶段，幼儿对一切未知事物充满着好奇，使这一阶段的幼儿认知有了迅速的发展。进入2岁以后，幼儿的活动能力进一步增强，这不仅拓宽了他们的活动空间，也使其获得了越来越深刻的体验，而这些正是想象进一步发展的基础。同时，在这一阶段，幼儿已具备了基本的语言能力，他们开始借助语言去理解更多的事物并同成人进行交流，这为他们的想象打开了另一个广阔的空间。此外，幼儿的观察、记忆、推理等认知能力也在持续发展，这些都使这一阶段幼儿的想象在原有的基础上进一步发展起来。

3. 从想象的极大夸张性发展到合乎现实的逻辑性

2岁以后到3岁，随着幼儿生活经验的丰富、言语的发展和活动的复杂化，特别是游戏活动的发展，逐渐产生了带有最简单的主题和主角的游戏活动，其主要表现是象征性游戏。幼儿的想象就会逐渐向有意想象和创造性想象发展。这一阶段想象主要有以下两个方面的特点。

（1）想象不再局限于具体事物的形象，而是带有一定的情节，具有情景性。幼儿可以运用自己的想象和成人或同伴一起从事象征性游戏。这种游戏可以是较为随意的想象，也可以是通过扮演角色对某一童话故事的重新演绎。幼儿在游戏的过程中，可以扮演一个角色，也可以扮演不同的角色。同时，也允许和理解对方同时扮演多种角色。这些都表明幼儿的想象不仅更加丰富，同时也更加灵活，具有一定的变通性，这是幼儿想象的一大发展。

（2）想象开始具有一定的创造性。在想象游戏的过程中，幼儿的创造性想象开始出现，其想象已不再是表象的简单迁移，或情景的简单重现，他已经可以对自己头脑中的表象进行加工改造，或是产生一个新的表象，或是演绎新的情景，表现出了一定的创造性。

【拓展阅读】

研究婴幼儿认知发展的“有意义自然反应法”

婴幼儿的反应行为有些是无意义的，有些则是有意义的。在婴幼儿有意义的行为反应中，我们不仅可以看到婴幼儿对外界事物的理解与辨别，同时也能看到外界事物对婴幼儿的作用和意义。在婴幼儿的实验研究中，常用的有意义的自然反应法有以下几种。

（1）视崖反应　视崖是美国儿童心理学家吉布森和沃克在1960年设计的一种用于研究婴幼儿深度知觉的实验装置。视崖是一个高度适于成人操作的长方形平台，平台周围有30厘米高的围板。平台以中间为界分为两半，一半上面铺着红白相间的格子图形玻璃板，视为“浅侧”，另一半的格子图形板面置于离上板面150厘米以下（高度可调），视为“深侧”，但上面铺着与“浅侧”连接着的透明玻璃平面，看上去这一半像深陷下去的悬崖。在深侧与浅侧之间有一个过渡地带，贴有白色胶带，称为“中央板”。

视崖反应的实验过程：将婴幼儿放在中央板上；在浅侧或深侧诱使婴幼儿爬行。例如，可

以让婴幼儿的母亲分别在浅侧与深侧呼唤婴幼儿，如果婴幼儿无法知觉到不同深度，那么母亲在哪一边叫他，他都会爬向母亲。吉布森的研究发现 6 ~ 7 个月的婴幼儿已有深度知觉。在近几年的研究中，研究者将视崖装置与生理指标（例如心跳频率）的测量结合起来，使对婴幼儿深度知觉的测量大为改善，发现婴幼儿在更小的时候（2 个月）就开始具有深度知觉。另外，研究者还将视崖装置用来研究婴幼儿与母亲（或其成人）的社会交往，特别是婴幼儿与母亲间的情感交流。

（2）抓握反应　抓握反应是有效的研究婴幼儿知觉，包括物体知觉、运动知觉、时空知觉等和婴幼儿对事物理解的自然反应之一。例如，在婴幼儿 3 个月左右时，在其前放一个小球和一个大球，当婴幼儿还不会用手拿东西的时候，他就能根据球的大小及与球之间的距离而不停地用不同的姿势去抓：小球用手掌去抓，大球用两只手去抱。

（3）视觉追踪　就是利用婴幼儿眼睛对物体的注视与追踪特征来研究婴幼儿的知觉与判断能力。例如，在婴幼儿面前放置一个屏幕，屏幕左右各一个窗口，左边窗口放有一个好看的球，自下而上运动，直至消失；几秒钟后球在右边窗口出现，并自上向下运动。反复几次之后，研究者发现即使 2 ~ 3 个月的婴幼儿在看见球从左边窗口消失后，也会将视线转向右边窗口期待球的出现。

（4）回避反应　婴幼儿会对发生在其面前看来似乎带有威胁性的物体或情境产生回避反应。例如，身体往后躲闪、头向旁边避开、伸手阻挡，等等，利用这种回避反应也可以研究婴幼儿的认知。有的研究者将头后仰的回避反应进行了量化测定，他们在婴幼儿头部放置一个特定的气球，该气球与敏感压力传感器相连，当婴幼儿的头稍往后仰时，传感器就会自动地把压力的细微变化反映并记录到存储设备上。这一措施非常有助于对婴幼儿物体知觉、认知、情感以及人格等定量分析。

（5）诱发电位法　通过呈现刺激，记录刺激出现时的脑电，多次重复分析电位数据做叠加平均，得到与刺激相关的电信号。这种方法的优点在于反映准确、时间分辨率极高，对婴幼儿无任何伤害，多用于研究婴幼儿的知觉分辨率，婴幼儿的意识活动。

（资料来源：王明辉 .0 ~ 3 岁婴幼儿认知发展与教育 . 上海：复旦大学出版社，2011.）

第三节　0 ~ 3 岁婴幼儿情绪的发展

人类婴儿从种族进化中获得的情绪为 8 ~ 10 种，称为基本情绪，如愉快、兴趣、惊奇、厌恶、痛苦、愤怒、惧怕、悲伤等。所有这些不同的情绪，在婴儿出生到半岁左右陆续发生。基本情绪在个体生活中的显现不是同时的，它们随着个体的成长、成熟而出现。它们的发生有一个时间顺序，这一顺序服从于婴儿的生理成熟和适应的需要；而且它们的发生既有一般规律，又有个体差异。

一、情绪在婴幼儿心理发展中的作用

情绪在婴幼儿心理活动中起着非常重要的动力作用，儿童年龄越小，这种影响就越直接。婴幼儿的行为充满着情绪色彩。婴幼儿情绪的发展对其今后的心理生活和个性形成起着重要的作用。

（一）情绪对婴幼儿认知发展的作用

情绪与认知之间关系密切，一方面，情绪是随着认知的发展而分化和发展的；另一方面，情绪对儿童的认知活动及其发展起着激发、促进或抑制、延缓作用。如，喜欢小动物的孩子，就会经常去接近小动物，在接触过程中逐渐了解小动物的生活习性，掌握一些关于小动物的常识。

心理学家曾以婴幼儿为被试，研究快乐、痛苦、兴趣、惧怕、愤怒等不同情绪状态对其智力操作活动的影响。结果表明，不同性质的情绪对婴幼儿智力操作影响不同，愉快情绪有利于婴幼儿的智力操作，而痛苦、惧怕等对婴幼儿智力操作不利，适中的愉快情绪能使智力操作效果最好。

（二）情绪对婴幼儿行为的动机作用

情绪对婴幼儿心理活动和行为具有非常明显的动机激发作用。婴幼儿的心理活动和行为的情绪色彩非常浓厚。情绪直接驱动、促使着儿童去做出某种行为，或抑制某种行为。比如，在愉快情绪下，儿童做什么事都积极；情绪不好时，则活动不积极。情绪直接支配、左右着儿童的行为，对儿童的心理和行为影响极大。

（三）情绪是婴幼儿人际交往的重要手段

每一种情绪都有其外部表现，即表情，它是人与人之间进行信息交流的重要工具之一。在婴幼儿与人的交往中，表情占有特殊的、重要的地位。人类的表情主要有面部表情、体态表情和言语表情。新生儿几乎完全借助于其面部表情及动作，引起、维持、调整其与成人的交往，与成人进行着信息交流。儿童在掌握语言之前，主要是以表情作为交际工具；在婴幼儿初步掌握语言之后，表情仍是婴幼儿重要的交流工具，它和语言一起共同实现着儿童与成人、儿童与同伴间的社会性交往。

（四）情绪对儿童个性形成的作用

婴幼儿时期是个性形成的奠基时期，儿童情绪情感对其具有重要影响。儿童在与不同的人和事物的接触中，逐渐形成了对不同人、事物的不同情绪态度。儿童经常、反复地受到特定环境刺激的影响，反复体验同一情绪状态，这种状态就会逐渐稳固下来，形成稳定的情绪特征，而情绪特征正是个性性格结构的重要组成部分。如成人经常关心、尊重婴幼儿，使婴幼儿经常体验到安全感和信任感，这有助于他们形成活泼开朗、自信的性格。若长期缺乏亲人的关爱，则会使他们形成孤僻、胆怯等性格。有心理学流派认为，儿童早期的情绪发展，对个性的最终形成至关重要。儿童早期的情感创伤，可能会对其个性的形成造成严重影响。所以重视和保护婴幼儿的情绪健康，对儿童发展和心理健康的意义十分巨大。

二、0 ~ 3 岁婴幼儿的基本情绪发展

（一）兴趣

1. 什么是兴趣

兴趣是先天的情绪，是人类最基本的情绪之一。它最早出现于新生儿出生后的 4 ~ 7 天。兴趣也是一种情感状态，是人类动机的最深水平。我们常说兴趣是原动力，它可以驱动人去行

动。早期婴儿对外界刺激的反应，就是由兴趣这种内在动机驱动引起身体运动而发生的。例如婴儿看见了一个红球，对这个红色的东西产生了兴趣，引起了注意。因为有兴趣才可能维持对它的注意，而对物体的集中注意是认知发展的基础。兴趣使然，当红球移动时，婴儿才会用目光追视，而视觉追视是视觉一运动协调的基础。再如，当婴儿刚刚会发音的时候，他对自己能发出声音感到好奇和有趣，于是不断地反复地发音并乐此不疲。如果成人对婴儿的发音给予应答，就可以加深婴儿对发音的兴趣，而促进语言的发展。

2. 兴趣的发展

兴趣的发展分为以下几个阶段。

（1）1 ~ 3个月是先天反射性反应阶段　由于外界的刺激，引起了婴儿的运动反应，运动反应的发生使婴儿参与到人与环境的相互作用中。

（2）4 ~ 9个月是相似性物体再认知阶段　外界声、光等刺激的重复出现引起婴儿的兴趣，使得婴儿对这些刺激做出反应。兴趣和反应使得有趣的景象得以保持，有趣的景象又使得婴儿对自己的活动产生了快乐的感觉。兴趣和快乐使婴儿不断地对刺激做出反应，于是活动重复不断地进行，婴儿从兴趣、反应和快乐中得到探索的满足。

（3）9个月以后是新异性探索阶段　到了这个阶段，婴儿对新异性物体感兴趣。一个熟悉了的物体不再引起他的注意，这是习惯化反应。

（4）好奇心产生阶段　2 ~ 3岁的婴幼儿，突出地表现在好问、好动、好探索。往往大人越是禁止的，他越要去看看、摸摸，去尝试、去探索。好奇心是婴幼儿认知世界，探索世界的原动力，要保护和激励孩子的探究欲望和探索行为。

（二）快乐

1. 什么是快乐

快乐和兴趣是两种最基本的正性情绪，快乐情绪最早出现于生后3 ~ 6周。获得成就可以使人快乐，完成有意义的活动可以使人快乐。快乐有助于心理健康，快乐可以为智力活动提供最好的背景,获得最有效的智力活动。当婴幼儿用积木搭起一个“塔”,当他捏起桌子上的小颗粒，当他因为把纸撕成碎片而开心地大笑，他在这些活动中都体验到了快乐。

快乐是一种松弛状态，处于松弛状态的儿童易于与人接近或愿意承担义务去做点什么，于是不知不觉当中发展了社会性。快乐的天性给别人带来快乐，同时也从别人那里获得快乐。快乐的人际交往使婴幼儿从小相信成人而不怀疑，这对健康个性的发展是极为重要的。

2. 快乐的发展

快乐是有生物学基础的，是与生俱来的。研究发现婴幼儿的激动或有明显的个体差异，在同一个家庭里长大的兄弟姐妹，乃至双胞胎兄弟快乐的频率和程度也是不一样的，情绪激动较高的婴幼儿更快乐、更活跃、很少有紧张反应，这就是所谓快乐的天性。快乐是在体验中获得的，我们希望每一个人快乐，但是我们不知道该如何教给别人学会快乐，因为快乐不是学来的，而是从体验中获得的。成人要学会分享婴幼儿的快乐，分享不仅仅给成人带来快乐，更重要的是使婴幼儿体验到快乐的情绪。

（三）笑

1. 什么是婴幼儿的笑

笑是婴幼儿出生之时就具有的一种能力，也是婴幼儿的第一个社会性行为，笑本身不是情绪，而是积极、愉快等正性情绪的表现。也是与成人交往、沟通的基本手段。婴幼儿的笑会给父母带来无比的欢乐，通过笑，增进了与父母的情感，使父母感到骄傲自豪。婴幼儿笑的行为，母婴交往中微笑的结果，都能促进婴幼儿身心健康的发展。如果母亲缺少笑意，在与婴幼儿接触中经常生气、发怒，久而久之，孩子不会笑，也不可能笑。在这样的种环境中生活，孩子会形成冷漠、孤僻、执拗、烦躁、不合群等不良个性。

2. 婴幼儿笑的发展

笑的发展大体经过三个阶段。①自发性微笑。出生后5周的婴儿就能微笑。这种微笑，没有针对性，不是对刺激的反应。婴儿在睡着时微笑发生最为普遍，这种微笑通常是低强度的，表现为卷口角，眼睛周围的肌肉并没有收缩，脸的其余部分仍保持松弛状态。②社会性微笑。出生5周后，婴儿受到视觉刺激，包括看到成人的面孔，就会发生微笑反应。父母看着婴儿，婴儿也会微笑。再以后，面孔的移动，也能引起婴幼儿的微笑。3 ~ 4个月的婴儿，对陌生面孔、假面具都会微笑，人的声音也会引发婴儿的笑，这就是社会性微笑。③选择性微笑（也称分化性微笑）。婴儿出生6个月后，认识刺激内容的能力增加，能分辨熟悉与陌生的面孔，对熟悉的面孔发出频繁的、无拘无束的微笑。对陌生人则带有一种警惕的注意。这时的微笑才是真正的、有选择性的社会性微笑。这种笑增加了婴儿与父母、照顾者之间的依恋关系。

（四）哭

1. 什么是婴幼儿的哭

婴儿从一出生就会哭。哭既是生理现象，又是心理现象。啼哭是新生儿与外界沟通的主要方式，因此新生儿经常啼哭。啼哭表示他在交流在述说。有人认为，出生第1周新生儿啼哭的原因，主要是饥饿、寒冷、裸体、疼痛、想睡眠等；出生第3 ~ 4周新生儿啼哭的原因还增加了中断喂奶、烦躁、食品的变换等；以后又会有因为成人离开、玩具被拿走而啼哭。研究还表明，0 ~ 1岁的婴幼儿，啼哭的原因不同、模式不同，所以采取的护理措施也就应该有所区别。1周岁以后，婴幼儿逐渐发展了语言和思维能力，随之由生理现象引起的哭减少，而由心理现象引起的哭增加。此时，消极情绪的冲动和伤心的情感体验，期望有人去照顾他的愿望和要求没有得到满足，都可能导致哭。可见哭本身不是情绪，而是一种行为表现，在不同的年龄阶段表示不同的含义，随着儿童年龄的增长，当哭主要作为情绪表达方式的时候，它更多表达的是负面情绪。

2. 婴幼儿啼哭的类型

（1）饥饿的啼哭　这类啼哭多半是有节奏的，可伴随着闭眼、号叫、双脚紧蹬等。出生1个月时，婴儿的啼哭多半是由于饥饿或口渴引起的，父母需要注意及时喂食。到第6个月，这类啼哭下降为30%。

（2）发怒的啼哭　这类啼哭的声音往往有点失真。这是因为婴儿发怒时用力吸气，迫使大量空气从声带通过，使声带震动而引起哭声。刚生下来的婴儿，因为被包裹得太紧使活动受到限制，也会发出这样的啼哭。

（3）疼痛的啼哭　例如打针时的啼哭，这种啼哭，事先没有呜咽，也没有缓慢的哭泣，而是突然高声大哭。先是拉直了嗓门连哭数秒，接着是平静地呼气，再吸气，然后再呼气。由此

引起一连串的叫声。

（4）恐惧和惊吓的啼哭　这种啼哭，婴儿初生时就开始有了。其特点是突然发作，强烈而刺耳，伴有间隔时间较短的号叫，让人一听就知道是婴儿被吓着了，需要赶紧采取措施加以解决。

（5）不称心的啼哭　这种啼哭是在无声中开始的，起初两三声是缓慢而拖长的，持续不断，悲悲切切。这时父母需要在行动上给婴幼儿以关心。

（6）招引别人的哭　婴儿从第3周开始出现这种啼哭。这种哭先是长时间的吭吭叽叽。哭声低沉单调，断断续续。如果没有别人去理他，就会大哭起来。在听到这种声音时，父母应该注意到自己已经忽略婴儿了，他在表达被关注的需要。

（五）愤怒

1. 什么是愤怒

愤怒是一种爆发式的负性情绪，最早出现在出生后4 ~ 8周。一般以下几种情况容易使婴幼儿愤怒：强烈的愿望受到了抑制时；婴幼儿的身体运动受到了限制时；愿望的实现和自我表现受到阻碍时；受到了挫折或者被迫去做违反个人意愿的事情时，都可以引发愤怒情绪。

2. 愤怒对婴幼儿的影响

愤怒虽然是一种负面情绪，但是不一定每次都产生负面的效果。它可以导致攻击性行为，儿童越是愤怒，冲动就越强烈，动手的欲望也就越强烈，于是产生攻击性行为。可以说冲动是儿童产生攻击性行为的基础，愤怒是产生攻击性行为的原因之一。愤怒对人最大的负面影响是：它可以破坏人的认知和智慧活动，我们常说发怒使人失去理智就是这个道理。发怒也有它的正面效果。人越是愤怒的时候，越有自信。因此可以说愤怒具有一定的自我肯定和自信性质。

（六）害怕

1. 什么是害怕

害怕是一种消极情绪，它会导致儿童的知觉范围狭窄，活动受到限制，但是从进化的角度讲，害怕具有适应价值。它的原始适应功能在于起到了警戒的作用，有助于个体摆脱威胁或危险的情境，从而保全个体，这对处于弱势地位的儿童而言，尤其具有重要的价值。

2. 害怕的发展

（1）本能的恐惧　恐惧是婴儿出生就有的情绪反应，甚至可以说是本能的反应。最初的恐惧不是由视觉刺激引起的，而是由听觉、肤觉、机体觉等刺激引起的。如尖锐刺耳的高声、皮肤受伤、身体位置突然发生急剧变化、从高处摔下等。

（2）与知觉和经验相联系的恐惧　婴儿从4个月左右开始，出现与知觉发展相联系的恐惧。引起过不愉快经验的刺激，会激起恐惧情绪。也是从这时候开始，视觉对恐惧的产生渐渐起主要作用。

（3）怕生　所谓怕生，可以说是对陌生刺激物的恐惧反应。怕生与依恋情绪同时产生，一般在6个月左右出现。婴儿对母亲的依恋越强烈，怕生情绪也越强烈。摩根等人记录了婴儿在陌生人走近时的怕生情绪表现，研究表明，婴儿在母亲膝上时，怕生情绪较弱；离开母亲，则怕生情绪较强烈。另一些研究报告认为，8个月左右的婴儿，会把母亲当做安全基地，对新事物进行探索。他可能离开母亲身边，又不时地返回“基地”。如果由母亲或其他亲人陪同，婴儿接触新事物或新环境的恐惧情绪可以减弱，以后渐渐地可以和亲人分离。

（4）预测性恐惧　2岁左右的婴幼儿，随着想象的发展，出现预测性恐惧，如怕黑、怕大

灰狼、怕坏人等。这些是和想象相联系的恐惧情绪往往是由环境影响而形成。与此同时，由于语言在儿童心理发展中作用的增加，可以通过成人讲解来帮助儿童克服这一种恐惧。

【拓展阅读】

帮助孩子控制情绪

孩子对自己的情绪控制能力很差。那么，成人需要帮助孩子控制自己的情绪，可以采用各种方法。

（1）转移法　婴幼儿能将注意力集中在一件事情上的时间很短。因此，当婴幼儿不高兴或是遇到了挫折，成人可以把他的注意力转移到其他活动上去。例如：当思思在厨房里吵闹着要玩小刀时，妈妈会把她带到一水池的肥皂泡面前分散她的注意力，她很快会安静下来。另外，场景的迅速改变也能达到同样的目的——安静地把思思从厨房带到房间里去，那里有许多吸引她注意的东西，玩具恐龙、图书都可以让她忘记刚才的不愉快。

（2）冷却法　孩子情绪十分激动时，可以采取暂时置之不理的办法，孩子自己会慢慢地停止哭喊。所谓“没有观众看戏,演员也没劲儿了”。当孩子处于激动状态时,成人切忌激动起来！比如，对孩子大声喊叫“你再哭，我打你”或“你哭什么，不准哭，赶快闭上嘴”之类。这样做会使孩子情绪更加激动，无异火上加油。

（3）消退法　对孩子的消极情绪可以采用条件反射消退法。比如，有个孩子上床睡觉要母亲陪伴，否则哭闹。母亲只好每晚陪伴，有时长达一个小时。后来父母亲商量好，采用消退法，对他的哭闹不予理睬，孩子第一天晚上哭了整整50分钟，哭累了也就睡着了。第二天只哭了15分钟。以后哭闹时间逐渐减少，最后不哭也安然入睡了。

（资料来源：王明辉.0～3岁婴幼儿认知发展与教育.上海：复旦大学出版社，2011.）

三、0～3岁婴幼儿情绪发展的趋势

婴幼儿情绪发展的趋势主要体现在三个方面：一是情绪的社会化；二是情绪的丰富和深刻化；三是情绪的自我调节化。

（一）情绪的社会化

婴幼儿最初出现的情绪是与生理需要相联系的，随着年龄的增长，情绪逐渐与社会性需要相联系，社会化成为婴幼儿情绪发展的一个主要趋势。

1. 引起情绪反应的社会性动因不断增加

引起婴幼儿情绪反应的原因，称为情绪动因。婴儿的情绪反应，主要是和他的生理需要是否得到满足相联系的。例如，温暖的环境、吃饱、喝足、尿布干净等，常常是引起愉快情绪的动因。1～3岁的婴幼儿情绪反应的动因，除了与满足生理需要有关的事物外，还有大量与社会性需要有关的事物。但总的来说，在3岁前儿童的情绪反应动因中，生理需要是否得到满足是主要的。幼儿的情绪活动中，涉及社会性交往的内容，随着年龄的增长而增加。

2. 表情的社会化

表情是情绪的外部表现。儿童在成长过程中，逐渐掌握周围人们的表情手段，表情日益社

会化。婴幼儿表情社会化的发展主要包括两个方面：一是理解（辨别）面部表情的能力。二是运用表情的能力。婴幼儿表情的社会化，集中表现在对成人，尤其是养育者表情的呼应上。有一项研究表明，如果让妈妈看着自己的孩子，用平淡的语气说话，孩子会变得很谨慎机警，不太有积极表情，有时甚至会变得焦虑不安。但当母亲用亲切、愉快的语气和丰富的脸部表情对孩子说话时，孩子马上变得轻松和舒缓起来，并增加了发音。

婴幼儿会用面部和全身动作表情毫不保留地表露自己的情绪，以后则根据社会的要求调节其情绪表现方式。儿童从 2 岁开始，已经能够用表情手段去影响别人，并学会在不同场合下用不同方式表达同一种情绪。如，婴幼儿摔痛了，在父母面前可能大哭，在小朋友面前则忍住不哭。2 岁以后的婴幼儿开始学会采用一定的方法控制自己的情绪。如限制输入（捂上眼睛或耳朵，回避不愿接受的感觉刺激）、自言自语（妈妈马上就回来了）等。

研究表明，随着年龄的增长，儿童理解面部表情和运用表情的能力都有所增长。一般而言，理解表情的能力高于运用表情的能力。

（二）情绪的丰富和深刻化

所谓情绪的丰富化表现为婴幼儿的情绪与各种心理过程都发生紧密联系。婴幼儿情绪的丰富化，首先与其认知发展水平有关。情绪情感的丰富，主要是指情感过程越来越分化，情感指向的事物越来越多。情绪情感的深刻主要是指向的事物的性质的变化，由指向事物的表面到指向事物的内在特点。

（三）情绪的自我调节化

随着年龄的增长，婴幼儿对情绪的自我调控能力不断提高，主要表现在以下三个方面。

一是儿童情绪调节的方式随自身运动能力的发展而发展。婴幼儿生活中最早的情绪调节方式是吸吮手指之类的身体自慰行为；2 ~ 3 个月的婴儿能够采用控制视觉注意的方法来调节情绪；当婴儿能够爬行或走路时，则多采用接近或回避的方式调节情绪。

二是儿童的情绪调节能力随其社会认知能力的提高而发展。有许多研究表明，儿童的情绪调节能力与他们对刺激源的社会认知，以及对自己和他人情绪反映的理解或推测能力有关。对于疼痛，年幼婴幼儿的主要表现是痛苦，而许多 19 个月的婴幼儿则表现为愤怒；这种差异的基础是对疼痛源社会认知水平的不同。

三是随着年龄的增长儿童能更多地利用认知策略，以建设性的方式来调节自己的情绪。例如，在导致愤怒的情境中，2 ~ 3 岁的儿童倾向于以避开该情境来调节自己的愤怒体验。而 4 ~ 5 岁的儿童则趋向于通过担负更多的社交责任和表现出更积极的情绪来应付该情境。也就是说，年龄较大的儿童致力于通过一种指向他人的建设性方式来调节情绪，并有一个解决社交问题的目标。

第四节　0 ~ 3 岁婴幼儿社会性的发展

一、0 ~ 3 岁婴幼儿气质的发展

气质，是婴儿出生后最早表现出来的一种较为明显而稳定的个人特征，是在任何社会文化

背景中父母最先能观察到的婴儿的个人特点。

由于气质在婴幼儿社会性发展过程中具有非常重要的地位和作用，对了解和预测婴幼儿个性发展和社会相互作用系统具有重要的指导意义，所以，近年来关于婴幼儿气质的研究日益增多。同时，由于研究思路和方法的不断进展，在婴幼儿气质的测量、发生发展、基本内容和特点等方面都有了诸多进展，取得了大量的有价值的研究成果。

（一）婴幼儿气质的类型及其特点

气质类型是指表现在人身上的一类共同的或相似的心理活动特性的典型结合。由于目前在气质定义、内容和生理基础等问题上存在着各种不同的理论或流派，对气质的本质有着各不相同的解释，因而对气质类型的划分也是众说不一、流派繁多。

1. 托马斯和切斯的婴幼儿气质类型

托马斯、切斯等在对婴幼儿进行大量追踪研究的基础上，根据其确立的气质九维度标准，将婴幼儿的气质类型划分为以下三种。

（1）容易型　大多数婴幼儿属于这一类型，约占托马斯、切斯全体研究对象的40%。这类婴幼儿的吃、喝、睡等生理机能有规律，节奏明显，容易适应新环境，也容易接受新事物和不熟悉的人，情绪一般积极愉快，爱玩，对成人的交往行为反应积极。由于他们生活规律，情绪愉快且对成人的抚养活动提供大量的积极反馈，因而容易受到成人最大的关怀和喜爱。

（2）困难型　这一类婴幼儿人数较少，约占10%。他们突出的特点是时常大声哭闹，烦躁易怒，爱发脾气，不易安抚。在饮食、睡眠等生理机能活动方面缺乏规律性，对新食物、新事物、新环境接受很慢。他们的情绪总是不好，在游戏中也不愉快。成人需要费很大的力气才能使他们接受抚爱，很难得到他们的正面反馈。由于这种孩子对父母来说是一个较大的麻烦，因而在养育过程中容易使亲子关系疏远，因此需要成人极大的耐心和宽容。

（3）迟缓型　约有15%的被试属于这一类型。他们的生活水平很低，行为反应强度很弱，情绪总是消极，而不甚愉快，但也不像困难型婴幼儿那样总是大声哭闹，而是常常安静地退缩，情绪低落。他们逃避新事物、新刺激，对外界环境和事物的变化适应较慢。但在没有压力的情况下，他们也会对新刺激缓慢地发生兴趣，在新情境中能逐渐地活跃起来。这一类儿童随着年龄的增长，随成人抚爱和教育情况不同而发生分化。

以上三种类型只涵盖了约65%的儿童，另有35%的婴幼儿不能简单地划归到上述任何一种气质类型中去。他们往往具有上述两种或三种气质类型的混合特点，属于上述类型中的中间型或过渡（交叉）型。

2. 巴斯和普罗敏的婴幼儿气质类型

巴斯和普罗敏根据婴幼儿在各种类型活动中的不同倾向性，将其划分为活动性、情绪性、社交性和冲动性四种不同气质类型，认为这四种气质类型各具有不同的行为特征。

（1）情绪性婴幼儿　这类婴幼儿常通过行为或心理生理变化而表现出悲伤、恐惧或愤怒的反应。与其他婴幼儿相比，他们可能对更细微的厌恶性刺激作出反应并且不易被安抚下来。他们的恐惧水平和愤怒水平之间存在负相关。其中，有一部分情绪性婴幼儿的主导情绪也许是恐惧，并伴随一般的唤起水平或悲伤水平；另一部分婴幼儿的主导情绪也许是愤怒，同时较少恐惧和悲伤。

（2）活动性婴幼儿　这类婴幼儿总是忙于探索外在世界和做一些大肌肉运动，乐于并经常从事一些运动性游戏。其中，有些婴幼儿会显得很霸道，经常与人争吵，而有些婴幼儿则常从事一些有益而富有刺激性、启发性但不带攻击性的活动。活动性婴幼儿比其他类型婴幼儿更易引起与他人的冲突而导致成人对其采取限制、干预或强制性行为。巴斯认为，活动性婴幼儿在儿童期表现为坐不住、爱活动，而到青年期则表现为精力充沛、活动能力强、有事业心、竞争心强等。

（3）社交性婴幼儿　这类婴幼儿常愿意与不同的人接触，不愿独处，在社会交往中反应积极，在追求家庭成员或不相关人员的接纳上都同样积极。但是他们这种强烈的社交要求常会受到挫折或伤害，有时甚至被作为神经过敏而遭拒绝。

（4）冲动性婴幼儿　这类婴幼儿突出表现为在各种场合或活动中极易冲动，情绪、行为缺乏控制，行为反应的产生、转换和消失都很快。这类婴幼儿的活动、情绪都不稳定而多变化，冲动性强。

（二）婴幼儿气质的稳定性和可变性

气质的最主要特征之一是具有相对稳定性。在一定时期和条件下，气质是变化最为缓慢的个性心理特征。但是，气质也并不是一成不变的。观察和研究都发现，婴幼儿“天生带来”的活动或行为模式是可以改变的。这是因为，其神经系统和心理活动都正处在不断发展、变化过程中，具有较强的可塑性，后天环境和教育对其发展的影响也是至关重要的。这种先天、后天因素相互作用的结果导致婴幼儿气质的稳定性和可变性，并进而表现为气质发展的连续性和不连续性。

1. 婴幼儿气质发展的稳定性

采用父母报告法对婴幼儿气质发展连续性的研究表明，在第一年婴儿气质稳定性呈一个连续增长的模式，前后气质类型的相关系数分别为0.23（3 ~ 6个月）、0.59（6 ~ 9个月）和0.69（9 ~ 12个月）。有很多研究者综合采用几种评定法（包括问卷、访谈等）研究证实，婴幼儿气质确具一定的稳定性。

由于上述研究都是主要采用问卷法、访谈法进行的，因而容易把婴幼儿实际行为的稳定性和父母对其评价的稳定性混淆起来。因此，近年来人们开始对婴幼儿气质进行家庭观察研究，并取得了一些很有价值的证据。如美国教育学家帕特森等通过对12 ~ 30个月婴幼儿进行家庭观察，得出了一个关于气质社会性的复合评估指标，并借此发现，直到24个月时婴幼儿对母亲和对陌生人的社会性的个体差异才显示出一些较低的、不显著的相关。另外一些家庭观察研究也得出了类似的结论。由此可以看出，家庭观察法与访谈法和问卷法的结果不完全相同，前者所得出的婴幼儿气质的稳定性通常要低一些。但由于这些研究只是记录了婴幼儿个别行为，因而人们对其结果的可靠性也提出了怀疑。近来，研究者开始在控制得更为严格的情景下进行观察并加以实验测量。如科纳等采用几种客观手段观察、测量和评估新生儿的活动性和哭的个体差异，结果还是发现存在一种日益增长的稳定性，并且发现这些差异均不受出生环境的影响。

总之，现有大量研究证明，婴幼儿气质具有较大的稳定性。俗话所说的“禀性难移”，即是对气质的稳定性而言。

2. 婴幼儿气质发展的可变性

气质虽然是比较稳定的个性心理特征，但其在后天生活环境和教育影响的作用下，在一定程度上也是可以改变的。这一点近年来也已被许多心理学家的实验研究所证实。

卡根等对 100 名婴幼儿的气质（其中抑制型和非抑制型婴幼儿各半）进行了长达 4 年的追踪研究。他们采用婴幼儿对陌生同伴（同龄、同性）的行为反应作为评定气质类型的主要依据，以婴幼儿接近同伴所需的时间（数量及构成）作为量化指标，研究婴幼儿气质在 4 年里的发展变化情况。结果发现，非抑制型气质的婴幼儿在 4 年里很少发生变化，而抑制型婴幼儿中有一半减少了抑制性。其中，早期测量时心率慢而变化的抑制型婴幼儿比心率快而稳定的抑制型婴幼儿更易改变其抑制性。

另有研究发现，刚出生时比较急躁的婴幼儿在随后的两三年里比不急躁的婴幼儿更易转变为抑制型婴幼儿。事实上，社会环境（包含后天教养）对婴幼儿气质的发展变化有着不可忽视的持续性影响。由于家庭间、同伴间和师生之间所存在的社会性相互作用网络的深刻影响，婴幼儿气质大都会发生一定的甚至较大的变化。如卡根在研究中发现，一个在 30 个月时属于极端抑制型的男孩，由于家庭教养和后天环境的影响，到 5 岁时转变成为一个非抑制型儿童，卡根认为这主要是社会化使然。

二、0 ~ 3 岁婴幼儿自我意识的发展

（一）自我意识的含义

自我的发展是婴幼儿社会性发展的重要组成部分，也是体现婴幼儿社会性发展的一个重要方面。自我是一个很广的概念，它包括自我知觉、自我认知、自我调节、自我监控、自我评价和自尊等概念。个体的自我发展从自我知觉到自尊建立是一个相当长的时期，它始于婴幼儿时期而贯穿成年。在这一时期内，自我的发展偏重于对自我的认识，因此也可统称为自我意识的发展。

所谓自我意识就是个体对于自己以及自己与他人关系的认识。对自己的认识包括认识自己的生理状况（如身高、体重、形态等）、心理特征（如兴趣爱好、能力、性格、气质等）等。对自己与他人关系的认识即认识自己与周围人们相处的关系、自己在群体中的位置与作用等。

（二）婴幼儿自我意识的发展

许多发展心理学家认为，刚出生的婴儿是没有自我意识的。那么婴儿在什么时候能够把自己和周围的世界区分开呢？综观各类研究，婴幼儿自我意识的发展大致经历如下过程。

1. 感知镜像（5 ~ 8 个月）

有研究认为，大约在 3 个月时，婴儿已经可以区分出“我”和“他（它）”，这主要体现在婴儿触摸自己身体和接触别人的身体时有不同的感受。当然，这种区分仅仅是一种模糊的感受，不代表产生了自我认识，即认识自我、反省自我的能力。5 个月的婴儿显示出对镜像的兴趣。他们会接近镜像，注视并抚摸它，与之咿呀对话。但是，婴儿的这种行为与他对别的婴儿形象产生的行为反应没有区别，说明婴儿并没有意识到这是自己的映像，也就没有意识到自己与他人的区别，更没意识到自己是一个独立的个体。因此，此时的婴儿还没萌生出自我认识。

2. 认识自己的行动（9 ~ 12 个月）

约从 9 个月开始，婴儿开始意识到自己的动作和主观感觉的关系，意识到自己的动作和动作产生的结果的关系（试误出现），表现在以自己的动作与镜像动作相匹配。此时的婴儿能区分自己与他人动作的区别。

3. 认识自己的身体活动（12 ~ 15 个月）

婴幼儿已能区分由自己做出的活动与他人做出活动的区别，对自己镜像与自己活动之间的联系和关系有了清楚的觉知，说明婴幼儿已会把自己与他人分开。

4. 认识“镜像自我”（15 ~ 18 个月）

此时的婴幼儿对自己的面部特征已经有了比较明确的认知，具体表现在：当把鼻子上涂了红点的婴幼儿放在镜子前面时，他会产生明确的指向红点的行为。由于婴幼儿能清楚地指出不属于自己面部特征的东西来，所以此时的婴幼儿具备区分自己与其他婴幼儿照片的能力。如图 6-5 所示。

图 6-5　婴儿的“镜像自我”

5. 认识人称代词“我”（18 ~ 24 个月）

婴幼儿具有用语言标示自己的能力，具体表现为从了解自己名字到使用代名词“我”“你”，并且具有用适当的人称代词称呼某个形象的能力。

6. 认识自己的心理活动（24 个月后）

婴幼儿开始懂得“我想做”和“我应该做”的区别，做错事后知道脸红害羞。健康、积极的自我意识是促进健康人格形成的重要因素，父母应不失时机地培养婴幼儿的自我意识。在婴幼儿时期，积极的自我意识主要包括以下内容：觉得自己是有价值的人，应该受到别人的重视和好评；觉得自己是有能力的人，可以“操纵”周围的世界；觉得自己是独特的人，应该受到别人的尊重与爱护。

三、0 ~ 3 岁婴幼儿交往行为的发展

（一）依恋

1. 母婴依恋对儿童发展的重要性

依恋是指婴幼儿与特定对象之间的情感联结。特定对象是指经常与婴幼儿接触的、关系最密切的成人。因此情感依恋更多的是发生在婴幼儿与母亲之间的依恋，即母婴依恋。母婴依恋

是母婴之间稳定的情感联系，也是一种积极的、充满深情的感情联结。婴幼儿常常倾身要母亲抱，身体依偎着母亲，或在屁股后面紧紧跟着母亲，这叫做婴幼儿与依恋对象的接近倾向。婴幼儿常常紧紧地抱着母亲，不肯分开，这叫做依恋行为的维持接触倾向。依恋是母婴双方的相互应答，这种应答对婴幼儿的个性、社会性发展都十分重要，可以说母婴依恋是婴幼儿赖以生存和生长的无可取代的情感纽带。

2. 母婴依恋发展的阶段

母婴依恋是婴幼儿与母亲在长时间的相互交往中逐渐建立起来的。母婴依恋的发展大致经过四个阶段。

第一阶段：无差别的社会反应阶段（0 ~ 3个月）。婴儿还没有对母亲产生有别于他人的偏爱之情，对所有人的反应都是一样的。喜欢听人的声音，喜欢所有人的脸，对所有人都微笑、舞动四肢。所有人对婴儿的影响都是一样的：无论谁抱他、逗他，都会高兴，都感到满足、愉快。

第二阶段：有差别的选择反应阶段（3 ~ 6个月）。婴儿已经能对熟悉的人和陌生的人表现出不同的反应，在熟悉的人当中，对母亲更为偏爱。在母亲面前会表现出更多的微笑、咿呀学语和依偎行为，而在其他人面前，这种反应会相对少一些，表明婴儿更愿意接近母亲。母亲离去，会使婴儿啼哭和不安。

第三阶段：特殊的感情联络阶段（6个月 ~ 3岁）。婴幼儿对母亲的依恋心理越来越强烈。特别喜欢与母亲在一起，并且与母亲在一起就特别高兴，家庭成员中别的人无论怎么努力，也难以代替母亲使他达到同样的快活。看见陌生人，表现出怕的情绪，不愿意接近、甚至紧张、哭泣。在这个阶段，母亲意味着安全，母亲在身边婴幼儿就踏实、安心，情绪就好。相反，就会哭闹不安。母亲回来，情绪会马上变好。

第四阶段：目标调整的伙伴关系阶段（3岁以后）。3岁后，婴幼儿会走、会说话，会自己玩了。婴幼儿对母亲的需要有所变化：当母亲离开时，婴幼儿会继续快乐地玩耍，而不会像从前那样地哭闹。因为婴幼儿已经知道母亲是爱他的，母亲的离开只是暂时的，不久就会回来的。

3. 母婴依恋的类型

母亲与婴幼儿之间的依恋类型有三种。

（1）安全性依恋　母亲与婴幼儿在一起时，婴幼儿能安心地玩耍，尽情地探索环境，婴幼儿并不总是依偎在母亲身边，更多地表现为用眼睛看看母亲，对母亲微笑或与母亲进行远距离的交流。母亲在场时，对陌生人的反应比较积极，能和陌生人一起玩。母亲离开时，婴幼儿表现出不同程度的痛苦与不安；当母亲回来时，表现出非常高兴，并与母亲身体接触，期望被拥抱和抚慰，但很快就会平静下来，继续进行自己的游戏活动。安全依恋对婴幼儿的情绪发展、信任感和爱以及良好的人格发展都有极大的帮助。

（2）回避性依恋　这类婴幼儿与成人未形成亲密的情感联结，他们对成人的存在视而不见，即使与母亲在一起，对探究玩具也不感兴趣。母亲离开也不表示出特别的反抗，很少紧张和不安。母亲回来后，往往也不大理会，自己玩自己的，回避与母亲接触。对陌生人不十分警觉。这类婴幼儿对母亲在与不在，都无所谓。所以也称为无依恋婴幼儿。

（3）反抗性依恋　这类婴幼儿在成人离开时会表现出非常不安与痛苦，显得有些警惕或大惊小怪；然而当成人回来抱他时他又拒绝挣扎。即使母亲在身边，也会感到忧虑，既想与母亲接触，又反抗与母亲接触，怨恨母亲的离开，生气地拒绝母亲对他的主动接触。母亲在场时，

对陌生人也非常警觉。不喜欢探究玩具，婴幼儿的行为处于矛盾的状态，因此也称为矛盾性依恋婴幼儿。

研究表明，具有安全性依恋的儿童，能够更好地、友善地与陌生人接近;回避母亲的儿童，也容易回避生人；对母亲生气或拒绝的儿童往往也拒绝生人。

4. 建立良好的母婴依恋

母婴依恋是母婴双方在相互应答中建立和进行的，母婴的安全依恋可以成为儿童的心理背景，并为儿童的交往和探究活动提供安全场所。因此对于儿童以后的发展有着重要的意义。母亲应该从婴幼儿出生之时起，就为建立母亲与婴幼儿的依恋情感而努力。主要的做法有以下几种。

（1）母婴的早期皮肤接触　母子间的早期皮肤接触会促进亲子间的依恋关系的建立。婴儿出生后，母亲对自己的孩子表现出更多的接触和爱抚，充满了母爱的行为，无疑有助于建立母婴之间的依恋关系。

（2）对婴幼儿的行为作出积极反应　母亲的行为对建立婴幼儿与母亲的依恋关系非常重要。母亲对婴幼儿的哭、微笑等表情要十分在意，对于婴幼儿的各种需要要非常敏感。对婴幼儿发出的各种“信号”和要求，要及时了解。母亲的在意、敏感和了解是为了给予婴幼儿需求积极的回应，更有利于良好依恋关系的建立。

（3）给婴幼儿以充满爱的表达　母亲对孩子的爱应该是持续的、永远的，从心底里表示出来的；不能是高兴时兴致勃勃、充满热情，不高兴时就对孩子不理睬、发脾气；或者随自己的情绪而多变。母亲不能用自己的个性、情绪去要求婴幼儿，或把自己的某些行为强加给婴幼儿。

（4）经常给婴幼儿以亲密的身体接触　如以快乐和喜悦的心情搂抱、亲吻、抚摩婴幼儿，这种亲密的身体接触会使孩子感到安全和愉悦，有利于孩子安全感的建立，有利于良好依恋关系的建立。

（二）同伴交往

与婴幼儿在家庭中与父母形成的“垂直关系”不同，婴幼儿与同伴形成的是“水平关系”。这种关系更能体现地位平等的特点。婴幼儿之间的交往行为具有自己独有的特点，是儿童社会性发展的重要内容。

1. 婴幼儿同伴交往的意义

（1）促进婴幼儿社交技能及策略的获得，增强社会适应性　在亲子关系中，婴幼儿多处于被关注的、被动地位，因而不需要婴幼儿自己去发起或维持与父母的交往。同伴关系则不同，交往双方处于平等地位，因此需要婴幼儿关注对方的反应态度，并提高自己交往的主动性。在同伴交往中，一方面，婴幼儿常常要向对方发出交往行为，如微笑、请求、邀请等，并根据对方的反应做出调整；另一方面，婴幼儿还要通过观察同伴的社会行为，模仿学习一些新的社交手段。正是通过同伴交往过程，婴幼儿尝试、练习甚至学习各种社会交往技能和策略。同伴交往比亲子交往对婴幼儿的社会交往技能要求更高，更能锻炼婴幼儿的社会适应性，同伴关系甚至在某种程度上可以弥补亲子关系的损失。

（2）促进婴幼儿情绪情感的发展　研究发现，良好的同伴交往像良好的亲子关系一样，能使婴幼儿产生安全感和归属感，从而心情愉快。有研究指出，婴幼儿在同伴交往中表现出明显

的愉快、兴奋和更多的微笑、愉快地发声、高兴地拍手等，并且更自主地投入到活动中去。同时，婴幼儿可以在同伴游戏中宣泄并调节不良情绪，在摔痛或需要玩具、帮助时得到同伴的关切、抚慰和帮助，从而平衡自我的心理状态。

（3）促进婴幼儿自我评价和自我调控系统的发展　同伴交往为婴幼儿自我评价提供了有效的对照标准，使婴幼儿更好地认识自己，这是婴幼儿最初的社会性比较。它为婴幼儿形成积极的自我概念打下了最初的基础，如“我比你快”“你没我好”等。

同伴交往还为婴幼儿对行为的自我调控提供了丰富的信息和参照标准。婴幼儿在交往中发出的不同行为，往往会招致同伴的不同反应，婴幼儿不仅可以从中了解自己行为的结果和性质，还可以理解自己是否为他人所接受，从而调整自己的行为。因此，同伴交往特别是同伴的反馈，对婴幼儿自我调控系统的发展具有积极意义。

2. 婴幼儿与同伴交往的发生发展

婴幼儿与同伴交往的发生发展是与同母亲逐渐分离相联系的。大量的观察和研究证实，婴儿早期同伴交往行为的发展经历了以下三个阶段。

（1）客体中心阶段　婴幼儿的相互作用主要集中在玩具或物体上，而不是婴幼儿本身。其实，婴幼儿很早就对同伴发生兴趣。范德尔等人指出：大约 2 个月时，同伴的出现会引起婴儿的注意，并且相互注视；3 ~ 4 个月时，婴儿能够互相触摸和观望；6 个月时能向同伴微笑和发出“呀呀”声。但是这些反应并不是真正的社会性反应，即使 10 个月之前的婴儿在一起，也只能把同伴当做物体或活动的玩具来看待，相互抓扯，咿咿呀呀说话。随着婴幼儿行走能力的提高，他们会爬向对方或跟在对方身后。1 岁时，婴幼儿之间出现了许多社交行为，如大笑、打手势和模仿。在整个第一年期间，大部分社交行为是单方面发起的，他们还不能主动追寻或期待从同伴那里得到相应的社会反应，如一方的注视或者微笑并不总能引起对方同等的反应。

（2）简单相互作用阶段　12 ~ 18 个月的婴幼儿开始出现某些带有应答性特征的交往行为。此时，婴幼儿已经能对同伴的行为作出反应，如互相拍对方或给玩具等，并试图去控制对方的行为。

（3）互补的相互作用阶段　12 ~ 18 个月后，婴幼儿之间的社会交往更为复杂，模仿行为普遍出现，还有互补或互惠的角色游戏，如你跑我追、你躲我藏、一起搭积木等。在发生积极的相互作用的同时，还伴有消极的行为，如打架、揪头发、抓脸、争玩具等。

第五节　0 ~ 3 岁婴幼儿常见心理与行为问题

一、重复性行为问题

（一）吮吸手指

1. 吮吸手指的表现

在婴幼儿时期，吮吸手指是一种很常见的行为，到 2 ~ 3 岁时，这种现象大大减少，但是有一部分儿童在饥饿、寂寞无聊、焦虑不安、疼痛或身体不舒服的时候，仍然会吮吸手指。如

果偶然有这种行为，或持续时间不长，属于正常现象，随着年龄的增长会逐渐消失。如果孩子4岁以后还继续吮吸手指甚至养成习惯，父母就必须注意了。

2. 吮吸手指的原因

婴儿出生后第一年称为“口腔期”，正处于用嘴感知世界的阶段，他们强烈需要一种安全感，吮吸需求很强烈。如果得不到适当的满足和照顾，他们就会过度通过吮吸来满足这种安全感的需求，长大以后，很容易出现咬指甲、吸烟等不良习惯，甚至容易产生脾气暴躁、心理焦虑、对人缺乏信任感等现象。

（1）婴儿时期吮吸手指的原因分析

① 喂奶方式不当。母亲喂奶时的方法不正确，或速度太快，未能满足孩子吸吮的欲望。孩子吃东西的需要虽然得到了满足，但心理上还未满足，便会以吸吮手指来代替。

② 婴儿感到寂寞。有些婴儿并不爱整天睡觉，若母亲过分忙碌，忽略了婴儿与外界交流的需要，婴儿便会自然地玩弄自己的手指和吸吮手指来解闷。

（2）幼儿时期吮吸手指的原因分析

3、4岁的孩子吮吸手指，是一种倒退的行为表现。当孩子焦虑和紧张时便会倒退回婴儿时期，用吮吸来满足口腔的欲望，以减少其内心的忧虑。原因可能是因为父母对孩子的关注太少，孩子情绪和心理上感到紧张，害怕失去父母的爱；家庭发生了重大的变故，孩子的安全感丧失；父母教育孩子的观念、方法不一致，孩子会出现理解和适应方面的矛盾冲突；或者孩子面临新的陌生情境如入园等造成内心的焦虑、紧张和不安全感。吮吸手指多数情况下是为了减轻内心的焦虑和不安全感。

3. 吮吸手指行为的纠正

（1）对于已养成吮吸手指的不良习惯的孩子，应弄清楚造成这一不良习惯的原因，如果属于喂养方法不当，首先应纠正错误的喂养方法，克服不良的哺喂习惯。

（2）父母要耐心、冷静地纠正儿童吮吸手指行为。对于这类儿童切忌采用简单粗暴的教育方法，不要嘲笑、恐吓、打骂、训斥。因为这样做，不仅毫无效果，并且会使儿童感到痛苦、压抑、情绪紧张不安，甚至产生自卑、孤独等情况，反而使吮吸手指的不良行为顽固化。

（3）了解儿童的需求是否得到满足。除了满足孩子的生理需要（如饥渴、冷热、睡眠）外，还要丰富孩子的生活，给孩子一些有趣味的玩具，让他们有更多的机会玩乐。还应该提供有利条件，让孩子多到户外活动，和小伙伴们一起玩，使孩子生活充实，分散对固有习惯的注意，保持愉快活泼的生活情绪，使孩子得到心理上的满足。

（4）从小养成良好的卫生习惯，不要让孩子以吮吸手指来取乐，要耐心告诫孩子，吮吸手指是不卫生的，不仅会引起手指肿胀、疼痛，影响下颌骨的发育及牙齿变形，而且容易把大量的脏东西带入口内，引起消化系统疾病及其他传染病。

父母对婴幼儿吸吮手指的行为，切勿过于紧张，更要避免取笑他们，以免增加其心理压力。父母应留意孩子的心理需要，了解吸吮手指的动机，这样才能帮助孩子纠正过来。

（二）咬指甲

1. 咬指甲的表现

咬指甲也称咬指甲症或咬指甲癖，是指反复咬指甲的行为。咬指甲是儿童期常见的一种不

良习惯，多见于3～6岁儿童。多数儿童随着年龄增长咬指甲行为可自行消失，少数顽固者可持续到成人。

在婴幼儿期，咬指甲或用一条毛巾放在嘴边摩擦都是寻求嘴的刺激，这种寻求刺激的方式很常见。嘴对于婴幼儿而言不仅是吃东西的器官，也是他探索世界、寻求快乐的器官。人们常常看到小年龄儿童把玩具送到嘴里去“啃”，他知道这不是吃的，只是为了探索、为了快乐才这样做。因此在婴幼儿阶段出现咬指甲的行为时，家长不要紧张，要不要纠正这个不良行为习惯要看这个习惯的严重程度，看孩子是不是整天咬指甲，是不是影响孩子的口腔、发音等器官的正常发育。

2. 婴幼儿咬指甲行为的危害

咬指甲一般都是无意识行为，是口欲期的一种延续，是缓解紧张、分散注意力的一种不良的习惯性做法，这种习惯对宝宝的生理和心理健康都会有影响。

（1）容易导致细菌感染　好动是儿童的天性，婴幼儿首先是通过动作去体验周围的世界的，孩子在户外玩耍的时候，免不了摸这摸那。沙土、废弃物等脏东西会夹在指甲缝中，而指甲缝又是有利于细菌滋生的地方。如果婴幼儿经常咬指甲，就会将细菌带入体内，引发口腔、消化道、肠道的疾病。

（2）容易导致牙齿不齐　婴幼儿经常咬指甲，对牙齿的生长发育也有很大影响。因为牙齿和嘴唇总是在不正常的闭合状态，会造成牙齿排列不齐，牙齿生长不正常，会影响到孩子的咀嚼功能，甚至会影响到孩子下颌骨的正常发育。

（3）会造成指甲损伤　咬指甲会造成指甲损伤，有的孩子咬得比较深，会损伤指甲的甲沟，使指甲边缘参差不齐，引起指甲畸形。有些还会起肉刺、流血，造成甲沟炎。

（4）容易引起铅超标　如果孩子接触了含铅的物品或玩具，咬指甲时将铅带入体内，将会引起铅超标。铅超标对孩子注意力的发展、神经系统的发育都会产生不利的影响。

3. 婴幼儿咬指甲行为的原因

（1）个性特点的影响　经常咬指甲的孩子，神经系统的兴奋和抑制过程往往是不平衡的，大多是活泼、好动、情绪不稳、易于分心、不太顺从的孩子，当他在适应环境的过程中出现困难和障碍，就会产生这样的行为，来缓解内心的冲突和紧张。

（2）好奇心模仿　有的儿童看到别的儿童咬指甲、吃手，或是看到大人抽烟，会出于好奇心去模仿，形成咬指甲的习惯。在幼儿园经常会发现一个阶段一个班级的很多孩子出现咬指甲的行为，所以，教师一定要留心，发现个别孩子有咬指甲的行为表现时，一定要积极干预，防止更多孩子因为模仿而产生不当的行为表现。

（3）缺少锌等微量元素　有时咬指甲也是缺锌的一种表现，如果孩子还伴有厌食、偏食、异食癖等症状，需要引起家长的注意，及时带孩子到医院检测微量元素。

（4）情绪紧张　孩子最初开始咬指甲，多与心理焦虑、精神紧张有关。比如父母之间发生了争吵、给孩子换了一位新保姆、开始上幼儿园了，等等。遇到这样的新状况，孩子会出现紧张、害怕的情绪。这时，如果不能得到有效的情绪舒缓，孩子就会从咬指甲的过程中寻找安慰和发泄。长时间的心理焦虑，就会使咬指甲成为自我调节的一种习惯。

4. 婴幼儿咬指甲行为的矫治策略

（1）消除心理紧张的因素　咬指甲多数是无意识行为，往往伴有紧张、焦虑等心理因素。

这个时候，父母最好不要强行把孩子的手指从嘴里拉出来，使原本就有压力的婴幼儿更加紧张、焦虑。父母要做的是耐心地观察孩子，和孩子交流，找到焦虑的源头，消除可能引起紧张的因素，更好地安抚孩子。

（2）转移孩子的注意　父母可选择一种比较容易培养的习惯，比如拿一个电动玩具、拿笔画画、拍球、玩手偶等。父母要认真观察，每当孩子要咬指甲时，就将玩具放入孩子手中，吸引孩子做新事情。坚持培养新习惯，纠正旧习惯，使孩子逐渐淡忘咬指甲的事情。

（3）采取支持性行为干预策略　主要采用行为限制和正面引导。当幼儿咬指甲时，父母应耐心地教他把手指慢慢地从嘴里移开，并用微笑、点头或夸奖的口吻表示赞允，通过一件有意义的事或玩具，以分散孩子的注意力。同时向孩子讲清道理，使其意识到咬指甲是一种行为偏离和咬指甲的危害性，只要通过自己的努力是完全可以纠正的。鼓励孩子多参加集体活动和户外锻炼，发挥自己的潜能，促进身心健康发育。

家长要认识到这是一种不良行为习惯，单纯地采取打骂或惩罚非但无益，反而会使病情加重。要积极寻找引起紧张和忧虑的因素，并及时改善儿童的生活环境，培养健康的生活习惯。应给孩子定期修剪指甲，防止指甲感染和表皮损伤。

二、饮食行为问题

（一）厌食

厌食是指较长期的食欲减低或消失。厌食的儿童较长时期见食不贪，食欲缺乏，甚至拒食，是婴幼儿进食问题中发生最多、最常见的一种。

对厌食的孩子和他们的父母而言，吃饭是一件艰难而痛苦的事情，面对丰富的食物，孩子却毫无兴趣，父母往往费尽心机，孩子也不吃几口。有的是边吃边玩，一顿饭吃1、2个小时；有的是一口饭吃好久，含在嘴里不嚼不咽，父母生气训斥，孩子又哭又闹，再自然不过的吃饭对于厌食的孩子而言成为了一个艰难的课题。

1.婴幼儿厌食的原因

（1）病理性原因　当孩子发生厌食时，首先要排除是否有器质性疾病，如常见的消化系统中消化性溃疡、急慢性肝炎、慢性肠炎以及各种原因的腹泻及慢性便秘等都可能会引起婴幼儿厌食；另外，如果儿童长期挑食、偏食会引起体内微量元素的缺乏，特别是微量元素锌的缺乏会造成味觉减退，从而引起食欲低下或消退；婴幼儿如果更多更早进食高蛋白、高脂肪的食物，会造成消化系统的负重，引起消化系统功能的减弱，孩子消化能力降低，食欲就会减弱；某些药物的副作用会引起消化道变态反应，易引起恶心、呕吐等，如红霉素、氯霉素、磺胺类药物以及氨茶碱等药物会导致食欲缺乏、厌食。所以，当家长发现孩子有厌食表现时，应当先到医院检查，如果是病理性原因，就要对症治疗，厌食状况会很快得到改善。

（2）非病理性原因　这方面的原因很多，概括起来主要是不良的饮食习惯及心理因素所致。据调查，1～7岁厌食的儿童中，仅有17%的儿童是因为疾病造成的，而83%的儿童都是由饮食结构不合理、饮食习惯不良、心理和周围环境的刺激因素造成的。

家长过度关注，强迫孩子进食，致使孩子视吃饭为负担。家长总是希望孩子能多吃一点，对孩子吃饭的事情过于关注，这样做容易使孩子产生逆反心理。孩子的食欲不可能每餐都是恒

定的，总会有所波动。如果家长认为一天一定要吃多少，吃不完就强迫喂，其结果必然导致或者加重厌食。

饮食习惯不良，饮食没有规律，会造成孩子消化系统功能的紊乱而出现厌食表现。人体内血糖浓度的高低也会影响人的摄食中枢的活动，当孩子吃甜食过多，特别是在饭前吃甜食，血糖水平升高后，摄食中枢就会被抑制，孩子食欲必然会降低。

进餐前或进餐时情绪过于兴奋或紧张，都会降低孩子的食欲。孩子在进餐前过度兴奋，运动量过大，进餐时消化系统的消化功能难以调整到最佳状态，消化能力就会减弱，经常这样会导致消化系统的功能降低，引起厌食。另外，在进餐时，孩子情绪不佳，如父母的训斥、环境嘈杂、成人的争吵，都会造成孩子情绪紧张，没有食欲，勉强进食更会加重消化系统负重，引起厌食。

2. 婴幼儿厌食的危害

厌食的婴幼儿营养摄入不足，会导致营养不良，生长发育容易出现问题。营养不良的常见表现有体重增长速度缓慢，甚至不增长或减轻；身高增长速度缓慢；皮肤干燥，没有光泽和弹性，抵抗力差，孩子不能很好地从食物中获取营养来提高免疫力，因而更容易生病，经常会感冒发烧。另外，厌食的孩子也容易患贫血、佝偻病等营养缺乏相关的疾病。

3. 婴幼儿厌食的矫治策略

（1）培养良好的饮食习惯　培养良好的饮食习惯，定时进餐，适当控制零食。婴幼儿正餐包括早餐、中餐、午后点心和晚餐，三餐一点形成规律，消化系统才能有劳有逸地工作。1岁以后，一日几餐的进餐时间要相对固定，年幼的小孩由于胃容量小，一次不可能摄入更多的食物，在两餐之间可吃些点心补充营养和热能。孩子要坐在固定的位置吃饭，尤其对食量少而不专心进餐的孩子更应从小培养这个习惯，使他意识到坐到这个位置上就是要进餐了。每餐给孩子的饭、菜量要相对固定，食欲好时再增加一些，食欲差时减去一些。吃多少由孩子自己决定。

（2）创造融洽愉快的进餐气氛　尽量为孩子创造一个安静、舒适、愉快的进餐环境，轻松愉快的心情有助于增进食欲。家长不要为吃饭增加孩子的心理压力，就餐时家长不要训斥孩子，也不必过分的鼓励，孩子吃多、吃少应坦然处之。不要逼着孩子吃，追着孩子喂，这样会激起孩子心理上的反感情绪。就餐时不要边吃边看电视，婴幼儿吃饭的注意力很容易被分散，进餐的兴趣随之消失，进餐的动作也就停止了。所以应该排除各种干扰，让孩子专心吃饭。吃饭时可以和孩子交流一些他感兴趣的话题，只有感到没有压力时，孩子才会把注意力转移到吃饭的事情上。

（3）讲究烹调方法　烹制食物，一定要适合孩子的年龄特点。如断奶后，孩子消化能力还比较弱，所以就要求饭菜做得细、软、烂；随着年龄的增长，咀嚼能力增强了，饭菜加工逐渐趋向于粗、整。

（4）增加孩子的活动量　适当增加孩子的活动量，多带孩子做户外活动，能促进孩子的新陈代谢，加快对食物的消化吸收，孩子有饥饿感，才会“饥不择食”。保证充足睡眠，定时排便。合理的生活制度能诱发、调动、保护和促进食欲。

（5）冷淡孩子的厌食行为　当孩子吃饭太慢，心不在焉时，不要训斥、打骂孩子，可以给孩子一个吃饭的时间限制，到时间时孩子还没有吃完，就撤去食物，让他离开餐桌，在下一顿吃饭时间到来之前不能给他吃任何东西。如果他发脾气、哭闹，不要去哄他，孩子会逐渐明白

不好好吃饭得不到成人的注意和关怀，好好吃饭才能得到关注，从而逐渐消除厌食行为。

（二）偏食

偏食也称挑食，是指儿童对饮食挑剔或仅吃几种自己喜欢或习惯的食物。偏食是一种不好的饮食习惯，既不利营养的摄入又不利健康的发育。由于儿童对食物不感兴趣吃得少，或只挑自己喜欢的食物，会造成体重下降、皮肤干燥，甚至出现贫血、低血糖、营养不良等症状。另外，偏食也容易使孩子形成一些不良的行为习惯，如以自我为中心，独占食物，自己喜欢吃的食物不愿与别人分享，如果纠正他的行为还会引起强烈的情绪反应。

1. 婴幼儿偏食的原因

（1）不良榜样的消极影响　有的父母自己就有偏食的习惯，而且经常在孩子面前表露出这种偏食言行。如果父母自己挑剔食物，或在孩子面前说这种食物不好吃，那种食物味道不好，孩子就会受到直接影响。另外，如果父母不喜欢吃某种食物，就很少烹制，孩子很少吃到这种食物，不习惯和适应这种口味，从而间接造成孩子的偏食。

（2）家长的迁就溺爱　一些家长对孩子过于溺爱，总是希望孩子多吃一点，认为吃得多就一定健康。对孩子的饮食要求，总是有求必应，只要孩子喜欢吃就给，从而使孩子的口味越来越高，专挑自己喜欢吃的东西吃，明知偏食不好，却一味满足孩子的不良嗜好。如有的孩子喜欢吃肉，不喜欢吃蔬菜，家长尽管也知道孩子的饮食结构不合理，甚至不良的膳食结构已经导致了孩子的肥胖，但家长过于溺爱孩子，每顿都给孩子做肉，孩子越来越习惯吃肉，青菜吃的越来越少，偏食习惯逐渐养成。

（3）不愉快的进食经历　有的父母在孩子不想吃东西时，往往会采取威胁、训斥等手段强迫孩子进食，在这种负性情绪体验状态下，儿童就会对这些食物产生厌烦的情绪，就可能会造成偏食。还有如果以前吃某种食物后有肚子痛或生病等不愉快的经历，也会使孩子对这种食物产生抗拒的心理。

（4）日常饮食比较单调　如果父母不注意烹调方法，不注意颜色搭配和形状的多样化，或饮食比较单调，也很容易使孩子形成偏食和挑食的习惯。比如，有的父母天天给孩子吃鸡蛋羹，很少换花色品种，孩子自然不爱吃。

2. 婴幼儿偏食的危害

偏食容易导致营养失衡，从而影响孩子的健康发育。孩子需要的营养素有六大类:维生素、蛋白质、脂肪、糖类、矿物质、水。不同的食物会提供不同的营养素。如果孩子不喜欢吃荤菜，维生素、蛋白质、脂肪摄入就会不足；如果孩子不喜欢吃蔬菜、水果，维生素摄入就会不足。偏食导致的营养素的缺乏不利于孩子身体健康的发育。

此外，各类食物在婴幼儿性格发展中也扮演着重要角色。有研究发现，长期蛋白质摄入不足，并且不爱吃蔬菜和水果，婴幼儿的性格会过分内向。家长经常用威胁、责骂等方法逼迫孩子吃东西，不仅不能纠正偏食行为，还会使孩子产生逆反心理，长此以往会影响到良好亲子关系的建立，也不利孩子情绪和性格的健康发展。

3. 婴幼儿偏食的矫治策略

（1）父母可以用一些简单易懂的语言，告诉孩子每一种食物都含有对身体发育有益的营养素，各种营养素对人体各有不同的作用，都不可缺少，偏食会使人缺乏某种必需的营养素，会影响自己身体的健康发育。

同时也要注意改变孩子对某些食物的偏见和认知偏差。对年龄小的孩子家长要经常向孩子示明每一种食物吸引人的方面，如颜色、味道、营养、形状等，引起孩子的积极情绪体验。对于年龄大点的孩子引导他自己说一说每种食物，尤其是说出自己不喜欢吃某种食物的理由，然后有针对性地采取矫治措施。

（2）老师、家长以身作则，不偏食、不挑食。同时，婴幼儿最喜欢得到别人的称赞，可以在挑食的孩子面前，称赞不挑食的孩子，从而使孩子因羡慕而积极地效仿。

（3）孩子进食时要顺其自然，不要因为哪种食物营养价值丰富就强迫孩子多吃，强求的结果会造成孩子的逆反，导致孩子不想再吃这种食物。孩子进食时，父母要潜移默化地影响孩子，要顺其自然。

（4）全面均衡地给孩子提供营养餐，对于孩子爱吃的食物，在已经摄入了满足身体发育的足够能量之后，要适当控制孩子的进食。对于孩子不爱吃的食物，要在烹饪上多费些时间和精力。适当改变烹饪的方法，不仅可以增加营养素的吸收，还能增强食物的口感和孩子的食欲。

（三）肥胖

肥胖症是一种热能代谢障碍，机体内热量的摄入量高于消耗，造成体内脂肪堆积过多，导致体重超标、体态臃肿，实际测量体重超过标准体重 20% 以上，并且脂肪百分比超过 30% 者称为肥胖。据世界卫生组织估计它是人类目前面临的最容易被忽视，但发病率却在急剧上升的一种疾病。

随着生活水平的提高，以及传统育儿观念的偏差，我国肥胖儿呈不断增加的趋势。据报道，肥胖儿中的 80% 可能发展为肥胖成人，因此，应对婴幼儿肥胖问题加以重视和进行早期干预。

1. 婴幼儿肥胖的原因

肥胖儿的原因主要是由饮食、运动、遗传、心理、疾病等几个方面组成的，而家长不良的生活习惯也直接影响着孩子，是很多肥胖儿的间接原因。

（1）饮食习惯不良　肥胖儿童往往食欲过于旺盛，进食量超过一般儿童，他们往往喜欢吃油腻的甜食和淀粉类食物，吃得又多又快，摄入热量过多。同时，又没有足够的运动去消耗多余的热量和脂肪，喜静不喜动，摄入热量超过消耗热量，剩余的热量在体内转化为脂肪，形成肥胖。

（2）遗传因素　肥胖儿常常有明显的家族史。据研究，如果父母双方均肥胖，其子女肥胖的可能性为 70% ~ 80%；如果父母双方中有一人肥胖，其子女肥胖的可能性为 40% ~ 50%。这种家族聚集现象可能与遗传和环境因素有关，也可能与父母的饮食、生活习惯有关。

（3）运动过少　肥胖儿童大多不爱运动，再加上动作笨拙，运动技能发展水平低，在和同龄小伙伴游戏时常常处于劣势，心理压力增大，就越来越不爱运动，缺乏运动和肥胖之间形成了恶性循环，越胖越不爱运动，越不爱运动就越肥胖。

（4）父母的育儿方式　受传统抚育方式的影响，好多家长把体重增加看做是孩子健康的标志。父母又缺乏必要的营养学和健康学的知识，认为高蛋白、高热量的食物营养就丰富，经常给孩子提供高蛋白、高热量的食物，促使孩子体重快速增长。

2. 婴幼儿肥胖的危害

肥胖会使婴幼儿学会走路较同龄者要晚，活动能力相对较差，并容易出现膝外翻或内翻、筋内翻等症状；关节部位长期负重，容易磨损而出现腿或关节疼痛。婴幼儿正处在生长发育最旺盛时期，骨骼中含有机物的比例大，受力容易弯曲变形。肥胖儿体重超标太多，就会加重下肢，尤其是下肢支撑关节的负担。下肢长期超负荷，容易造成弓形腿、平足。

如果脑组织中含脂肪量过多，容易形成“肥胖脑”。“肥胖脑”思维迟钝，记忆力差，会严重影响婴幼儿的智力。由于孩子身体肥胖，体表面积增大，导致血液带氧不足，大脑经常处于缺氧状态，也容易出现头昏、恶心等身体不舒服的现象。

肥胖儿和肥胖的成年人一样，同样有怕热、嗜睡、嘴馋、爱吃零食、不爱活动等习惯。他们的动作笨拙，反应迟钝，因而在集体活动中常是小伙伴们取笑、逗乐甚至是讥讽的对象。所以说，肥胖对婴幼儿心理的健康发展也是不利的。

3. 婴幼儿肥胖的防治策略

（1）注意婴儿期的肥胖　肥胖的产生，一是脂肪细胞体积的增大，二是脂肪数量增多。单个脂肪细胞的体积可以通过减肥的方式使之变小，但增多的脂肪细胞数量是没有办法减少的。婴幼儿出生后的前两年，脂肪细胞分裂和增长的速度都很快，所以，预防肥胖要从婴幼儿出生之后就开始，要定期给婴幼儿称量体重，防止体重过快增长。

（2）适度控制饮食　对于肥胖的孩子，要让他少吃，吃好。应注意多摄取高蛋白质、低脂肪、低糖的食物，少摄取热量高的糖类及脂肪。食用高蛋白质食物容易产生饱足感，而且当我们食用的脂肪、糖类所供给的能量不够时，吃下去的蛋白质会转化成能量，而不会囤积为脂肪，这是一种相对有效的防治方式。除了摄取高蛋白的食物外，还要补充维生素和矿物质。尽量提供新鲜、自然的食物，每日的热量摄入要低于身体的需要量，以使体内储积的脂肪得到既定的消耗。

（3）增加活动量　锻炼不仅能减掉身体过多的脂肪，而且还可以增强心血管和呼吸功能。多陪孩子参与一些活动量较大的运动或游戏，通过积极的运动消耗能量，以改善体质。锻炼要循序渐进，要根据婴幼儿的不同年龄特点和身体条件，选择适当的运动项目和运动时间，特别在冬季更为重要。一般 2 ~ 3 岁的儿童可以在户外玩皮球、骑三轮车、捉迷藏等，这些运动对减肥效果很好，一定要坚持天天做。同时还要防止孩子长时间在室内看电视、看书等静止行为。

（4）转变育儿观念　父母要树立正确的健康观和营养观，不要过分关注孩子的饮食，和孩子一起多安排一些孩子感兴趣的有意义的活动，增加孩子动手、动脑、参与活动的机会，让孩子的兴趣和爱好更为广泛，改变孩子进食过多的问题。

三、语言发展问题

（一）语言发展迟缓

语言发展迟缓是指语言发育期的儿童因各种原因导致口头表达能力或语言理解能力明显落后于同年龄、同性别的正常孩子的发育水平，是儿童常见的语言问题之一。

1. 语言发展迟缓的表现

语言表达能力发展迟缓。语言学习有一个基本过程，如 1 周岁以内孩子的发音一般是无意识或仅有简单的单音，1 ~ 3 岁以后就能比较明确地表达自己的意愿和要求了。语言发展迟缓

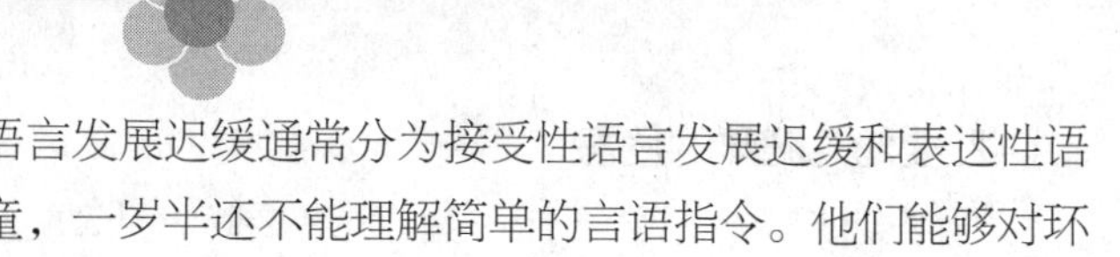

的孩子语言发展的速度慢于同龄儿童。语言发展迟缓通常分为接受性语言发展迟缓和表达性语言发展迟缓。接受性语言发展迟缓的儿童，一岁半还不能理解简单的言语指令。他们能够对环境中的声音做出相应的反应，而对有意义的语言却毫无反应。而表达性语言发展迟缓的儿童，在一岁半时能理解简单的言语指令，根据言语指令作出相应的反应。

语言发展迟缓儿童所达到的语言水平也落后于同龄儿童，他们要么完全不说话，要么说出的词句数量极少；任何时候说话都没有连贯性；很少回答他人提出的问话；发音不清楚等。这些儿童的智力发展一般都正常，内在语言发展也正常，喜欢用手势和眼神表达自己的情感和需要，也愿意与他人做各种不需要语言交流的游戏。由于语言交往方面的困难，这些儿童可出现焦虑、退缩、执拗、遗尿、吮吸手指等行为问题。

2. 语言发展迟缓的影响

专家认为学前期是儿童语言获得的关键时期，2 ~ 4 岁是表达语言的发育关键期，这个时候孩子学习语言效果最好，只有学会说话，把自己的想法用正确的语句表达出来，才能正常的与人交往，也才能接受成人传授的知识和经验。

语言发展是儿童心理发展的一个重要方面，与学前儿童的思维发展有着密切的联系。语言发展迟缓不仅影响儿童与社会间的交往，阻碍儿童社会适应能力的发展，而且会影响儿童的整体发展，因此，对儿童语言发展迟缓应该进行早期干预。

3. 语言发展迟缓的原因

（1）生理因素　某些器官的发育不良影响着语言发展，如麻痹、兔唇、齿列不整、舌头发育异常等；大脑的发育和健康状况会影响语言发展，大脑皮质层分别有处理听觉、发音、词汇认知、语言组织及推论的功能区，这些功能区的成熟程度和统合功能，会影响语言能力的发展。

（2）环境因素　孩子缺少良好的语言环境也会造成语言发展迟缓。父母与孩子的沟通过少，或者家长对孩子过分娇惯，孩子不需要说话需要就能得到满足，或者有的父母只是多让孩子看电视而较少言语交流，这些情况都会导致儿童缺少语言刺激，缺少练习语言的环境，造成语言发展迟缓。

（3）智力和情绪因素　智力障碍和情绪因素是导致儿童语言发展迟缓的又一因素。语言功能是作为认知功能的一部分发展起来的，智力发展的障碍对它具有特别的影响。智力发展出现迟缓，必然导致与其程度相对应的语言发展的迟缓。

（4）不明原因　有些儿童身体条件和语言环境没有特别明显的异常，只是语言的表达能力出现了显著的迟缓，三岁以后仍处于几乎不能主动构词说话的状态。但也有儿童到了四岁左右，却迅速地改善了语言能力，入学时已接近了正常儿童的发育水平。为什么孩子出现暂时性的语言发展迟缓，目前并无确切的原因。

4. 语言发展迟缓的干预对策

一般情况下，孩子语言发展迟缓，主要原因是在家庭里孩子缺少学习说话的机会，前语言发展的积累不够。因此父母可以通过许多轻松的方式来帮助孩子克服语言障碍。

（1）提供丰富的语言交流环境　家长要努力提供一个有着丰富的语言交流的环境。在家庭环境中，父母应有意识地创造比较多的与幼儿交流的机会。在语言发展方面成人可以为幼儿提供榜样，给予正确的语言示范，引导孩子说不同的话题，丰富词汇。

（2）丰富孩子的语言经验　家长还要丰富孩子的语言经验。家长可以多带孩子到大自然中

去学习语言，大自然是语言发生的源泉，是丰富幼儿词汇的最佳环境。还要根据幼儿的年龄特点、兴趣、爱好提供画册、玩具、录音、录像资料等，丰富其表象经验，促进其想象能力的发展，为孩子语言的发展提供丰富的经验储备。

（3）体验表达的快乐　要让孩子体验到表达的喜悦，具有一种想讲话的欲望和心情。即使孩子表达得并不清楚，也要鼓励他，使他得到语言表达的满足感，产生表达个人想法的欲望。

（4）有针对性地进行语言的训练　要根据儿童语言问题的不同特点，有针对性地由易到难、循序渐进地进行语言的训练。对于有理解性语言障碍的儿童，重点在于训练对语言的理解、听觉记忆、听觉知觉。对于有表达性语言障碍的儿童，重点在于模仿别人讲话的训练。训练可以采取游戏、比赛等形式，引导和鼓励儿童说话。当儿童用手势、表情等表达自己的意思时，周围人可以坚持用言语和他交流，鼓励孩子用言语去表达。

（二）吐字不清

吐字不清，也称发育性语音不清，指的是儿童发音不准、口齿不清晰，但又没有发音器官和神经系统的器质性疾病。吐字不清的发生率较高，但由于大多数表现较轻，一般都会随着孩子年龄的增长自然纠正。吐字不清男孩一般多于女孩，在这些儿童的家族中，吐字不清的人也较多。

1. 吐字不清的表现

儿童到2周岁半时，最亲近的人还不能听懂他的讲话，3岁时，不熟悉他的人听不懂他的讲话，3岁半时，其语言仍然带有很明显的婴儿腔，即为吐字不清。吐字不清主要是对声母发音不清。

正常儿童在发育过程中也可能出现这类问题，但不同的是正常儿童通常能够进行自我纠正，随着年龄的增长或通过教育后很快就能得到较好的纠正。而患儿却很难进行自我的纠正，有的儿童随着年龄的增长，发音不良的状况会逐渐改善，但发音不清的字、词、句也明显比同龄孩子多，而且患儿自行纠正的可能性小。

2. 吐字不清的原因

儿童吐字不清的原因，可能与相关的神经系统的发育延迟有关。如语言中枢皮层发育迟缓、发音器官的肌肉协调能力发育迟缓等都可能造成孩子吐字不清。也可能与遗传有一定的关系，研究发现，吐字不清的儿童往往会有家族史。

最主要的原因还可能是与环境有关。如在孩子语言学习的早期阶段，正确语音的输入不足，或不同语音的同时输入，造成了孩子模仿时选择上的障碍。还有，孩子在单词句和电报句语言发展阶段，父母也经常用“婴儿语”与孩子对话，父母的正向示范作用不强，导致孩子在语音发展的关键期训练不足，影响到了孩子语音能力的发展。

3. 吐字不清的矫治

（1）在婴幼儿前语言发展阶段，就应该注意给孩子正确和规范的语音输入。可以让孩子多听一些规范的音频资料，发展孩子对语音的辨识能力。

（2）当婴幼儿开始尝试着发音时，就应该给孩子示范标准的普通话发音，鼓励孩子积极模仿，不要让孩子跟着语音不清的成人或儿童学习语言。

（3）如果家长自己的语言不规范，首先要注意改变自己的语言习惯，切记不能因为新奇、好玩就经常用“婴儿语”跟孩子对话，这不利于孩子尽快纠正发音错误。

（4）如果孩子的发音方法不正确，或者是孩子发音器官的协调能力发展得不好，家长不能忽视，也不能急于纠正。家长可以用游戏的方式和孩子一起练习，鼓励孩子坚持，就能不断刺激语言中枢大脑皮层的发育，协调发音器官的功能，孩子吐字不清的问题能顺利得到纠正。

四、认知障碍问题

（一）多动症

注意缺陷多动障碍又称儿童多动症，易发生于儿童时期（多在3岁左右），与同龄儿童相比表现出明显的注意集中困难、注意持续时间短暂以及活动过度或冲动，且伴有学习困难，是认知功能障碍的一组综合征。

1. 多动症儿童的表现

多动症儿童的问题核心为自控能力差，主要表现有以下四个方面。

（1）活动过多　多动症儿童在新生儿时期就有神经不稳的表现，易兴奋、惊醒、惊跳、夜哭，要抱着才能睡觉，或者有嗜睡的表现。在婴儿期这种孩子也往往表现为比较难带，不安宁、好哭、容易激动、好发脾气。到幼儿期多动症状就会更为明显。在幼儿园表现为不能遵守规则。走路不稳、乱跑乱跳、易摔跤、易受伤害，多动症孩子不论在何种场合，都处于不停活动的状态中。

（2）注意障碍　到幼儿期注意障碍开始变得明显，多动症孩子的注意力很难集中，或注意力集中时间短暂，不符合实际年龄特点，如上课时，常东张西望，心不在焉，听而不闻。做作业时，边做边玩，随便涂改，马马虎虎，潦潦草草，错误不少。不能集中注意力做一件事，做事常有始无终，虎头蛇尾。

（3）冲动任性　多动症孩子由于自控能力差，所以经常表现出任性急躁、易激动、好发脾气、冲动任性，不服管束，常惹是生非。这种喜怒无常，冲动任性，常使同学和伙伴害怕他，讨厌他，对他敬而远之。多动症儿童也常常因此而不易合群，久而久之可能造成其反抗心理，不利于人格的健康成长。

（4）学习困难　多动症儿童智商并不低下，由于注意力不集中、行为冲动、易受批评和遭受挫折等原因，约有60%的儿童会发生学习困难。他们对学习没有信心和耐心，上课不注意听讲，对教师布置的作业未听清楚，以致做作业时常常发生遗漏、倒置和理解错误等情况。

2. 多动症的原因

（1）遗传因素　大约40%的多动症患儿的父母、同胞和其他亲属，在童年也患过此病，同卵双生儿中多动症的发病率较异卵双生儿明显增高，多动症同胞比半同胞（同母异父、异母同父）的患病率高，而且也高于一般孩子，这均提示遗传因素与多动症关系密切。

（2）脑损伤或脑发育不成熟　研究表明，大约85%的患儿是由于额叶基底核系统或尾状核功能障碍所致，包括母亲孕期疾病：高血压、肾炎、贫血、低热、先兆流产、感冒等；分娩过程异常：早产、难产、钳产、剖宫产、窒息、颅内出血等；生后1～2年内，中枢神经系统有感染、中毒或脑外伤的患儿，发生多动症的机会较多。

（3）环境与教育因素　近年来，许多独生子女家长“望子成龙”心切，由于教育方法不当及早期智力开发过量，学习负担过重，使外界环境的压力远远超过了孩子的能力承受范围，这也是当前造成儿童多动症（注意力涣散、多动）的原因之一。此外，家庭结构松散、矛盾冲突

多、父母养育孩子的方式偏于拒绝、过度保护等，都有可能诱发儿童多动症。

（4）食品安全　研究发现，多动症与儿童饮食中含有的氨基酸多少有关。儿童摄入含有过多酪氨酸或色氨酸的食物，如驴肉、鱼片、干贝、奶酪、鸭掌、猪肉松、腐竹、豆腐皮等，都可能诱发多动症。儿童摄入含有过多调味剂、食用色素以及某种化学合成剂也可能诱发该病。此外，儿童摄入含铅含量超标食物也会导致多动。临床检测多动症孩子血中维生素、铁、锌等微量元素缺乏而血铅含量过高。

3. 多动症的矫治对策

（1）转变家长的观念和态度　有些家长对于孩子的多动行为缺乏科学的认知，常常认为是孩子不听话，淘气。忽视了问题的严重性，认为是孩子小不懂事，大了自然就好了，而使孩子错过了最佳的干预期，造成了日后学校生活的适应不良，还可能出现其他心理和人格问题。

有些家长又过于悲观失望，对孩子的预后缺乏信心，影响到孩子的改变。因此要向家长解释多动症的性质，使家长能对孩子的问题有一个科学和明确的认识，让家长积极参与到孩子的改变和治疗工作当中。

（2）培养合理的作息习惯　对多动症儿童，家长需订立合理的作息制度，培养他们规律的生活习惯，保证充足的睡眠时间，并在生活细节上一心不二用，做任何事都专心。如在生活细节上，吃饭时不边看电视边吃，晚上不迁就让他看电视、玩电子游戏等至深夜不睡。因为养成良好的日常生活习惯，会增加孩子对规则的理解和认知，让孩子养成遵守规则的习惯，对于他们在学校中适应集体生活、上课时集中注意等大有稗益。

（3）目标要实际，要求要简单　对多动症孩子规矩应简单，要求应明确，应简单明了。如要求克服上课时东张西望、顽皮、多动行为等，应明确提出主要的要求。对他们的攻击性行为或破坏性行为，应像对待正常儿童一样，严厉予以批评制止，切不可姑息放纵。但也注意不要给他们订过多的清规戒律，他们比一般儿童更难接受过于繁琐的教条。如条条框框太多，会造成他们理解和遵守上的困难，不知如何才好，最后什么规律也不遵守了，则达不到教育目的。

（4）采取适宜的行为矫正方法　针对多动症孩子具体的表现可以采取奖赏、塑造、鼓励、处罚、消退等具体的行为矫正方法。当儿童出现符合规定和要求的良好行为时，应立即给了奖励，使儿童感到愉快和满足，从而形成良好的习惯；可以通过塑造培养和增加某种新行为，如要求儿童把原来吃饭的时间缩短，能缩短一点就给予奖励；通过鼓励可以促使儿童自愿地、主动地学习或重复某些良好行为。如鼓励孩子把自己玩完的玩具整理好，做到了就给予精神和物质的奖励；适当的时候也可以采取一定的处罚措施以减少或消除某些不当的行为表现；消退也是一种减少和消除不当行为的方法，如儿童乱发脾气、情绪激动时可采取消退的办法，即对这种不良行为不予理睬，在不伤害孩子的前提下任由他发作，家长保持一个正常的态度和情绪，做自己的事情，不关注、忽视孩子的这种表现，和其他办法配合使用也能起到很好的干预效果。

（二）自闭症

1. 自闭症的表现

自闭症是广泛性发育障碍的一种亚型，以男性多见，起病于婴幼儿期，主要表现为不同程度的言语发育障碍、人际交往障碍、兴趣狭窄和行为方式刻板。约有3/4的患者伴有明显的精神发育迟滞，部分患儿在一般性智力落后的背景下某方面具有较好的能力。本症起病年龄大多在2～3岁，婴儿自闭症通常在生后第一年表现出来，不会晚于3岁发病，也有出生即起病者。主要临床表现如下。

（1）语言障碍　语言与交流障碍是自闭症的重要症状，是大多数儿童就诊的主要原因。语言与交流障碍可以表现为多种形式，多数自闭症儿童有语言发育延迟或障碍，通常在两岁和三岁时仍然不会说话，或者在正常语言发育后出现语言倒退，在2～3岁以前有表达性语言，随着年龄增长逐渐减少，甚至完全丧失，终身沉默不语或在极少数情况下使用有限的语言。他们对语言的感受和表达运用能力均存在某种程度的障碍。

（2）社会交往障碍　患者不能与他人建立正常的人际关系，感情淡漠，不会与人交往。有的自闭症患儿从婴儿时期起就表现这一特征，一般表现为无表情，对于别人的逗弄、家长的呼唤无反应。与别人无目光对视，表情贫乏，缺乏期待父母和他人拥抱、爱抚的表情或姿态，也无享受到爱抚时的愉快表情，甚至对父母和别人的拥抱、爱抚予以拒绝。分不清亲疏关系，对待亲人与对待其他人都是同样的态度。不能与父母建立正常的依恋关系，患者与同龄儿童之间难以建立正常的伙伴关系，不主动找小孩玩，别人找他玩时表现躲避，总喜欢自己单独活动；他们愿意怎样做就怎样做，毫无顾忌，旁若无人，周围发生什么事似乎都与他无关，很难引起他的兴趣和注意。

（3）行为刻板重复　行为较为刻板，喜欢待在固定的环境内，自闭症儿童常常在较长时间里专注于某种或几种游戏或活动，如着迷于旋转锅盖，单调地摆放积木块，热衷于观看电视广告和天气预报，面对通常儿童们喜欢的动画片则毫无兴趣；一些患儿天天要吃同样的饭菜，出门要走相同的路线，排便要求一样的便器，如有变动则大哭大闹表现明显的焦虑反应，不肯改变其原来形成的习惯和行为方式，难以适应新环境；多数患儿同时还表现无目的活动，活动过度，单调重复地蹦跳、拍手、挥手、奔跑旋转，也有的甚至出现自伤自残，如反复挖鼻孔、抠嘴、咬唇、吸吮等动作。

（4）智能障碍　在自闭症儿童中，智力水平表现很不一致，少数患者在正常范围，大多数患者表现为不同程度的智力障碍。国内外研究表明，对自闭症儿童进行智力测验，发现50%左右的自闭症儿童为中度以上的智力缺陷（智商小于50），25%为轻度智力缺陷（智商为50～69），25%智力正常（智商大于70），智力正常的被称为高功能自闭症。

2. 自闭症的原因

（1）围产期伤害　有围产期伤害的孩子较易得自闭症，而母亲怀孕期间有麻疹病毒或流行性感冒病毒感染所产下的儿童患自闭症的风险增高。

（2）器质性因素　如脑损伤，儿童患过脑膜炎、脑炎等。近年来，研究发现本症患儿脑室左颞角扩大较多见，提示颞叶内侧结构的病变，可能是由于脑组织的变态反应所致。最近的研究证明，患幼年自闭症的儿童，其免疫系统可能将一个基本的脑蛋白误为异体，而被吞噬掉。因此导致脑损伤，可能是造成此病的特征。此病同时出现情绪、智力和交际的缺陷，亦是与脑病变有关。

（3）遗传　调查资料显示，典型的自闭儿的家庭自闭症发生率约为2%，大大超过一般人口自闭症发生率万分之10～15的比率。由双胞胎的研究发现，同卵双胞胎中一名患有自闭症，另一名同时罹患自闭症的比率为36%，比异卵双胞胎高出相当多，若将和自闭症相关的其他障碍，如先天性失语症、特殊学习障碍、语言发展迟滞或其他类型认知障碍一同列入比较，则同

卵双胞胎同时出现障碍的比率为80%，仍比异卵双胞胎的25%高。

（4）神经学研究 有许多学者试着从神经学的研究来探讨自闭症的原因而发现：20%的自闭儿有不正常的脑波，20%的自闭儿在青春期出现癫痫，也有一部分自闭儿的脑干听觉诱发电位不正常，这些资料显示着脑功能的异常和自闭症的发生息息相关，但它确切的临床意义则尚未明确。

（5）环境因素 过去有人认为早年生活环境中冷淡的和过分理智化的抚育方法，缺乏丰富和适当的刺激，没有教以社会行为，是发病的重要因素。长期处在单调环境中的儿童，会用重复动作来进行自我刺激，对外界环境就不发生兴趣。本症患儿的父母大多是专业技术人员，受过高等教育，比较聪明，但做事刻板，并有强迫倾向，对孩子冷淡和固执，家庭缺乏温暖，现在否定了这种看法。经研究证实，自闭症是由于某种脑病变的关系，其发生原因是病毒还是代谢失调，目前尚无定论。

3.自闭症的干预

儿童自闭症的治疗以教育干预为主，药物治疗为辅。因儿童自闭症患儿存在多方面的发育障碍及情绪行为异常，应当根据患儿的具体情况，采用教育干预、行为矫正、药物治疗等相结合的综合干预措施。

（1）教育干预 教育干预的目的在于改善核心症状，同时促进智力发展，培养生活自理和独立生活能力，减轻残疾程度，改善生活质量，力争使部分患儿在成年后具有独立学习、工作和生活的能力。教育干预应做到早期诊断、早期干预、长期治疗，对于可疑的患儿也应当及时进行教育干预。针对儿童自闭症患儿在症状、智力、行为等方面的问题，应在评估的基础上开展有计划的个体训练。应当给予患儿家庭全方位的支持和教育，提高家庭参与程度，帮助家庭评估教育干预的适当性和可行性，并指导家庭选择科学的训练方法。

① 行为分析疗法(ABA)。ABA采用行为主义原理，以正性强化、负性强化、区分强化、消退、分化训练、泛化训练、惩罚等技术为主，矫正自闭症患儿的各类异常行为，同时促进患儿各项能力的发展。经典ABA的核心是行为回合训练法，其特点是具体和实用，主要步骤包括训练者发出指令、患儿反应、训练者对反应作出应答和停顿，目前仍在使用。

具体步骤：对患儿行为和能力进行评估，对目标行为进行分析；分解任务并逐步强化训练，在一定的时间内只进行某项分解任务的训练；患儿每完成一个分解任务都必须给予奖励（正性强化），奖励物主要是食品、玩具和口头、身体姿势的表扬，奖励随着患儿的进步逐渐隐退；运用提示和渐隐技术，根据患儿的能力给予不同程度的提示或帮助，随着患儿对所学内容的熟练再逐渐减少提示和帮助；两个任务训练间需要短暂的休息。

② 自闭症以及相关障碍患儿治疗教育课程(TEACCH)。儿童自闭症患儿虽然存在广泛的发育障碍，但在视觉方面存在一定优势。应当充分利用患儿的视觉优势安排教育环境和训练程序，增进患儿对环境、教育和训练内容的理解、服从，以全面改善患儿在语言、交流、感知觉及运动等方面存在的缺陷。

具体步骤：根据不同训练内容安排训练场地，要强调视觉提示，即训练场所的特别布置，玩具及其他物品的特别摆放；建立训练程序表，注重训练的程序化；确定训练内容，包括儿童模仿、粗细运动、知觉、认知、手眼协调、语言理解和表达、生活自理、社交以及情绪情感等；在教学方法上要求充分运用语言、身体姿势、提示、标签、图表、文字等各种方法增进患儿对训练内容的理解和掌握。同时运用行为强化原理和其他行为矫正技术帮助患儿克服异常行为，增加良好行为。

③ 人际关系发展干预（RDI）。RDI是人际关系训练的代表。目前认为共同注意缺陷和心理理论缺陷是儿童自闭症的核心缺陷。共同注意缺陷是指患儿自婴儿时期开始不能如正常婴儿一样形成与养育者同时注意某事物的能力。心理理论缺陷主要指患儿缺乏对他人心理的推测能力，表现为缺乏目光接触、不能形成共同注意、不能分辨别人的面部表情等，因此患儿无社会参照能力，不能和他人分享感觉和经验，无法与亲人建立感情和友谊。RDI通过人际关系训练，改善患儿的共同注意能力，加深患儿对他人心理的理解，提高患儿的人际交往能力。

具体步骤：评估确定患儿人际关系发展水平；根据评估结果，依照正常儿童人际关系发展的规律和次序，依次逐渐开展目光注视—社会参照—互动—协调—情感经验分享—享受友情等能力训练；开展循序渐进的、多样化的训练游戏活动项目。

（2）药物治疗　目前尚缺乏针对儿童自闭症核心症状的药物，因此，一般而言药物治疗为辅助性的对症治疗措施。作为辅助措施，仅当某些症状突出（如严重的刻板重复、攻击、自伤、破坏等行为，严重的情绪问题，严重的睡眠问题以及极端多动等）时，才考虑使用药物治疗。尤其是0～6岁患儿以康复训练为主，不推荐使用药物。若行为问题突出且其他干预措施无效时，可以在严格把握适应证或目标症状的前提下谨慎使用药物。6岁以上患儿可根据目标症状，或者并发症影响患儿生活或康复训练的程度适当选择药物。药物治疗对于儿童自闭症只是对症、暂时、辅助的措施，因此是否选择药物治疗应当在充分考量副作用的基础上慎重决定。

【案例及评析】

案例1　语言发展迟缓的个案分析

壮壮今年4岁了，妈妈刚送他到幼儿园。因为说话不清晰，不能控制自己的情绪，壮壮的幼儿园生活适应比其他孩子更为困难。在班里他几乎不说话，不爱与同伴交往，不爱玩玩具，不运动，他拒绝参加班里组织的任何活动，一个人默默地坐在小椅子上，不让小朋友接近他。老师同他讲话时他有时会露出很害怕的眼神，有时他会把头扭到一边装没听见。小朋友和他接近、同他交往时，他要么不理会，要么推开小朋友。经过观察，他虽然不同人交往，但他会用眼睛注视老师和小朋友的活动，当有的小朋友做出滑稽的动作时，他也会哈哈大笑。

从小壮壮就一直不说话，由于父母工作很忙，壮壮就由姥姥、姥爷照看，姥姥、姥爷没有太多文化，对孩子非常溺爱，照顾的无微不至，对壮壮所有的诉求姥姥、姥爷都能在第一时间理解和满足。壮壮对姥姥、姥爷也非常依恋，姥姥、姥爷也很以此为荣，因为别人都无法与壮壮进行有效的沟通，都不能准确通过壮壮的肢体语言、表情和简短的表达理解和支持他。

典型情境

1. 壮壮喜欢独占玩具，用言语攻击他人

情境一：早晨吃完早饭后的分享活动，壮壮将自己的玩具拿出来玩耍。这时，其他小朋友想和他一起玩，他不让，大声地叫道“不碰”，同时把自己的拳头高高举起。

情境二：在放学前的自由活动中，一次一个小朋友带来了一个新的玩具，壮壮想玩，他说也不说的抢过玩具，并把别人推倒在地。那个小朋友大哭到：“壮壮是大坏蛋，我不和他玩了。”

2. 壮壮喜欢无故挑衅他人

情境三：一次集体教学活动中，有父母观摩，壮壮坐在凳子上东张西望的，不听老师讲课，他一会儿把凳子弄得咯咯地响，一会儿用手拉旁边小朋友的辫子，痛得小朋友大叫。老师见状叫壮壮起来回答问题，壮壮回答完后坐下又这样。壮壮妈妈见状，"啪"的一声打在壮壮的身上。事后还对老师说"这孩子就得这样管"。

3. 壮壮非常霸道，不懂得怎样发出交往的信号，行为经常具有破坏性

情境四：壮壮很喜欢玩建构游戏，一日在沙池游戏区，班级的其他两位小朋友正在搭建一个城堡，已经快要完成了，莎莎看到了要搭建好的城堡，很喜欢，主动提出要加入的申请，得到了允许，三个小朋友在一起合作，玩得很开心。壮壮也想参与，他一把推倒莎莎，挤进去想给城堡搭建一个顶棚，莎莎哭了起来。其他两个小朋友一起站起来要把壮壮拉走，壮壮一脚踢翻了城堡，其他两个小朋友也生气了，高声斥责壮壮故意捣乱，并叫来老师评理。

评析：

由于语言表达能力发展缓慢，使得壮壮变得自私，不懂得与其他小朋友分享，不懂得怎么样表达自己的想法，不知道怎样去和别的小朋友沟通，一块玩耍。还有轻微的暴力倾向，不允许别人闯入自己的世界。

壮壮可能有轻微的多动症，壮壮不懂怎样和别的小朋友沟通，所以导致壮壮去故意做出一些希望引人注意的事，当然这种行为是不好的。同时，壮壮妈妈的做法也会给壮壮留下不好的印象，会认为当有些事用语言沟通不了的时候，就可以用暴力去解决。

壮壮喜欢玩游戏，想参与其中，但不知道怎样表达自己的诉求，不知道如何与别人很好地合作，不知道如何回应别人，不成功的交往经历让壮壮越发缺少提升成功交往经验的机会，应帮助壮壮积累通过语言实现有效交往的经验。

由以上这个案例可以看出，语言发育迟缓不仅影响儿童的语言理解力和表达力，还将影响儿童与他人、社会间的交往，与亲人或他人的交流往往消极被动，加之家庭、社会等环境因素的一些负面影响，限制了患儿的主动交流欲望，从而阻碍的患儿的交流能力的发展，阻碍了儿童社会适应能力的发展，并使注意力缺陷和学习困难等心理性行为问题的发生率大大增加。

案例2　分离焦虑个案分析

琪琪今年4岁，来幼儿园已经快一个月了，但分离焦虑的表现依然突出。刚开始入园时，琪琪哭闹得就特别厉害，在第一个星期只是在幼儿园呆半天，下午妈妈就把她接走，哭闹了一星期，琪琪有些发烧，身体不适，妈妈很是心疼，就没有再送幼儿园，在家里休息了几天。再送时依然哭闹，"我要妈妈！我要回家，妈妈不要我了"，这是琪琪在幼儿园说得最多的话。

别的小朋友能在大人离开后停止哭闹，自己玩玩具，还能和老师、小朋友一起做游戏。可是琪琪不行，老师想尽办法转移她的注意力，和她一起做游戏，但她隔一段时间就会哭闹一会，不停地要妈妈。现在来幼儿园已经一个月了，无论是集体活动还是户外活动，她都必须跟在老师的身边，离开老师就会大声哭闹。

琪琪妈妈快四十岁的时候才生了她，一家人视其为掌上明珠，从小到大，琪琪一刻也没有离开过妈妈。妈妈对琪琪照顾得无微不至，琪琪自理能力很差，4岁了，还不能自己吃饭、穿衣、睡觉，为了上幼儿园，妈妈在老师的建议下在家里已经做了几个月的准备工作，培养她的自理

能力。但妈妈还是非常的不放心。因为孩子需要上幼儿园，妈妈私下里哭过好多次，妈妈恐惧的心理对孩子是一个极不利的消极暗示，孩子的入园焦虑正如妈妈所担心的很强烈。

评析：

琪琪的表现是典型的过度依恋行为。心理学研究表明：依恋是婴儿寻求在躯体上和心理上，与抚养人保持亲密联系的一种倾向，常表现为微笑、依偎、追随等。2～3岁是孩子依恋感最强的时期，也是孩子依恋关系的明确期。在此阶段中，孩子对特殊人的偏爱变得更强烈。琪琪的妈妈对琪琪给予了过度的照顾和保护，导致孩子对陌生人和陌生环境缺少安全感，过度依恋导致了强烈的分离焦虑。

干预措施

1. 冷处理分离时的哭闹

在与妈妈分离时，冷处理她的哭闹行为，把她放到一个安全的地方，如她喜欢的活动区或座位上，安抚她几句，妈妈和老师就离开。等她稍平静时立即给予正强化，如拍拍抱抱、给予肌肤亲近。以新颖的玩具和喜欢的食品、有趣的动画片或故事吸引她，或离开教室，带她到户外游戏，转移他的注意力。

如她又开始哭闹，还是重复冷处理的办法，也就是忽视哭闹行为，关注不哭闹的行为，逐步使孩子表现出更多的良好行为。

2. 争取到家长的配合

妈妈在送完孩子后不要表现出不舍，更不要妥协。为安抚孩子随便答应她的无理要求，久而久之，哭就成了要挟妈妈的手段，孩子的分离焦虑不但不能很好地解决，反而有可能加重。妈妈要注意多问一些正面的话题，如在幼儿园里有什么高兴的事，和小朋友们玩过哪些好玩的游戏，讲一讲班里有意思的故事等。相信孩子一定能适应幼儿园的生活。这也是孩子必然要经历的成长课题，不要在自己的意识里面融入太多为难的情绪，这些情绪会不自觉地流露出来，被孩子所感知和捕捉到，会加重孩子的入园不适应。

3. 帮助孩子建立安全的依恋

在老师的支持和引导之下，让孩子在活动中能逐渐建立安全感，琪琪对新的环境有不安全感，对妈妈过度依恋，在家长和老师的共同努力之下，一个月以后，逐渐可以把这种依恋转移到老师身上，做所有的活动都要在老师身边。最开始的一段时间老师尽量满足她，并注意寻找合适的契机鼓励她逐渐扩大依恋范围：从依恋一位老师，到依恋三位老师，到依恋幼儿园的同伴，到可以独自或合作游戏。鼓励她参加集体游戏，在游戏中体验大家一起玩的快乐。

【理论探讨】

（1）婴幼儿想象的特点：以小组为单位，讨论婴幼儿想象的特点，并能结合具体实例分析想象发展的趋势。

（2）婴幼儿基本的情绪表现及控制：以小组为单位，讨论婴幼儿基本的情绪表现有哪些，如何帮助婴幼儿合理控制自己的情绪。

（3）婴幼儿自我意识发展的特点与规律：在理论学习和查阅相关资料的基础上，小组讨论婴幼儿自我意识发展的特点与规律，并设计一个促进婴幼儿自我意识发展的活动方案。

（4）乐乐的吃饭问题：2岁半的乐乐是家里的宝贝，聪明、活泼、可爱，但让家人特别头疼的事情就是乐乐吃饭。一是吃得太慢。一顿饭半小时甚至一小时也吃不完，常常一口饭含半天也不咽下去。二是吃得太少。对吃饭不感兴趣，妈妈总是想尽办法，连哄带劝，也难以让他多吃一口。三是吃得太挑。不愿意吃蔬菜，不愿意喝奶，不愿意吃带馅的食物，妈妈感慨不愿意吃的东西比愿意吃的东西还多。请你用学过的知识分析一下这种现象，并给乐乐妈妈制定一个纠正乐乐饮食问题的合理方案。

【实践探究】

调研婴幼儿肥胖问题：2人一组，到早教中心、社区、妇婴医院等机构，随机选择10个有0～3岁婴幼儿的家庭，调查婴幼儿的月龄、体重、家庭的喂养方式等问题，了解婴幼儿体重的状况，对婴幼儿的肥胖问题进行分析研究。

（1）全班讨论婴幼儿肥胖的危害，导致婴幼儿肥胖问题的原因，婴幼儿肥胖的判断标准等问题。

（2）将全班同学调查的数据进行汇总，分析处理，初步得出结论。

（3）对肥胖儿家庭跟踪调查，并进行归因分析。

第七单元 0~3 岁婴幼儿教养活动的设计、组织和实施

0 ~ 3 岁婴幼儿的教养日益受到家长的重视，也得到了越来越多的社会关注。人们根据婴幼儿的生长规律、阶段发育特点设计了各种早期教养活动。狭义上说，早期教养活动是一种直接针对 0 ~ 3 岁婴幼儿所开展的教与养的活动，“以养为主，教养融合”是这一教养活动的主要特征，活动的实施者可以是接受过专业培训的教师，也可以是家长。广义上说，早期教养活动也包括早期教养指导活动。早期教养指导活动的实施者在接受过专业培训的同时，还需要拥有丰富的教养经验。他们要面向家长开展如何进行早期教养的指导活动，为教养者传播育儿知识，同时提供相应的服务，以及一些实践指导。二者有明显区别，但这里统称为早期教养活动。此外，由社区开展的专题讲座、婴幼儿教养问题咨询和家长沙龙等活动也都属于早期教养指导活动。各种早期教养活动，共同指导、促进婴幼儿健康发展。

第一节 0 ~ 3 岁婴幼儿教养活动概述

0 ~ 3 岁婴幼儿的身心发展有着不同于其他阶段的特点，因此对 0 ~ 3 岁婴幼儿开展的教养活动从内容与方式上的选择及活动的特点都不同于其他阶段。

一、0 ~ 3 岁婴幼儿教养活动特点

了解早期教养活动的特点，指导教师和家长便能够使所设计和实施的教养活动更加有效。

（一）针对性

首先，婴幼儿身心发展的阶段性特征非常明显，每个阶段都会有不同的表现及需求，因此，直接作用于孩子身心发展的活动设计必须符合孩子身心发展的阶段特征，做到重点突出。其次，由于每个孩子都是一个独立的区别于其他孩子的个体，其智力、性格、能力、习惯等都不同于其他孩子，因此，对教养活动针对性的要求更高，这在一对一指导活动中必须予以突出体现。再次，那些指导家长科学育儿的活动，如讲座、网络指导、一对一指导、家长沙龙等，都要针对家长的需求来设计，以更好、更直接地解决育儿问题为最终目的。

【案例及评析】

案例 1　注意力容易分散的乐乐

乐乐宝贝 25 个月，与爸爸、妈妈和姥姥一起生活。令他们头疼的是，乐乐注意力容易分

散，对事情，包括对玩具的专注时间都很短。乐乐父母请来家庭育儿指导师，对家长进行一对一、面对面的指导。指导师来到乐乐家中，通过对家中环境及家庭成员一天活动情况的观察，提出了如下指导策略。

1. 留给宝宝“注意”的时间。

乐乐家中有三位大人，爸爸、妈妈和姥姥，但孩子只有乐乐一个，因此乐乐成了三个人关注的焦点，他的一举一动都牵动着大人的目光。乐乐“注意”什么，大人就会注意什么，而且会赶快过去参与。比如乐乐正津津有味地“乱翻书”时，妈妈会立刻过去进行“指导”：宝宝，翻书要这样，一页一页地翻；或者欣喜地夸奖：宝宝，今天你好乖啊，在看书哩！你看，这是什么？结果，往往是妈妈兴味正浓，乐乐却早就不耐烦了。

针对这一现象，指导教师提出：给乐乐留出自己的“注意”时间。在乐乐专注于某物或某事时，家长可以默默关注，却尽量不去“打扰”。的确需要帮助时，可以正面引导，而尽量不说“这不行”“那不可以”等否定的话。

评析：

有意注意的品质要在实践中培养，当宝宝在发现问题、探索问题的时候，就是在发展有意注意，所以留给孩子“观察”与“思考”的空间，就等于在培养孩子的有意注意，毕竟有意注意是一个独立而主动的过程，良好的注意力习惯是无数个“注意”时间片段累积的结果。

婴幼儿也有自己观察世界、探索世界的独特方式，他们需要自己的独处空间。他们“乱翻书”的时候，你不会知道他在想什么、在发现什么、在摸索什么。作为家长，要留给孩子“独处”的时间与空间，否则便会打断孩子难得的有意注意，这样，家长也就成了一个干扰因素，长此下去，孩子的注意力就很难集中了。

2. 创设良好的“注意”环境

乐乐家玩具极为丰富，且地板上、沙发上、桌子上，玩具随意摆放。乐乐在玩具的世界里，一会儿骑车，一会儿拍球，一会儿又去玩电动手枪，看起来他很喜欢这些玩具，却又没有对一样玩具能够像其他同月龄孩子那样玩上一二十分钟。

针对这一现象，指导师提出：拿来几个纸箱，家长带领乐乐一起将玩具分类收起，放在一定的位置。之后，建议家长，每次只许乐乐拿一至两种玩具。如果乐乐玩一会儿就厌倦了，家长应该以有趣的游戏形式和乐乐一起互动，延长其对同一玩具的注意时间；一段时间后，家长可以根据情况让乐乐独自玩耍。

评析：

在培养孩子良好的注意习惯时，要留意孩子的游戏、生活环境的创设。如果你想让孩子能较长时间地“注意”一个事物，那么在这个事物的旁边不要出现过多的其他事物，也就是说让环境“单纯”一些，否则孩子难免会“见异思迁”或者“喜新厌旧”。所以，爸爸妈妈与孩子玩或者让孩子单独玩的时候，一次不要拿太多的玩具，一般一两件就可以了，要尽可能鼓励孩子玩出多种花样来，这就是“集中”的过程。刺激过于丰富的环境，会使孩子的注意力无法集中，且难稳定。

3. 鼓励宝宝“注意”能力

指导教师发现，乐乐的家人总是爱说这类话：“这孩子，注意力就是不能集中。”“你看他，不管什么好玩具，玩一会儿就扔了。”“你就不能在那儿多坐一会儿。”等等带有不满情绪的话语总会从家长嘴里蹦出来，特别是姥姥，最爱唠叨这些。为此，指导师给出的建议是：用赞语

鼓励乐乐。你期望乐乐怎样，就要用赞语经常鼓励他怎样。如："乐乐太棒了！球拍得这么多这么好了！""乐乐把玩具都送回'家'了，太厉害啦！"

评析：

"孩子是天生的社会活动家"，他们对周围的社会环境有着高度的敏感性，能够非常准确地把握他人的评价、他人语言及行为中隐含的心理状态，所以，家长千万不要在孩子面前随心所欲、毫无顾忌地用否定的语言评价他。因为，当家长对孩子的否定或责备会导致孩子有意或无意地逃避去做某事。积极的体验是孩子前进的动力，对于婴幼儿来说，如果你期望他怎样，那么就该毫不吝啬地不断地肯定他能怎样。

总之，具有针对性的婴幼儿教养活动，才是有效的。

（二）整合性

婴幼儿教养活动中的儿童发展目标强调整合性，特别是幼儿直接参与的游戏活动，可同时涉及几个领域的发展目标。如"自我介绍和问好"活动，其主要目标是培养婴幼儿的社会性，但在活动实施时，至少同时促进了孩子语言能力的发展。下面是早教中心的课程设计，其训练目标具有明显的整合性。

【案例及评析】

案例2　亲子课活动方案

课程内容	训练目的
点名游戏	自信心的培养
亲子小游戏：卖小猪	增进亲子关系
在哪里	对五官的认知
两个出口	手部精细动作"抠"的练习，同时训练宝宝探索物体、解决问题的能力
拆礼物	手部精细动作综合训练
彩虹扇子	感受集体游戏的乐趣

儿歌：《卖小猪》：小胖猪，肉乎乎，背在背上卖小猪，走一走，跳一跳，翻过小山卖掉了

《在哪里》：眼睛眼睛在哪里？在这里。鼻子鼻子在哪里？在这里。小嘴小嘴在哪里？在这里。耳朵耳朵在哪里？在这里

家庭辅导：

可以在宝宝照镜子的时候，让宝宝来认知五官，以及身体其他各个部位

（资料来源：丫丫网.http://bb.iyaya.com.略有改动）

评析：

这个课程案例中，以亲子游戏《卖小猪》为例，在实施过程中，通过亲子互动，在实现增进亲子关系这一主要目标的同时，还可以锻炼宝宝的动作协调性；此外，通过学唱儿歌，还可以训练宝宝的音乐感知能力和语言表达能力。由此，活动的整合性显而易见。

（三）生活化

“以养为主，教养融合”的原则，要求教养活动内容、材料及方式的选择要贴近幼儿生活，强调自然学习，强调训练目标渗透到日常生活中。这样的活动，符合“生活即教育”的理念。教养活动的内容、材料和方式贴近婴幼儿生活，一方面，活动实施时，宝宝可以很快进入情境，并从中获得快乐、满足。另一方面，0 ~ 3 岁婴幼儿的教养者以家长为主，生活化的教养活动也利于家长随时、随地开展。如《躲猫猫》游戏活动，家长只要把家中能够让宝宝扶站、挡住宝宝视线的椅子摆在比较安全、宽敞的地方便可以了。如果延伸一下，还可以用大一点儿的纸箱等物品作为辅助材料，也可以找一块毛巾或围巾，蒙在宝宝头上一起游戏，孩子同样会获得快乐。生活化这点，在早期教养机构活动中设计的“家庭延伸”这一环节中体现明显。

【案例及评析】

案例 3　　说相反的

活动目标：

（1）宝宝掌握意义相反的词，培养思维的敏捷性。

（2）家长了解活动的意义，掌握指导宝宝活动的方法。

活动准备：特征相反的物品或图片若干。

活动过程：

（1）将实物或图片放在桌上，让孩子看一看，说一说，如：大鞋子、小鞋子、黑手套、白手套。

（2）家长任意取出一件实物，并说：“这是白手套。”孩子必须找到黑手套，并说：“这是黑手套。”依次类推。

（3）孩子会玩后，可以只说单词，如家长拿出一本书说“薄”，孩子取出一本说“厚”。或由孩子先说，家长进行配合。也可以用动作进行游戏，如家长举右手，孩子举左手。

评析：

从材料的选择上看，活动时所选取的手套、鞋子、书等材料都是孩子生活中常用之物，教师在开展游戏活动之前，可以以身边容易找到的实物为材料灵活运用；从学习内容上看，“相反的”也是生活中孩子必须理解，且能用来分辨事物的能力。

（材料来源：寿光市侯镇刘官幼儿园齐秀菲设计，有改动）

（四）趣味性

兴趣是最好的老师。有趣味的活动更能引起宝宝的兴趣，也更容易达到教养活动的目的。而且，在活动实施过程中，宝宝获得快乐是最重要的，不能为了达成目标而机械地训练其完成任务。在活动中，家长才是第一受教育者。教养活动的趣味性常常以游戏的形式体现出来。如

宝宝手指力量和手部精细动作的训练，可以设计撕纸片和捡纸片的活动，并可在活动中加入宝宝间、亲子间的比赛环节；也可以设计捡豆子、穿珠子等游戏，达到教养目标。

【案例及评析】

案例4　小马运粮

活动目标：锻炼耐力及钻、爬的能力。

活动准备：地毯、书、报纸。

活动过程：

（1）宝宝手膝着地当“小马”，在地毯上方，家长两臂伸直撑住身体当“山洞”，让“小马”钻过去。

（2）家长躺在地毯上当“山岭”，让“小马”爬过去。

（3）家长将一本书放在“小马”背上当“粮食”，再拿两张报纸当障碍物，让“小马”绕过去，“粮食”不能掉下来。

评析：

活动过程中，家长与宝宝改变了生活中的亲子关系，家长变成了山洞、山岭，宝宝变成了钻山洞、越山岭、运粮食的“小马”，且双方在三种情境中多次互动，使游戏变得趣味盎然，也使宝宝在活动中能够充分体会“小马”这一角色的快乐，从而实现活动目标。

（五）互动性

互动性体现在家长与老师之间、家长与宝宝之间、老师与宝宝之间、宝宝与宝宝之间、家长与家长之间、宝宝与环境之间等多重互动。互动性提高了宝宝和家长的参与性，更利于教养目标、指导目标的达成。例如，社区开展的由专家或教师承担的讲座活动，一般都会设计家长咨询环节，让家长在活动中与讲座者互动，解决育儿中遇到的难题，从而使活动的针对性、实效性更加突出。再如，利用网络，开辟家长论坛、育儿心经等板块，也都可以为家长与指导教师、家长与家长之间展开互动提供条件。讲座、答疑、论坛等活动中的互动，更多的侧重家长对婴幼儿养育理论的获得，而在亲子游戏活动中的互动，更侧重对宝宝的训练及对家长教育知识、技能的指导，互动性更强。

（六）指导性

除了家长在家庭中进行的教养活动外，由早期教养机构、社区开展的婴幼儿教养活动都具有指导性。由于3岁前的婴幼儿能力有限，其成长更多的依赖于家长的教养。家长是宝宝的老师，家长育儿知识、技能的强弱，直接关系到宝宝未来的成长。因此，婴幼儿教养活动对家长的指导性尤为重要。例如，早期教育机构在游戏活动实施过程中，需要对活动目的进行解说，这实际上是在对家长进行理论指导。而其他形式教养活动的指导性就更为突出了，此处不再赘述。

二、0 ~ 3岁婴幼儿教养活动的目标

0 ~ 3岁婴幼儿教养活动的目标可以从两个角度来概括。从婴幼儿成长的角度来说，教养

活动的目标就是利用家长与孩子之间在态度、情感、行为等方面的相互作用、相互影响，通过对婴幼儿认知、精细动作、大运动、语言及社会性等潜能的开发来培养健康、快乐、自信且高能的孩子。这一目标，在早期教养机构中主要通过亲子游戏活动来实现；在家庭中，主要通过家长的科学教养来完成。从家长（也包括父母、祖父母、保姆等带养人）成长的角度来说，教养活动的目标就是培养具有科学而先进的育儿理念、丰富的育儿知识经验和较强的育儿技能的家长，而这一目标的实现，又是前一目标实现的前提。这一目标实现的途径比较广泛，除了亲子互动游戏活动外，还可以通过专家讲座答疑、教师一对一的指导、网络互动、家长沙龙等方式来实现。

（一）以婴幼儿全面、健康发展为核心的目标

这一方面的活动教养目标，主要表现在婴幼儿自身认知、精细动作、大运动、语言及社会技能等五大方面的发展水平上，它包括婴幼儿在 0 ~ 3 岁期间的总体发展目标和阶段性目标，以下为总体目标，主要要包括 6 个方面。

1. 与日常生活相关的目标

围绕婴幼儿日常生活，如进餐、睡眠、盥洗等活动所获得的基本生活能力、养成的基本生活习惯及获得的安全感和愉悦的情绪。

（1）建立与照料者的依恋和信任关系。

（2）获得初步的生活能力。

（3）建立初步的生活习惯和秩序。

（4）对幼儿园的生活感到安全和舒适，保持稳定和愉快的情绪。

（5）萌生独立自主的意识和能力。

2. 与大运动相关的目标

通过肢体运动训练，发展大肌肉的控制能力。

（1）发展身体平衡、手眼协调等基本的运动能力和身体机能。

（2）感受运动中的快乐和自信。

（3）感受与身体运动相关的时间和空间关系。

（4）运用身体动作感知并主动探索周围环境和材料。

3. 与精细动作相关的目标

重点发展手指动作和手眼协调能力，同时也发展对物品的探究、操作能力，以及在此过程中形成的认识和感受。

（1）感受探究操作的快乐。

（2）运用各种感官主动探索和表达。

（3）愿意扮演角色和与人交往。

（4）尝试玩多种材料和简单的工具，能爱惜物品。

（5）能选择角色并表现角色行为，发展想象力。

（6）建立与同伴的亲近友爱关系。

4. 与语言发展相关的目标

以发展倾听习惯和口语表达能力为重点，同时也包括文学作品欣赏、与他人的语言交流等

能力的获得。

（1）愿意倾听别人的说话，愿意表达自己的认识和感受。

（2）形成阅读的习惯，感受阅读带来的快乐。

（3）喜欢倾听优美的语言和音乐。

（4）尝试表达自己的想法。

5.与观察力、求知欲相关的目标

（1）对周围的自然、社会和文化事物、现象及活动充满兴趣，有关注和探究的倾向。

（2）运用动作或语言表达对各种事务和现象的喜爱、好奇。

（3）使用各种感官主动观察并探索周围的事物、现象的特点和规律（类别、异同、形、色、数量、时空等）。

（4）观察客观事物，并建立与已有经验的联系。

（5）关注各种社会生活活动，愿意去了解、参与、尝试或模仿。

（6）养成关心、爱护动植物和周围环境的意识。

6.与艺术、审美经验相关的目标

以培养涂画、唱跳兴趣及能力为重点，同时培养对美好事物的喜爱情感。

（1）对身边美好的事物有兴趣。

（2）愿意用纸笔等材料表达自己的认识和感受。

（3）愿意倾听、哼唱音乐作品。

（4）愿意用音乐、舞蹈等表达自己的认识和感受。

（二）以家长教养素质的提高为核心的目标

这一目标从家长的教养观念、家长应该了解、掌握的日常教养常识和家长应具备的教养技能三个方面来表述。

1.家长教养观念方面

（1）尊重婴幼儿，理解孩子的行为，树立科学的育儿观念。

（2）学会等待孩子的发展，要有耐心和宽容。

（3）知道主要抚养人在孩子发展中角色发挥的重要意义。

（4）教养者彼此协作配合，共同促进孩子的发展。

2.家长基本教养常识方面

（1）了解不同月龄段孩子在睡眠、饮食等方面的特点，知道不同月段婴幼儿身体发育的特征。

（2）了解婴幼儿日常行为习惯的形成过程与辅助策略。

（3）了解自身的教养特点和孩子的行为发展特点、认知风格。

（4）掌握婴幼儿在感知、动作、语言、认知、社会性、情感等方面发展的过程与特点。

（5）了解婴幼儿常见特殊行为的原因。

3.家长教养技能方面

技能强调的是实际教养生活中的操作能力，技能是知识掌握后的有效转化。更是科学教养观建立的必需。所以，除了以上的观念与知识以外，还必须将家长教养技能的掌握作为教养

活动的一个重要目标。这一角度的目标是以上两方面目标的细化、支撑与实施，三者密不可分。因此，包括以下几个方面。

（1）为孩子提供卫生、安全、舒适、充满亲情的环境和充足的活动空间。

（2）为一岁以内的孩子提供色彩对比明显、适量的挂件、玩物和图片，经常移动变化，防止孩子斜视。

（3）提供充足的奶量和水分，按月龄添加辅食及生长发育所需的营养补充剂，引导吃各种适宜的食物，注意个别差异。

（4）提供干净卫生的便器，细心观察护理，了解孩子的便意，给予及时回应。教会孩子主动表示大小便，逐步养成定时排便习惯。

（5）创设温度适宜、空气新鲜、光线柔和的睡眠环境，保证充足的睡眠时间，逐渐帮助孩子形成有规律的睡眠。

（6）提供保暖性好、透气性强、宽松适合的棉织衣物，鼓励孩子自己动手，学习穿脱衣裤和鞋袜。

（7）父母应保证每日有 1 小时以上的时间与孩子进行亲子交流。学会关注、捕捉孩子在情绪、动作、语言等方面出现的新行为，做到及时赞许，适时引导，满足孩子的依恋感和安全感。

（8）利用阳光、空气、水等自然因素，选择空气新鲜的绿化场所，开展适合孩子身心特点的户外游戏和体格锻炼，提高孩子对自然环境的适应能力。

（9）提供丰富的语言环境，在生活活动中随时随地与孩子多讲话，进行沟通交流。选择适合孩子的图书和有声读物，多给孩子讲故事、念儿歌，进行面对面的亲子阅读。

（10）选择轻柔、愉快的音乐，让孩子倾听、感受。经常与孩子一起唱童谣、歌曲。

（11）收集日常生活中的物品，提供适合的玩具，经常和孩子一起游戏，帮助他们积累各种感知经验。

（12）创设与周围成人接触，与同龄、异龄伙伴活动的机会，感受交往的愉悦。

（13）选择身体健康、充满爱心、仪表整洁、具有一定育儿知识技能的照料者。

（14）能够与育儿机构、家庭成员之间经常沟通，相互协调，保持教养要求的一致性。

（15）在家庭中设置“儿童保健药箱”，及时处理意外突发的小事件，确保孩子健康安全成长。

（16）利用社区教育、卫生资源，定时定期为孩子进行体格发育检查，预防接种，并参加有关育儿知识讲座及亲子活动。

三、0 ~ 3 岁婴幼儿教养活动的分类

婴幼儿早期教养活动形式多样，但活动开展的目标大致是相同的，即促进婴幼儿认知、精细动作、大运动、社会性及语言等潜能的开发，从而培养健康、快乐、自信、高能的孩子；同时，活动中的被教育者是一致的，即家长和婴幼儿。但是，各种教养活动开展时的具体内容和活动执行者的作用却不尽相同。在早期教养机构开展的活动中，主要以游戏活动的形式亲子（1 名宝宝和 1 位家长）集体接受教师的指导，教师既是家长的指导者，也是家长和婴幼儿的施教者、互动者。在社区开展的活动中，社区工作人员的工作则主要针对家长展开，更强调育儿常识、信息的普及。而在家庭中开展的教养活动中，家长成了施教者，日常养育是活动

的重点。为此，本书将 0 ~ 3 岁婴幼儿教养活动分为早期教养机构中开展的早期教养指导活动、家庭中进行的早期教养活动和社区开展的早期教养指导活动三种形式。

（一）早期教养机构中开展的早期教养指导活动

在早期教养机构中开展的早期教养指导活动灵活多样，包括集体指导、一对一指导、专题讲座与咨询、家长沙龙、网络宣传与互动、上门服务、热线电话指导等方式。但是 90% 以上的早教机构都以开展集体指导活动为主，其他方式起辅助作用。

1. 集体指导活动

集体指导活动按照婴幼儿的月龄、家长的需求或兴趣，将婴幼儿及家长划分到相对应的班级，每次开展活动都以班级的形式集体展开。这种活动有系统的课程内容，教师按照事先定好的流程进行授课。例如，各类早期教养机构亲子课的活动流程一般包括线上活动、自我介绍和问好、蒙氏教具操作、主题活动（包括认知、语言、社会、操作、音乐、舞蹈和美术等主题）、律动、大运动、再见歌曲和活动的家庭延伸等环节。活动中，前三个环节顺序不变，其他环节的顺序可以根据现场活动情况予以调整。活动的时间为 40 或 60 分钟。面向月龄小的孩子开展的活动时间不宜太长，这由孩子的身心发展特点所决定。

在集体指导活动中，教师既要和直接参与活动的婴幼儿进行互动，同时还要在活动中给家长做现场示范、指导。具体地说，就是教师要在早期教养指导机构这样一个安全且教育营养丰富的环境中，以亲子或师幼活动为媒介现场进行教养技巧的示范、指导。

同时，活动中，家长要遵守活动规则，配合教师参与活动，或随时辅助、指导婴幼儿完成任务，或与婴幼儿及时互动，或观察、学习教师与孩子的互动活动，以便在活动中更好地了解婴幼儿的发展特点，自己孩子的发展水平、方式和认知风格，并对游戏活动本身如何促进孩子的发展有更深的理解。同时，课程结束后，在家中与孩子能够重复练习课上活动，并完成延伸活动，从而使指导活动得到巩固，达到预期的教养目标。与此同时，家长如果在自己与孩子互动中产生疑惑和问题，可以在观察教师与孩子的互动、示范中获得帮助和指导。此外，在早教机构中开展的亲子游戏活动，应当具有可以向家庭延伸或在家庭重复开展的可能性。

集体指导活动是目前较为广泛开展的一种早期教养指导形式，它能够节省教师与指导材料，有助于孩子集体感的培养以及相互之间的观察、比较，因此很受教师与家长的欢迎。

2. 一对一指导

一对一指导是指一名指导教师针对一个婴幼儿及其家庭成员展开的指导。在这种指导形式中，指导教师在某一时间内只对单个婴幼儿及其家庭提供指导与服务，因此指导更系统；针对性更强，对问题的认识更深入，问题解决也就有可能更彻底；同时，家长也可以感受到指导教师及早期教养机构对他们的特殊关照。但是，这种指导形式无疑需要足够的指导者，而目前我国的早期教养机构一般只有几位教师，主要承担机构内日常的授课任务，一对一指导也只能是偶尔为之，远远不能满足社会的需求。

目前，我国出现了以个体为单位的具有育婴师资格的家庭指导师。他们会根据家庭需求，针对婴幼儿个体情况制定相应的指导策略，并进行跟踪服务。这种指导活动成效突出，但收费较高，普通家庭接受起来有难度。

3. 专题讲座

专题讲座是早期教养机构不定期举办的一种婴幼儿教养指导活动。它由机构内的指导教师或者聘请的婴幼儿早期教养研究专家担任讲座任务。活动过程中，讲座者会就婴幼儿教养中某一领域问题对到场的婴幼儿家长进行指导，或带来一些新的教育理念、教育方法等。讲座的主题最好是家长关注的热点问题。机构可以事先与讲座者沟通，以满足家长的需求。在活动过程中，通常设有家长提问、咨询环节，从而解决家长的实际问题。

通常情况下，专题讲座与家长当前正在关心的问题相切合，且相关信息具有一定的专业性、先进性，既能够为家长提供婴幼儿早期教养的理论指导，又可以更新家长的教育理念，因此很受家长信赖与欢迎。

4. 家长沙龙

家长沙龙是以家长为主角开展的关于婴幼儿教养问题系列讨论的集会活动。每次活动可根据机构内阶段授课情况和家长的需求事先设定主题。活动中，指导教师更多的是引导家长开展活动的思路，家长是发现问题、观察记录现象、分析问题本质、寻找解决问题的办法、发布育儿信息、分享育儿新理念的主角，家长为教养主体的理念得以突出。活动中，家长们既可以求同存异、畅所欲言、取长补短，又能够使其理性思维得以激活、理论素养得以提高、家教视野得以拓宽。不过，目前国内的早期教养机构对这种指导活动并不太重视，因为它对指导教师和家长素质的要求都比较高。但是，社会中，家长自发的育儿沙龙发展较快。家长会根据孩子月龄、自身教养、相互认同感等因素组织不同类别的沙龙，以满足个体的需求。

5. 互联网家教指导

一些早期教养机构会创办自己的教育网站，开辟专家在线、热点话题、近期活动、家长建议等形式多样的栏目，为家长提供学习、解惑、了解机构动态的途径。

此外，有些机构还利用互联网聊天软件建立便于指导教师与家长及家长之间相互沟通、联系的群组，机构和家长所了解的一些育儿信息可以随时在此发布，在即时性、便利性方面优于其他指导方式。

（二）家庭中开展的早期教养活动

研究表明，0 ～ 3 岁婴幼儿的心理发育正处于胚胎时期。在这个时期，各种环境因素都有可能对其发育及发展起到辅助、促进或阻碍、抑制的作用，一个孩子长大成人之后是否有能力开创一种属于自己的幸福的生活，关键决定于其在 0 ～ 3 岁时期身心发展情况。由于 0 ～ 3 岁时期婴幼儿的主要成长环境是家庭，这个环境又是由父母家人所决定的，所以家庭中对婴幼儿进行的早期教养活动极为重要，它是影响孩子成长的重要因素。

家庭中开展的早期教养活动，主要可分为以下几种。

1. 由家长实施的渗透到婴幼儿日常行为中的教养活动

这类活动与婴幼儿的生活相融合，更多体现的是“养”的特征。如宝宝夏天睡觉时，家长要先消灭卧室内的蚊蝇，注意不要让风直接吹到宝宝，也不要让强光直接照射宝宝，根据室内温度调整宝宝所盖被子的薄厚，播放轻柔的音乐，避免发出较大的声音。再如，经常带宝宝到有与之同龄或异龄宝宝的邻居、亲友家中，或者请他们来自己家中，或者与他们相约到公园、游乐场所等，从而创造宝宝与周围成人接触，与同龄、异龄伙伴活动的机会，使其感受交往的愉悦。以上做法都属于日常生活教养活动范畴。

2. 指导教师创设的亲子游戏活动

这类活动的设计具有明显的个体发展特征的针对性，更多体现的是“教”的特征。指导教师设计的亲子游戏活动，通常是早期教养机构课程内容在家庭中的巩固或延伸；也包括指导教师（包括教养机构中的指导教师、专门聘请的家庭指导教师，以及社区举办活动时选派的指导教师）根据宝宝日常表现情况（如挑食、爱动、叛逆、自闭、体弱等）而创设的个性游戏活动。这类教养活动在实施时需家长配合指导教师来完成。由于活动的游戏性质突出，更容易得到宝宝的欢迎。

【案例及评析】

案例5　走窄路

活动目标：练习在窄道上走，训练动作的协调性和稳定性。

活动准备：带宝宝找一条有水泥边沿的路。

活动过程：

（1）牵着宝宝的手，让宝宝在高出路面的窄窄的路的边沿上走来走去。

（2）待多次训练后，尝试放手，让宝宝自己走，家长在旁边跟随。

评析：

（1）此活动是早期教养机构为28月龄宝宝设计的家庭延伸活动，是对课上目标的巩固活动。此月龄宝宝的运动神经有了明显进步，可以跑动、双脚跳跃，这一活动的实施可以促进宝宝运动行为的协调性、稳定性。

（2）此类活动趣味性强，宝宝一般都很喜欢，常会乐此不疲。家长应满足孩子的此类需求，并有意识地创设环境，使孩子得到锻炼。

（3）家长创设、改编的亲子游戏活动

这类游戏活动的创设和实施对家长素质的要求比较高，因为游戏过程的设计、材料的选择、环境的创设都要考虑宝宝的月龄和个体发展情况。同时，这类游戏活动生活化特点显著，比较灵活。培养宝宝能力、增进亲子关系的同时，更重视宝宝健康情绪的培养。

案例6　玩面团

活动目标：发展宝宝小肌肉灵活性和手眼协调性。

活动准备：一小团和好的面，面板，欢快的音乐。

活动过程：

（1）带着宝宝一起把手洗干净，挽起衣袖。

（2）搓面条。先用一只手将面块一端按在面板上，另一只手在面块上来回揉搓，搓成面条；然后两只手对搓，搓成面条。

（3）滚面球。先用一只手在面板上滚面球，然后再两只手一起上阵。

（4）在宝宝动作比较熟练后，可以和宝宝比赛。家长不要揉搓得太快，要给宝宝体验成功的机会。

（5）活动中，家长还可以随机编创儿歌，配合游戏动作的进行。

评析：

（1）此活动适合24个月左右的宝宝。这个月龄段的宝宝，已经能够拇指、食指捏起小的物品，能够使用腕铃、沙锤等简单的乐器，能够抛接球，可以说手部运动能力已经很强，“玩面团”游戏对其手部动作的灵活性和准确性的提高起到了积极的促进作用。

（2）此活动生活化特点突出。活动的设计灵感源于生活，材料、动作也都源于生活，便于在家庭中实施。

（三）社区开展的早期教养指导活动

0 ~ 3 岁婴幼儿是社区人口的组成部分，为其提供教育是社区建设的一项重要内容，社区承担着组织开展 0 ~ 3 岁婴幼儿早期教养活动及对相关教育活动进行管理的责任和义务。如定期为 0 ~ 3 岁婴幼儿家庭举办免费的健康和教育咨询活动，提供部分免费游戏活动场地和材料，举办公益性的讲座、提供婴幼儿免费体检和教育等服务，并对社区托幼机构的收费予以规范。

在社区开展的 0 ~ 3 岁婴幼儿教养活动以社区资源为依托，主要面向散居在家的 0 ~ 3 岁婴幼儿及其带养人。社区为婴幼儿提供教养活动场所，并为其带养人提供科学育儿指导。

社区内应有面向 0 ~ 3 岁婴幼儿设立的教养设施，如专为婴幼儿设立的儿童馆、儿童咨询所，为婴幼儿与家长服务的图书馆、博物馆、儿童文化中心和社区医院等，为父母提供的家教指导站等。正由于社区这些独有的特点，形成了其特有的早期教养活动形式。

（1）开办专题讲座，向家长传授教养知识、技能，宣传理念。讲座的同时，设置答疑环节，以解决家长教养中的遇到的问题，从而满足家长需求。

（2）围绕某一教养主题开展亲子游戏活动。通过游戏活动中教师的示范，教师、家长、孩子间的多重互动，潜移默化地改变家长教育观念，指导家长育儿技能，提高家长育儿素质。同时，活动要有较强的趣味性，吸引家长参加，并使亲子在活动中获得快乐。这类活动可以在室内进行，也可以选择户外实施。但为了提高家长参与率，要做好活动宣传工作。

（3）组成家庭互助小组。根据 0 ~ 3 岁婴幼儿居住的小区自然组合，每个小组由 3 ~ 5 个家庭组成，配备一个教师志愿者，负责送教及联系工作。在这种活动形式中，家长与教师、家长与家长之间形成了共研、共议、共进的关系。活动时，一般以研讨的方式解决家长在婴幼儿实际教养中出现的问题。这种方式比较灵活，随意性强。活动时间由所产生的问题决定，活动地点可以是某个家庭，也可以在户外进行。而且具有即时性，能够及时解决遇到的问题。此外，还可以加强婴幼儿同伴间、亲子间、家园间以及家庭与家庭间的交流沟通。

（4）帮助家长建立婴幼儿成长档案袋。在记录的过程中，了解孩子的发展状况，以便发现问题，进行有针对性的辅导与指导。成长档案记录着婴幼儿每一成长阶段的细小进步与发展轨迹，是制定和调整教养方案的重要依据。

（5）一对一入户指导。这样的指导更有针对性。

（6）多渠道宣传，提高家庭育儿水平。通过向家长推荐有关早期教养的书籍、网络、电话、海报等方式向家长宣传先进的婴幼儿教养理念、教养方法，让家长认识到早期启蒙和开发的重要性，丰富家长早期教养的经验和方法，提升婴幼儿家庭教育水平。

第二节　0 ~ 3 岁婴幼儿早期教养指导活动的设计、组织和实施

从受众来说，0 ~ 3 岁婴幼儿早期教养活动可以分为直接面向婴幼儿的教养活动和面向家长的教养指导活动。从教养活动的实施者来说，可以分为家庭中的教养活动、早期教育机构中的教养指导活动和社区开展的教养指导活动。这三种形式中，其具体的教养活动方式又是多种多样的。可以是面向集体的，也可以是一对一的；可以是游戏活动，也可以是讲座咨询；可以是面对面的，如早期教育机构中亲子课程的实施活动，也可以是通过信息手段实现的，如利用电话、网络等手段进行的咨询和宣传等活动。这些活动形式，有的是随时可以进行的，而有的是需要精心地设计、组织才能够实施的，如专家讲座、早期教育机构中以亲子课程为内容的集体指导活动。下面就早期教育机构中以亲子课程为内容的集体指导活动和专家讲座指导活动的设计、组织和实施予以介绍。

一、早期教养机构中亲子课程设计、组织和实施

（一）早期教养机构中亲子课程设计、组织和实施的原则

在早期教养活动设计、组织和实施的过程中，既以要考虑婴幼儿身心发展的特点，也要遵循科学的教养活动原则。

1. 平等性原则

早期教养机构中的常规亲子课为集体指导活动，它由指导教师、家长和孩子共同参与。指导教师的工作是设计活动方案、组织活动的实施。在实施过程中，通过亲身示范，对家长进行教养技能的指导；通过对孩子和家长参与活动情况的观察，发现问题，并以示范或评价的方式予以指导。但教师不能以指导者自居，而是要与家长、孩子共同参与到活动中，在互动中彼此影响，互相促进，三者的关系是平等。

2. 尊重性原则

教师应该尊重家长与孩子的人格，尊重孩子的发展特点，不能以教训的口吻和高高在上的态度与家长交流；对孩子要有耐心，从孩子的角度出发考虑孩子在活动中的表现。

3. 关注性原则

关注家长和孩子的言行，注意个体的发展。每位家长的教养素质、每个孩子的发展情况都是不同的，教师要细心观察，发现问题，并给予一定的个别指导。特殊情况的孩子和家长要予以特殊的关注。

4. 鼓励性原则

鼓励家长和孩子参与活动，鼓励他们勇敢地面对失败、挑战失败。活动中，不用否定的言语和行为对待家长和孩子的表现，在他们出现问题时给予正面的引导。如走线活动时，有些孩子和家长动作不标准，教师可以观察走得好的家长或孩子，用具体而肯定的话语来表扬，如“天天的脚抬得真高！”“琪琪走得真稳！”

5. 目的性原则

活动的每个环节、教师的每个动作和话语都要具有一定的目的性，做到有的放矢，使时间有限的课堂活动发挥最大的教育指导作用。

6. 娱乐性原则

激发孩子快乐的天性，使每个孩子都乐在其中。活动以指导家长掌握育儿技能为主，孩子接受训练为辅。活动中，孩子不听从指挥，不按照教师的要求去做，或者做不到都不重要，快乐是婴幼儿成长的第一要义。

（二）早期教养机构中亲子课程设计、组织和实施的依据

1. 蒙台梭利教育理念

意大利教育家蒙台梭利开创的蒙氏教育强调培养婴幼儿的专注性、独立性、有序性和创造性，尊重婴幼儿的个体人格。活动中，应培养婴幼儿自觉主动地学习和探索的精神，如果孩子不配合，不可强行施教。同时，它认为婴幼儿心理发展中会出现各种敏感期，强调抓住敏感期指导婴幼儿动手动脑。这些蒙氏教育理念成为亲子课程设计、组织和实施的依据。如3 ~ 12个月为口腔敏感期，通过吮吸手指、玩具来感知世界。为此，亲子课程中要求不要强行禁止孩子的行为，而应该常为孩子洗手、常给玩具消毒，并通过吹口腔训练器、蜡烛、乒乓球、纸张等活动训练其口腔咀嚼能力和口腔肌肉控制能力。实践证明，经过蒙氏教育培养的婴幼儿，在未来能够更有效地掌握知识，并容易成为有能力、愿意服务人群、获得无限成功和快乐的人。

2. 多元智能理论

美国哈佛大学教育研究院的心理发展学家霍华德・加德纳 (Howard Gardner) 认为，过去对智力的定义过于狭窄，未能正确反映一个人的真实能力。于是，他提出，人类的智能至少可以分成八个范畴，即语言、数理逻辑、空间、身体 / 运动、音乐、人际、内省和自然探索。如，亲子课程以此为依据，可以设计让婴幼儿与家长面对面接球的活动，提高孩子的空间感知能力；设计将橡皮泥搓长、压扁、滚圆等活动，训练孩子的身体运动能力，即手眼协调能力。

3. 婴幼儿身心发展的五大能区理论

婴幼儿身心发展的五大能区包括大运动、精细动作、认知能力、语言能力、情绪和社会行为能力这五大方面。这五大方面的均衡发展可以说是婴儿智能发展的基础，可为婴儿日后智商、情商、体能方面发展做铺垫。

大运动能力具体来说是指婴儿头颈、躯干、四肢的运动能力。“三翻六坐七滚八爬十站周走”便是对这一能力发展的总结。在亲子课中，设计了一些滚动、钻爬、行走、蹦跳的游戏活动，全面训练婴幼儿身体的发展。例如，爬行是孩子大运动能力的基础能力，是一项全身型运动，是粗动作发展的基石，同时还具有促进感知觉、社交能力、自我意识的发展的作用。钻山洞、越山岭、钻毛毛虫爬行筒（图7-1）等活动都能对孩子的爬行能力起到很好的训练。

图7-1 大运动能力——钻毛毛虫爬行筒

精细动作能力是指婴幼儿手和手指的灵活度，以及小肌肉和手眼协调能力，是手部运动时大脑的体操。手巧才能心灵。

因此，亲子课程中，可以安排一些捏纸片、捡豆子、串珠子的活动，训练精细动作的同时，也能够促进智力的发展。

认知能力是婴幼儿通过视、听、味、触、嗅五种感官收集信息的能力，是注意力、观察力、记忆力、想象力、创造力和逻辑思维能力等综合能力，是认识世界的开始。亲子课中理解大和小、感知软和硬等蒙氏操作活动的主要目标就是培养孩子的认知能力。

语言能力是婴幼儿与人沟通、表达情绪情感和需求的能力。自我介绍和问好活动可以很好地促进宝宝这一能力的发展。

情绪和社会行为能力是婴幼儿从自然人到社会人转变的能力，主要包括自理能力、习惯养成、情绪发展和与人交往能力等四方面，是对婴幼儿良好德商、情商培养的重要内容。例如，16 ~ 18 个月期间，宝宝心智发展迅速，变化明显，是第一个叛逆期，喜欢表现，总要显现他独立自主的一面，因此，亲子课的家庭延伸中，应该设计一些让宝宝独立完成且乐于完成的活动，如收拾玩具、收垃圾、牙刷牙缸摆整齐等活动，正面示范、引导宝宝养成良好习惯。

4. 婴幼儿身心发展的阶段性特点和发展趋势

一个新生命从诞生之日起，在其每个成长阶段都有与之相符的生理及心理特征，而 0 ~ 3 岁婴幼儿正处在人生生长发育快速时期，每年、每个月、每个星期，甚至是每天都在变化，都会有新的表现。如，从感知觉的发展来看，新生儿已具有视听协调能力，能分辨语言刺激与其他声音刺激，4 ~ 5 个月可以有意识地完成手眼协调的动作，2 岁能够认知到自己与他人、自己与物体的不同。3 ~ 4 岁会说完全符合语法的完整句子。再如，实验证明，生命的第一年，尤其是 6 个月到 1 岁间，对孩子与母亲之间是否能形成亲密关系非常重要。当婴儿从稳定的家庭和照顾者那里获得良好的照料时，他们更容易形成积极的人格品质，如果婴儿得不到稳定的、高质量的照料，他们就可能逃避母亲，并在以后出现情绪和社会性问题。对于婴幼儿的教养活动一定要根据其月龄段特点有针对性地进行，错过某种能力的教养时机，会留下遗憾；某些教养行为提前，预期的成长目标又难以达成。所以，无论是早期教养机构还是家庭中对孩子实施的教养活动都应及时、适时，突出针对性。

此外，活动的设计还应考虑到婴幼儿身心的发展趋势，要让他“跳一跳才能够到苹果”，这样可以促进其潜能的开发。

【案例及评析】

案例 7　感知软硬（蒙氏操作）

活动目标：

（1）训练宝宝手眼协调能力及五指抓的动作，发展触觉感知软硬。

（2）家长了解 7 个月宝宝手的发展能力，学会指导宝宝感知软硬的技能。

活动准备：软球、硬球、托盘、工作毯。

活动过程：

（1）取工作毯、取教具：“现在到了宝宝学本领的时间了，老师要取工作毯，宝宝看铺工作毯——小兔子耳朵，我们来压一压，然后再用小手拍一拍。”

（2）教师示范操作：感知软硬。“宝宝看——球，我们来抓一抓。”左手先抓取软球，并捏

一捏，告知宝宝："软的。"右手五指抓起硬球，捏一捏，并告知宝宝："硬的。"示范完毕后将球放入筐内收好。

（3）介绍目的："感知软硬"是训练宝宝手眼协调能力及五指抓的动作，发展触觉感知软硬。

（4）收教具："从哪拿的放回哪去。"

（5）收工作毯："卷、卷、卷，从哪拿的放回哪去。"（图7-2）

（6）宝宝操作："老师的工作完成了，现在到了宝宝们工作的时间了，宝宝们来取工作毯吧！"

请家长抱着宝宝取工作毯和教具进行练习，老师分别给每个宝宝做指导。

图7-2　收工作毯

评析：

此活动适合7个月的宝宝。这个月龄的宝宝已经能够发现有趣的物品，喜欢摇晃玩具，并送到嘴里吮吸、啃咬，以确认玩具给他带来的感觉。所以，设计"感知软硬"这一活动，可以满足宝宝感知外部世界的欲望，并促进感知能力的发展。

（三）早期教养机构中亲子课程设计、组织和实施中的环境要求

"环境即课程"，课程实施中的环境对指导教师顺利实施指导、家长有效接受指导和宝宝获得愉快体验等都起着重要作用。因此，指导教师在活动课程设计阶段就应该把环境因素考虑进去。可以从以下几个方面着手。

1. 材料的投放上，应以婴幼儿月龄段身心发展特点为依据

一方面，好的环境创设，一定是与婴幼儿月龄段发展特征与爱好相适合的，因为只有这样才能够在活动中引发不同月龄段婴幼儿适宜的发展。另一方面，在活动进行中对家长进行的指导，是以孩子常规的活动表现为依据的，环境适宜该月龄段孩子的特点，孩子的表现才可能正常，教师才能够获取最准确的指导素材，从而做出正确的指导。

【案例及评析】

案例8　　抛球入篮（13～15个月）

活动目标：

（1）宝宝空间距离感、手腕的运动能力的训练。

（2）家长了解活动的意义，掌握活动方法。

活动准备：一定数量的小球、篮子。

活动过程：

（1）主班教师与配班教师示范抛球入篮。

（2）家长抛球，宝宝用篮子接。

（3）宝宝抛球，家长用篮子接。

评析：

活动中，教师和家长都会发现大多数孩子无法把球抛入篮中。因为 13 ～ 15 个月这个月龄段的孩子还不具备准确判断空间距离的能力，教师设计的这个活动，对此月龄段的孩子来说难度太大，这就影响了教师对孩子活动能力水平的正确判断，从而也影响了对家长指导的正确性。而实际上，这个活动场景的适合对象为 30 个月以后的孩子。

2. 材料的收放上，要做到及时、适用、够用

活动开始前，应将所需材料准备到位，免得影响活动的正常进行；活动结束时，一定要及时提醒孩子将玩教具收好，从哪里拿放回哪里去，这对孩子良好习惯的养成是必不可少的。同时，活动过程中，如果投放材料过多，会分散孩子的注意力，即诱使他们在活动室内跑来跑去更换玩具，而不能够按照指导教师的要求去完成活动内容，这在影响活动正常进行的同时，也将影响教师对孩子的观察、对家长的指导。因此，活动中，投放的材料不需要多，只要对活动适用、能够满足当日活动需求便可。

3. 主题场景创设上，一般以主题单一为佳

一个主题统一的活动情景，可以避免孩子受太多玩具刺激的干扰，孩子才能够与家长之间有更多互动交流，同时也方便了教师的指导。一个活动主题可以使教师指导内容更具有针对性，更集中，创设环境的工作量相对也会少一些，这样教师便可以更好地关注每个孩子和家长。此外，也便于指导教师针对某一领域连续性地观察、了解家长与婴幼儿。例如，以“在农场里”为题的亲子课程中，可以根据音乐《在农场里》、律动《斗斗鸡，虫虫飞》、歌曲《五官歌》、主题环节“汪汪汪”和艺术彩虹桥“小印章”等活动内容布置主题场景，并投放公鸡指偶、图案不同的动物印章若干个以及小猪、牛、鸭子图片等，营造出生机勃勃的农场氛围，让婴幼儿很容易进入学习情境，从而促进活动目标的达成。

（四）早期教养机构中亲子课程设计、组织和实施

早期教养机构中亲子课程形式和内容都呈多样化的特点，每个机构都有自己的特色，但总体上都是以活动的形式进行的。在活动过程中，通过教师现场演示、婴幼儿及家长模仿的方式实现对婴幼儿成长的直接促进和对家长育儿知识、技能的指导。通过这样的现场指导，可以帮助家长明确活动的内容、价值及向家庭迁移的方法。在教师现场演示这一环节中，教师一边示范，一边用最精炼的指导语介绍有效的教养方法，然后引导家长实践操作，提醒家长根据老师的要求，模仿老师的做法和宝宝一起游戏。活动中教师注重观察，并给予个别化的指导，在实践中提高家长指导技能。

比较常见的亲子课可分为准备、进行和整理告别三个阶段，主要包括走线活动（或者健康律动）、自我介绍和问好、蒙氏操作、音乐律动、大运动、再见、家庭延伸等环节，是在对蒙氏教育理论、八大智能理论、婴幼儿身心发展五大能区理论以及婴幼儿身心发展特点进行整合后生成的。每次活动 40 至 60 分钟，不少于 7 个环节，前三个环节的顺序不变，其他环节的顺

序可以根据现场活动情况进行调整。活动中，需要一位主班老师和一至两位配班老师。主班老师在活动的设计、组织和实施中起主要作用，特别是在活动现场，要带领孩子和家长一起完成活动内容；配班老师负责放音乐、准备材料，辅助主班老师完成游戏活动。活动中如有特殊情况出现，可由配班老师处理。此外，整个课程活动中，老师对孩子的称谓为“宝宝”，不同于幼儿园称孩子为“小朋友”的称谓。

1. 活动的准备阶段

活动正式进入活动主题之前，除了需要指导教师做一些诸如设计活动方案、选择音乐、创设相应的环境等的课外准备工作外，还需要家长、孩子和教师一起完成一些活动环节，为进入主题活动准备良好的状态。这一阶段包括走线活动或健康律动，根据月龄，二者选其一进行即可。

走线活动或健康律动主要有以下三个方面的目的：①使婴幼儿放松心情，稳定情绪，以良好的状态进入课堂；②发展婴幼儿的肌肉统合、自我控制、协调能力，培养良好的走路姿势；③发展婴幼儿的秩序感、方向感。

（1）走线活动　0～3岁婴幼儿亲子课中的走线活动源于蒙台梭利教育活动，5分钟左右。根据婴幼儿身心发展规律，不同月龄段的婴幼儿需要达到的走线目标也不尽相同，因此采取的方式也有所区别。

①7～12个月。这个月龄段的婴幼儿基本不能独立行走，活动时需要家长抱着完成。以竖抱为主。行进过程中，主班老师需边走边提示动作，如请家长抱着宝宝沿蒙氏线站好，右手扶住宝宝颈部，左手扶住宝宝臀部，向右转，沿着蒙氏线随音乐走起；轻拍宝宝背部，左右轻轻摇晃，转个圈，握握宝宝左手和右手等。走线结束后，请家长和宝宝在教师对面沿着蒙氏线坐好。同时，走线过程中，教师还需要交代走线目的，如放松宝宝心情、稳定宝宝情绪、感受音乐魅力等。此外，走线时，还要注意对走得好的宝宝和家长予以具体的肯定，一方面起到鼓励作用，另一方面也起到了对其他家长和宝宝的指导示范作用。

②13～36个月。这个月龄段的婴幼儿大多能够独立行走，走线活动可以独立完成，家长需要关注他的活动情况，并予以必要的辅助，但不要过多干预。如果这个时候宝宝还不能比较稳地独立行走，家长可以拉着宝宝的手，或者扶着宝宝腋下，辅助他完成。活动时，方向可以变化，顺时针，也可以逆时针；可以前进，也可以退着走。同时，还可以加入一些简单动作，如拍拍小肚子、小手掐腰、藏身后等；还可以随着音乐模仿飞机、小鸟飞行的状态，以及乌龟、兔子、鸭子走路的姿态等，增加走线的趣味性，在使宝宝心情愉悦的同时，也训练了走路姿势，培养了秩序感、方向感。但需要注意的是，动作难度应逐步加大，遵循循序渐进的原则。

（2）健康律动　这个环节适合18～36个月的宝宝。这个月龄段的宝宝肌肉统合、自我控制和协调能力增强，适合做幅度大一些、欢快一些的动作，所以可以选择健康律动。活动时，指导教师带领宝宝和家长站成一圈在音乐声中一起运动，教师以饱满的热情示范不同的动作，让宝宝和家长来模仿，在培养宝宝做操兴趣的同时，能够促使宝宝调整情绪，从而在轻松的音乐中以愉快的心情进入课堂，且训练了身体协调性，培养了良好的性格。

2. 活动进行阶段

包括自我介绍和问好、蒙氏操作、音乐律动、大运动等环节。

（1）自我介绍和问好　自我介绍和问好即为点名环节，被点到的孩子便到指导教师身边从姓名、年龄、性别、爱好、天气、地点等方面做自我介绍。

① 自我介绍和问好活动的目的。从婴幼儿成长的角度来说，此活动环节的目的为：a. 明白自己和自己所处环境的基本情况。b. 促进语言能力的发展，能够向别人说明自己的基本情况，学会使用“我”这个人称代词来指代自己；能够安静地倾听别人的发言。c. 建立自信心和胆量，敢于向他人介绍自己，消除陌生感；培养初步的交往意识；培养听指令做事的能力，增强自信心。从家长成长的角度来说，活动的目的为：了解孩子作自我介绍的重要性，能够辅助孩子作自我介绍。

② 自我介绍和问好活动的流程。活动前，根据孩子在本月龄段的身心发展特点设计适合的自我介绍内容，并准备好活动所需的玩教具、音乐、儿歌、场地等材料。活动中，教师首先要引导孩子和妈妈在自己对面呈弧形坐好；点名时，教师先作自我介绍，然后用玩教具——布娃娃或动物玩偶示范自我介绍；接着，通过设计好的点名游戏请孩子到老师身边（不能独立完成介绍的孩子由家长陪着）面向大家做自我介绍，并在介绍结束时引导孩子说“谢谢大家”。这时，可以给孩子一定的奖励——贴画、糖果等，或者是拥抱、表扬、亲吻等。最后是唱名环节，也就是问好环节。教师带领家长、宝宝用手打着拍子一起给宝宝唱名。如：“××(刚做完自我介绍的孩子的名字)好，××好，我们欢迎你！”或者“say say hello，say hello to ××；say say hello，say hello to ××。”唱到最后时，手要指向被欢迎的孩子。

在活动中，不是每个孩子都会主动进行自我介绍的，需要教师在活动设计上多下工夫，创设出趣味性强的点名方式，以引起孩子参与的兴趣。教师可以利用运动游戏来进行点名。比如游戏“小皮球找朋友”，教师将小球滚向某个孩子，这个孩子抓住小球后，拿着小球走到教师身边面向大家作自我介绍。还可以利用手指木偶、布袋木偶、真人偶、提线木偶等做表演来进行点名。比如老师将手偶“斗斗鸡”戴到手上，说：“今天，老师带来了一个新朋友！让他和大家认识一下吧。”然后边操弄斗斗鸡边模仿其声音说：“大家好，我是斗斗鸡，我想和你们交朋友，××宝宝，你能到我这里来吗？”教师在模拟木偶时，要注意声音的抑扬顿挫；当木偶出现时，要表现出一种新奇的眼神和语气，以吸引孩子注意。还可以用儿歌的形式进行点名，教师念儿歌时，可配以相应动作或材料。如“点点，点宝宝，点到谁，谁介绍。点到了××宝宝，请××宝宝过来作自我介绍吧。”念儿歌时，随着节拍做出“点”的动作，儿歌结束，伸出手做“请”状。点名游戏，要求老师根据班中孩子的月龄情况及其他具体身心发展特点来开展，不拘泥于传统形式。

（2）蒙氏操作　亲子课根据蒙氏教育理论提出的婴幼儿对不同的感官刺激存在不同敏感期的原理，将感官训练细分为触觉、视觉、听觉、味觉等的训练，以精细动作的发展为主要目标。例如，针对 19 月龄的幼儿，设计“将杯子中的豆子倒入碗里，再从碗里倒入杯中”这一操作活动来训练手眼协调倒的动作，培养专注力和秩序感，发展宝宝手腕的控制力；针对 22 个月龄的幼儿，设计将袜子卷起、包好的动作这一操作活动训练双手协调配合卷的动作，锻炼手的灵活性。蒙上宝宝的眼睛，把几种不同口味的饮品让宝宝喝下，并让其说出是什么，什么滋味，这是对宝宝味觉的训练。

婴幼儿是在动手操作中学习，同时思考自己在做什么，操作是婴幼儿学习和发展的最重要的方式。因此，蒙氏操作强调要给宝宝以活动的自由，在活动过程中，家长和老师尽量不予干涉。“话说得愈少，教学效果愈好。”这样，孩子更能专注在教具的操作上，更能够达到预想的活动目标。简单、客观、正确是蒙氏操作中对教师、家长所说话语的要求。

① 蒙氏操作活动的目的。一方面，通过操作活动，可以直接促进婴幼儿感官功能的发展。另一方面，教师通过教具的操作可为婴幼儿自由操作做示范，并指导家长理解操作的意义、学会指导方法。

② 蒙氏操作活动的流程。蒙氏操作包括教师示范和宝宝操作两个环节。教师示范时包括取工作毯、铺工作毯、取教具、示范操作、介绍目的、收教具和收工作毯几个环节。宝宝操作时不包括介绍目的环节。

示范中，教师首先到指定地点或架子上取来工作毯，铺在孩子和家长对面;平整地铺好后，起身去取课前用托盘装好的教具，这个环节也叫取工作；取来后，把教具摆放到工作毯中间，托盘放在工作毯右下角，然后开始示范操作。示范时，采用三阶段教学法。

所谓三阶段教学法，即在蒙氏操作中所采用的命名、辨别和发音三个教学步骤，在亲子课中，主要是以此法为家长做示范，培养其育儿技能。

一般情况下，没有接触过三阶段教学法的家长，在对孩子进行感官教育时，话语总是很多，却不得要领。例如，他会说："宝宝，你看这是什么呀？是苹果，是红色的苹果，你看，圆圆的苹果，是树上结的，苹果甜甜的……"说了这么多，其实孩子能理解的却很少。三阶段教学法教给家长正确的引导方式——少说，简单、客观、准确就好。

前面的例子，用三阶段教学法应该这样做：教师伸出手掌，掌心朝上，指着苹果，以清晰、柔缓的语调对宝宝说："宝宝看——苹果。"左右手分别示范抓的动作，用表情告诉宝宝你对苹果喜爱或厌恶的情感。接下来问："苹果在哪里？"或"哪一个是苹果？"宝宝指认正确后，继续问："这是什么？"回答："苹果。"这是就是蒙氏教育中用的"三阶段教学法"即"这是某某（命名）"、"某某在哪里？（辨别）"和"这是……（确认）"三个阶段。

介绍目的的环节，是对家长的指导，意在让家长明确本次操作的价值。收工作和工作毯环节的目的是培养孩子的良好习惯，并示范给家长，使之能够延伸到家庭中好习惯的培养。宝宝操作时，1 岁以下还不能独立行走的宝宝应由家长抱着取送工作毯和工作。工作中，教师需要逐一观察指导，宝宝操作错误也不要干涉，可以引导其重复操作，让宝宝在操作中探索，探索中学习。

（3）音乐律动　音乐律动，即体态律动，由瑞士音乐教育家达尔克罗兹首创。主要是指把音乐的学习和身体的动作结合起来，用身体的各种富有韵律的动作来表现音乐，体验音乐，并将这种体验转化为感受和认知，从而达到培养和提高感受和表现音乐的能力。亲子课中的音乐律动还起到了激发宝宝玩游戏兴趣的作用。

活动流程：配班老师放音乐，主班老师随着音乐做相应的动作，为家长和孩子做示范。可边做边讲解，并带领家长和孩子一起做。之后，让孩子与家长面对面坐好，在主配班老师示范带领下集体进行。最后交代活动目的。

律动内容的选择也要以孩子身心发展的特点为依据。太简单,或者太复杂都不适合。同时，教师要通过动作、表情、声音等引发孩子参与的兴趣。

（4）大运动训练　这是根据婴幼儿身心发展五大能区理论中大运动能力的训练、多元智能理论中肢体能力的训练而设计的内容，是指头、颈部、躯干和四肢以及身体大肌肉的较大运动和大肌肉训练，并让孩子在游戏中感到快乐。每节课必备。

大运动训练，可以通过钻、爬、站、走、跳、滚等运动形式锻炼脚部、小腿、大腿、手臂、

手腕、腰部、下肢、上肢、头部和颈部等身体各部位的力量，增强身体控制力、平衡能力及灵活性，促进感觉统合。同时，此环节对宝宝的认知、语言、社会性等的发展也有促进作用。

活动流程：教师示范活动步骤——宝宝活动——收教具。如“乌龟找小鸭”活动，首先配班教师拿着准备好的小鸭玩偶到铺好的“草地”对面跪好，主班教师背上驮着乌龟玩偶，朝着对面爬过去，边爬边说儿歌：“爬呀爬，爬呀爬，爬到对面找小鸭。”到了目的地之后，与配班老师抱一抱，并让乌龟握着小鸭的“手”说：“小鸭你好！”一会儿，站起来走时，说“小鸭再见！”在宝宝活动时，妈妈在对面，或者妈妈和宝宝一起朝着目的地爬行；可以几位宝宝和家长比赛进行，看谁爬得最快，谁先找到小鸭。找到后，给个拥抱以示奖励。

3. 活动整理阶段

（1）唱再见歌　教师以唱歌的形式引导宝宝和大家挥手再见。

教师分别唱每个孩子的名字，逐一和大家再见。例如：“乐乐，乐乐，say good bye！”之后，可以和每个宝宝拥抱一下，也可以拉起宝宝的小手亲一亲，让宝宝感受到老师的亲切和温暖。最后，放节奏明显的音乐，引导宝宝和家长随音乐走出教室。

作为活动的最后一个环节，整理告别的教养指导价值不可忽视。首先，教师的要求让家长明确了：教养孩子做事要有始有终，对孩子行为习惯、礼节礼貌的培养就渗透在这不起眼的生活小节里，家长以身作则很重要。同时，这个环节也是一个前后承接的时候，简洁扼要地向家长讲明在下次活动前需要家长做好的准备工作，对下次活动的质量保证很必要。

再见歌曲的选择，可以是汉语儿歌，也可以是英语儿歌，如《say good bye》等。

再见歌（1）

挥挥小手，说再见吧！

挥挥小手，说再见！

我们微笑，我们挥手，

我们大家说再见！

再见歌（2）

招招手，再见，

招招手，再见，再见，

招招手，再见，

招招手，再见，再见，

招招手，再见，

招招手，再见，再见。

宝贝再见宝贝再见！

（2）家庭延伸　活动的家庭延伸，顾名思义，此内容需要在婴幼儿回到家中由家长陪伴完成，但其设计、组织和实施也需要指导教师的指导，所以在此也予以简单介绍。

活动的家庭延伸，应依据当次亲子课中针对婴幼儿的训练目标而设计，是对课上所学技能的一个巩固。因活动在家庭中完成，其内容更具有生活化的特点。活动材料更容易获取。如吹球游戏，其目的是训练孩子的耐力，增强肺活量。活动前，只要准备好两个乒乓球即可。活动方法也比较简单、灵活，如可以将两个乒乓球吊挂起来让宝宝和家长同时吹，看谁的球飞得远；也可以将两个乒乓球放在桌边、地上，孩子和家长同时从两边吹，使两球相碰；也可以同时朝

一个方向吹，看谁首先吹到目的地。

以上为早期教养机构中亲子课程的基本内容。有些机构的课程针对低月龄宝宝还会设计按摩操、主被动操等环节，安抚宝宝情绪，促进宝宝感知觉的发展。针对一周岁以后的宝宝，可以加入主题活动，突出宝宝某一方面的认知能力。如，让宝宝认识蝴蝶、能说出蝴蝶特征的认知主题活动，让宝宝撕纸、揉纸团、抛纸团的活动，锻炼手肌肉的运动与力量的主题活动等。

总之，活动的设计、组织和实施应以蒙氏教育理论、八大智能理论和婴幼儿身心发展五大能区理论为指导，以促进婴幼儿身心核心发展、开发其发展的潜能为目标。

【案例及评析】

案例 9　早期教养机构中的亲子课程活动教案（适合月龄：11 个月）

一、走线

活动准备：班得瑞轻音乐、布娃娃。

活动目标：

（1）在优美的音乐下稳定宝宝的情绪，放松宝宝的心情，启迪宝宝右脑欣赏美的功能。

（2）家长要理解走线对宝宝的教养价值，掌握走线方法。

活动过程：活动前，指导教师面向家长、宝宝站好，与家长宝宝问好，家长和宝宝回应。活动开始，首先家长竖抱着宝宝站在老师对面，向右转，听着音乐沿着蒙氏线走起来。之后，家长要随着音乐的节拍轻轻抚摸宝宝背部；告诉家长走线的目的；从上向下轻轻地抚摸宝宝的左臂，并告诉宝宝这是他的左臂；从上向下轻轻地抚摸宝宝的右臂，并告诉宝宝这是他的右臂；轻轻地拍一拍宝宝的后背；最后引导家长抱着宝宝找到自己的位置坐好。

二、自我介绍和问好

活动目标：

（1）培养宝宝初步的交往意识，通过声势初步训练宝宝的节奏感。

（2）家长了解活动目的，掌握活动过程及注意事项。

活动过程：

（1）老师首先示范介绍自己，然后抱着布娃娃，以布娃娃的口吻做自我介绍，介绍完毕要弯腰行礼说："谢谢大家！"接着老师带领家长和宝宝有节奏地拍手唱欢迎歌《say hello》：say，say，say hello；hello，hello，hello to ××（布娃娃的名字）。最后，老师操控布娃娃用儿歌（点点点宝宝，点到谁谁介绍）的形式点宝宝到前面进行自我介绍。

（2）宝宝介绍时，家长辅助。最后唱欢迎歌。

（3）向家长介绍自我介绍和问好的目的。

三、蒙氏操作：小豆入桶

活动目标：

（1）训练宝宝手眼协调二指捏的动作，发展听觉，培养专注力。

（2）家长了解活动对宝宝的价值，掌握操作方法。

活动准备：花豆 3 颗、小桶、保龄球一套、托盘。

活动过程：

（1）教师示范

① 取工作毯、取教具。

② 示范操作："宝宝看——小桶，我来摇一摇，有声音，我们打开看一看里面有什么？倒，宝宝看——豆子，现在老师要把豆子装到小桶里，拇指、食指，捏、捏，对准桶口，放。"教师依次将豆子捏起放入小桶中，最后摇一摇，让宝宝听一听声音。

③ 收教具："宝宝看，从哪拿的放回哪去。"

④ 收工作毯："卷、卷、卷，从哪拿的放回哪去。"

⑤ 介绍目的。

（2）宝宝操作

① 请家长抱着宝宝取工作毯和教具进行练习，老师分别给予每个宝宝指导。

② 收教具、工作毯。

四、音乐律动：《黑母鸡》

活动目标：

培养宝宝的节奏感，感知儿歌的韵律，培养和激发宝宝的语言能力。

活动准备：歌曲《黑母鸡》的录音。

活动过程：请妈妈双腿伸直，让宝宝坐在妈妈的膝盖上，妈妈双手扶着宝宝的腋下，随着音乐，边说儿歌边上下弹跳膝盖。让宝宝感受儿歌的节奏。

黑母鸡

咯咯咯咯哒，咯咯咯咯哒，黑母鸡下蛋了。

窝里的蛋真不少，有时七个，有时八个，个个都是圆又大。

等到孵出小鸡来，我要好好喂喂他，咯咯咯咯哒！

五、大运动训练：滚皮球

活动目标：

（1）宝宝巩固训练蹲下拾物的能力，培养理解能力，学习与成人合作进行游戏。

（2）家长了解活动的目的，掌握方法，为家庭延伸做准备。

活动准备：平衡台、阳光隧道、小桌子、大小适中的皮球、欢快的音乐。

活动过程：

（1）请家长引导宝宝爬过平衡台和阳光隧道，然后让宝宝扶着桌子捡起自己喜欢的球。

（2）请妈妈和宝宝找一个位置面对面坐好，双腿打开，进行滚皮球的游戏，妈妈边说儿歌（大皮球，圆又圆，滚呀、滚呀、滚过来）边将球滚给宝宝，并引导宝宝再把球滚给妈妈。

（3）游戏可反复进行。

六、家庭延伸：梳头游戏

活动目标：训练宝宝触觉感知能力。刺激大脑的协调能力。

活动准备：梳子。

活动方法：

（1）每个宝宝一把梳子，让妈妈帮助从上至下梳头，刺激宝宝的头皮。

（2）梳宝宝的手心、手背、脚底，以强化宝宝的触觉感知。

七、再见歌

唱再见歌：《say goodbye》。教师要引导宝宝知道挥手再见，并和宝宝拥抱告别。

（资料来源：北京六加一早教中心，有改动。）

评析：

（1）活动目标评析　活动目标既针对婴幼儿，以促进婴幼儿各方面的发展为出发点和落脚点。也要以家长为直接目标对象，指导家长理解活动对婴幼儿成长的促进价值，掌握活动的方法，使类似的活动在家庭中也能得到变通性延伸。

（2）准备活动评析　准备活动很重要。通过走线活动，营造了一个安静、和谐、愉快的活动氛围，稳定了宝宝和家长的情绪，为下一步的活动准备了良好的状态。同时通过活动，教师对家长和婴幼儿近期的心理、行为有所了解，为下步活动的开展和个别指导奠定了良好的基础。如，活动中，有的孩子不愿意打招呼，家长强迫孩子做等。有的家长看孩子走线表现不好则训斥等。教师要发挥指导作用，让家长明白，走线活动主要是促使婴幼儿对新环境的适应，互相打招呼只是礼貌行为的渗透，课堂活动中学到多少并不重要，重要的是家长的长期正确的指导。

（3）活动过程分析　示范性的现场指导，主要是对婴幼儿家长进行直观的早期教养知识与技能的介绍与引导。强调的是教师与家长、与孩子在事先创设的有意义的活动环境中面对面的直接交流。在活动中，教师能够观察到家长对婴幼儿的教养与婴幼儿发展之间的适配度；同时，家长获得教养方法，并能够向家庭延伸。

（4）活动总结分析　课上活动的结束，却是家庭教养活动的开始，也是家长教养方式改变的开始，更是类似的教养活动在家庭中的延伸。家长在集体活动时根据教师的指导，在家庭教养活动中，不仅仅指导孩子活动，更重要的是要改变自己的教养方式，促进家长、孩子共同成长。

二、家庭中一对一早期教养指导活动的设计、组织和实施

可分为家长设计的一对一早期教养活动和早期教养指导师设计的一对一早期教养活动两种。前者可以根据家长、孩子及所处环境的状态灵活进行，生活化特点突出，但缺少系统性。后者主要针对孩子的个性特点，如所处月龄、身体状况、性格特点、认知水平等情况来设计，针对性、计划性、系统性、科学性更突出。此处就后者的设计、组织和实施进行简单介绍。

（一）做好活动的设计

深入了解教养活动指导对象的情况，设计出有针对性的指导方案。

教养活动指导对象的情况包括家庭成员的个性特征、文化程度、身体状况、工作性质、经济收入及家庭物质环境等，还包括孩子的月龄、性别、个性特征、起居习惯及饮食特点等情况。这样，才能够判断出孩子的发展状况是否良好，以及存在哪些问题，才能发现家长教养方法中的不足，也只有这样，才能找出问题的关键所在，以及应对问题的策略，即设计出能够促进婴幼儿发展、矫正婴幼儿问题的活动方案。

（二）活动的组织与实施

需要遵循以下步骤。

（1）熟悉指导方案的内容及操作方法，明确各个活动环节实施的意义。

（2）准备教学过程中必备的玩教具。

（3）注意个人仪表：整洁、干净，言谈举止亲切、自信、大方得体。

（4）按照约定的时间准时等候婴幼儿及家长的到来；如果是入户指导，则要在约定时间准时到达。约定的时间应该避开孩子的睡觉时间。

（5）按照规定要求礼貌地接待孩子和家长;如果是入户指导，进门后则需主动换鞋、洗手。

（6）以活动方案为依据进行指导，可根据情况灵活处理。但需注意，6个月以内的婴幼儿可以直接进行训练和对家长的指导，月龄大的孩子需要先与家长、孩子沟通，了解孩子最近情况，与孩子熟悉后再开展活动。

（7）做好活动实施的记录。

三、专家讲座与咨询活动的设计、组织和实施

（一）做好活动规划

一般情况下，根据家长的需求每月开展一次，设计好活动内容，注意活动内容间的衔接和调整。活动前要充分做好活动的准备工作。例如，家长在婴幼儿教养方面需求的调研、活动的具体内容、活动内容的衔接、活动材料的准备、活动环境的创设、讲座与咨询专家的人选等，都要有初步的设想。同时，还要做好活动的宣传，以使讲座活动的意义最大化。

（二）确定讲座人选

接着就要确定主讲者，可以是亲子园经验丰富的教师，也可以是育儿专家。但都要约定好时间，商讨好内容。由于讲座咨询活动常常侧重婴幼儿养育方面的内容，所以可以聘请资深的儿保专家，也可以聘请心理领域的专家。此外，还可以与市、区妇联进行合作，由妇联派专业人员进行讲座。活动组织者应该将家长急需解决的问题事先呈给专家。活动的时间、活动的内容、聘请的专家及活动的流程等相关内容确定后，与家长联系，并予以告知。

（三）活动的组织和实施

组织讲座与咨询活动，教师要根据家长的需求，创造出家长和讲座者平等对话的条件，安排好二者进行双向互动交流的方式和时间，如现场家长可以在讲座结束后通过举手提问参与活动过程，或者递送纸条咨询问题。单一的说教讲座形式，很难满足所有家长的需求，会影响预想的指导效果。有效的专家讲座应该既能满足广大家长的需求，也能照顾到不同月龄段、不同孩子的特点。其呈现形式可以是多元化的，现场演示、家长角色扮演、婴幼儿活动观察等方式都可以采用，也可以综合运用。如，针对婴幼儿的心肺复苏方法、发热处理、开放性骨折的急救处理、气管异物的处理等家长关心的问题，专家可以借助玩偶娃娃的示范演示，指导家长模拟演练。针对婴幼儿注意力培养、习惯养成等常见育儿问题，可通过播放家长日常教养录像或婴幼儿现场活动等形式展现在家长面前，然后由专家分析原因、给出解决方法。

【案例及评析】

案例10　专家讲座活动

为提高社区内业主婴幼儿教养的素养，解决家长育儿困惑，东华社区拟举办一个关于婴幼

儿教养方面的讲座。讲座组织者通过先期走访，了解了家长在育儿方面困惑最多的地方;之后，聘请省内著名育儿专家来社区讲座，并将家长的育儿困惑以文本的形式呈给专家，敲定讲座时间。

接着，确定了亲子活动 + 讲座 + 咨询的活动形式，并在社区内通过张贴宣传单、微信广告等方式把活动的时间、地点、形式、内容及主讲者等情况告知业主。

3 月 10 日（星期天）早上 8:00，家长带着急需解决的问题陆续来到社区，这时组织者已等候在那里。首先组织家长和孩子进行两个简单的亲子游戏，8:30，组织家长和孩子有秩序地进入讲座教室。讲座期间，活动的组织者开始收集家长写在纸条上的问题，在不打扰讲座的情况下，将纸条分批送到专家手中。讲座结束，咨询活动开始，专家就所提问题予以选择性地有重点地回答。活动结束，组织者引导专家和家长有序退场。

评析：

此次活动的设计、组织和实施很成功。一方面，活动前，组织者进行了调研，了解了家长的需求，并把家长的需求呈给了讲座的专家，这给专家提供了讲座内容准备的方向，使讲座做到了有的放矢，真正为家长解决问题。同时，运用传统和现代相结合的手段，增强了宣传力度。活动时间选择在周日，家长大多休息在家，有时间和精力参加活动。活动形式上，改变枯燥的一言堂，先以亲子游戏热身，调动家长情绪。另一方面，活动中，在专家讲座的同时，以收纸条的形式传递问题，与现场直接提问相比较更节省时间，更有序。聘请省内著名育儿专家可以获得家长的信赖，且能够满足家长的需求。活动结束，引导退场，使现场井然有序。

从以上分析可以看出，此次活动在设计、组织和实施上组织者都做了充分的准备，因此活动得以顺利完成。不过，家长带着孩子参加讲座，由于孩子太小，会出现各种状况，一定会影响活动效果，这是组织者应该考虑的问题。

【拓展阅读】

你是哪种类型的家长

人人望子成龙，然而不是每位家长都能以正确的态度来教育孩子。下面三种类型的家长不但难以让自己的孩子成为健康、快乐、聪明、懂事的宝宝，而且会给孩子的成长带来很多不利。

（1）溺爱型　事事顺从孩子的意愿，想怎样便怎样，要什么给什么；怕累到或伤到孩子，不让孩子做什么任何事，替孩子穿衣服，给孩子饭喂，导致孩子缺乏独立性，动手能力及社会适应能力差，任性，不懂得理解和包容他人。

（2）挑错型　很少表扬孩子，相反，却对孩子的缺点看得很重。常常指出孩子这不行，那不可以，对孩子过于严格。这样的孩子，长大后自卑感很强，做事缺乏信心，逆反心理很强，性格孤僻，不易与人相处。

（3）随意型　教育标准随家长心情的好坏而变化，前后不一致。同一件事，家长高兴时做会得到表扬，家长心情差时做会遭到斥责。这样的家长教育思想混乱，随便撒谎，不讲信用，说的一套做的又是另一套。

【理论探讨】

（1）理论深研：搜集资料，深入了解蒙氏教育观、八大智能理论和婴幼儿身心发展五大能区理论。

（2）案例特点分析：以下面家庭游戏为例，分析亲子活动的特点。

附案例：

过家家（适合月龄：17个月）

活动目标：提高宝宝模仿力。

活动准备：布娃娃、书、玩具电话等。

活动过程：

（1）妈妈拿出布娃娃，对宝宝说："娃娃该睡觉了。"让宝宝给娃娃脱衣服，盖好被子。

（2）过一会儿，妈妈提醒宝宝："娃娃该起床了。"让宝宝给娃娃穿衣服，带娃娃"出去"玩。

（3）妈妈还可以拿出玩具电话，让宝宝给娃娃打电话，跟娃娃"聊天"。

（4）妈妈拿出一本书，鼓励宝宝模仿妈妈给娃娃讲故事。

【实践探究】

（1）亲子课的设计、组织和实施：以小组为单位，设计、组织一节40分钟的亲子课，并进行模拟教学。最后，讨论得失。

（2）社区实践

① 了解某一社区内0～3岁婴幼儿数量、教养者、家庭经济状况，并做分析。

② 了解在家庭早期教养方面，社区为居民做了哪些活动，并从活动的内容、形式、效果，以及将来的计划等方面予以分析阐述。

参考文献

[1] 金长青 .0 ～ 3 岁婴幼儿常见病生活宜忌与调养食谱 . 北京：中国人口出版社，2009.

[2] 于松 . 婴幼儿疾病防治与护理大全（0 ～ 3 岁）. 南京：华夏出版社，2010.

[3] 静雯，谢晓钟 . 跨世纪育儿方案 . 第 2 版 . 呼和浩特：远方出版社，2002.

[4] 高爱萍，陆秀文 . 儿童交通伤害相关因素分析与干预 . 南方护理学报，2005,12（2）：17-19.

[5] 徐小妮 .0 ～ 3 岁婴幼儿早期教养指导形式初探 . 上海：华东师范大学，2006.

[6] 冯德全，0 ～ 3 岁婴幼儿家长指导手册 . 北京：中国妇女出版社，2007.

[7] 刘婷 . 美国“早期开端计划”简介及其启示 . 幼儿教育，2010，(27）.

[8] 唐敏 .0 ～ 3 岁婴幼儿身心发展及教养 . 昆明：云南大学出版社，2011.

[9]0 ～ 3 岁婴幼儿早期教育家长指导手册 . 福建：福建人民出版社，2010.

[10] 童笑梅 .0 ～ 3 岁宝宝亲子游戏方案 . 北京：中国旅游出版社，2010.

[11] 孔宝刚，盘海鹰 . 0 ～ 3 岁婴幼儿的保育与教育 . 上海：复旦大学出版社，2012.